U0280255

# 木工入门完全手册

# COMPLETE GUIDE TO WOODWORKING

## 彩色图解版

[英] 克里斯 · 特赖布 著
（Chris Tribe）

杨阳 译

人 民 邮 电 出 版 社
北 京

**图书在版编目（CIP）数据**

木工入门完全手册 : 彩色图解版 / (英) 克里斯•
特赖布 (Chris Tribe) 著 ; 杨阳 译. -- 北京 : 人民
邮电出版社, 2025.1
ISBN 978-7-115-63494-8

Ⅰ. ①木… Ⅱ. ①克… ②杨… Ⅲ. ①木工一技术手
册 Ⅳ. ①TU759.1-62

中国国家版本馆CIP数据核字(2024)第007261号

**版 权 声 明**



◆ 著　[英]克里斯•特赖布（Chris Tribe）
译　杨 阳
责任编辑　王朝辉
责任印制　陈 犇

◆ 人民邮电出版社出版发行　北京市丰台区成寿寺路 11 号
邮编 100164　电子邮件 315@ptpress.com.cn
网址 https://www.ptpress.com.cn
北京利丰雅高长城印刷有限公司印刷

◆ 开本：889×1194 1/20
印张：13　2025 年 1 月第 1 版
字数：357 千字　2025 年 1 月北京第 1 次印刷
著作权合同登记号　图字：01-2019-6396 号

定价：158.00 元

**读者服务热线：(010)81055410　印装质量热线：(010)81055316**
**反盗版热线：(010)81055315**
**广告经营许可证：京东市监广登字 20170147 号**

RECORD

## 内容提要

本书是一本全面讲解木工基础知识的实用指南。全书共分为8章，分别介绍了各种木材与工作室布置的情况、手工工具的使用方法、电动工具的使用方法、铣削方法、连接方式、贴木皮的方法及表面处理工艺等，最后还给出了壁挂架、边桌、储物柜等5个木工制作项目实例。

书中配有大量精美的插图，辅以详细的文字介绍，便于读者快速掌握各项木工知识和技能。本书非常适合木工爱好者，尤其是初级爱好者学习参考。

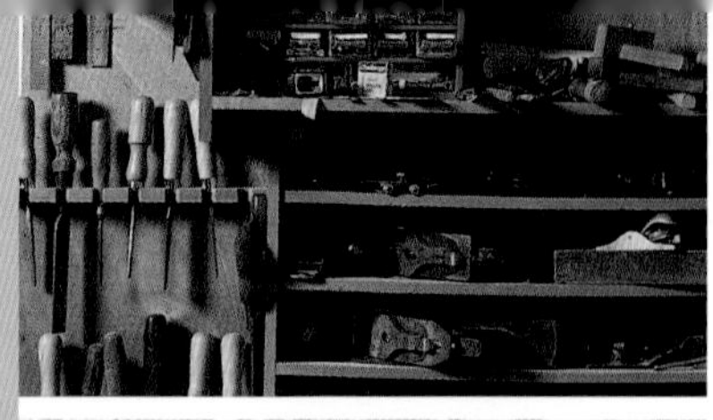

# 目 录


**引言** 6

**第 1 章 木材和工作室** 9

从树到木材 10
从木材到木板 12
我最喜欢的 10 种木材 14
人造木板 18
工作室 19
介绍手工工具 20
在工作室使用的材料 35
介绍电动工具 38
木工桌 46
工作室自制工具 48

**第 2 章 手工工具的使用** 51

打磨刀刃工具 52
刨切 58
划线 / 画线与测量 66
锯切 70
凿切 73
夹紧与固定 76

**第 3 章　电动工具的使用　81**
钻孔　82
使用电圆锯　86
使用曲线锯　93
使用磨机　94

**第 4 章　铣削　97**
电木铣入门　98
开始铣削　104
铣削圆弧形　111
铣削辅助工具　114
电木铣倒装工作台　116

**第 5 章　连接方式　125**
交叉半榫连接　126
搭接　129
卯榫连接　135
槽榫连接　144
拼　接　151
燕尾榫连接　153
斜角连接　166
圆木榫连接　174
饼干榫连接　180
多米诺榫连接　185

**第 6 章　贴木皮　189**
选择木皮　190
准备木皮　192
拼接木皮　195
准备核心板　204
贴木皮　206

**第 7 章　表面处理　213**
表面处理工具和材料　214
表面预处理阶段　216
着色阶段　221
表面处理阶段　222

**第 8 章　木工制作项目　227**
项目：带刀槽的面包板　228
项目：壁挂架　230
项目：橡木边桌　236
项目：工作室储物柜　242
项目：记忆盒　248

**术语解释　258**

# 引 言

30 年来，我虽然一直从事与设计和制作现代家具相关的工作，但偶尔也教授木工和家具制作知识。最近几年，我的工作重点有所改变，我越来越喜欢将自己的技能传授给他人。如今，大多数人都在书桌前度过很多时光，却很少有机会在生活中真正使用制作它的“原材料”。因此，向学员分享学习木工的乐趣会让我获得真正的快乐。我写这本书的目的就是希望能够带你开启木工学习之旅。

编写这本书的最困难之处是确定要涵盖和要省略的内容，因为我很轻易就能写出目前内容两倍的篇幅。首先，本书第 1 章介绍的是木工学习之旅的准备工作，包括如何以材料的视角去审视木材，以及你将要使用的各种工具。然后，我通过第 2 章和第 3 章介绍了手工工具和电动工具的相关使用方法与技巧，从而开启了木工学习之旅。在最后一章，我准备了 5 个木工项目，旨在帮助你磨炼在前面各章学到的技能。

我从自己的实践中和我的学员那里获得的一点体会是，在学习和实践过程中出错是难免的。因此，与其假装没有犯错误，不如认真阅读贯穿全书的“问题诊断”模块，在那里我会介绍自己在实践过程中出错的地方并讲解正确的处理方法。我的经验也告诉我，完成一项任务的方法不止有一种。因此，我努力做到在讲解处理方法时不死板，并尝试提供可替代的方法，这具体取决于你喜欢手工工具还是电动工具。

我很高兴你能够踏上木工学习之旅。我现在仍然热衷于做木工（尤其喜欢刨工件）。这些年来我从中收获了很多乐趣，我希望它也能带给你同样的乐趣和满足感。

克里斯 · 特赖布

## 工作室的安全注意事项

健康和安全是在家庭工作室操作的人需要注意的重要问题，此部分将主要说明在工作室内的安全注意事项。而使用特定工具的相关安全问题，将会在相应的章节中讨论。

### 用电

要确保你的工作室的电路中装有剩余电流动作保护器（Residual Current operated protective Device，RCD），这样当你遭受电击时，这个装置会立即切断电源。另外，建议定时整理设备的电线，以免被绊倒。

### 火灾

布满粉尘、到处散落着木屑的工作室极易发生火灾，因此保持工作室的清洁至关重要。购买一个灭火器，最好是干粉灭火器，它能扑灭木材和用电不当引发的火灾。你需要每年对灭火器进行保养。

### 粉尘

本书中讨论了处理粉尘的方法。护目镜可为眼睛提供保护，但即使戴了护目镜，也要注意保护眼睛。

### 噪声

许多人不屑于戴耳罩，但是我因为在职业生涯的早期没有戴耳罩，导致现在患了耳聋。因此，使用电动工具时，请务必戴好耳罩或耳塞。

### 化学制品

在工作室中，你有时可能会接触有腐蚀性的化学物质，例如脱漆剂或弱酸，所以建议戴上橡胶手套保护双手。戴上一次性乳胶手套也能有效避免在使用黏合剂、虫胶砂光剂或聚氨酯胶等化学物质处理木材表面时弄脏手。

### 木材碎片

锯过的木材带有碎片，因此在接触锯过的木材时，请戴好防护皮手套。

### 急救箱

建议始终在工作室中放置一个药品充足的急救箱。

# 第1章 木材和工作室

一般木工指南类书籍会最先介绍原材料和用来加工原材料的工具。木材是一种极好的原材料，加工木材能够给你的所有感官带来美的享受。但是，木材也可能是令人生畏的，因为它会被劈裂、会变形、会被意外损坏。正是这些特性使木制品令人着迷。

当然，工具也是非常重要的。熟练使用能够精确加工木材的工具，可以帮助我们应对木材的不同特性。在本章中，我们将研究树木如何变成木材，以及木工所需的工具。

# 从树到木材

木材来源于树，尤其是树干部分，对于大多数家具来说，树干以外的其他部分几乎没有用。树干或原木的细胞成分决定了木材的强度、可弯曲性、颜色、木纹等。

树干由与木质素结合的纵向纤维素细胞组成，正是这些细胞赋予了树木强度和树液循环、储存糖分的能力并塑造了木材的外观。在软材，如针叶树中，这些细胞排列成同心圆状；在硬材，如阔叶树中，这些细胞的组织结构更为复杂。查看硬材树干的横切面，我们可以了解它作为有机体是如何生长的，以及在我们做木工的时候木材会有什么变化。

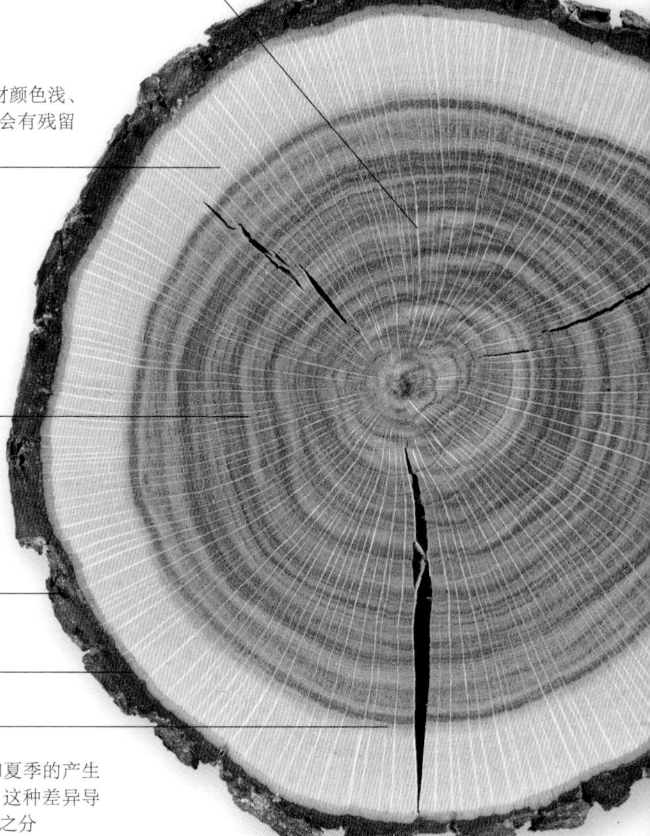

这是山毛榉和橡木生长的地方。长而直的树干能够提供结实而没有结节的木材

# 从木材到木板

在从木材转化为木板的过程中，木材的许多特性才能被定义。该过程成功与否取决于锯工和干燥炉操作员的技术水平——切割不当或干燥不足会损坏原本质量很好的木材。

将橡木堆叠起来进行干燥处理，木板按从木材上切下的顺序保存

## 切割

木材变成木板后的木纹和质量取决于切割方式。

平切木材的切面几乎与年轮平行，这样就形成了典型的像教堂窗户一样的拱形木纹。如果干燥不足，木纹很容易变形。

刻切木材的年轮与切面成直角，这样会形成非常直的木纹，木材的宽面上会有些髓斑。这种木材的稳固性很好。

## 干燥

树木刚被砍伐下来时，木材会浸满水分，有时含水率高得惊人。为了使用木材，我们需要将含水率降到10%~12%。水分刚开始流失时，木材几乎没有明显收缩，但是当木材的含水率下降至28%~30%，即低于纤维饱和点（Fibre Saturation Point，FSP）时，木材的收缩开始变得明显。

有两种方法可以使湿的木材（或称为生材）变得干燥。最简单的方法是将木材切割成木板后堆叠放置在空气自由流通的地方。木板应从距离稳固的水平地面约50毫米高的位置堆起，并且每个木材堆之间应该用相隔约1000毫米的横撑隔开。木材堆应避免雨淋。25毫米厚的硬材木板应放置1年，软材木板则应放置6个月。这会让木材的含水率下降到大约18%。

工厂一般使用大型排锯将木材切成木板，不同的切割方式决定了木材表面呈现的不同木纹样式。

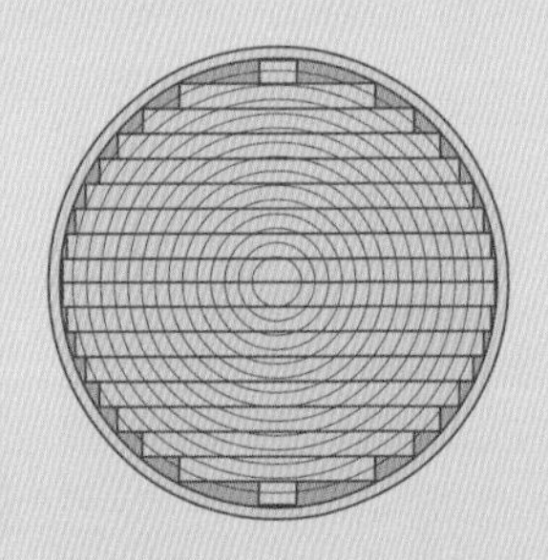

**平切**

平切是最简单、最经济的切割方法。平切后，从木材顶部和底部切割下来的部分最窄，并且含有大量的边材。在平切木材的外边缘有径切木纹，年轮倾斜向下。木板的最宽处经过木材中心，相当于其宽度。这些木板和刻切出的木板一样，可能会在髓心位置开裂。

**刻切**

刻切指将木材等分成4份，然后斜着切割，让木材的切割表面垂直于年轮。这种方法不太经济，但是可以生产出最好的木板，而且每块木板所含的边材比较少。

将切割好的成堆的木材装入干燥炉中

但是，用于制造家具的木材的含水率还应更低。为了进一步降低含水率，可以将木材放置在相对湿度（Relative Humidity，RH）较低的环境中数月。风干的木材通常更容易加工。

另一种方法是使用干燥炉烘干。像第一种风干方法一样将木板堆叠在一起，然后将其放置在干燥炉中，小心地控制温度和湿度以匹配木材的特性。在烘干的过程中，我们也可以控制某些木材品种的颜色。烘干不当的木材会出现瑕疵，挑选时应避免选择有瑕疵的木材。

## 挑选木材时要注意什么

你必须找到一个可以让你挑选木材的木场。对于只需要购买少量木材的木工项目来说，这可能很困难，但你还是要想办法找到一个可以挑选少量木材的木场。

## 切割的注意事项

家具的不同部件可能需要不同木纹的木材。寻找合适木材的最好方法是查看木材堆一端木板边缘的年轮，因为从中可以看出木材表面的木纹类型。

边材可能是个问题，尤其是在樱木和胡桃木中，因为我们在这些木材中不容易发现边材。通常，你可能翻遍整堆木材都找不到一块带边材的。建议在年轮曲线外侧的木材表面仔细查找边材。

## 干燥后的注意事项

用干燥炉干燥木材时如果操作不当或风干不良会导致许多问题，这应该引起你的注意。

### 翘弯

木板干燥后整个宽面都是弯曲的。如果你打算将其切成更窄的小块，这不成问题，但是当你想将一块宽木板刨平时，需要考虑到木板变薄的情况。

### 顺弯、侧弯和扭曲

换句话说，木板会在干燥后以各种形式弯曲。如果你将木板切割成更短的小块，那么这些木板还可以用，但是这通常意味着木板具有内在的压力。如果将木板纵向锯开，会引起其进一步变形，最好避免这种情况的发生。

### 垫条痕迹

在干燥过程中使用的垫条会有规律地在木板表面留下痕迹。它们可能看似是表面痕迹，但通常会深入木板之中。因此最好将这类木板丢弃。

### 端裂和表裂

这两种情况较为常见，通常在加工木板时需要切掉或刨掉这些部分。如果这两种情况很明显，应避免选择这类木板。

### 蜂窝裂

干燥过快会引起木板沿着木材纹理的内部开裂（通常与髓射线成一条直线）。这种开裂现象通常仅在切割和刨切木板时才会暴露出来。

### 虫害

木材中的昆虫通常出现在边材部分，而且大多在干燥前就进入了木材，这意味着干燥后昆虫会死亡。但是，虫害也可能发生在干燥后，这种情况更严重。干燥后的虫眼通常比干燥前的虫眼更干净、颜色更浅。我们在锯切木板时很难用肉眼发现虫眼。最好避免干燥后虫害的发生。

### 高含水率

我们很难在不使用仪器的情况下清楚地知道干燥后的木板的含水率。如果你有专业仪器，可以带着它去木场。如果木板摸起来很湿，你可以询问木场工作人员是否可以为你测量木板的含水率。

### 试试这样做！

有的木场会帮你将长木板锯短以方便运输，但如果木场不提供切割服务，你就可以自带一把横切手板锯，自己动手切割，当然也有必要在车顶装一个行李架。

你应该在挑选完木材后，帮助木场工作人员重新堆叠木材。这样，你下次去的时候更有可能受到友好的接待。

在购买难以找到边材的胡桃木和樱木等木材时，请携带一个刨子到木场，以便刨切木材表面，让边材露出来。

# 我最喜欢的10种木材

近年来，我使用的木材全部为温带硬材（主要产自欧洲和北美洲），原因是在热带地区伐木会造成更严重的环境问题。这可能多多少少限制了木材的颜色和质地，但是我仍然有很多选择。硬材可以分为粗纹理木材和细纹理木材。用手指摸木材时，你可以感受到粗纹理木材有凹凸不平的表面。这样的质地是由木材横切面上的宽孔隙所致。细纹理木材的表面是光滑的，因为这种木材是小孔隙的。如果你想获得高度光滑的表面，则需要填补粗纹理木材，不过也有人喜欢这种带有粗纹理表面的木材（例如橡木）。

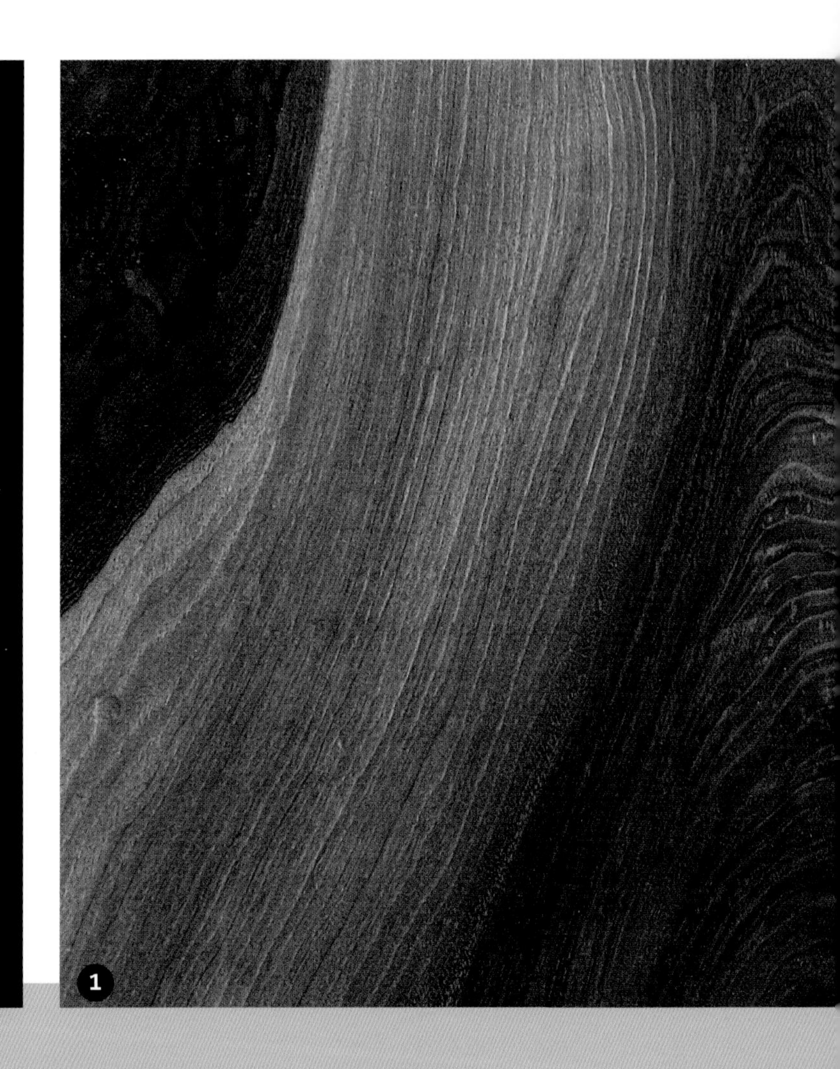


木材是一种极好的材料，你可以对其进行加工。它会给你所有的感官带来美的享受——一块新刨的枫木带来的光滑触感，经过加工的英国胡桃木散发出的胡椒香气，锋利的刨子划过橡木时发出的“沙沙”声，橡木树瘤中展现出的错综复杂的图案，等等。但是处理木材会很棘手——木材会因湿度变化而变形，你在刨切木材时可能会看到木材表面出现裂缝，它可能会导致你只能在一个方向上刨切，或者导致表面处理的效果不好。以上这些情况都增加了木材加工的难度，因此了解不同木材的特性是学习木工技艺的重要环节。

**英国胡桃木**（①）

**生长地**：英国

**纹理**：粗

**外观**：呈棕色，通常带有迷人的深色条纹。

**评价**：这种木材一向是我最喜欢用的，因为它是风干的。用刨子和凿子可以有效地加工这种木材，形成好看而光洁的表面，并且这种木材在加工时会散发出清新的胡椒味。手工和电动工具可以很好地加工这种木材。这种木材在上油或抛光后，颜色会加深，复杂的纹理和深色条纹会变得更加明显。

**美国黑樱木**（②）

**生长地**：北美洲

**纹理**：细

**外观**：心材含有丰富的蜂蜜状物质，呈棕色或红色，有时带有深棕色的树脂囊。边材为粉白色，纹理相对比较直，质感光滑。

**评价**：购买时要留心边材——通常很难发现，因此请随身携带一个刨子到木场。在处理过表面后，樱木的颜色会变成好看的暗色（不要在樱木上涂丙烯酸清漆，因为这种漆会破坏其颜色），并且会持续变暗成为红木色。在加工樱木时，切开其树脂囊后，通常会闻到樱桃的香气。

**欧洲橡木**（③）

**生长地**：主要是西欧和中欧

**纹理**：粗

**外观**：心材为浅棕色，带有白色或米色的边材。刻切木材上的纹路看起来有点像妊娠纹。边材容易受到昆虫的侵害。

**评价**：橡木如果在潮湿的环境下与含铁金属接触，会出现黑色污渍，因此通常使用黄铜五金件加工。它在熏制（暴露于氨气中）时会变成美丽的棕褐色。它很好加工，但可能会有比较难处理的纹理区域。其上油效果良好。

**欧洲白蜡木**（④）

**生长地**：欧洲

**纹理**：粗

**外观**：白蜡木有多种颜色和纹理。它通常是乳白色的，有时带有淡淡的粉红色。它也可能是深棕色的，上面带有黑色条纹，称为橄榄白蜡木。有时它可能会呈现出波浪状的木纹。

**评价**：如果你想要颜色较浅的木材，请询问木场的工作人员是否有白蜡木。它易于加工，并且可以刨出细腻有光泽的表面。这种木材也易于进行蒸汽弯曲和层压弯曲处理。

**硬枫木**（⑤）

**生长地**：北美洲

**纹理**：细

**外观**：这是一种奶油色的紧密型木材，通常其纹理会透出一丝粉红色，有时沿着纹理会出现棕色斑块或深色条状染斑。

**评价**：枫木可能由于纹理不规则而难以加工，但是，使用锋利的工具切割并打磨后，这种木材的表面会非常漂亮，其纹理和颜色的质感也值得你进行加工。我更喜欢给枫木涂上丙烯酸涂料，因为油性漆会破坏其颜色。

**黎巴嫩雪松**（⑥）

**生长地**：中东地区，但也常在英国的公园中生长

**纹理**：细

**外观**：心材的颜色为浅棕色，类似于樱木，但边材的颜色更浅一些；质地柔软光滑，散发出沁人心脾的香气。

**评价**：这是我唯一推荐的一种软材（来自针叶树的木材）。我喜欢将其制作成抽屉和柜子的背板，因为当你打开这些家具时，雪松的香气就会散发出来，有时可能还带有一些树脂味。建议不要用其制作用于存放纸张或衣服的抽屉。手工和电动工具可以很好地加工这种木材。

**白杨木**（又名郁金香木，⑦）

**生长地**：北美洲

**纹理**：细

**外观**：一种柔软的低密度木材，边材偏白，心材是深棕色或绿色，通常有黑色或蓝色的条纹。

**评价**：虽然白杨木的外观没有其他木材那么令人着迷（我通常会在它的表面涂漆），但它易于加工，可以被打磨成与中密度纤维板相似的质地。这意味着白杨木是制作上漆的橱柜和其他上漆的定制家具的好材料。

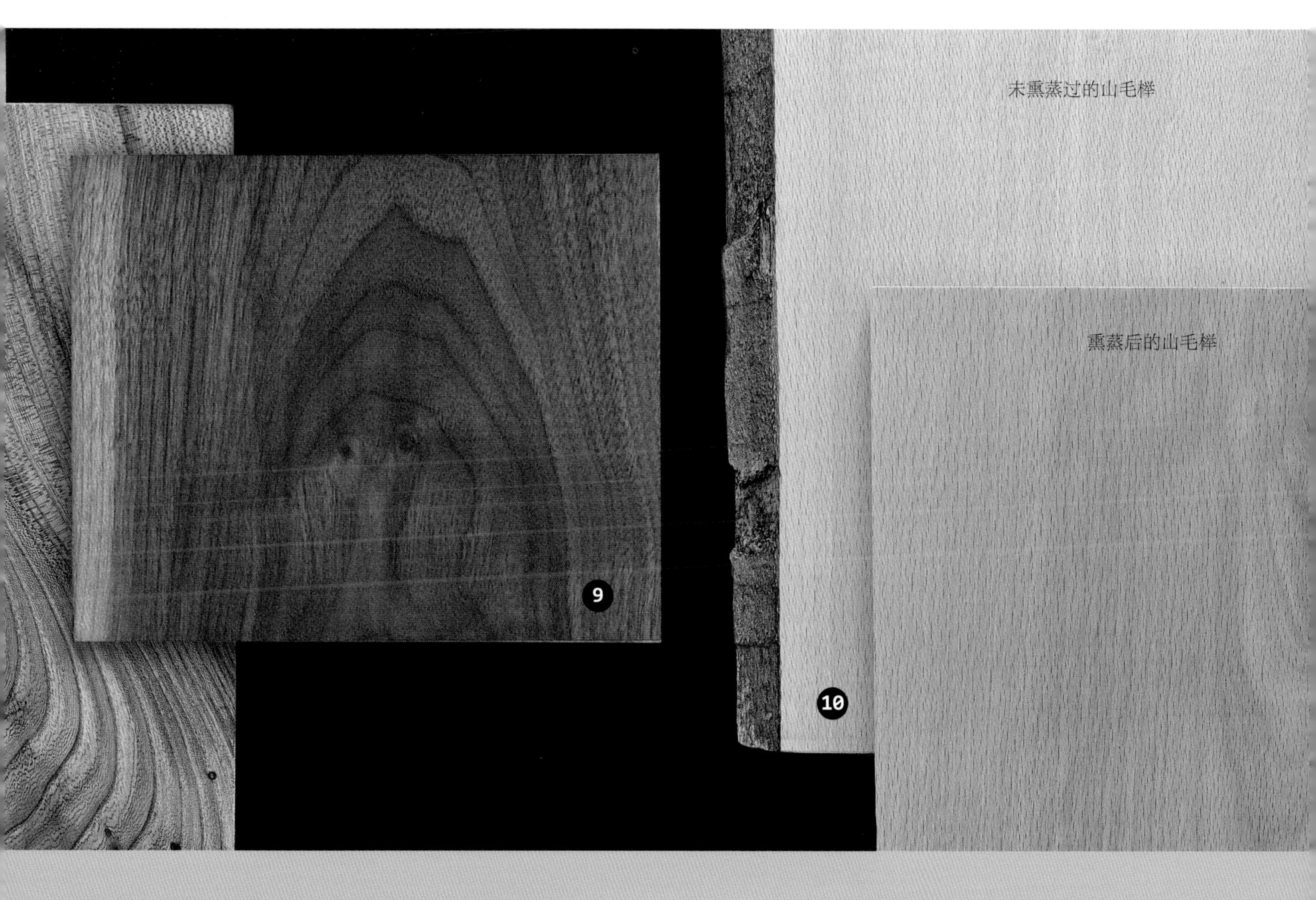


**榆木**（⑧）

**生长地**：欧洲

**纹理**：细

**外观**：边材呈奶油色，心材呈棕色，有较深的棕色或绿色条纹。刻切木材有格纹斑点。

**评价**：榆木的纹理可能是粗糙的，有时带有难以刨平的纤维密集区域。如果将其表面打磨好，上漆处理的效果也会很好。荷兰榆木被认为比英国榆木更好。尽管近几十年来，榆树一直遭受荷兰榆树病的侵害，但榆树依然被大量用作木材。

**美国黑胡桃木**（⑨）

**生长地**：北美洲

**纹理**：细

**外观**：我把胡桃木归类为粗纹理木材，但这种木材介于粗、细纹理木材之间。黑胡桃木是深棕色的，通常呈紫色色调，偶尔会有波浪纹，而边材是浅棕色的。

**评价**：这种木材通常会在生产中进行熏蒸，从而使边材不易被看出来。当你在木场选木材时，应用随身携带的刨子刨切木材表面以查看其边材，边材可能会在木材的整个表面延伸开来。这种木材易于加工，表面在处理之后外观较好，推荐使用法国抛光漆上漆。

**欧洲山毛榉**（⑩）

**生长地**：西欧

**纹理**：细

**外观**：这种木材干燥后可熏蒸。未熏蒸的山毛榉呈浅棕色，几乎接近白色，而熏蒸后的山毛榉呈更深的蜂蜜色。其纹理通常很均匀，有轻微的“雀斑”，在刻切后会变得不规则。其质地光滑均匀。

**评价**：虽然我觉得山毛榉的外观毫无亮点，但我喜欢其容易加工的特性。如果你不想使用较软的白杨木，则可以使用上漆的山毛榉制作厨房内的家具。它易于进行蒸汽弯曲和层压弯曲处理。

# 人造木板

实木在加工中有难度。一件实木家具在使用多年后可能也会出现变形的问题。不同类型的人造木板能够解决这些问题。

大多数人造木板的尺寸为 2440 毫米 ×1220 毫米。较薄的木板，即使有些重量，也足够轻便。任何超过 18 毫米厚的木板都会过重，所以应将其切割或找人帮忙一起搬运。

你可能会接触到胶合板和夹芯板、刨花板、中密度纤维板这 3 种主要的人造木板。

**胶合板**（①和②）**和夹芯板**（③）

胶合板是由切割成的单板或薄木胶合形成的 3 层或多层板状材料，通常相邻单板或薄木的纹理相互垂直。胶合板的层数总是奇数，以确保中心层周围的平衡，从而使两侧相对应的单板或薄木的纹理方向相同。胶合板具有不同的厚度和不同的耐湿性，可以预先贴好木皮。夹芯板与胶合板相似，但夹芯板的中心层由矩形软木条制成，并在上面覆盖 1~2 层层板。夹心板比胶合板少见。

**刨花板**（未展示图片）

这是你最有可能遇到的一种人造木板。它是将切碎的软木和硬木混合放入热压机中，再掺入黏合剂、防水剂等，并施加一定的压力形成的。刨花板通常不用于制作高档家具，因为在将螺丝或钉子固定在木板侧面的过程中，很容易将木板弄碎。由于这种木板中含有一定量的磨碎的金属物质，所以它也会严重钝化工具。

**中密度纤维板**（④和⑤）

中密度纤维板（Medium Density Fiberboard，MDF）的制作方法与刨花板相似，但前者是将木质复合材料分解为木纤维而不是木屑，然后加入黏合剂等并压缩而成的。这种人造木板光滑且具有相同的纹理，可以很好地切割和加工。中密度纤维板比刨花板更容易拼接，但螺丝或钉子仍不能很好地固定在木板的侧面。它易于上漆，并且非常适合用作贴木皮的核心板。防潮的中密度纤维板通常用于制作上漆物品，因为其边缘更容易涂漆。贴好木皮的中密度纤维板通常用于制作家具。生产这种木板使用的黏合剂含有甲醛，甲醛可能会致癌，因此会引发一些健康问题。切割与加工中密度纤维板时，其产生的粉尘对人体和环境非常有害，因此，操作中应使用优质的除尘设备并佩戴面罩。

# 工作室

对于木工爱好者来说，工作室应该拥有能够让你专心做木工活儿的环境，同时它也应该是一个让你感到舒适的空间——几乎可以称其为你的“庇护所”！工作室的布局应使你可以轻松拿到最常用的工具和材料。在这种环境中，你可以放松并专注于手中的工作。但是，由于每个人的工作室和想要做的事情都各有不同，因此很难就如何布置工作室形成统一的规则。

在布置工作室时，我们应注意以下几点。

### 光线

工作室最好能有良好的自然光线，如果没有自然光线，则最好安装带有日光效果的荧光灯。进行近距离工作时，聚光灯对于局部照明很有用。不过你也要小心自然光线，因为强光的照射会使木材褪色或变暗。

### 湿度

在潮湿的工作室里制作出来的家具被放置在温度较高的房屋中使用时很可能会变形，工具也会在潮湿的环境中生锈。你可以通过在墙壁和地板上贴防潮膜来解决此类问题。防潮膜应该贴在室内保温层的内侧。如果处理后仍然存在潮湿问题，那么你可能不得不在工作时才能将需要加工的木材带入工作室。你可以使用 WD-40 保养剂或山茶油（山茶油更好，因为它不会弄脏木材）保养工具。冷凝现象也会导致工作室潮湿，因此你可能需要在工作室中配置加热设备。

### 温度

你的工作室需要冬暖夏凉。如果你的工作室是棚子或车库，则你可能有必要考虑使用一些绝缘材料，例如聚异氰脲酸酯（Polyisocyanurate，PIR）绝缘材料。将该绝缘材料固定在墙内，然后在上面贴上防潮膜，并用刨花板或定向刨花板（Oriented Strand Board，OSB）进行装饰。车库中热损失的主要区域是大门，如果你不需要把汽车停在车库里，甚至可以考虑将大门用砖砌上。为避免材料降解，工作室的温度最好始终保持在 0 摄氏度以上。如果你的工作室是购买房屋时附赠的车库，你可以将其连接上集中供暖装置。但是，对大多数人来说这不大现实。让工作室保持温暖的其他办法，可以是使用经济实惠的小型燃木炉，或者使用电加热装置，例如电暖器或风扇加热器。你也可以使用具有恒温控制功能的加热器，一年四季每天 24 小时让工作室保持温暖、隔绝寒冷，但事实证明这很费钱。应避免使用液化气或煤油加热器，因为它们会产生湿气并产生冷凝现象。

### 用电

如果你打算使用电动工具，则需要足够数量的插座，至少要在木工桌旁多安装一些插座，在其他地方可以少安装一些；如果你有电木铣倒装工作台，那么在其旁边也应该有一个插座。将插座安装在尽可能高的位置，这样更容易整理电线。如果你会在工作室中使用大型机器，则可能需要为其安装 16 安的电路。

### 粉尘

如果粉尘进入你的肺部或房屋中，可能会很麻烦！最好在粉尘产生时就马上将其控制住，因此拥有良好的真空集尘设备至关重要。可接入集成设备插口的真空集尘器非常有用，因为启动其他设备时也会开启真空集尘器。此外，请确保至少使用 FFP2 等级的有效而舒适的半脸防护口罩。除非你有大型的立式机床，例如平刨或压刨机，否则就不需要大型的木屑集尘器。

### 保持工作室的布置井然有序

保持工作室的布置井然有序很重要。储物柜比架子更适合存放物品，因为即使真空集尘器的集尘效果很好，也会有粉尘落在架子上。木材的存储可能是一个问题，有时有必要将木材存放在工作室外。人造木板最好竖着存放在架子上，以防止翘曲。

**提示：**在某些地区，当地的有关部门会提供工作室在防潮和隔热方面的建议。

# 介绍手工工具

许多初学者会被误导，以为自己需要很多昂贵的专用工具才能够正确地做木工活儿，但其实重要的不是工具的数量，而是掌握使用少量高质量工具的技巧和能力，这可以让你出色地完成木工项目，制作出令人满意的作品。你可以从下文介绍的成套工具开始，先使用这些工具来锻炼你的操作能力，然后再考虑增加工具箱里的工具。在这里，我将按照功能对这些工具进行分类。

## 划线（或画线）与测量工具

做木工活儿时保证准确度至关重要，而这始于划线与测量，所以你需要的工具有以下几种。

### 直角尺（①）

（图中展示了两种规格的直角尺：100 毫米的和 300 毫米的）为确保直角尺的准确性，可以用直角尺比着已知的直边画一条垂直线，然后翻转该直角尺，如果翻转后画出的线与之前的垂直线重合，则说明直角尺是准确的。如果没有重合，应退货。

### 活动角度尺（②）

带有锁定杆的活动角度尺比用螺丝锁定的活动角度尺更好用。

### 钢尺（③）

（图中展示了 3 种规格的钢尺：150 毫米的、300 毫米的和 1000 毫米的）这些钢尺有两个功能：测量和检查平面度。用弹簧钢制成的尺子比用不锈钢制成的更好，因为弹簧钢尺能够保持笔直，所以更容易检查平面度。

### 钢卷尺（④）

最好使用 5 米的钢卷尺。钢卷尺前端的挂钩可移动，以测量木材内部和外部的尺寸。可以用钢尺对比测量，检查钢卷尺的准确性。

### 划线刀（⑤）

划线刀是一种硬化钢刀，一侧磨成斜面。图中展示的是双手都可用的划线刀，比左手或右手型划线刀更好。

### 锥子（⑥）

锥子是一种带尖头的工具，用于在钻孔前定位。

### 划线器

划线器由可以滑动的尺杆和靠山组成。尺杆穿过靠山，通过旋钮固定。尺杆一端的针尖或刀片是用于划线的。以下是几种不同类型的划线器。

- **单针划线器**（未展示图片）**和带刀划线器**（⑦）**：**单针划线器只有单个针头，用于标出与某个边缘平行的线；图中展示的带刀划线器用于穿过木材的纹理划出一条明显的线，其针头用刀片代替，刀片的一侧是斜面，和划线刀相似，通常刀片的平面一侧朝外。在制作燕尾榫的时候，这种划线器非常好用。
- **双针划线器**（⑧）**：**有两个针头，其中一个是固定的，另外一个是可以调节的，通过旋钮调节针头的划线器更易于使用。双针划线器通常在双针头所在面的对面有一个针头，所以也可以作为单针划线器使用。
- **轮式划线器**（⑨）**：**你可能会想要尝试使用这种全金属的划线器，它是用锋利的滚轮代替针头来划线的。

### 游标卡尺（⑩）

通常情况下你需要非常精确的测量结果，而用钢尺测量可能不够准确，在这种情况下游标卡尺非常有用，而在我看来电子游标卡尺使用起来更简单。

### 铅笔（⑪）

H 铅笔用于画线，HB 铅笔用于画一般的记号。当然，H 铅笔的笔尖必须时刻保持锋利。

### 组合直角尺（⑫）

这种直角尺可用于画出 90 度和 45 度角，此外也有很多其他用途，例如检查榫卯结构末端、测量深度，以及与铅笔配合快速画线等。

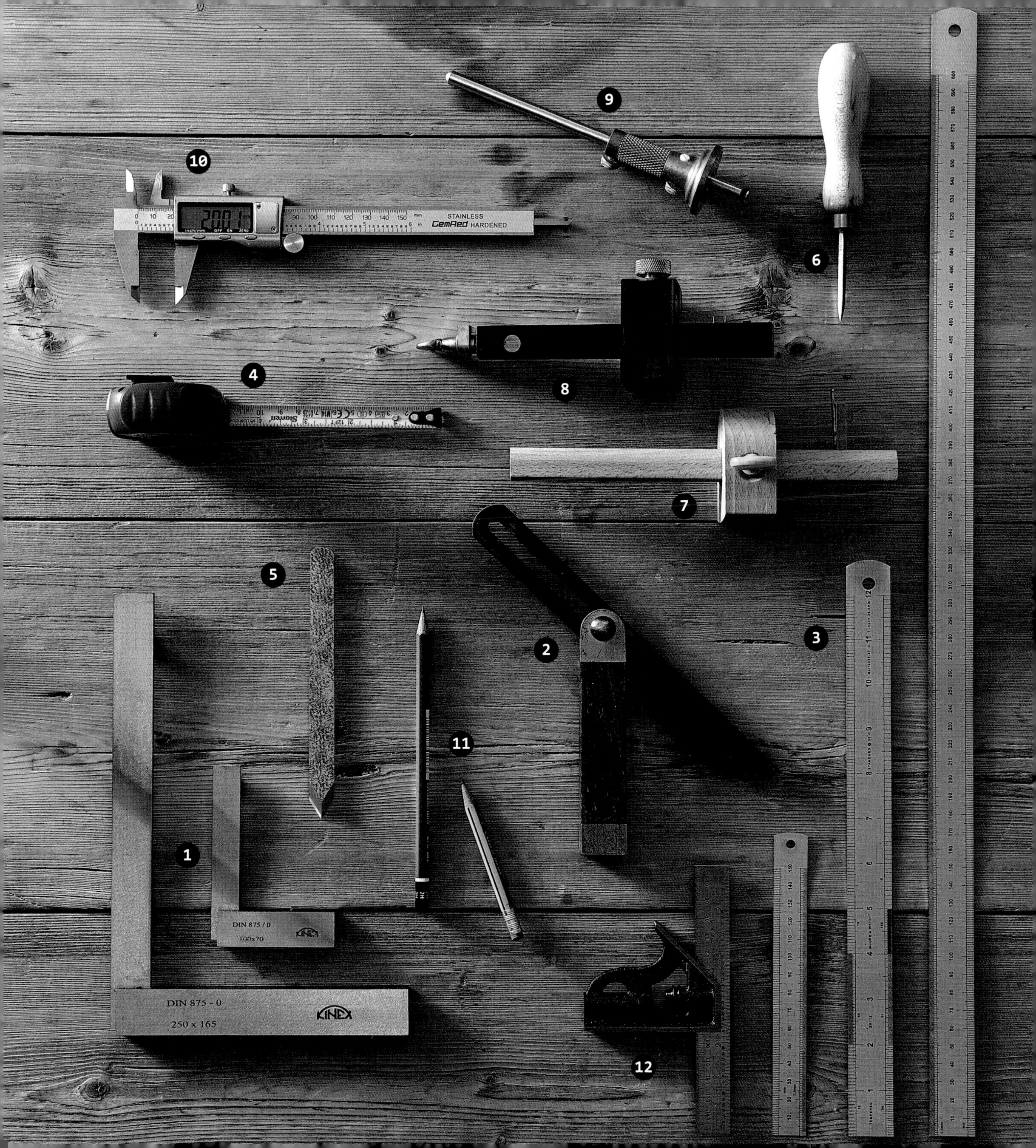
10
9
6
STAINLESS
GemRed HARDENED
200.1
4
8
Starrett
7
5
2
3
11
1
DIN 875 / 0
100x70
KINEX
DIN 875 - 0
250 x 165
KINEX
12

## 锯切工具

在进行基础木工操作时，你只需要两种锯切工具——手板锯和夹背锯。但是，随着新的、更具有挑战性的项目的开展，你可能希望充实自己的工具箱，添加更专业的工具，特别是当你不喜欢使用电动工具时。

### 锯的选择

当你前后推锯木材时，锯切工具会通过锯齿的运动切断木纤维。在大多数锯子上，锯齿有固定的设置方式，锯齿会交替向中心线的两侧弯曲，这意味着锯子不会被束缚在锯齿形成的凹槽或切缝中。齿数指每英寸（约 25 毫米）锯条上的锯齿数（Teeth Per Inch，TPI），齿数和锯齿的设置方式会影响锯切的质量：TPI 越大，锯齿设置越少，切割越精细。

传统的西式锯通常是锋利的横切锯或纵切锯。

**锋利的横切锯**切断木材纹理的效果较好。其锯齿被打磨锋利，形成刀尖状，以便切断木纤维。这可以通过以大约 30 度角锉锯齿来实现。横切锯的锯齿前端有约 15 度的斜坡。

**锋利的纵切锯**沿着木纹纹理切割的效果较好。其锯齿被打磨锋利，形成类似凿子的尖端，以便在切割过程中削去纹理纤维的末端。这是通过以 90 度角锉锯齿来实现的，锯齿前端会有大约 8 度的斜坡，由此你可以分辨横切锯和纵切锯。

西式锯是通过推送的方式切割木材的。近年来，日式锯和其衍生产品开始在西方流行。日式锯具有更复杂的锯齿几何形状和更薄的刀片，通过拉的方式切割木材。目前市场上很多廉价的塑料柄锯都借鉴了日式锯的锯齿形状，这样就可以通过推和拉两种方式切割木材。

塑料柄锯大多用于一般的手工制作。这种锯的锯齿是感应淬火处理而成的，刚开始使用时非常锋利。这种锯可以长时间保持锋利，但不可以重新磨锋利，所以钝化后就要丢弃。由于这种锯非常便宜，因此在经济上不会给人很大的负担，但有人认为其不可持续性是个问题。塑料柄锯的锯齿通常会被磨得很锋利，用于横切木材，也可以前后推拉切割木材。

横切锯可以沿着纹理切割木材，纵切锯可以横穿纹理切割木材，但是都不如使用专用锯更有效。

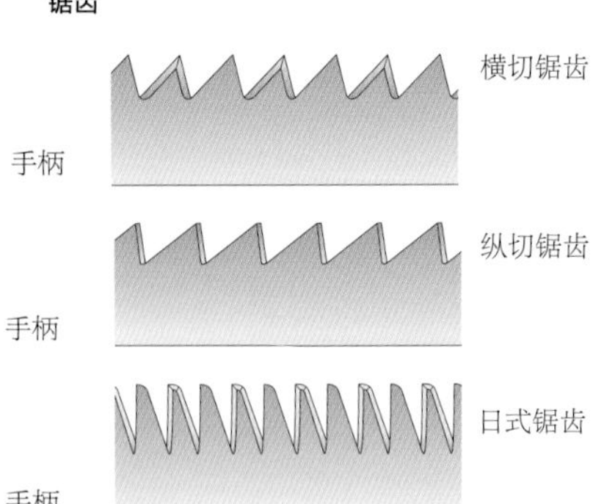

横切锯和纵切锯的齿尖是远离手柄的，而日式锯的齿尖是朝向手柄的

## 基础锯类

你需要的较为基础的两种锯是手板锯和夹背锯。

### 手板锯

手板锯用于所有的粗切割工作。目前，你可以选择传统款和创新款。

传统手板锯有一个较大的木质手柄和可弯曲的长锯片，锯片通常是前窄后宽的，能让锯片更容易切割木材。如果是纵切，应使用 650 毫米、TPI 为 4~5 的锋利纵切锯（①）；如果是横切，应使用 650 毫米、TPI 为 7~8 的锋利横切锯。如果你只想买一个锯，那么应选择横切锯，因为它也可以进行纵切。创新款手板锯有更加廉价的替代品，即塑料手柄的硬锯（②）。木工操作中，一个 560 毫米、TPI 为 8 的手板锯就够用了。

### 夹背锯

夹背锯用于更精细的木工活儿。这种锯比手板锯小，手柄也更小，会用钢或黄铜材质的锯背固定住锯片，能增加锯片的质量来辅助切割。从较重的开榫锯（带有 450 毫米 ×125 毫米的锯片，TPI 为 9~12 的锋利纵切锯齿）到小型的燕尾榫锯（带有 200 毫米 ×50 毫米的锯片，TPI 为 20 的锋利纵切锯齿），都是夹背锯（③）。

对于初学者来说，好的夹背锯应该是带有 300 毫米 ×65 毫米的锯片和 TPI 为 13~15 的锋利横切锯齿的大鸠尾锯。这种锯既可以做重活儿，也可以进行最精细的切割操作，例如榫和燕尾榫的切割。随着能力的不断提升，你可以自愿买一个更大、更专业的纵切开榫锯和一个小型的纵切燕尾榫锯。

**随着需求的增加，你可能会用到的其他锯子**

曲线锯有很多种，它们都有一个细且窄的锯片，该锯片通过金属或木质弓框拉住。它们包括以下几种。

专业的**线锯**（④）用于制作镶嵌用单板，并能在锯缝太窄而无法使用弓锯时清除燕尾榫之间的废料。

**弓锯**（⑤）和线锯相似，但尺寸更大、锯片更厚，所以弓锯适用于切割更厚的木材，完成没有那么精细的锯活儿，而这些操作线锯可能无法完成。

**简易弓锯**（⑥）是曲线锯中较粗糙的一种，通常是在木质框架上通过绞盘拉紧锯片进行切割工作的。

你可能想要尝试使用**日式锯**（⑦），这种锯有多种尺寸，有带锯背的，也有不带锯背的。你可以首先尝试使用突目锯——这是一款小巧的细齿锯，适合切割燕尾榫。日式锯通常可以更换锯片。

## 试试这样做！

夹背锯的命名方法可能会让人摸不着头脑，不要纠结于这些名称。更简单的办法是根据你需要的尺寸和锯齿类型进行购买。

## 凿切工具

购买包含 6 个斜凿的成套凿切工具对于初学者来说是个不错的选择，也许之后可以再购买一些扁凿。

**斜凿**（①）是一种好用且耐用的工具，对于家具制作而言，应该使用窄边的斜凿。有些斜凿非常粗短，边缘较宽，很难在狭窄的边角里使用。如果想选择一套大小合适的斜凿，应选择 6 毫米、9 毫米、12 毫米、16 毫米、20 毫米和 25 毫米宽的。

**扁凿**（②）长而薄，也是带有斜面的凿子。与斜凿相比，扁凿增加的长度使其更具控制力，并能够深入较长的凹槽中作业。最好使用 20 毫米和 32 毫米宽的扁凿。

凿子的价格通常体现在它的钢质上。尽管大部分的凿子都有很锋利的斜面，但便宜的凿子会钝化得更快。

与刨刀片一样，你很可能也需要将新凿子或二手凿子的背面磨平。原因之一是这有助于使刀片更锋利，另外一个原因是带有凸形背面的凿子很难在水平方向上凿切，因为它会趋于沿着背面形成的斜坡向上倾斜。新凿子的背面也会有机器加工的痕迹（参见下页“打磨刀刃工具”的内容）。

**榫凿**（**未展示图片**）如果你打算手动完成大量的开榫工作，请考虑购买一套榫凿。它们的刀刃截面要厚得多，从而更坚固，并且能够在切开榫时发挥锤击和杠杆作用。

# 使用工具前的准备工作

### 打磨刀刃工具

除非出现失误，否则在凿子或者刨子的使用寿命内你只需要打磨（或磨平）它们的背面一次。较简单、成本较低的打磨方法是使用约 60 毫米宽的砂纸条，将其粘在 8~10 毫米厚的浮法玻璃上，比如可以用 3M 微抛光膜砂纸，该砂纸的膜带有压敏胶背衬；或使用喷涂的接触黏合剂（例如喷雾胶水），将干湿两用金刚砂纸条固定到玻璃上。重要的是砂纸要完全平整，所以要小心地将薄片或者薄膜下面的灰尘、较大的颗粒或气泡排出去。

两种砂纸（3M 微抛光膜砂纸和干湿两用金钢砂纸）使用不同的磨料等级系统。用什么等级的砂纸打磨取决于刀片背面的状态：对于刀片背面非常不平整的刨刀，你需要从较粗的粒度开始，例如 60 目粒度或 80 目粒度的干湿两用金钢砂纸；对于刀片背面还算平整的刨刀和非常平整的新凿子，可以先使用干湿两用金钢砂纸系统的 120 目、180 目、220 目、400 目和 600 目粒度砂纸，或 3M 微抛光膜砂纸系统的 100 目、80 目、60 目、40 目和 30 目粒度的砂纸。可以在你喜欢的打磨工具上完成打磨工作。

一开始使用所需的最粗糙的砂纸进行打磨，向砂纸上喷水来润滑。将刀片平放在砂纸上，并用中等压力进行按压摩擦。保持凿子和刨刀背面平放在砂纸上，因为稍微抬起手柄（假设是凿子）就会造成刀刃被磨出圆边。对于刨刀，可以用双面胶带在其背面粘上一个木块来让它紧贴摩擦面。对于凿子，只需要用你的小指钩住手柄来实现同样的效果。你的注意力应该集中在保持刀片平放在砂纸上。你只需要研磨刀片前端 35~50 毫米的区域。许多新的凿子都是稍微呈凹面的，这很好，因为可以保证其与砂纸有两个接触点。你只需要在刀刃末端磨出一个窄的平面，不需要担心刀刃向后稍微凹陷的区域。旧凿子可能会出现相反的情况，你可能会发现其背面呈凸面，与砂纸只有一个接触点，很难磨平，所以最好不用这种凿子。

在刨刀背面加一个木块来让它紧贴摩擦面

你应该能够从划痕图案上看出已打磨过的区域。你可以用笔来辅助打磨，先用笔在打磨区域涂画，打磨后留下的笔痕代表的就是凹陷的位置。

持续在粗粒度的砂纸上打磨刀片，直到它变平。然后你可以一点点增加砂纸的粒度。打磨的最后一步就是抛光，把上一个粒度等级的砂纸留下的划痕清除，直到你的刀片表面变得光亮。从不同的角度查看刀片有助于找到上一个粒度等级的砂纸留下的划痕。

新凿子刀背的粗磨痕迹

用不同粒度等级的砂纸打磨刀片，以改变其角度。保持刀片平放在砂纸上，只用小指从下面钩住，以稳定手柄

镜面抛光效果

4
5
2
8
7
6
3
1

## 刨切和磨平工具

初学者只需要购买捷克刨、短刨和刮刨这 3 种刨切工具。如果你不打算用电木铣，可能还需要一个闭喉槽刨和企口刨。刨子其实就是一个用夹具夹着刀片的工具，能以最佳的角度刨切木材。刨子可分为低角度刨子和高角度刨子。高角度刨子的刨刀通常以与底面成 45 度角固定，刨刀的上面固定着盖铁。低角度刨子的刨刀通常以与底面成 15 度 ~20 度角固定，没有盖铁。

### 捷克刨（①）

捷克刨通常是高角度的“贝利”型刨子（尽管也有低角度的捷克刨）。“贝利”型是大多数工作室使用的刨子类型，它的尺寸范围从 140 毫米长的 1 号迷你刨子到 610 毫米长的 8 号巨型刨子不等。比较好用的捷克刨是 5 号和 5.5 号，分别长 355 毫米和 381 毫米。这其中，5.5 号更好用，因为它更宽、更重，所以冲力更强。

### 短刨（②）

短刨是一种低角度刨子。短刨比捷克刨小，主要用于刨平端面和进行小面积的修整工作，例如制作倒角或圆角。短刨通常是单手使用的，它刚好能用一只手握住。

### 闭喉槽刨（③）

闭喉槽刨主要用于清理槽内废料，其刨刀是 L 形的，能够沿着槽的底部进行刨切。闭喉槽刨已逐渐被淘汰，取而代之的是电木铣。

### 企口刨（④）

企口刨用于在木材边缘开企口，但企口刨不易于操作，所以像闭喉槽刨一样，其大部分功能被电木铣更有效地替代。

### 木工刮刀（⑤）

这是一种易于使用的工具，是约为 125 毫米 ×60 毫米 ×0.6 毫米大小的弹簧钢片，带有毛边。在用刨子刨过而发生断裂的区域，可用木工刮刀的毛边清除细碎的刨花。

### 刮刨（⑥）

刮刨和刮刀类似，但刮刨的刨刀是嵌入其内部的。有的刮刨的刨刀更厚一些，和普通的刨刀相似。刮刨都是向前倾斜的。

### 鸟刨（⑦）

鸟刨是用于刨出曲面的工具，刨刀位于两个把手中间。凸底鸟刨用于刨出凹曲面，而平底鸟刨用于刨出凸曲面。

### 打磨块（⑧）

刨切和磨平木材还需要使用的一种工具是用由砂纸包裹住的软木块构成的打磨块。

---

### 刨子部件

图中展示的是标准“贝利”型基岩刨的各个组成部分，我会拆解刨子来介绍其工作原理。

刨子由上盖固定。为了拆解刨子，应提起凸轮杆，将上盖拿掉。你现在应该可以拆解刨子了。

刨子由刨刀和盖铁组成。如果你想要打磨刨刀，必须拆下盖铁。使用宽的螺丝刀松开固定螺丝，向后慢慢滑动盖铁，然后旋转 90 度角，向前移动，这样就可以穿过盖铁中间的洞将固定螺丝拿出来，并且能保证盖铁不会摩擦刨刀边缘并损坏它。

将刨刀移除后，你就能看到蛙形支架和调节零件。顶部的杆（水平调节杆）是用来调节刨刀的倾斜方向的，其下端的圆形按钮与刨刀上的狭长槽联动。向左移动水平调节杆会让刀片倾斜，右

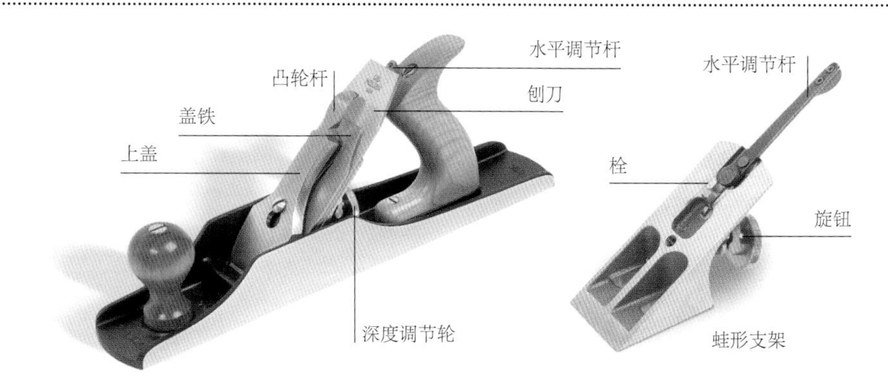


侧刨得更深，反之则左侧刨得更深。蛙形支架中间凸起的栓通过旋转轭与蛙形支架下面的旋钮联动。这个栓嵌入盖铁中间的槽里，拧动旋钮可以调节刨的深度（顺时针拧旋钮，刨子会刨得更深；逆时针拧旋钮，刨子会刨得更浅）。

大多数普通刨子的蛙形支架通过卸掉底部的 2 个螺丝就能够拆下来，这样能够展示蛙形支架是如何通过 4 个水平的接触点与刨底结合的。价格更昂贵的基岩刨（图中所示）的蛙形支架与底座的接触面积较大。

松开固定螺丝，通过蛙形支架背面的螺丝可调节蛙形支架的位置。这样可以使其前后移动，改变刨刀和刨口前端的距离。大部分情况下，应该将距离设定为 1 毫米左右。调节好刨子后，后续只需偶尔再进行调整。

# 使用工具前的准备工作

用记号笔在刨刀背面画几下

### 打磨你的刨子

很多新刨子和二手刨子在使用前都需要打磨。下面我们来看看主要需要打磨的3个区域。

### 刨刀背面是平的吗？

对短且直的边缘进行检验。质量好的新刨子，刨刀背面应该是平的，但也应该可以借此清除加工压平时留下的痕迹。便宜的或二手刨子，刨刀背面可能不是平的，这时就需要采用打磨凿子的方法打磨刨刀。在刨刀背面用记号笔标记凸起和凹陷的地方。

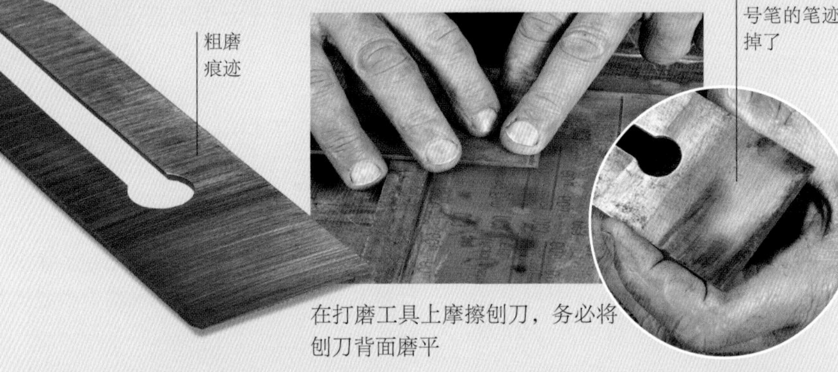

粗磨痕迹

颜色浅的区域是凸起的位置，记号笔的笔迹被磨掉了

在打磨工具上摩擦刨刀，务必将刨刀背面磨平

### 盖铁是否安装正确？

磨平刨刀背面后，要将刨刀磨锋利，然后安装在刨子上。如果调节正确，但刨花仍然堵在刨口里，或者出现六角形刨花，这可能是因为盖铁没有正确地安装在刨刀的背面。想要解决这个问题，应细细打磨盖铁前端的平面，这样盖铁就能贴合地安装在刨刀背面。最好使用金刚磨石或固定在玻璃上的砂纸进行打磨，因为用软的磨刀石打磨可能会使平面出现凹槽。有时盖铁的末端可能会向反方向弯曲，而刨花就堵在这个位置，可用磨刀石打磨盖铁使其弯曲方向正确。在质量较好的基岩刨上，盖铁与图中所示不同，更像是一个翻转过来的刨刀。

刨花堵在刨口里

细细打磨盖铁前端的平面，这样盖铁就能贴合地安装在刨刀背面了

六角形的刨花

如果盖铁末端向反方向弯曲，应打磨它使其弯曲方向正确

### 刨底是平的吗？

现在，刨子应该已经很好用了，但是如果刨底不平，刨的时候可能还会有点不稳，刨子会在木材表面“打滑”。要检查刨底平不平，可以卸下刨刀，擦拭刨底，然后将刨底放在已知的平面上（10 毫米厚的浮法玻璃就很合适）。将 0.1 毫米的厚薄规（又称塞尺）插入刨底来检查平面度。如果刨底不平，就将 60 日粒度的氧化铝砂纸固定在 10 毫米厚的浮法玻璃上当作磨盘，来磨平刨底。刨底不需要完全平整，只要 4 个点——刨底前端、刨口前面、刨口后面和刨底后端——在一个平面上即可。当刨底接近平整时，从玻璃表面抬起刨底，你会感到有一瞬间刨底与玻璃表面吸在一起了。

**提示：**这里有一个清理砂纸上的铁屑的方法——在空的酸奶杯里放一块磁铁，将砂纸上的铁屑吸在酸奶杯的底部。然后将酸奶杯放在垃圾桶上方，拿走酸奶杯中的磁铁，铁屑就会掉入垃圾桶里了。

用厚薄规检查刨底平面度

用记号笔在刨底画线，让你更容易看出凸起的地方

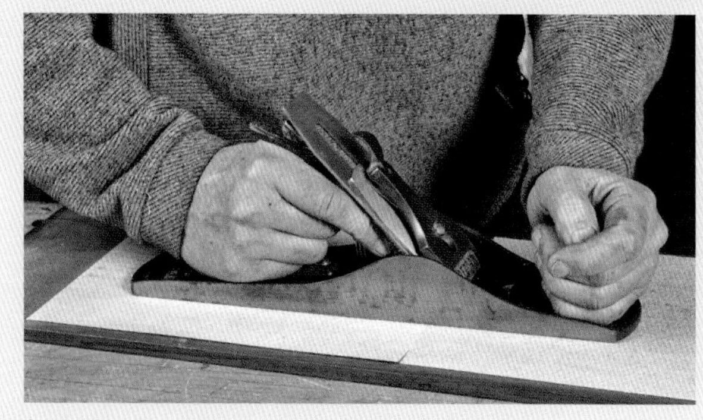

卸掉刨刀后，在砂纸上打磨刨底

可以从磨损情况看出刨底平不平，达到图中的效果就差不多了

## 磨刀工具

想要保持带刀刃的工具处于最佳状态，你需要偶尔用砂轮机对其进行粗磨，并经常用磨刀石细磨。砂轮机可磨出较大的 25 度的主斜面，而磨刀石可在工具尖端磨出较小的 30 度斜面。重要的是，你应该有一套磨刀工具，以便快速且容易地磨出合适的刀刃。

### 砂轮机

砂轮机一般分为水冷砂轮机（①）和干砂轮机（②）。

现代的水冷砂轮机是氧化铝制砂轮，直径为 200~250 毫米，砂轮会缓慢地浸入水中，这样钢质工具就不会存在过热的风险。皮质磨刀轮通常安装在中心轴的另一端。定位夹具和磨刀器通常能够将工具固定在正确的角度上。磨刀的速度非常缓慢。

干砂轮机的砂轮通常较小且快速运转，由金刚砂（碳化硅）制成。这种砂轮可能会因温度逐渐升高而烧毁，从刀刃上的蓝色或黑色斑点可以判断温度是否过高。用低温运转的陶瓷轮可以避免这种情况的发生。定位夹具和磨刀器通常能够帮助固定工具。

### 磨刀石

磨刀石的种类有很多，下面将介绍不同磨料粒度的磨刀石。对于初学者来说，我建议先使用极度锋利的磨刀系统（3M 微抛光膜砂纸）打磨，再逐步进阶到水磨石。

**油磨石**（①）通常是由不同粒度的氧化铝或金刚砂制成的，不过也有天然磨石材质的，如美国阿肯色州沃希托地区的岩石，其表面用矿物油润滑。油磨石通常比水磨石更坚硬，但磨刀不如水磨石快。油磨石通常没有特别具体的粒度，只有粗磨、中磨和精磨之分。对初学者来说，200 毫米 ×75 毫米的中磨 / 精磨组合油磨石就是不错的选择。

**水磨石**（②）通常由不同粒度的氧化铝制成，但是也有天然水磨石，其切削液就是水。水磨石比油磨石更软，所以需要经常磨平，但是水磨石的打磨速度比油磨石快。水磨石是用积聚在磨石表面的颗粒浆进行打磨的。在细磨石上，小型名仓磨刀石（③）可用于形成这种颗粒浆。除了粒度最小的水磨石，其他的都应该浸泡在水中保存。对初学者来说，200 毫米 × 75 毫米大小，粒度为 1000/6000 目的组合水磨石是很好的选择。

**金刚磨石**（④）是涂有相应粒度的金刚石颗粒的钢板。金刚磨石不需要切削液（尽管大多数人还是会使用油

**磨刀工具的比较**

| 种类 | 优点 | 缺点 |
|---|---|---|
| 油磨石 | 价格便宜，中等打磨力度 | 磨得慢，油会黏到木材上 |
| 水磨石 | 磨得快 | 需要定期磨平；除粒度最细的水磨石之外，其他的必须浸泡在水中保存 |
| 金刚磨石 | 表面长期保持平整，不易磨损，使用时自身和刀具都很干净，适合将窄长的工具磨锋利 | 好的金刚石都很昂贵 |
| 极度锋利的磨刀系统 | 价格非常便宜，使用时自身和刀具都很干净，磨得快 | 容易损耗，需要定期更换，维护成本高 |

或者水）。对初学者来说，200 毫米 × 68 毫米大小，粒度为 325/1200 目的组合金刚磨石比较实用。

**极度锋利的磨刀系统**（⑤）是指将砂纸粘贴在浮法玻璃（8~10 毫米厚）上制成的打磨工具。可以使用浸有氧化铝（3M 微抛光膜）的自带压敏胶背衬的砂纸，或通过喷雾胶水粘贴在玻璃上的碳化硅干湿两用纸质砂纸，3M 微抛光膜砂纸更耐用。微抛光膜的等级以微米计量，你最好选择 60 微米、40 微米、30 微米、15 微米、9 微米和 3 微米等级的砂纸组成这种磨刀系统。

**磨刀器**

初学者可能很难掌握手工磨刀的技巧，尤其是打磨刨刀，这时可以尝试使用磨刀器。市面上有很多种类的磨刀器，这里我只介绍两种——一种使用起来非常简单，另一种则复杂一点。

**简易磨刀器**（⑥），如史丹利（Stanley）品牌的基础款磨刀器。它有两个塑料滚轮。其通过两个指形螺丝将刀片夹在磨刀器上，一个塑料挡板向下落来指示刀片突出部分的大小，能分别细磨出刀片上 25 度、30 度和 35 度的斜面。

- **优点：**价格便宜、易于组装、重心低，易于使用。
- **缺点：**不易确保刀片边缘与磨刀器垂直（自制模板可以协助对齐），塑料滚轮易磨损，刀片在磨刀器上容易打滑。

**复杂磨刀器**（⑦），如维塔斯（Veritas）品牌磨刀器就非常坚固耐用。它由黄铜轮和安装在其上方的合金件组成。固定件通过挡块固定在前面，定位后可形成所需的细磨角度。把刀片夹在夹具上抵住挡块，然后卸下固定件，就可以细磨刀片了。

- **优点：**可以设置多种细磨角度，结构坚固，拥有微斜面调整装置。
- **缺点：**非常昂贵；对初学者而言刚开始使用时会觉得很复杂；如果不注意，可能会损坏刀刃。

## 夹紧和固定工具

夹具作为固定工具，在胶合过程中需要施加压力时，可以帮助稳固工件。你有必要选择一种能够提供适当压力的工具，例如将餐桌桌面胶合在一起时你需要使用坚固的拼板夹，这种夹具可以施加相当大的压力，不过你也可以使用一片薄薄的镶边，仅使用遮蔽胶带固定餐桌桌面。

夹具种类繁多，在这里我只挑选几种进行介绍。

### 拼板夹或重型 F 夹（①）

这种夹具带有滑动尾件和可调节钳口的扁平或 T 形钢条，可通过螺纹手柄将其拧紧。其通常可夹持 450~1200 毫米长的工件，更长的 T 形钢条可以使这种夹具夹持长达 1800 毫米的工件。市面上有单独的夹头，可安在木条上使用。你也可以使用铝质拼板夹，但通常这种夹具质量较差。拼板夹主要用于胶合不同的工件，它可以施加很大的压力。

**提示：**如果你的重型 F 夹不够长，则可以将它们连在一起，以夹紧更长的工件。

### G 夹（②）

G 夹（又称 G 字夹、G 型夹）的 G 形框架形成钳口，可以使用螺纹手柄将其拧紧。它用于胶合不同的工件并将其固定在适当的位置，尤其有助于将工件夹在木工桌面上。G 夹可夹持的工件长度为 50~300 毫米。

### F 夹（③）

F 夹（又称 F 字夹、F 型夹）通常与 G 夹的用途相同，它通过扁平的钢条形成较宽的钳口。它的一端是固定的，另一端可以滑动；将滑动端的螺丝拧紧，从而使工件固定在钢条上，可以使工件不再移动。F 夹比 G 夹夹持的工件长度范围更大，最长为 2000 毫米，最短为 120 毫米。

### 快速夹（④）

快速夹像棘轮腰带夹一样具有拉紧和释放功能，可连接到树脂枪上。快速夹给工件施加的压力不如用螺丝拧紧的夹具施加的压力大，但它的优点是可以单手使用。其夹口还带有内置的塑料保护装置，因此不需要用木块保护工件。有的快速夹可以翻转过来，以使用于拆解框架等。

### 凸轮夹（⑤）

凸轮夹主要用于以较小的压力固定工件。其滑动夹头接触工件，然后凸轮杆对工件施加压力。

### 弹簧夹或简易夹（⑥）

这是不同大小的塑料夹，用于对工件施加较小的压力，以将其夹紧和固定。

### 网夹（下图）

网夹即棘轮腰带夹，用于夹紧斜角连接的或形状更复杂的框架。

网夹

| 夹紧和固定装置对比 | | | | |
|---|---|---|---|---|
| 种类 | 可施加的压力 | 用途 | 可夹持工件的长度 | 说明 |
| 拼板夹或重型F夹 | 较大 | 组装和胶合工件 | 450~1800 毫米 | 有时可以拼接多个夹具，以夹持更长的工件 |
| G夹 | 可小可大 | 组装、胶合和固定工件 | 50~300 毫米 | — |
| F夹 | 可小可大 | 组装、胶合和固定工件 | 120~2000 毫米 | 比G夹更通用，但价格更贵 |
| 快速夹 | 较小 | 以较小压力组装、胶合和固定工件 | 150~1270 毫米 | 可单手使用，适合进行比较棘手的胶合操作 |
| 凸轮夹 | 较小 | 固定工件 | 300~600 毫米 | — |
| 网夹 | 较大 | 胶合工件 | 不适用 | — |
| 滑动楔 | 较小 | 以较小压力胶合工件 | 不适用 | 适合夹轻的木板 |
| 遮蔽胶带 | 较小 | 以较小压力胶合和固定工件 | 不适用 | 适合用于封边或镶边 |
| 水平夹 | — | 固定工件 | 不适用 | 使用机器进行加工时必不可少的夹具 |
| 简易夹 | 较小 | 固定工件 | 25~80 毫米 | 非常适合用于工件的一般性固定 |

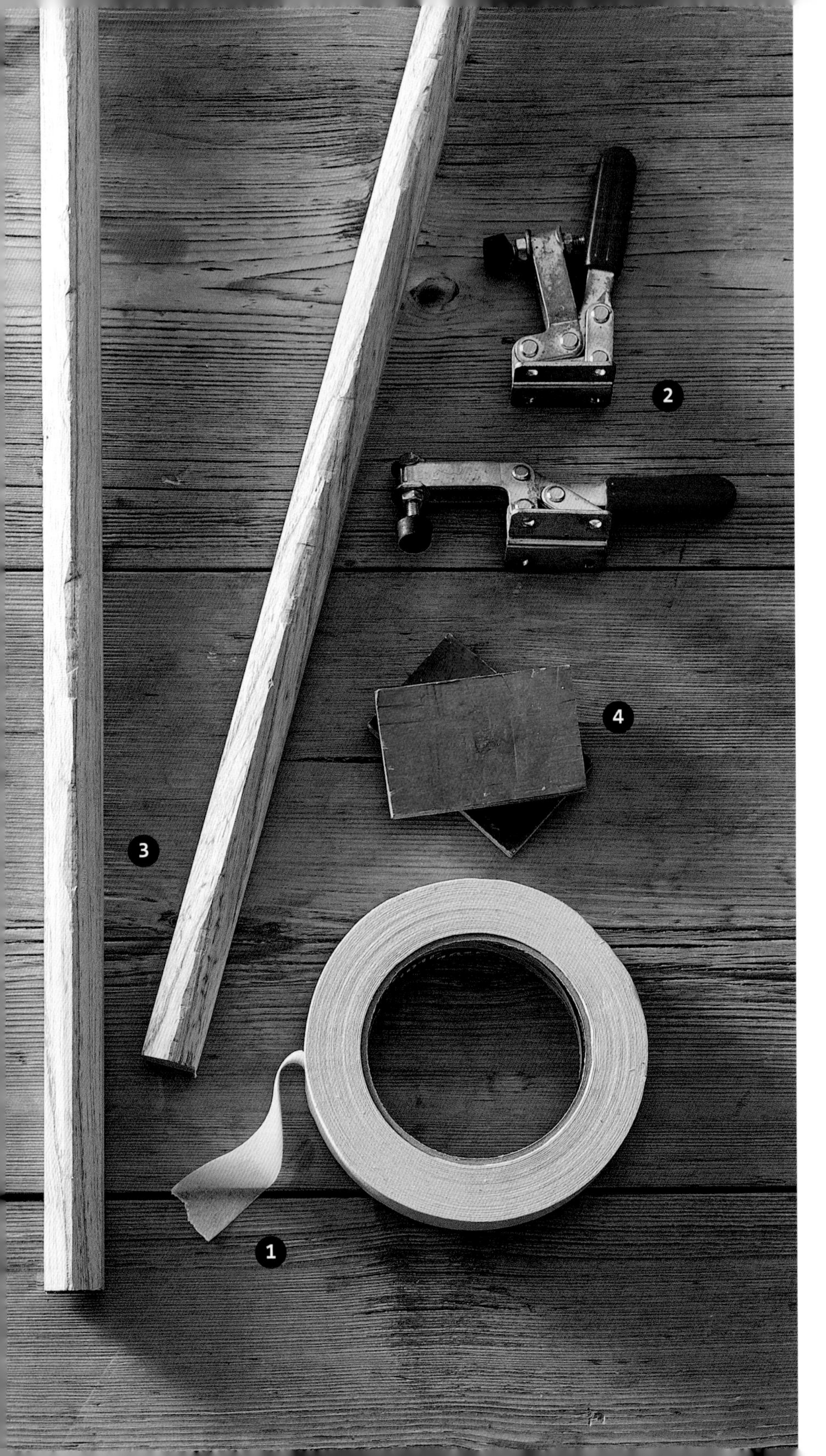


**滑动楔**（未展示图片）

如果你没有可用于将木板胶合在一起的夹具，则可以考虑使用滑动楔。将两个木条拧到比要胶合的木板宽一点的板上，然后在木板上轻敲两对逐渐变细的楔木以施加压力。滑动楔适合用于胶合薄板。

**遮蔽胶带**（①）

工作室中最有用的工具之一就是遮蔽胶带。它可以用于各种不同的轻力度胶合，例如在木板边缘镶边或将薄板胶合在一起。

**水平夹**（②）

水平夹是非常有用的固定工具，尤其适用于将工件固定在夹具上进行机器加工。固定住工件后将手柄向下压到锁定位置，就将水平夹调整好了。水平夹有多种尺寸和规格可供选择。

**夹紧和固定的辅助工具**

夹紧和固定工件时，你需要保护工件，使其不会因为施加的压力而受损。对于该操作，以下工具非常有用。

- **夹紧条**（③）**：**与单独的夹持块相比，较长的夹紧条很容易保持在原位，如果将其外边缘加工成棱边，则夹紧力将通过中心线向外而不是向下释放。
- **磁铁夹紧块**（④）**或条状夹持块：**当标准夹持块很容易掉落时，这种辅助工具可用于一般性的胶合工作。通过钻孔将一个 5 毫米 ×8 毫米的稀土磁体固定进 9 毫米厚的中密度纤维板或胶合板中，然后在钻孔的表面粘上一块皮革、橡胶或薄胶合板，这样就自制出了一个磁铁夹紧块。条状夹持块（未展示图片）表面有一个凹槽，便于安装在拼板夹的夹臂上。磁铁夹紧块的用途更多，但制作起来更复杂。

# 在工作室使用的材料

除了前面提到的工具和木材之外，你还需要一些额外的材料来补充你的木工工具箱。以下这些是不可或缺的工作室常用材料。

### 砂纸

如今我们常用的“砂纸”这个名称是不准确的，因为“砂纸”上的沙子已经被各种人造磨料，特别是氧化铝所取代。砂纸准确来说并不是一种木材加工工具，因此它的用途仅限于融合表面、在处理表面之前使表面变得平滑，以及在处理表面期间对其进行打磨。你应该只需要以下 3 个等级的砂纸。

- 120 目粒度，用于打磨初次使用切割工具加工后的木材的曲面。
- 180 目粒度，在使用 120 目粒度的砂纸之后使用，或直接用于打磨手工刨切的木材表面。这个粒度的砂纸用于表面处理的前期准备工作。
- 400 目粒度，用于在清漆层之间进行摩擦或刷式打磨。

### 磨垫

这种磨料用于摩擦成品或其他特殊形状的工件，为表面处理做准备。0000 规格的钢丝绒有这样的作用，但可能会在富含单宁（又称鞣酸）的木材，例如橡木或栗木上形成污染。尼龙砂带是一种浸有磨料的尼龙纤维带，是钢丝绒很好的替代品。磨料按照颜色区分等级，灰色是我们需要的磨料等级。

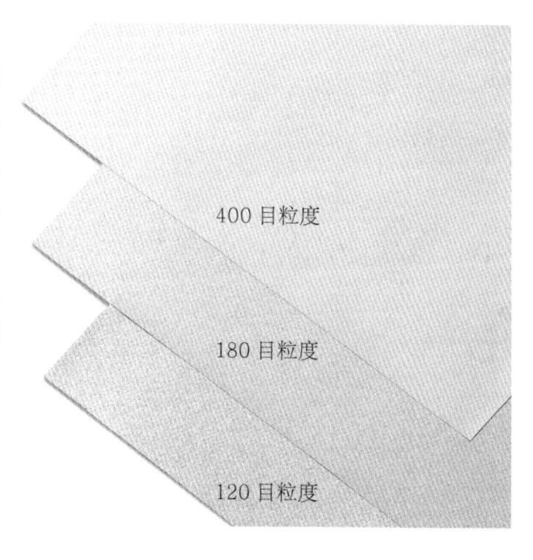


### 磨料等级

砂纸主要有两大等级系统：欧洲磨料生产商联合会（Federation of European Producersof Abrasives，FEPA）系统（通常以 P 为前缀）和美国涂层磨料制造商协会（Coated Abrasive Manufacturers Institute，CAMI）系统。两种系统都基于过滤磨料的网眼的孔的数量来划分磨料等级，数量越多，颗粒越细。微抛光膜是通过测量磨料颗粒的平均尺寸（以微米为单位）来分级的，因此数值越小，颗粒越精细。

右侧表格展示了较为常用的砂纸粒度在不同标准系统下的数值。

| 磨料等级 | | |
|---|---|---|
| 欧洲磨料生产商联合会系统（目） | 美国涂层磨料制造商协会系统（目） | 微抛光膜等级（微米） |
| — | 60 | 265 |
| P60 | — | 269 |
| P80 | — | 201 |
| — | 80 | 190 |
| P120 | — | 125 |
| — | 120 | 115 |
| P180 | 180 | 82 |
| P240 | — | 58.5 |
| — | 240 | 53 |
| P320 | — | 46.2 |
| — | 320 | 36 |
| P400 | — | 35 |
| — | 400 | 23 |
| P600 | — | 25.8 |
| — | 600 | 16 |
| P1200 | — | 15.3 |
| P1500 | 800 | 12.6 |
| P3000 | — | 6 |
| P6000 | — | 4 |

## 遮蔽胶带（①）

遮蔽胶带可用于工作室中各种各样的轻量胶合和一般性固定操作。

- 缠在钻头上来调整钻孔深度。
- 拼接薄板时，将木板边缘固定在一起。
- 贴在夹具的末端防止它们损伤工件。
- 如果你不想在工件上画记号，可用遮蔽胶带进行标记。
- 遮蔽胶带可以应用到很多可能需要的地方。

## 双面胶带（②）

双面胶带虽然没有遮蔽胶带那么通用，但也是非常实用的工具。

- 在木工桌的桌面上刨一块较薄的工件时，可用双面胶带将工件固定。
- 在加工工件时将废料固定在适当的位置。
- 用于各种临时性的定位。

## 黏合剂

以下是应用较广泛的黏合剂种类。

### 聚醋酸乙烯酯（Polyvinyl Acetate, PVAc）胶（常简称 PVA 胶）（③）

聚醋酸乙烯酯（又称聚乙酸乙烯酯）胶是一种白色的水性木胶。它可以通过水分蒸发和夹紧压力来固化，但在非常低的温度下不会固化。它易于蠕变，即放置时会由于弹性而产生轻微移动，因此请勿在层压中使用。

### 脂肪族树脂胶（④）

脂肪族树脂胶是一种黄色的水性胶。它与 PVA 胶一样常用，但干燥速度更快，不易蠕变。

### 脲醛树脂胶（⑤）

脲醛树脂胶是一种通常需要与水混合的粉状胶。脲醛树脂胶的黏合强度高，非常适合用于镶嵌细工和制作层压件。它是防水胶，因此也常用于外部细木工板。它是唯一具有缝隙填充特性的常用黏合剂，因此它在黏合松动的连接处方面非常有用！使用脲醛树脂胶时要按产品包装上的说明进行混合。

### 聚氨酯胶（⑥）

聚氨酯胶是一种耐用的防水胶，通过吸收水分固化。应少量使用，因为它在固化时会起泡沫。在使用时要戴上乳胶手套，因为它一旦粘到皮肤上，将无法去除。它比 PVA 胶和脲醛树脂胶更贵。

### 氰基丙烯酸酯胶（⑦）

氰基丙烯酸酯胶（又称万能胶，AA 胶）在木工中不常使用，因为它的开放时间短于 2 分钟，且价格较高。但是，它对于

**黏合剂对比**

| 种类 | 开放时间 | 夹持时间 | 固化时间 | 打开后的保存期限 | 是否蠕变 | 说明 |
|---|---|---|---|---|---|---|
| PVA 胶 | 20 分 | 3~4 时 | 12 时 | 如果不冷冻，可长期存放 | 是 | 干得快，容易流动，在 5 摄氏度以下的环境中不能固化 |
| 脂肪族树脂胶 | 15 分 | 2 时 | 24 时 | 长时间 | 是，但相较于 PVA 胶不易蠕变 | —— |
| 脲醛树脂胶 | 30 分 | 5 时 | 24 时 | 密封可保存 12 个月 | 否 | 防水；干燥后为白色，但是可以调色；用于填缝；在 10 摄氏度以下环境中无效 |
| 聚氨酯胶 | 10 分 | 各品种时间虽不同，但都很短 | 24 时 | 6 个月 | 否 | 在时间紧急的情况下好用，但是容易弄脏其他物品 |
| 氰基丙烯酸酯胶 | 几秒 | 5 分 | 24 时 | 较短时间 | 否 | 适合用于处理简单的工作，其他情况下使用它的成本太高 |

修复微小的裂纹、敲击痕迹和碎裂处非常有用；直接从瓶子里挤出少量使用即可。

## 五金件

如果要把所有的五金件介绍完，恐怕要单独出一本书。因此，在这里我只介绍最有可能使用到的两种：螺丝和合页。

### 螺丝

大多数的木工都需要钢质螺丝或黄铜螺丝。

一般情况下你需要使用钢质米字螺丝——螺丝头部有米字槽，用米字螺丝刀拧动。钢质螺丝通常为镀亮锌（Bright Zimc-Plated，BZP），以防止螺丝被腐蚀。橡木和其他单宁含量高的木材不应该使用钢质螺丝，因为钢会在木材上留下污渍，这些木材最好使用黄铜螺丝。

在不适合使用钢质螺丝或需要与其他黄铜五金件匹配时，应使用黄铜螺丝。从外观来看，黄铜螺丝更美观，但不如钢质螺丝坚固，因此在拧入黄铜螺丝时应防止螺丝头部被拧断。黄铜螺丝的头部通常是有槽的。

螺丝头有许多不同的样式，但我们平常最有可能使用沉头或圆头的。沉头螺丝的头部为圆锥形，因此螺丝与表面齐平或略低于表面。圆头螺丝通常用于安装需要调节的固定装置。

我们平常说的木螺丝的尺寸指的是它的长度和直径。长度规格简单明了，而测量直径的方法有两种：一种方法基于螺丝杆和头部尺寸的编号系统，数字越大，螺丝越粗；另一种方法是使用专用量规或直接测量螺纹直径。平常最常用到的是 4~10 号螺丝。

### 米字螺丝或十字螺丝

头部有交叉槽的螺丝包含米字和十字两种。米字螺丝头部槽角有小线条，将其对应到螺丝刀上就是其角上凸起的位置。十字螺丝通常是机用螺丝，不用于木工。尽管米字螺丝和十字螺丝看起来相同，但它们不可互相替换。

米字螺丝刀共有 3 种规格，使用 PZ 编号，代表适用的不同尺寸的螺丝。

PZ1 是 2~5 号螺丝
PZ2 是 6~10 号螺丝
PZ3 是 11~14 号螺丝

### 合页

合页有许多不同的样式，下面我将详细讲解一种传统样式的合页和一种采用现代设计的合页。

- **对折合页**　标准的对折合页由两个叶片组成，这两个叶片相互连接并安装在中心轴上。对折合页的大小取决于叶片的长度。较为常用的合页是钢质或黄铜质的，尺寸范围为 25~100 毫米。黄铜合页用于制作精细的木制品，也用在使用钢质合页会留下污渍的木材上。

  使用尺寸正确的螺丝安装合页，这一点至关重要。螺丝头应刚好嵌入叶片表面下方，但又不要太低，否则会显露太多埋头孔，螺丝头在表面凸起会使合页无法完全闭合。

  对折合页应放置在木材表面的凹槽中，并且应精确安装，使用劣质的五金件会损坏工件。
- **隐藏合页**　这种合页目前在橱柜中随处可见。隐藏合页通过金属板安装到橱柜门上，凸台安装在钻入门背面的孔（直径通常为 35 毫米）中；关闭橱柜门时，合页装置将被封闭进中空的凸台。合页的另一端通过金属板用螺丝固定在橱柜的墙板上，金属板通常允许合页在 3 个方向上进行有限的调整。

## 隐藏合页类型

隐藏合页有许多不同的配置，并且安装在金属板上的方式也各有不同。

- 滑入式合页：金属板背面的螺丝慢慢松开，以使合页可滑入或滑出。
- 卡扣式合页：将合页卡在金属板上，按下合页片上的控制杆即可。我发现卡扣式合页使用起来更方便。

合页和金属板连接到橱柜的方式也会有所不同。有些设计用普通的木螺丝安装；有些则使用欧式螺丝，即有厚螺纹的平头螺丝，可自攻进 5 毫米直径的孔。而销钉式合页使用的是可插入 8 毫米直径的孔中的塑料销钉。木螺丝配件比较易于安装。

合页和金属板的配置也有所不同，具体取决于门是嵌入柜体还是框架中，或者是覆盖在柜体的前面，以及门的宽度与柜体的宽度一样还是只有柜体的一半。合页可以使用曲轴来进行嵌入式安装，根据是全覆盖还是半覆盖来使用不同厚度的金属板。

现在，某些合页具有内置的阻尼功能，或者安装了卡扣式阻尼装置。

有的供应商会提供安装说明，其中包含钻孔位置，但你通常需要通过测试来完成安装。

将合页和金属板安装到橱柜门上后，可以使用各种调节螺丝来调整位置。

- 可以通过松开将金属板固定在橱柜侧板上的螺丝并手动上下移动橱柜门来调整门的垂直位置。某些金属板有内置的调节螺丝。
- 可以通过最靠近橱柜门的合页片上的调节螺丝来调整门的左右位置。
- 可以通过松开合页片上的后部螺丝并手动移入或移出橱柜门来调节门与柜体前部之间的间隙。

# 介绍电动工具

正确使用电动工具可以提高工作的准确度，并加快工作速度。但是，对于木工爱好者来说，速度并不总是一个重要因素，过程与结果同样有趣。因此，对于初学者来说，在购买电动工具之前，你有必要真正了解一下手工工具，以及木材在使用了这些工具后会发生什么样的变化。只有这样，你才能了解工具的用途，并选用适合你的电动工具（如果有）。了解清楚后，以下这些就是你可以考虑购买的重要电动工具。

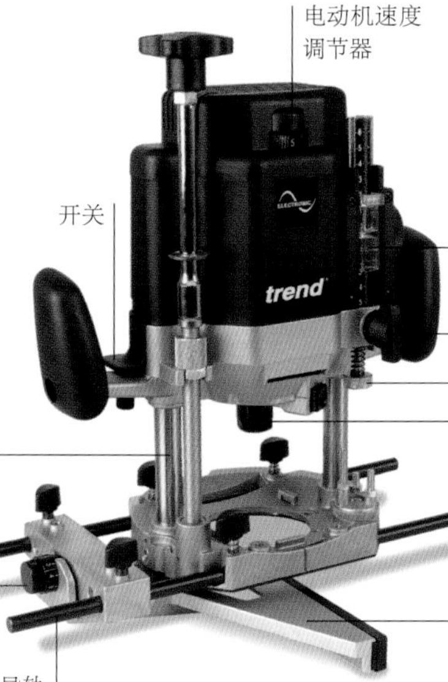

## 电木铣

电木铣可以完成各种各样的任务，从简单的开槽、制作企口和成型到制作复杂的形状和连接结构。电木铣具有的多功能性使其成为木工爱好者常用的电动工具。将其安装在电木铣倒装工作台上，会进一步扩大其应用范围。

该工具是由被转速高达 24000 转 / 分的强大电动机驱动的轴组成的。这个轴的末端是一个夹头，可以匹配多种不同形状的铣刀——正是由于有各种各样的铣刀，电木铣的功能才如此多样。电木铣的夹头尺寸和电动机功率各不相同，但是两者是相互匹配的。小型电木铣配有直径为 6 毫米或 8 毫米的夹头，电动机的功率大约为 1000 瓦；而大型电木铣配有直径为 12 毫米的夹头和功率高达 2000 瓦的电动机。机型越大，可变性越强，因为大型电木铣可以使用直径较小的夹头，但是小型电木铣不能使用直径较大的夹头。

大多数电木铣是压入式的，这意味着电动机和轴安装在使其能够垂直移动的支柱上，并设有用于控制铣削深度的限位器。电木铣安装在带有可调节靠山的底座上，靠山安装在可控制横向移动的导轨上。

铣刀包含一个安装在夹头和铣削端的刀柄，通常拥有多个由碳钨合金制成的刀尖。

**提示：**应确保铣刀刀柄的尺寸与夹头匹配，直径为 6 毫米的铣刀不能匹配直径为 6.34 毫米的夹头，反之亦然。

由于力学原因，大直径的铣刀只能在电木铣倒装工作台上使用。你可以购买不同质量的电木铣倒装工作台，也可以利用厨房台面和购买的嵌入盘来自制倒装工作台。将电木铣倒置在桌子下面，使铣刀从桌面的一个孔中伸出来，从而改变电木铣的使用方式。这不是让铣刀去切穿木材，而是让木材通过铣刀。这样你就能更精确而干净地切割木材。但是这也有安全隐患，因为手指可能会不小心接触到铣刀。在介绍倒装工作台的使用方法时，我将详述这个问题。

## 铣刀

铣刀有多种形状和规格，可以分为以下类型。

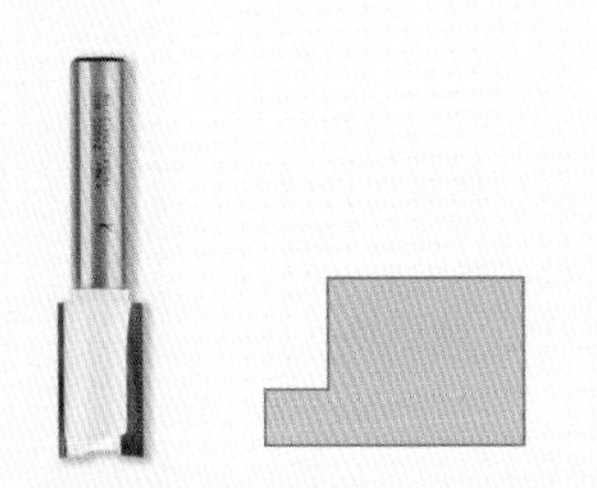

### 直槽铣刀

较小的铣刀可以是单刃或双刃的，而较大的铣刀（直径超过 6 毫米）是双刃的。有的大型铣刀可能不允许下压铣削工件。

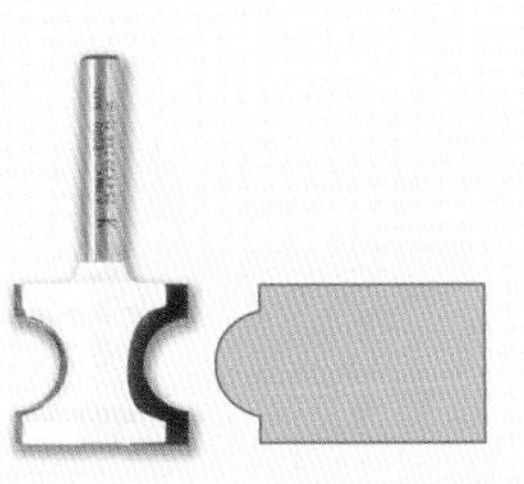

### 成型铣刀

成型铣刀有许多不同的形状，每种形状的成型铣刀都有许多不同的尺寸，可以将不同的成型铣刀组合在一起使用，以形成更复杂的工件形状。

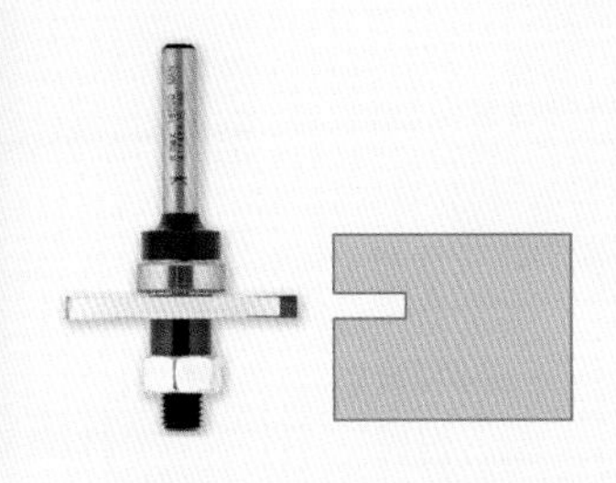

### 侧槽铣刀

这种铣刀可以很干净地铣削工件。可以将不同的铣刀和垫片堆叠在同一刀杆上，从而形成不同的铣削宽度。

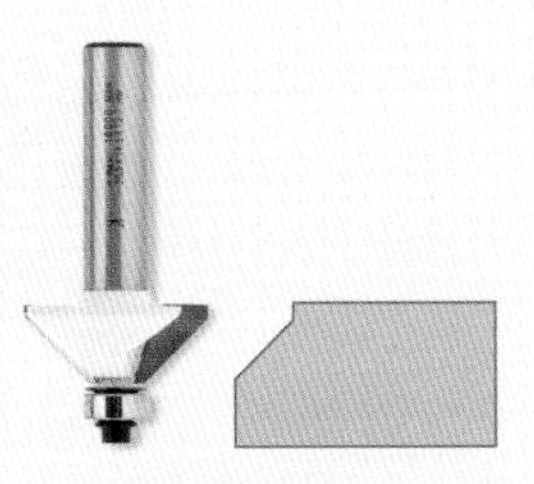

### 轴承导向铣刀

大多数铣刀带有轴承作为导向装置，这让铣刀可以按照不规则的形状（按照成型的模板或已创建的形状）成型工件。

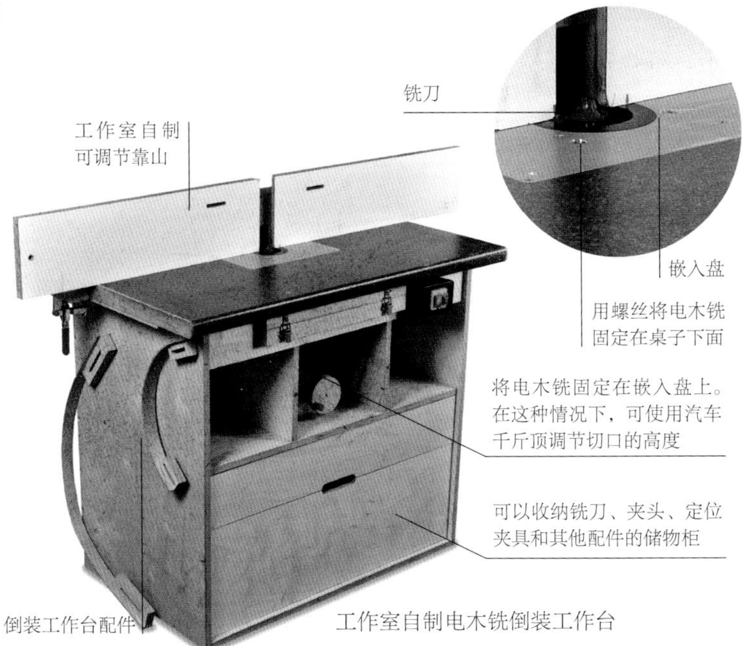


工作室自制电木铣倒装工作台

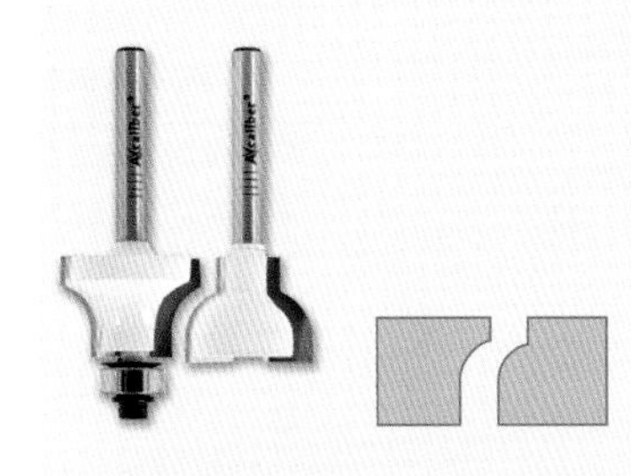

### 成对修边铣刀

在制作带有装饰线条的门和框架时会使用成对修边铣刀。这种铣刀能将工件连接处制作成特殊形状，也能将榫件的肩部制作成特殊形状，以契合卯件的形状。

### 螺旋铣刀

根据螺旋方向，这种铣刀是向上或向下铣削工件的。向下可对镶嵌工件进行干净的铣削，而向上可让铣削工件的底部形成良好的光洁度。

## 电钻

大多数手工爱好者会在身边常备电钻（无论是有线的还是无线的），它足以完成很多木工任务。当需要以正确的角度进行钻孔时，你可以在钻台上安装电钻，也可以使用专用的钻床，最好使用直径为 13 毫米的无匙钻头夹。

电钻的好坏取决于钻头是否契合地安装在钻头夹中，以及钻头是否锋利。下面介绍了一些做木工活儿时常用的钻头，这些钻头适合安装在电钻或钻床上。

**螺旋钻头**（①）

这种钻头常用来钻木材，但经常会在木材上留下粗糙的钻孔。这种钻头的直径范围为 0.5~14 毫米。

**三尖钻头**（②）

这种钻头中间带尖刺，并且钻头的两个槽在末端变尖。尖刺如果保持锋利，钻头作用于木材时就能够钻出干净利落的孔。中心尖能够准确定位。这种钻头的直径范围为 4~16 毫米。

**扁钻头**（③）

这是具有中心尖的铲形钻头。中心尖用于定位钻孔，而平面区域用于切割孔。它可以钻出平底孔，但会在最中心留下相当深的孔。这种钻头的直径范围为 8~32 毫米。

**平翼钻头**（④）

这种钻头带有较小的中心尖，中心尖周围都是锋利的刀刃。它能够将木材孔切割得非常干净，可以靠近另外一个钻孔使用而不会掉入其中。它钻出的孔几乎是平底的。这种钻头的直径范围为 6~25 毫米。

**锯齿钻头**（未展示图片）

在钻直径较大的孔时，平翼钻头的效果不太好。想要钻出直径较大的孔，需要钻头的外边缘足够锋利，以形成锯齿。这种钻头的直径范围为 25~65 毫米。

**埋头钻头**（⑤）

这种钻头不算是真正意义上的钻头，它只是在穿透孔上方形成了一个锥形孔，用于嵌入螺丝头。组合使用这种钻头可一次性钻出穿透孔和埋头孔。

### 钻头

钻头有多种形状和规格。

## 磨机

你可以使用刨子、刮刀和打磨块等手工工具打磨木材表面，但是磨机能够让打磨速度变得更快。磨机主要有两种类型：砂带机和轨道砂光机。随机轨道砂光机的打磨效果更好，但是它校准平面的能力不如砂带机。如果你只想购买一个磨机，我建议你购买随机轨道砂光机。但不论你选择哪种磨机，都要确保其在使用时连接着真空集尘器。

**砂带机**（①）

砂带机就是将一圈砂纸安装在两个运转的滚轴之间的浸渍石墨带。它会在木材表面留下纵向划痕，因此主要用于粗糙打磨。

**轨道砂光机**（未展示图片）

轨道砂光机将砂纸装在振动平垫上，这类磨机往往会在木材表面留下许多小的圆形划痕。随机轨道砂光机（②）具有防止木材表面出现划痕的附加旋转功能。现在市面上售卖的网状圆形砂纸（③）非常好用，它具有较好的除尘效果，并且不会让木屑堆积得太多。

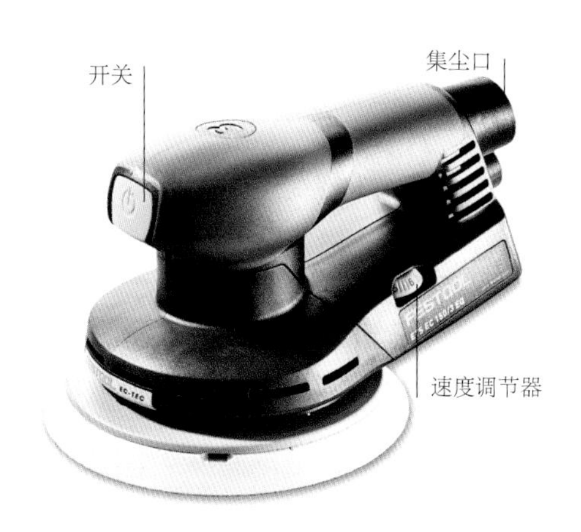

齿数为 80 的锯片用于精细锯切和横切，齿数为 40 的锯片用于一般性锯切，齿数为 24 的锯片用于纵切

## 电锯

**电圆锯**（①）

便携式电圆锯可以方便地对木材进行粗切割，如果与轨道一起使用，则可以精确地切割木板。在选择电圆锯时，应该考虑以下主要因素。

- **制造质量** 这是关键因素。调节设备是否准确且稳定，是否可以保持设置时的状态？每次复位时，锯片是否都能恢复到 90 度？锯片在切割时是否与底盘边缘平行（如果要沿着直边切割出一条直线，这一点很重要）？廉价的电圆锯很可能会在以上方面出现问题。
- **功率** 如果在深切时锯片的速度变慢，则电圆锯的效率会降低，从而使速度进一步变慢，直到锯片被卡在切口中，或者更糟的是，锯片在切口中向上拱。
- **锯切深度** 如果你只锯切人造木板，则可以使用锯切深度和功率较小的电圆锯。如果你打算横切 75 毫米厚的硬材，则最好使用锯切深度和功率较大的电圆锯。
- **倾斜度** 刀片应倾斜至 45 度角进行斜切。
- **集尘** 电圆锯在工作中会产生大量的粉尘，因此能够连接真空集尘器非常重要。
- **锯片配置** 大多数木工锯的锯齿是用碳化钨制成的，能在胶合板或中密度纤维板上进行干净利落的切割，齿数较多的锯片能够切割得更精细。为了粗加工较厚的工件，需要使用齿数较少的粗齿锯片。

**轨道锯** 近年来，轨道锯进入了人们的视野。它本质上是一种电圆锯，可以夹在工件上，并沿着放置在工件上的轨道滑动。轨道锯具有下压装置，可以使锯片轻松地从中心点切入工件，这样可以快速准确地进行切割。如果你打算切割人造木板（例如胶合板或中密度纤维板），则轨道锯非常好用。

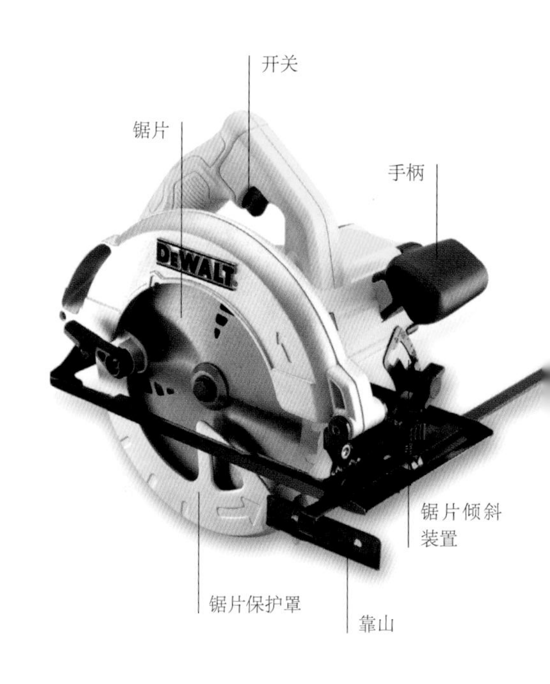

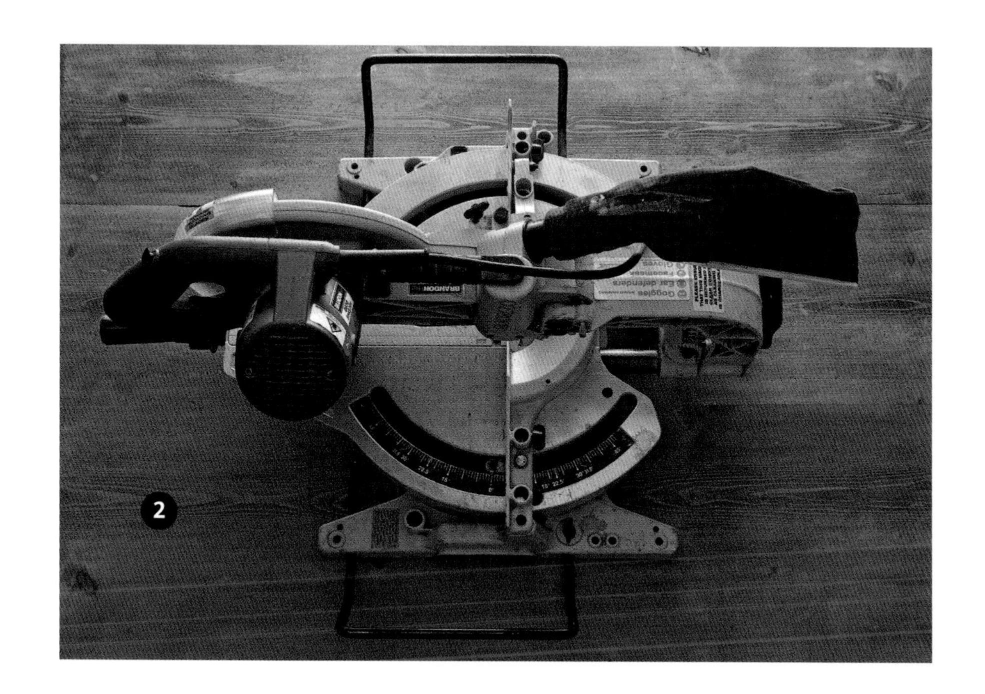

**切割机（未展示图片）或斜切锯（②）**

切割机是一种实用的工具，可以快速准确地将工件切成所需的长度，而且可以进行斜切。它其实就是将电圆锯固定在带有靠山的底座上。它的锯片会向下倾斜切割工件，这时安全底座会滑开。斜切锯与切割机相比，增加了一个装置，能够向你身体的方向拉动锯，从而切割更宽的工件。尽管通常情况下保护装置很有用，但这种锯并不是最安全的工具，因此使用时应保持谨慎。购买切割机斜切锯时，应考虑以下几个因素。

- **锯片齿数和切割质量** 有关锯片齿数和切割质量的问题与电圆锯相同。
- **倾斜度** 大多数斜切锯的锯片可从垂直状态倾斜至 45 度角，质量更好的斜切锯可以向左或向右倾斜。
- **旋转** 大多数斜切锯的锯片可以在水平方向最大旋转至 45 度角。而质量更好的斜切锯可以向左右两个方向旋转。通过在两个方向上设置适当的角度，电锯可以按照复合角度切割工件。能够向左或向右调整角度意味着你可以根据角度的设定进行切割，不需要翻转工件。但是，切割的准确度取决于电锯质量——廉价的电锯可能需要很长时间才能设置至准确的位置，并且可能无法在切割过程中保持这个设置。

**激光导向装置** 有的斜切锯带有激光导向装置，它会把激光投在工件上，以指示切口落在什么位置。

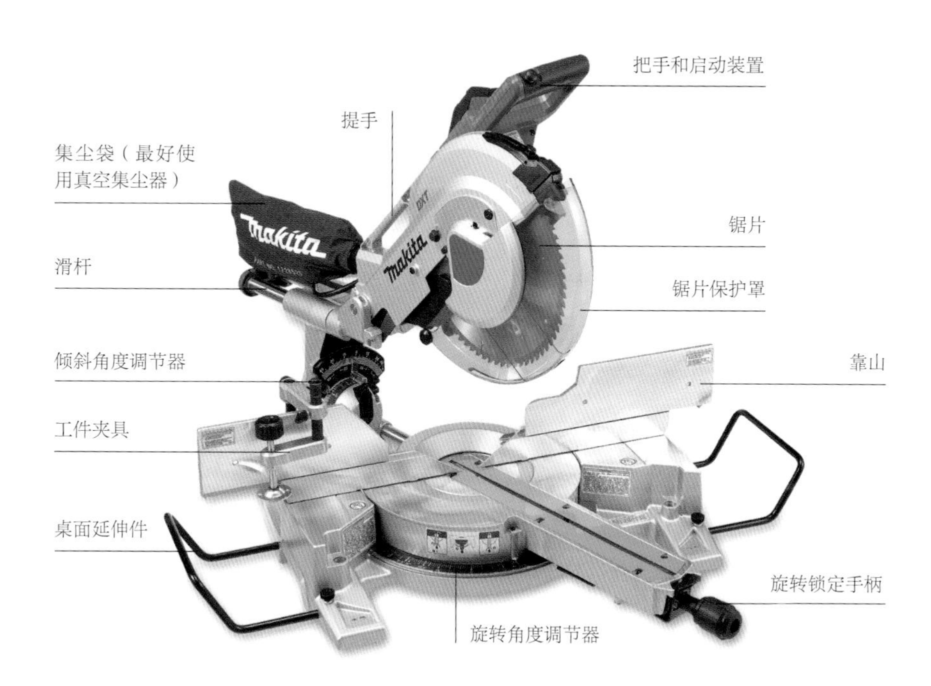

**曲线锯**

曲线锯的锯片可以向下切入预钻孔，特别适合用于切割曲线和薄板。但是它的切割速度很慢，并且切割边缘不整齐。购买曲线锯时，应考虑以下几个因素。

- **锯片运动** 曲线锯的锯片是垂直上下移动的。有的曲线锯增加了摆动装置或振幅调节装置，这样锯片在向下运动时能够轻微向后摆动（大多数锯片很锋利，以便在向上运动时切割工件）。这种功能在切割较厚的工件时很有用。
- **倾斜度** 很多型号的曲线锯底座上的锯片可倾斜至45度角，但由于切口相当粗糙，此特性在制作家具时毫无用处。
- **锯片齿型** 曲线锯的锯片有许多不同的齿型，锯齿非常细的锯片通常用于切削金属。
- **除尘** 清除锯片上的粉尘很重要，这样你才可以准确进行切割。大多数曲线锯可以使用冷却风扇吹去切割区域的粉尘，也可以通过真空集尘器除尘。

**激光导向装置** 有的曲线锯会用激光引导切割。在粉尘较多时或强光下，激光导向装置的使用效果不佳。

## 连接器

虽然饼干榫连接器和多米诺榫连接器看起来很相似，但它们的功能有些许不同。多米诺榫连接器是一种更结实的连接系统，可以用在多种连接方式上；而饼干榫连接器是一种拼接工具，需要在整个设计中增加额外的支撑。多米诺榫连接器价格更高。

**饼干榫连接器**（①）

饼干榫连接器是连接人造木板的绝佳工具，也可用于实木板的拼接。饼干榫通常用山毛榉制成的木薄片，在加工过程中经轻微压缩处理而成。连接器是由电动机驱动的小型电圆锯。电圆锯一直在保护底座中，只有在抵住木材向前推动时，它才会切入木材，所切出的狭槽可贴合地插入饼干榫。连接器的挡板用于控制锯切的位置，深度控制器用于控制锯切深度，而锯切深度取决于所使用的饼干榫的尺寸。

**多米诺榫连接器**（②）

多米诺榫连接器看起来和饼干榫连接器很像，但是它用的不是可移动的锯片，而是振动铣刀。连接器铣削出一个狭槽，这样木条，即多米诺榫就可以安装进去。通过更换不同尺寸的刀头和改变深度控制器，你可以制作用于安装不同尺寸的多米诺榫的凹槽。你可以在这种连接器上安装多种配件。

### 刀头和多米诺榫

刀头和多米诺榫有以下多种长度和直径可供选择。

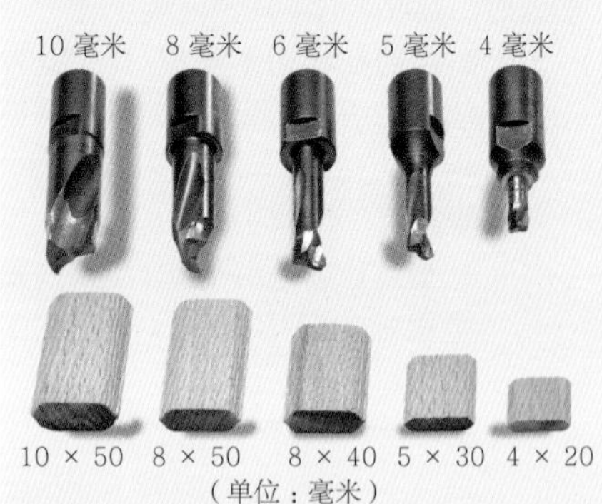

1
Lamello

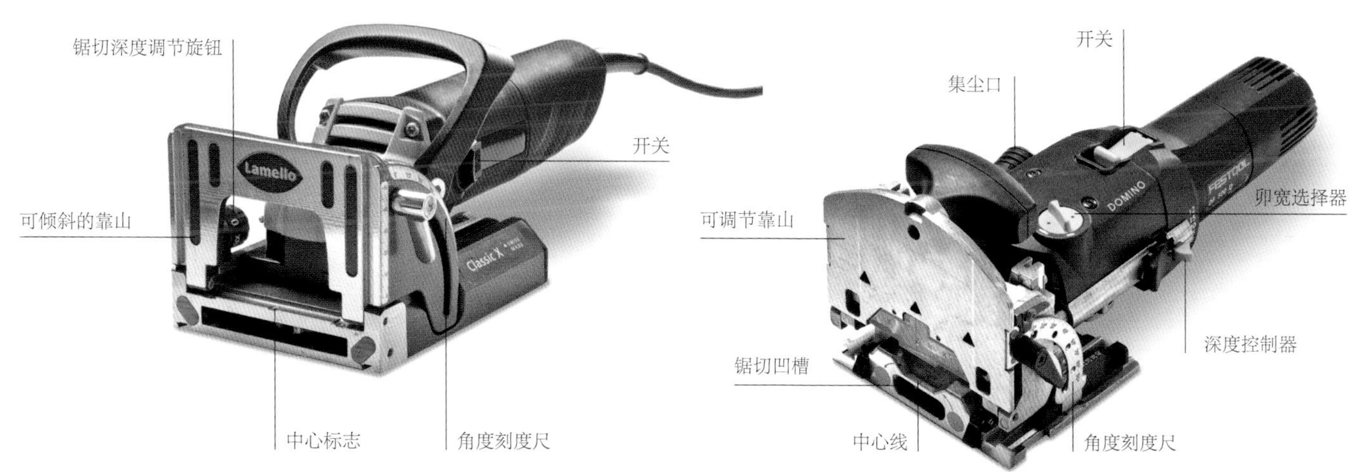
锯切深度调节旋钮
开关
可倾斜的靠山
Lamello
Classic X
中心标志
角度刻度尺
开关
集尘口
卯宽选择器
可调节靠山
DOMINO
FESTOOL
深度控制器
锯切凹槽
中心线
角度刻度尺

2
FESTOOL
DOMINO

# 木工桌

木工桌是工作室中的重中之重，也是你在工作室中度过大部分时光的地方，因此它需要满足你的工作需求。好的木工桌应是厚重且稳定的。对于这个工作室中最重要的工具，你在置办时应该考虑以下几个要素。

### 平面度

木工桌的桌面可以作为工作时的参考表面，因此它在两个方向上都应该完全是平面，且没有扭曲变形，并始终保持这种状态。如果是实木制成的木工桌，则应该由不超过 75 毫米宽的窄木条压制而成。

### 重量（质量的俗称）

好的木工桌应该是“矮矮胖胖”的，这样当你将其当作高冲力工作（例如锯切卯时）的支撑时，它会十分牢固。所以桌面的厚度应超过 75 毫米，桌腿还应该为木板提供稳定而坚硬的基座。因此，桌腿也应该非常厚重，桌子的横撑（尤其是桌子长边上的横撑）应较深地插入桌腿。

### 可移动性

你可能会偶尔更换工作室，而无法拆卸的大木工桌是很难移动的。这时可寻找可以拆卸的底盘，且配有质量较好的加厚螺栓或类似的部件，以保持底盘的硬度，从而使木工桌具有可移动性。

### 高度

木工桌的最佳高度取决于你的身高和你要在桌面上进行哪些工作。对于细工，例如镶嵌，你可能需要稍微高一些的木工桌；而对于木刻工艺，你可能需要矮一些的木工桌。测量你在站直时从地面到手腕折痕处的高度，以此来估算出合适的木工桌高度。

### 固定工件

木工桌应至少有一个桌钳，而且越大越好。如果你惯用右手，则桌钳应位于你的左前方；如果你惯用左手，则应位于你的右前方。桌子末端的桌钳也可以与挡栓（插入木工桌或桌钳表面孔中的木质或金属柱）结合使用，以使工件被牢牢地固定在木工桌上的挡栓之间和末端桌钳中。适合惯用右手的人的木工桌，其末端桌钳应该在右侧，反之则在左侧。桌腿上的挡栓孔也可以用于支撑夹在前桌钳中的工件。

你可以花较多的钱在木工桌上，但这不是必需的。你可以使用防火极限为 60 分钟的防火门坯制作一个简单的壁挂式木工桌，其四周要带有厚实的实木镶边。

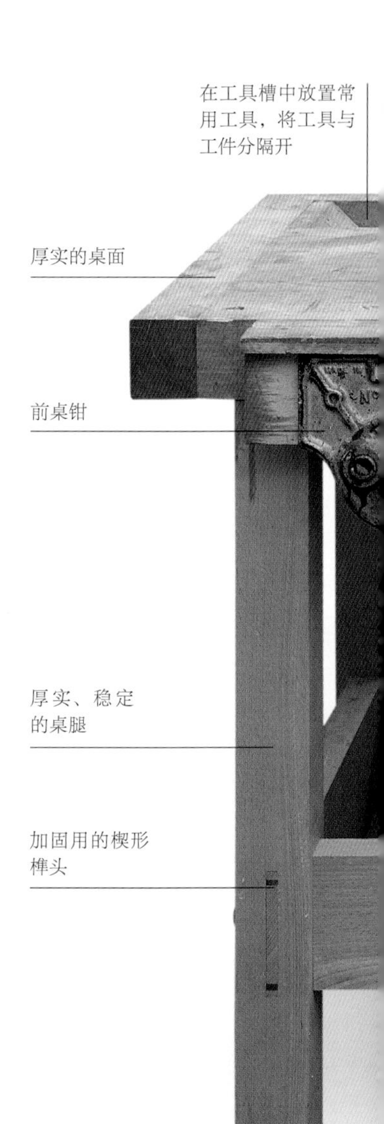

尺寸适中的桌钳，可快速释放

挡栓可以有效固定住木材

# 工作室自制工具

本章讨论的大多数是我们可以购买到的新的或二手工具。但是，有些手工／电动工具或工作室辅助工具可以直接在工作室中用边角料制成。

3

### 挡头木（①）

这种好用的工具用于在锯切时固定工件，也可以防止锯切木材时在木工桌上留下痕迹。它有一个大约 200 毫米 ×150 毫米 ×20 毫米的底座——可以是胶合板或实木，其纹理沿长边方向延伸。两个分别粘在底座两端上下方的横木由硬材制成，尺寸大约是 135 毫米 ×35 毫米 ×35 毫米。两个横木分别与底座一端齐平并固定，横木侧面留有 15 毫米的空隙。如果你惯用右手，则将空隙留在右侧，反之留在左侧。

### 刨木导板（②）

如果你没有能精准切割出干净端面的电锯，则可能需要一个刨木导板。它可以让刨子作用于木材侧面，从而清理出干净的端面；它在拼接木皮时也非常有用。为保证稳固，刨木导板最好由优质的胶合板或中密度纤维板制成。它的长度因人而异，不过 600 毫米是比较合适的长度。简易刨木导板的底座尺寸可以是 600 毫米 ×250 毫米 ×18 毫米，也可以更厚一些。固定在底座下方的第二层底板的尺寸是 565 毫米 ×180 毫米 ×9 毫米，它为刨子提供了较宽的滑动企口，并在末端留出一部分空隙来安装横木。第二层底板的横木端必须与企口的侧面成直角，这是关键之处。尺寸为 180 毫米 ×35 毫米 ×44 毫米的横木固定在一端，与企口侧面成直角。

如果你惯用右手，则企口应位于横木的右侧，反之则位于左侧，你也可以改变这个设计。自制横木的好处在于其末端损坏时可以进行修整并向前滑动。有些人喜欢将坚固的防滑材料（例如三聚氰胺或聚四氟乙烯）粘在刨子滑动的企口上。

将一个 45 度角的木块安装到板上，可将其制成斜角刨木导板。这个木块用圆木榫固定并抵在横木上。

### 斜锯架（未展示图片）

顾名思义，斜锯架是用于切割斜角的。手工锯切到画线位置时很难切出较好的斜角。斜锯架可通过利用事先制成的斜角锯缝将锯精确地保持在正确的角度，前提是锯缝的角度是准确的（这是很难做到的）。斜锯架应该由硬材制成，例如榉木。它的尺寸取决于正在制作的木工项目和锯的最大切割深度（夹背锯可将木材切割得很干净，但深度有限）。不过，比较好用的斜锯架的一个标准尺寸是长度为 300 毫米、深度为 75 毫米，宽度为 75 毫米。制作斜锯架要保证其准确度，这非常重要。

### 扭曲棒（未展示图片）

一对扭曲棒能够检测平面是否弯曲变形，其中一根由浅色木材（例如枫木）制成，另一根由深色木材（例如乌木）制成，或者由任何木材制成但涂成不同的颜色。它们必须是完全笔直的，而且厚度一样。

### 锯木架（③）

锯木架不能代替功能齐全的木工桌，但在进行手工锯切或使用轨道锯时可用作临时支撑，或在锯木架上面放块木板将其作为胶合使用的桌子。

市面上有塑料折叠锯木架，但你也可以自己制作。传统锯木架的桌腿是固定且张开的，你可以将它们堆叠起来，但是这种锯木架仍然会占用工作室的空间。你可以使用专用的支架制作折叠锯木架，可以用合页连接或将其做成可拆卸的。

1
2
2

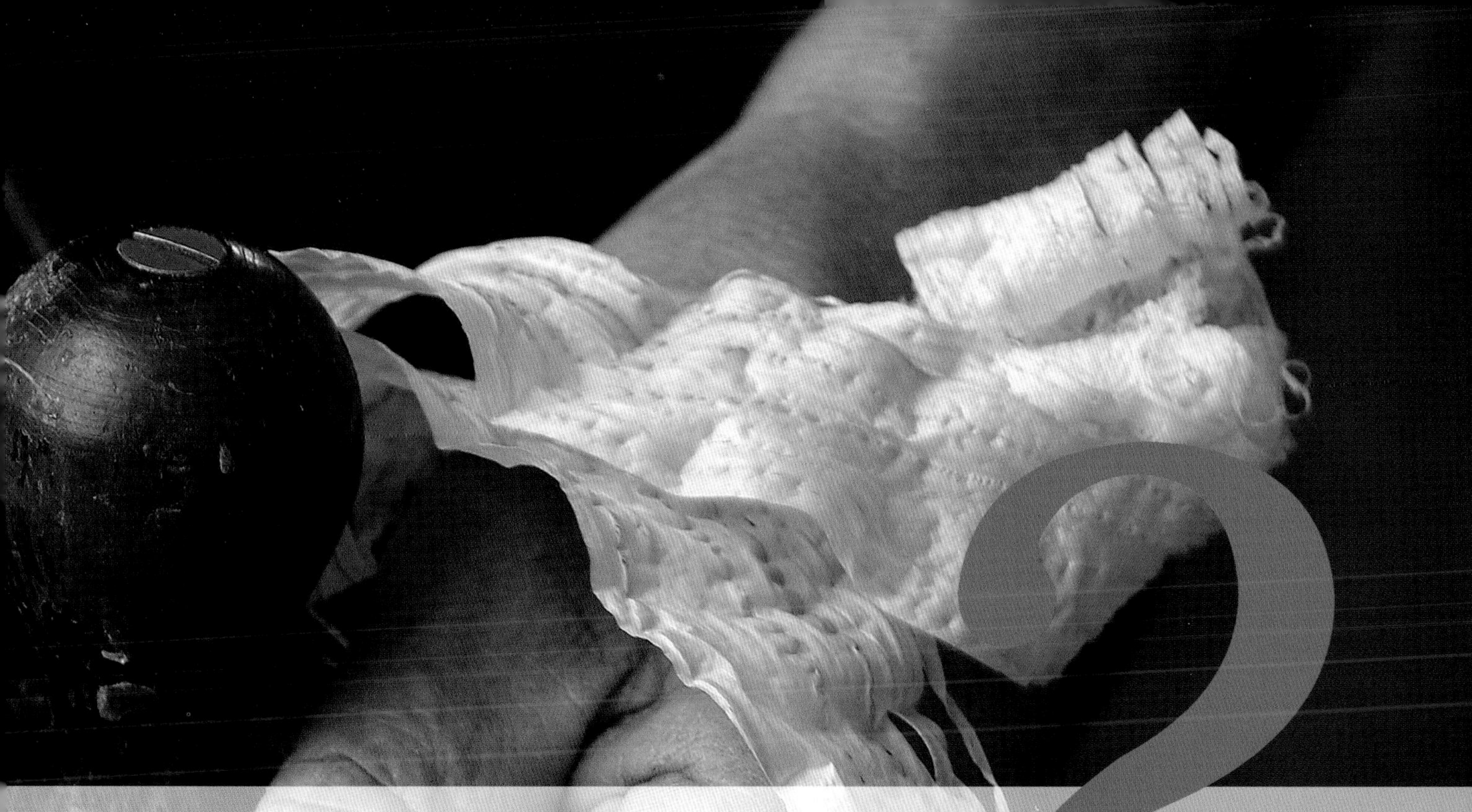

# 第 2 章 手工工具的使用

一些人天生就会熟练地使用手工工具，而另一些人则认为手工工具操作起来很困难。无论你是否天生就会使用工具，只要工具保持锋利，你一般都能很轻松地使用它。一个“绝佳利器”会让你使用起来得心应手，而钝器只会让你大失所望。使用手工工具的另一个重要原因是木工对于准确度的要求十分高。在一般的手工制作中，常常会有几毫米的偏差，但是对于更精细的手工项目，你应该努力保证尺寸精确。有了锋利的工具和追求精准制作的态度，那么接下来就是方法、姿势、仔细观察和练习的问题了。在上一章中，我介绍了你所需要的手工工具，这一章我将向你展示如何使用和保养它们。

# 打磨刀刃工具

确保工具有锋利的刀刃是木工制作的基础。刀刃工具指的是那些只有一面刀刃的工具，例如凿子或刨子。下面将详述如何让刀刃工具变得更锋利。

这里不包括锯的打磨，因为它不属于刀刃工具。锋利的工具由两个光滑的平面组成，两个平面完美相交，没有中断、变圆或不规则的情况出现。在上一章中，我介绍了如何将凿子和刨刀的背面磨平、抛光，而凿子和刨刀的另一面也需要有相似的平整且抛光的斜面。

凿子和刨子通常有两个斜面。第一个是用砂轮机打磨出来的主斜面，你只需要对其偶尔重新打磨，通常在砂轮上以 25 度角粗磨即可。第二个是用打磨工具打磨出来的斜面，这个斜面是精细抛光的，应在平整的磨石或其他打磨工具上以 30 度角细磨。你需要经常细磨刀刃，在刀刃磨损较大的时候，可能每 20 分钟就要细磨一次。

所以，怎么知道刀刃何时需要重新细磨呢？首先，你是否在做木工活儿时感到吃力？或者很难用刨子刨出刨花？或者刨出的表面非常粗糙？如果有这些情况，你应该检查一下刨刀的刀刃。肉眼是无法判断刀刃是否锋利的，但如果两个平面完美相交，则光线将无处反射；如果你在刀刃处看到细小的颗粒或少量光斑，则它可能就没那么锋利了。小心地用手尝试感受刀刃，轻轻滑过刀刃处（不是沿着其长度方向），此时你应该能够感觉到它好像在“咬”你，而钝了的刀刃则不会让你有这种感觉。

怎么知道刀刃何时需要重新粗磨呢？也许你的凿子或刨子撞到过钉子，并在刀刃处形成了较大的凹痕或缺口，而且这些凹痕或缺口可能太深以至于细磨时无法将其除掉，这个时候就需要粗磨了。或者也可能是细磨的斜面太大了；每次细磨时，这个斜面都会变大、变宽，这样你就需要更长的时间将其打磨锋利。在某一时刻（可能是细磨斜面与粗磨斜面的大小相同时），你觉得细磨花费的时间太长，此时就需要重新粗磨工具（请参见左下方图示）。

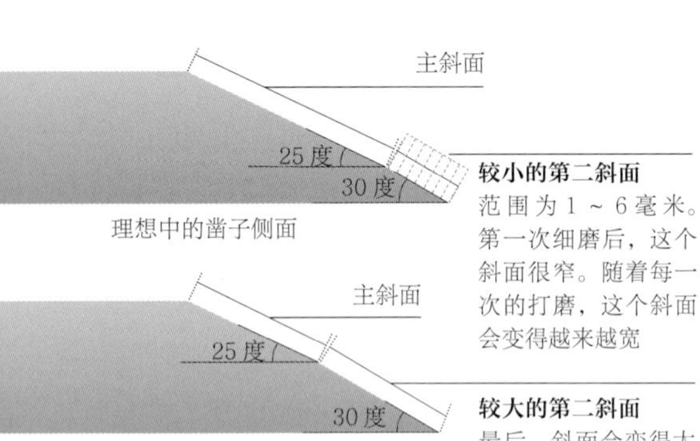


宽的细磨斜面需要重新粗磨

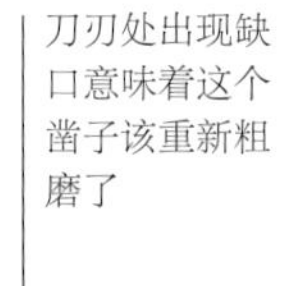

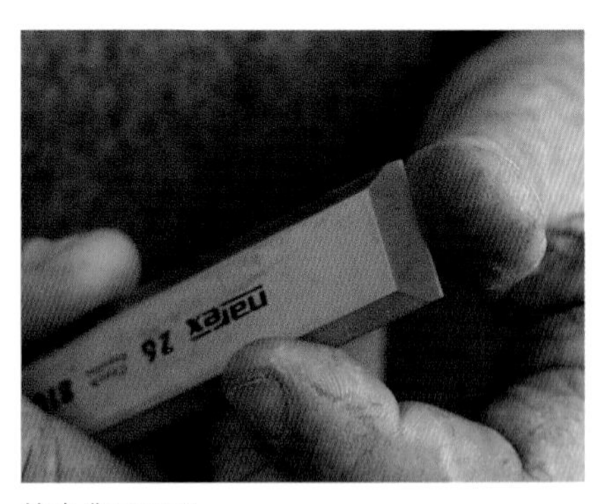


检查凿子刀刃

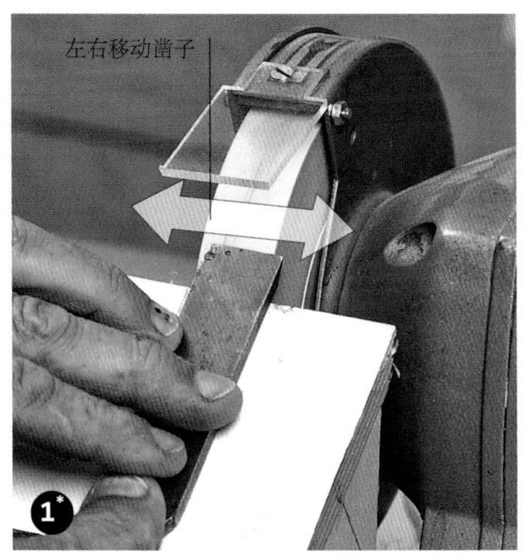

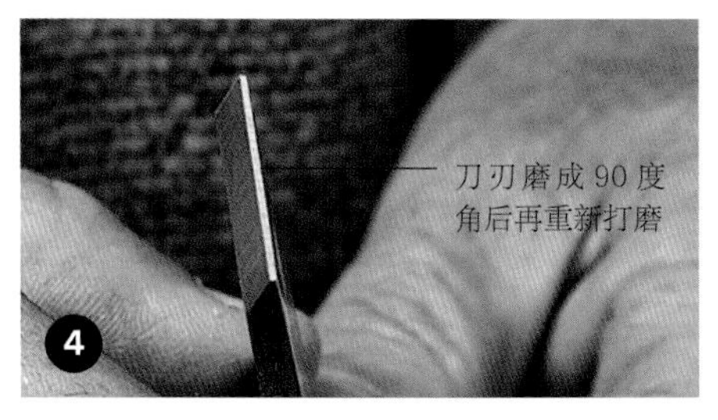


## 问题诊断

使用干砂轮机粗磨，通常会出现以下问题。

**烧毁工具**

你需要经常将工具浸入水中，因为磨石自身的杂质可能会使工具在粗磨时变热。使用金刚石砂轮修整器来修整砂轮也会有帮助。修整工作会清除砂轮粗糙的表面，让干净的表面露出来。如果刀刃已经烧坏，你需要继续打磨，除掉烧坏的部分。

**斜面变多面**

这可能是没有保持工具平放在支架上导致的。

**磨过的刀刃与侧面不成直角**

这是在干砂轮机上进行手工打磨时经常会出现的问题。工具必须要和砂轮垂直。可以在支架上画一些与砂轮垂直的辅助线，确保工具与辅助线平行。

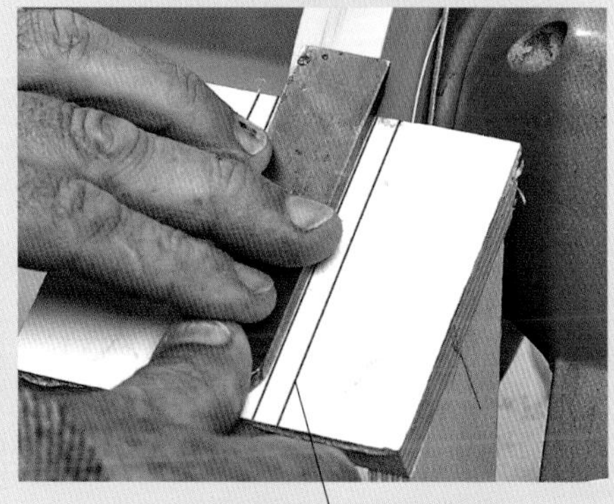


## 如何粗磨工具的刀刃

在上一章中，我介绍了两种不同的砂轮机，这里我将介绍如何使用这两种机器粗磨手工工具。

### 干磨

干磨时，应该注意避免烧坏工具的刀刃。刀尖是非常容易被烧毁的，所以干磨过程中应时常将工具浸入水中并轻轻触摸以避免摩擦生热。

大多数干砂轮机带有某种形式的可调节的工具支架或支座，其质量各不相同，有些坚固耐用，而有些小而易损。如果发现支架不好用，你可以做一个和上图类似的支架。无论何时，工具支架都应该可以调节角度，这样你才可以将刀刃磨出 25 度的斜面。可以把已经磨出 25 度斜面的工具放在干砂轮机上面，然后适当调整支架，以获得正确的角度。

1. 启动砂轮机，将工具放在支架上，移动工具接触磨石。不要担心会出现火花，火花的温度不会很高。在砂轮机上左右移动工具。

2. 粗磨几秒钟后，将工具末端浸入水中防止其金属表面被烧坏。重复操作直至粗磨完毕。

3. 检查刀刃状态。当金属表面没有办法散热时，就表示它被烧坏了。

4. 如果你必须磨掉工具刀刃上的深缺口，那就有必要将末端平面磨成 90 度角，然后将其磨成斜面。这有助于避免工具被烧毁，但是你应该确保继续磨出斜面，直到整个 90 度角的平面消失。最开始你可以间隔较长时间再将工具浸入水中，但随着刀刃变得越来越薄，你应该更频繁地将其浸入水中。

* 注：此处图号对应文中操作步骤，如图①对应干磨 1，一些步骤无图示，如步骤 3 无图示即无图③，后文同。

磨削量规

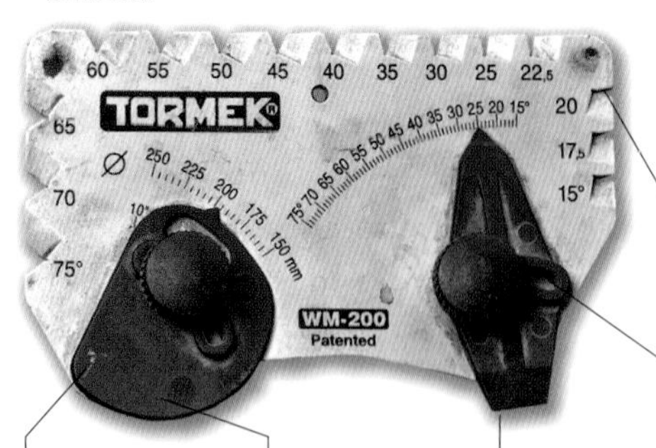


这里的凹槽用于检查磨过的刀片的角度

调整到需要的刀刃斜面角度

将这个弧形部分放置在砂轮上

设置成砂轮的直径

这个边缘应该平放在刀刃背面上

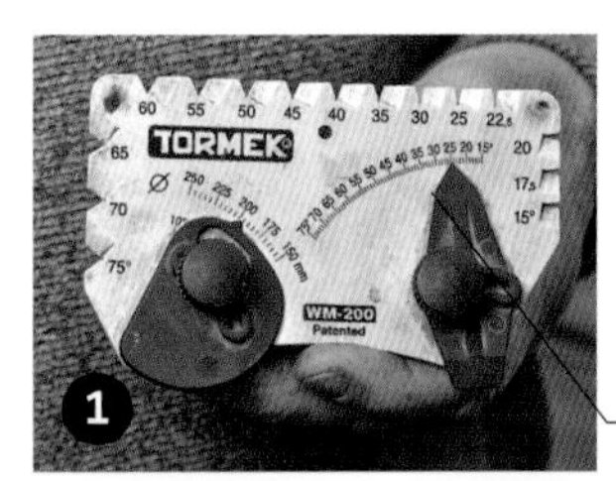


这里将刀刃斜面设置成25度，砂轮直径为195毫米

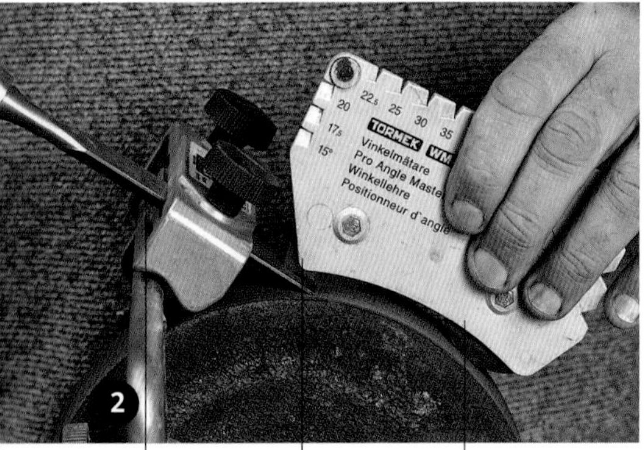


工具的刀刃向上抵住夹具边缘

将这个末端平放在凿子的背面

将这个末端放在砂轮上

左右移动凿子

## 湿磨

水磨石砂轮机通常需要用某种夹具将工具固定在正确的角度。

1. 调节工具在夹具中的位置，通常需要使用设置模板或量规进行两处调节，一处是砂轮直径，另一处是所需角度。

2. 将工具放置在夹具中，斜面一侧朝下，使设置模板的一端平放在工具的背面，另一端置于砂轮上。确保工具朝上的一面顶住夹具的边缘。如果你这时测量，会发现后面设置起来更容易，只要砂轮没有重新处理过或移动过夹具，你只需要再设置成这个伸出长度即可。

3. 开始粗磨。随着砂轮的转动，倾斜夹具直至工具的刀刃接触到砂轮表面。以轻度到中度压力按压工具，在砂轮上左右移动工具。磨石表面应该始终有水。继续粗磨，直至磨出新的、干净的25度斜面。

## 如何细磨工具的刀刃

砂轮机能够打磨工具上的刀刃，但是打磨出的刀刃过于粗糙。细磨能够打磨出我们想要的非常锋利的刀刃。这个过程非常快，能够让你尽可能快地回到木工工作中。无论你是手工细磨还是使用磨刀器，细磨的基本方法都是相似的，而且都旨在尽快获得锋利的刀刃。上一章讨论了细磨工具，所以你应该了解，无论你选择什么工具，细磨的方法都是一样的。下文将介绍两种细磨方法——手工细磨和使用磨刀器细磨。

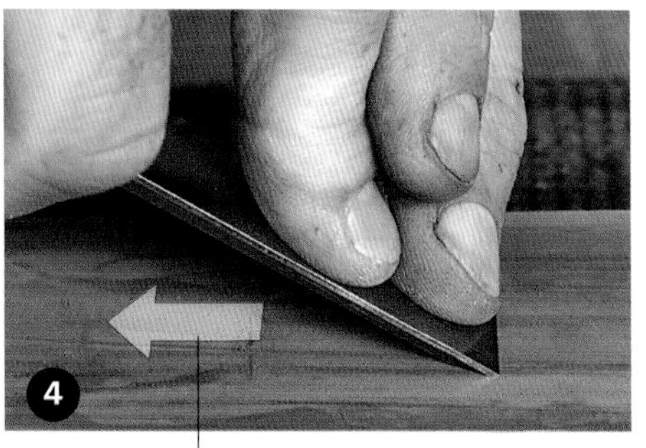

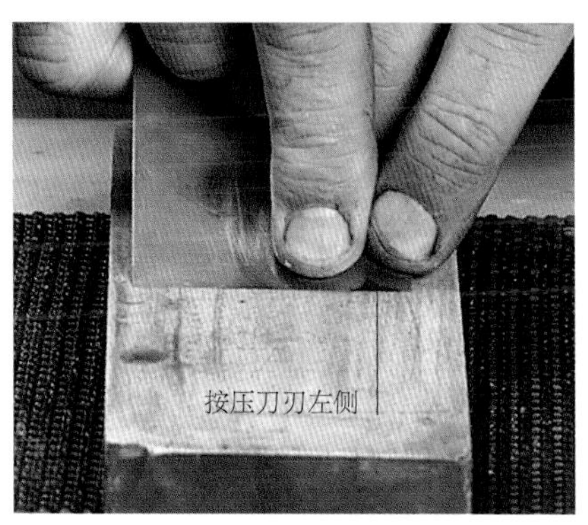


## 手工细磨

1. 细磨时，你如果在刀刃背部感受不到毛刺，就说明刀刃是锋利的。但是，如果毛刺是由于粗磨造成的，你可能就无法感受到细磨时的毛刺。所以首先要在磨石上摩擦刀刃背部的平面，以清除粗磨时产生的毛刺。

2. 如果需要，可以给磨刀石的表面涂上润滑剂，图中使用的是水磨石，所以喷点水就足够了。这里我用的是 3 种粒度的磨石——100 目粒度、4000 目粒度和 10000 目粒度。

3. 先把工具放在粗粒度磨石的表面，斜面朝下，如图中那样拿住。轻轻晃动工具，你应该能感受到刀刃粗磨后的表面平贴在磨石表面。现在，略微向上移动工具，增加 5 度的斜角。

4. 保持工具在这个角度，非常轻地向下按压，在磨石上前后推拉工具。在易损的细磨工具上，例如图中的水磨石或者研磨带上，只能在向后拉时按压工具。

5. 在 2~3 次推拉后，用手在刀刃背部感受毛刺。在首次打磨的刀刃上应该会有毛刺，而斜面更宽的刀刃则需要多细磨几下。如果没有毛刺，则继续细磨，每磨几下就要感受一下是否出现了毛刺，直到感受到毛刺。

6. 只要感受到有毛刺，就说明工具已经变锋利了，接下来就是对其进行抛光。用更细粒度的磨石，把工具放在上面推拉 3~4 次，后续操作同上。在粒度最细的磨石上磨完后，在磨石上磨一下刀刃背面以清除毛刺（尽管这个时候毛刺基本上已经没多少了）。

7. 现在，我们应该已经打磨出完美的锋利刀刃了。

## 手工细磨刨铁

打磨刨铁时，通常需要获得一个带有轻微弧度的刀刃。这可以通过分别在刀刃两侧按压打磨来实现。在 3 种不同粒度的磨石上细磨后，即完成上述第 6 步后，移动手指，首先按压刀刃的一侧，在磨石上来回推拉 3 次，然后按压另一侧再推拉 3 次。这样就足以产生微小的弧度了。

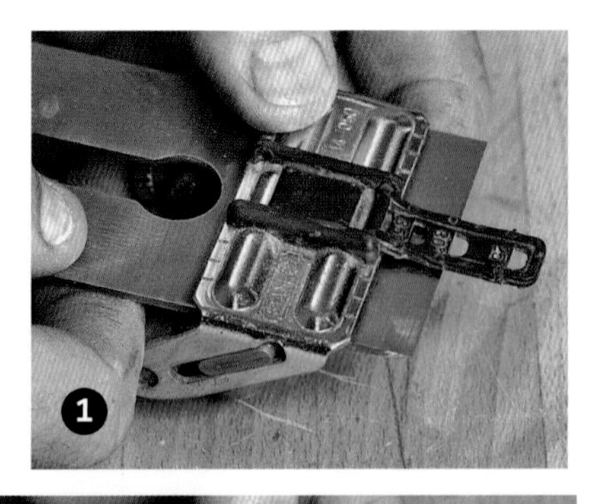

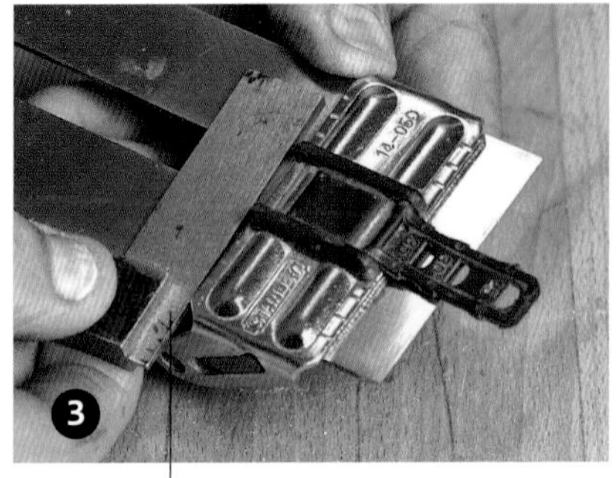

使用直角尺检查工具是否与磨刀器垂直

推轮向后运动时按压工具

用自制的设置模板确定工具伸出的部分

按压刀片左侧

**使用磨刀器细磨**

市面上有很多种磨刀器。使用起来最简单的磨刀器之一是图中展示的史丹利牌磨刀器。

1. 将工具斜面朝下装入磨刀器。

2. 使用塑料设置模板或工作室制作的设置模板确定刀刃伸出的部分，以磨出 30 度的斜面。

3. 如果使用设置模板，应用直角尺检查工具是否与磨刀器垂直。

4. 如果需要，可以给磨石的表面涂上润滑剂。将工具的刀刃放置在磨石上，注意刀刃斜面和磨刀器推轮应放在磨石表面。磨 2~3 次，如果磨石不够坚硬，则只在工具向后运动的时候按压工具，然后检查刀刃是否产生毛刺。

5. 继续采用与手工细磨相同的方法在不同粒度的磨石上打磨（参见第 55 页第 6 步）。

6. 如果你想要弧形的刀刃，可以采用手工细磨刨铁的方法，分别打磨工具的两侧（参见第 55 页）。

## 问题诊断

**手工细磨时没有产生毛刺**

这可能是因为细磨时工具与磨石之间的角度太小，有时这能通过斜面的底端产生的磨损判断出来。也可能是一开始工具的斜面角度是对的，但是在细磨的过程中放低了工具。试着想象你的双手在平行移动，以保持工具的斜面角度不变。

**使用磨刀器细磨时没有产生毛刺**

如果你之前采用手工打磨，现在改用磨刀器，就可能会出现这样的情况。你在手工细磨时设定的工具与磨石之间的角度可能会比使用磨刀器时的更大，所以细磨的斜面没有延伸到工具刀刃的最尖处。

**细磨后刀刃仍不锋利**

如果你为了清除缺口而将刀刃磨掉，然后再开始磨斜面，有时可能会容易忘记斜面还没有延伸到工具刀刃的最尖处，所以刀尖处还存在平面。

**刀刃将水磨石或研磨带挖出一大块**

这是你在向前推时按压工具导致的。如果有一个砂砾掉到刀刃下方，使用非常精细但更易受损的抛光膜打磨时会出现这种情况。保持磨刀区域干净、卫生可以防止这种情况发生。

提示：将一块带有直角边的木块夹在桌钳中，放在刮刀旁边，能帮助锉刀与刮刀边缘保持直角。

提示：将刮刀抵靠在带有直角边的工件上，有助于保持刮刀垂直于磨石。

## 打磨木工刮刀

木工刮刀不能产生刨花而只能刮出粉末时，或者刮刀受损而在表面留下刮痕时，就应该打磨了。通常刮刀上的 4 个毛边都会使用到，在直到其全部都钝了之后再一起打磨。打磨锋利的标准是恢复毛边或更新全部的毛边，可以打磨 2~3 次来恢复毛边，直到整个边都需要更新毛边。

### 更新毛边

更新毛边包括清除之前产生毛边时形成的倒圆边，然后重新制作新的毛边。

左侧的木屑是用钝了的刮刀刮下来的，右侧的刨花是用锋利的刮刀刮下来的

1. 将刮刀放在桌钳中，令其边缘突出来（用加工金属用的桌钳更好）。使用中型扁锉沿刮刀边缘来回推拉摩擦，以锉出直角边。

2. 现在应该锉出了直角边，但是带有锉痕，这些痕迹在刮刀的表面上显示为线条状。在中等粒度的打磨工具上垂直摩擦刮刀边缘，以去除锉痕。在水磨石上打磨会损坏刮刀，可以在金刚磨石上打磨，或者在浮法玻璃上使用抛光膜，以及将干湿两用砂纸贴在浮法玻璃上进行打磨。

3. 用手轻摸刮刀边缘，检查其是否还有锉痕。若边缘很光滑，在打磨工具上摩擦刮刀的平面，以完全清除锉刀加工过程中留下的任何毛边。

4. 现在刮刀的直角边应该是光滑的，然后你需要加工新的边缘。将刮刀平放在距木工桌边缘约 30 毫米的位置，然后将研磨棒（如果没有，可使用螺丝刀杆）放在刮刀边缘和木工桌边缘上。对研磨棒施加适度的压力来回摩擦刮刀 3~4 次。

5. 现在要创造新的刮刀边缘。将刮刀放置在桌钳中。将研磨棒放在刮刀边缘的远端，将研磨棒手柄靠近刮刀，水平向下倾斜大约 5 度。适度施加向下的压力，沿刮刀边缘向你的方向拉动研磨棒，并在拉动研磨棒时让手柄逐渐远离刮刀。想象一下，你正在利用拉力将刮刀边缘的直角制成毛边。重复大约 3 次。

6. 旋转刮刀，在刮刀边缘另一侧的直角上重复第 5 步。然后将刮刀上下倒置，并在刮刀另一边缘的两个直角上重复第 5 步。

7. 你应该能够感觉到边缘有明显的毛边。修整毛边，只需要重复第 4~6 步。

# 刨切

在所有木工活儿中，我最喜欢的就是刨切了。非常锋利的刨子在刨切木材时会发出好听的沙沙声，并做出美丽而光洁的木材表面。除了使用起来有趣，刨子还是工作室中最有用的工具之一，因为它能够出色地完成多种任务。

## 刨切技巧

刨切工作与冲力息息相关，因此，用自身的力量推动刨子向前是很有用的技巧。如果要刨平木材边缘，应面朝刨子移动的方向站立，左脚在前，然后将手肘蜷缩在臀部处。开始刨切时，身体先稍微向后倾斜，然后随着刨切的进行向前倾斜，这样你就可以利用自身的力量来推动刨子了。

用刨子刨切木材表面时，刨刀与木材边缘要先空出一定距离。开始刨切时，适度向下压刨子前侧并向前推动。出现刨花后，减轻向下的压力。稍微倾斜刨子进行刨切更利于刨子从木材边缘切入。

要刨平木材侧边，应用左手拇指按住刨子前把手的前侧，再用手指捏住刨子底面。然后，你可以将手指作为靠山来更改刨子在木材边缘的位置，这样能够有效地刨出与木材表面成直角的侧边。

握住把手以刨出较宽的表面。注意这里将刨子倾斜可以使刨切过程更加平顺

如果要刨平木材表面，如图所示，应握住刨子的前把手。

刨切开始时，你的身体应该向后倾斜，重心放在后脚上。

随着刨切的进行，身体的重心逐渐移动到前脚上，并伸展手臂，这样你依靠自身的力量就能推动刨子向前刨切。

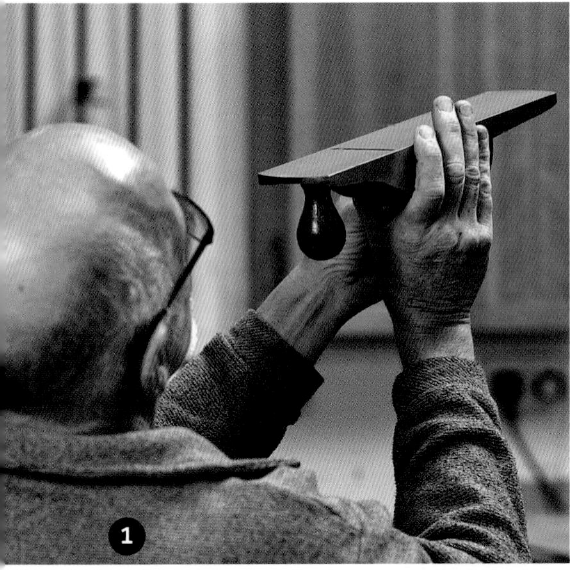

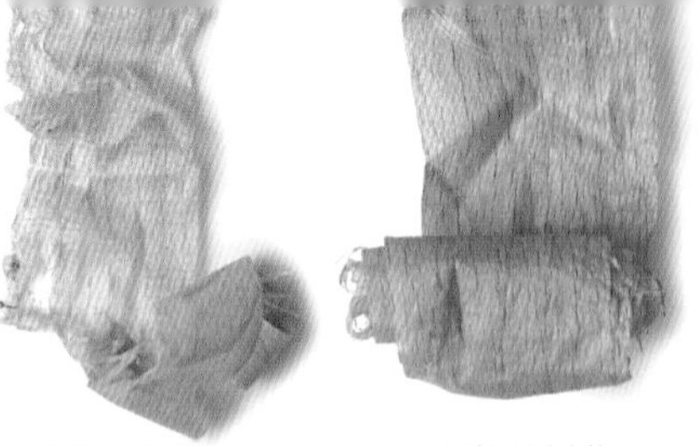

破损的刨花　　完整的刨花

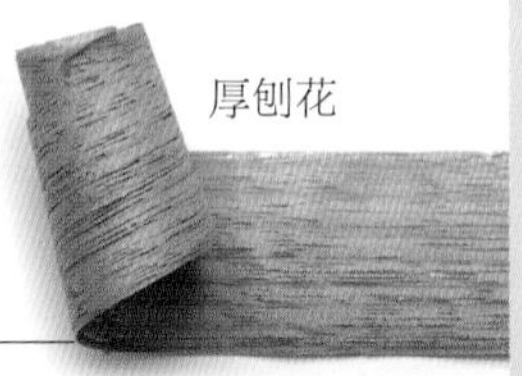

时刻观察从刨刀里出来的刨花，这些刨花会告诉你哪里刨切到了，以及刨子是否正确地刨切了木材

厚刨花

刨花右侧更厚——刨子偏向木材右侧

刨花左侧更厚——刨子偏向木材左侧

## 调节刨子

设置刨子（每次打磨刨刀后或拆除刨子时都必须执行此操作）的目的是让刨刀在整个刀刃上刨出相同厚度的刨花。为实现这个目的，应按照上一章所述的“刨切和磨平工具”的内容调节刨子。

1. 将刨底朝上放在灯光下，这样你就可以观察刨底。你需要的是让刨刀在刨底露出来一点，整个宽面均匀地露出非常微小的一部分。你可以使用调节轮调节刨刀的高度，然后用调节杆将刨刀水平放置在刨底中。

2. 在一块废料上试着刨切一下。将木材放在刨子中间的下方刨切，使刨花从刨刀的中部出来。你的目标是不费力地在木材表面刨出精细而均匀的刨花。

3. 当你能够刨出均匀的刨花时，尝试将木材移至刨刀的一侧，从刨刀的一侧刨出刨花。你会发现刨花逐渐变细，且刨子偏斜的一侧刨花较厚，尤其是当你已经将刨刀磨出轻微弧形时。在刨子的另一侧重复以上操作。当你使用刨子将木材修整方正时，这一特点是一个重要的考虑因素。

## 问题诊断

### 刨子无法刨切木材。

有以下几种原因可能导致这个问题。

- 刨刀装反了。这是很容易犯的错误。
- 调节错误——刨刀从刨底露出的尺寸不足导致无法刨切；或者露出太多，以至于刨刀直接扎进木材中而无法刨切。
- 盖铁不在刀刃后面。有时盖铁会向前滑动而覆盖住刨刀刀刃。盖铁应该在刀刃后1毫米处。
- 刨口太小。如果刨刀刀刃离刨口前侧太近，容易导致刨口被刨花堵塞而无法继续刨切。二者之间的距离应该调整为1毫米左右。可通过卸下刨刀、调整蛙形支架的位置来进行调节。
- 极少数情况下可能会出现的问题：如果刨刀打磨的斜面角度较大，可能会导致斜面的后侧摩擦木材表面而不是刀尖在刨切木材。

### 木材表面粗糙

可能是因为你没有顺着木材的纹路刨切，导致木材断裂。尝试调整木材的摆放方向，以便从另一个方向刨切。真正锋利的刨刀可加快木材分离，但有时木材会不配合。如果刚开始刨切时木材表面很粗糙，应尝试倾斜刨子，并确保开始刨切时刨刀稍稍位于木材后侧，并在刨子前端施加压力。

### 刨起来费劲

这可能是因为刨刀变钝或刨花太厚。

### 刨底较黏

用蜡烛擦拭刨底，使其变光滑。

## 为什么正面和侧面非常重要

在工作开始时，建立和标记参考面至关重要。参考面是两个相邻的面，它们都是平面且彼此垂直，被称为正面和侧面。这两个面是基准面，如图所示。

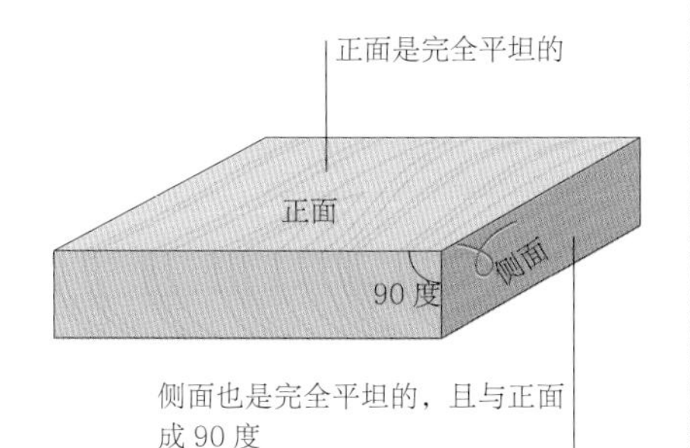


为什么它们如此重要？首先，它们有助于校准工件。建立和标记正面与侧面后，请确保在这些表面上进行工件的连接。大多数连接是在一个或两个表面上进行的，例如桌子和椅子的腿和大多数的箱体。使用已建立的参考面有助于确保连接到这些面的工件是相互垂直的，并且是正确组装在一起的。

其次，它们有助于确定工件的方向。当制作由很多工件组装而成的木工作品时，对于每个工件安装的位置和安装方向，你可能会感到困惑。你只需要始终将正面和侧面朝内或朝上放置就可以了。例如，桌子横撑的正面朝内且侧面朝上，桌腿的正面和侧面朝内；抽屉侧板的正面朝内，侧面朝上。只要你坚持按这个规则做，它就会有助于你确定多个工件是如何组装到一起的。

最后，它们有助于更清晰地标记符号。如果你需要花费很长时间来研究各个工件如何组装到一起，那么你会很容易将它们搞混并因此沮丧。有时，即使给出一系列的工件编号，安装时也可能会上下颠倒。遵循严格的正面和侧面规则可以解决这个问题，从而简化你的安装过程。

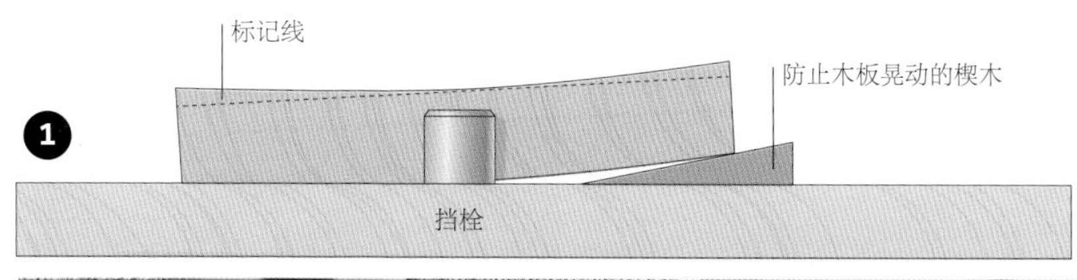

### 加工正面和侧面

准备各工件始终要从加工平整且互相垂直的正面和侧面开始。这些表面将在整个项目中用于标记和作为参考。你从木场买来的可能是粗糙的木板，而如果你没有可用的电动工具，则需要使用手工刨子进行加工。

1. 抵住木板笔直的边缘来检查其平面度。木板可能是弯的，这时应将其凹面朝上固定在木工桌上。它可以固定在挡栓之间，也可以抵住固定于木工桌上的挡块。如果木板晃动，则将楔木放置在木板下方以稳固木板。

2. 你需要比较长的刨子——5.5 号捷克刨或者更长的刨子比较好用。先斜着刨切，以消除木板上任何翘弯的地方。你可能会发现某个方向的刨切效果要好于另一个方向，在这种情况下，旋转木板，这样你可以沿着木板的纹理进行刨切。

3. 用铅笔随便在木板表面画几笔，这样你能够看出哪里被刨切过。

4. 时不时抵住木板笔直的边缘，检查其平面度。

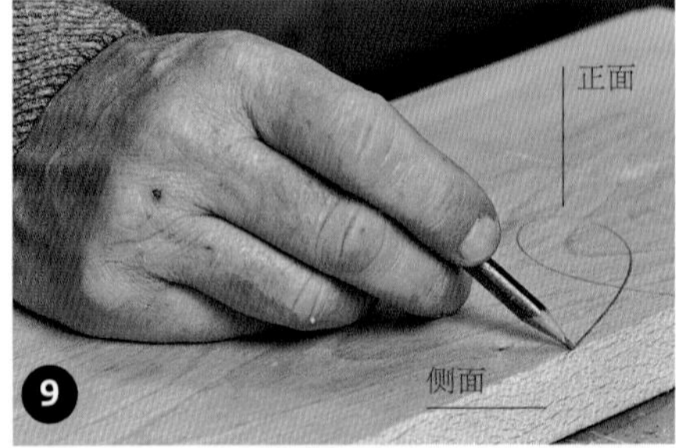

## 问题诊断

**宽边所在的侧面在整个宽边上是圆弧形的**

这可能是由于尝试让正面与侧面成直角时不小心让刨子翘起来了。解决办法是让刨子完全平贴在侧面上，不能让其翘起。

**长边所在的侧面沿着长度方向是高低不平的**

你可能对刨子施加了不适当的压力。在开始刨切时，你应该向下按压刨子的前侧以获取刨花的开头部分，并确保刨子平贴在木材表面上。之后，刨花就可以引导着刨子向下作用于木材，而不需要你向下压刨子。

5. 当木板的宽面变成平面后，沿着其长边刨切，去除斜着刨切留下的刨痕并刨平，时不时通过木板的直边检查其平面度。

6. 使用扭曲棒检查木板表面是否变形。将扭曲棒放在木板的两端，并沿着其长边观察。如果扭曲棒不在同一水平面上，则说明木板变形了。另外，如果你有一个已知的平坦表面，则可以将木板翻转过来放在这一平面上，以检查木板是否变形。

7. 可以用刨底作为直边检查木板的平面度。

8. 如果木板是平的，用锋利的、固定好的刨刀对其表面进行处理，沿着木板的整个长边刨出细刨花。这样你就可以得到整洁而平坦的木板表面。

9. 确定哪个面是侧面，在刨过的木板正面画上记号，记号指向侧面。你要放心大胆地画，让记号容易辨别。

10. 开始刨侧面，从而去除锯痕和不平整的地方。如果侧面是平滑的，用直边检查其是否为平面。

11. 使用直角尺比着木板正面，沿着侧面每隔一段距离检查一下正面与侧面是否成直角。确保直角尺的边缘牢牢地抵住正面，否则你可能会得到错误的结果。在良好的逆光环境下，你会得到更准确的结果。

12. 如果正面与侧面没有成直角，用刨子进行调整。如果侧面的右边较高，则需将刨子移到其上方，这样刨子就会偏向右侧。或者，你可能发现侧面各处高低不平——可能一头的右侧较高，而另一头的左侧较高。你可以将刨子从侧面的一头刨到另一头，一开始向右侧偏斜，然后再向左侧偏斜，由此解决以上问题。观察刨刀切割下来的刨花以检查切割的位置。

13. 要解决侧面高低不平的问题，应局部刨平高点，试着刨出一片连续的刨花。

14. 如果正面与侧面成直角，就在侧面画一个明显的记号，记号指向正面。

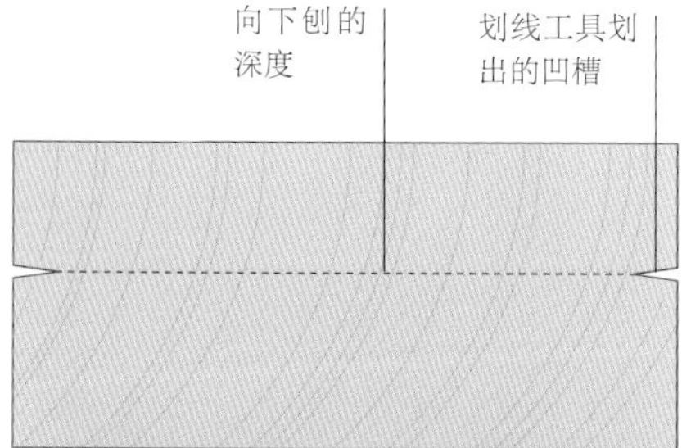

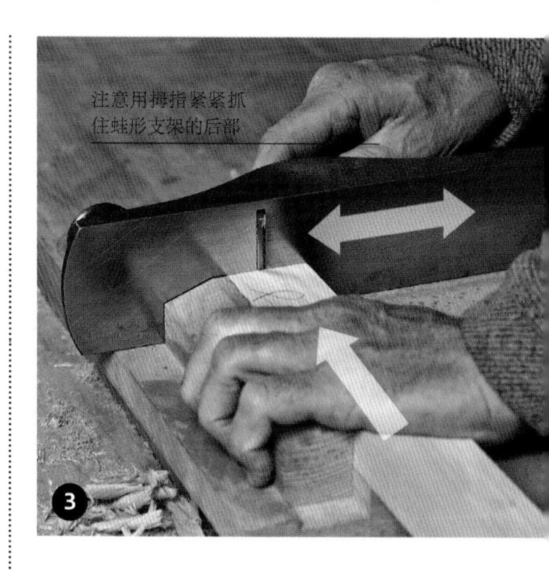


### 用刨子刨到指定的划线位置

你可以使用刨子将木材加工成所需的厚度和宽度。这通常涉及用刨子将木材刨到由划线器划出的线处。

1. 将木材加工成所需宽度时，应锯掉所有废料，只需留出距离划线位置几毫米的木材用于加工。将划线器划出的线想象成 V 形凹槽——你的目标是创建一个与 V 形凹槽底部齐平的表面。注意不要刨切过度，你可以在一开始时刨厚的刨花，逐渐接近划线处时刨花应越来越薄。

2. 刨切结束后，用划线器检查是否已刨到标记位置。如果木材的表面较宽，应使用直边检查平面度，因为你有可能刨切了木材边缘，而木材中间还需要处理。

> **试试这样做！**
>
> 你很容易刨切过度。刨刀逐渐接近划线位置时，每次只刨下几片刨花即可。此外，更容易出现的情况是刨过的表面超过了所划的线，这样木材的一端可能触线而另一端没有。

### 使用刨木导板刨平端面

刨平端面不太容易。能进行低角度切割的短刨很适合手工刨切，但存在会造成木材突然断裂的危险。刨切端面的时候，端面从刨子后沿滑出来，这时木材可能会发生断裂，因为这样刨切会使木材切口末端的纹理裂开。这个问题可以通过使用刨木导板来解决。

在上一章中，我介绍了刨木导板。这里，我将介绍如何使用它。

1. 将木材放在刨木导板上，其上缘紧贴着导板横木。刨子在刨木导板上沿着企口刨木材的端面，使用捷克刨比较合适。

2. 握住木材并抵住横木，同时稍稍用力抵住刨底，确保用力时不会将刨子推离企口。

3. 推动刨子沿着企口上下滑动来刨平木材的端面。集中精力保持刨子侧面始终平放在刨木导板上。你可能会发现，用手握住刨子的蛙形支架比握住把手更容易操作。在蛙形支架后面有一个小空间，你可以把拇指放在那里。

## 问题诊断

（刨切技巧参见上页）

**无法用刨子刨切木材**

设置刨刀，使其刨切出精细的刨花。

**端面不方正**

确保将刨子的侧面平放在刨木导板上。如果刨子倾斜，刨切出的端面就不会与正面成直角。你也应该修整刨木导板的横木末端，注意刨子往回刨切时横木可能发生断裂的情况。同时检查刨子侧面是否与刨底成直角，如果没有，你可以轻微调整刨刀，使刨底与侧面垂直。

**刨子的末端撞上木材**

如果将刨子移得太远，就会发生这种情况。刨底应该始终与木材的端面相接触。

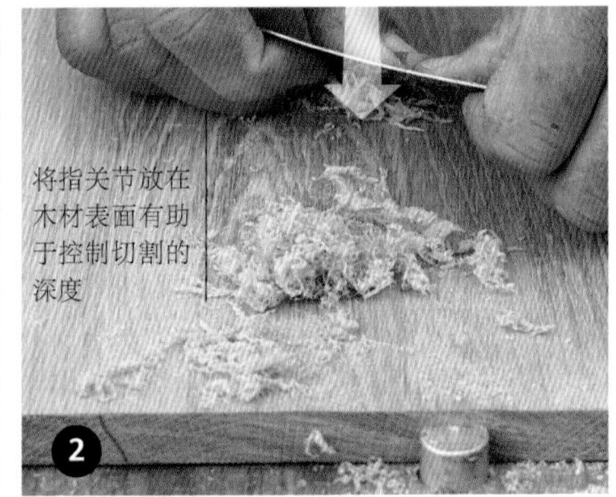


### 使用木工刮刀

木工刮刀用于刨除其他刨切工具难以处理的木材表面，可能会导致木材撕裂的情况。用木工刮刀刮木材时，你仅需使用中间大约 25 毫米长的刀刃——这是通过用拇指和其他手指弯曲刮刀钢面来实现的。好用的刮刀应该能刮出明显的刨花而不是粉末。

1. 将双手的拇指放在刮刀中间，其他手指抵住刮刀另一面的两侧外沿，拇指向下用力作用于木材表面。拇指和其他手指互相作用弯曲刮刀。将刮刀向前倾斜，与垂直面成 30 度角，并在向前推动刮刀时施加适度的压力。你可能需要调整刮刀的角度，直到获得良好的切割效果。

2. 有时你可以通过稍微水平倾斜刮刀来获得更好的切割效果。我发现用指关节摩擦木材表面非常有用，因为这有助于控制切割的深度。

### 使用闭喉槽刨

如今，你可以轻松地使用电木铣完成闭喉槽刨的工作。但是，如果你喜欢使用手工工具，则在清除凹槽（例如用于将书柜的架子安装进去的凹槽）底部的废料时，可以用闭喉槽刨、横切夹背锯和扁凿来完成这一工作。闭喉槽刨是横切纹理薄层的有效工具，例如它可用于给采用槽连接的工件开槽。

1. 用刀标记出凹槽的一边，然后用架子比着并用刀准确地划出凹槽的宽度。尽可能深地划出标记线。

2. 用长的扁凿横切纹理，沿着划线位置切割出一个较深的斜面。

3. 用横切夹背锯锯出凹槽所有边缘的线。

4. 凿去切线之间的大部分废料，留下 2~3 毫米深的一层木料，用闭喉槽刨将其修整掉。

## 问题诊断

**木材在切割的末端断裂**

如果你从内向外切割木材，切口末端将变得非常脆弱，因为你是横切纹理的，应始终从外向内切割木材。

**无法用闭喉槽刨刨切木材**

闭喉槽刨的刨刀是有角度的，可能很难控制，如果刨刀不锋利就更麻烦。遗憾的是，闭喉槽刨的刨刀不太容易打磨。

5. 设置闭喉槽刨刨切的深度以清除 1 毫米左右深的废料。握住闭喉槽刨两侧的把手，使其穿过凹槽，清除横切刨花。

6. 不断重新设定新的刨切深度，然后重复以上动作，最后的深度应该与一侧划线的深度持平。

木材纹理和切割面平行时，不容易刨切出刨花

## 试试这样做！

我们很难握住小型鸟刨并将其打磨锋利。为了解决这个问题，你可以拿一把合适的锯将木材的一端切出一个口子。然后将小型鸟刨的刨刀插入切口中固定，从而将其打磨锋利。

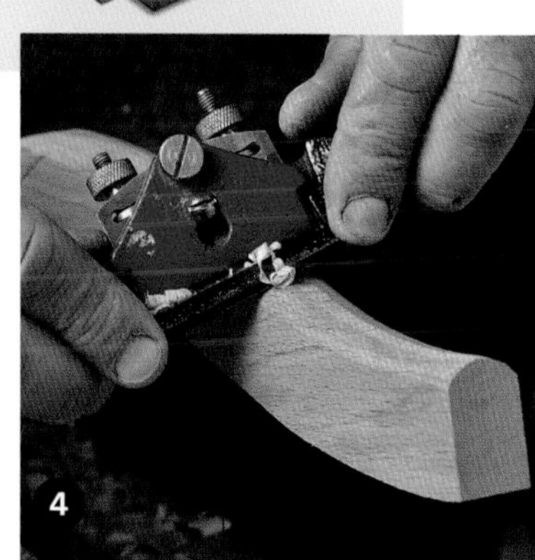


倾斜鸟刨以进行倒角

## 学会使用鸟刨

鸟刨用于刨出曲面。这是一种很难掌握的工具，需要你对木材及其纹理方向有一定的敏感度。但是，一旦你掌握了它的用法，你就会认为它是一种得心应手的工具，可以让你体会与加工材料亲密接触的感觉。

调节鸟刨的方法有很多，有些鸟刨设有可以调节刨刀的大头螺丝，而在另一些鸟刨上，则需要用手指按压鸟刨或在木工桌边缘处敲击鸟刨来调节刨刀。鸟刨比较适合刨出精细的刨花。

### 使用鸟刨的基础技巧

1. 拇指抵住刨刀后侧并握住鸟刨。某些鸟刨上设计了适合放拇指的区域，而两食指分别放在两侧把手的前方。拇指和食指控制刨刀作用于木材上的角度。

2. 将鸟刨朝远离自己的方向推，以进行刨切。你需要调节刨底的角度和位置，直到刨刀切入木材。使用鸟刨时，观察木材纹理的方向非常重要：应确保顺着木材纹理进行刨切。这可能意味着需要旋转用桌钳夹住的木材或改变木材的位置。

3. 刨切过程中会出现一个棘手的问题，那就是木材纹理与切割面平行，因此很难决定接下来将要刨切的方向。这部分通常需要稍后用木工刮刀修整。

4. 主曲面形成之后，你也可以倾斜鸟刨以进行倒角操作。

# 划线 / 画线与测量

保持准确在木工中至关重要，它始于划线 / 画线与测量。在划线 / 画线与测量时小心谨慎，将免除你随后在项目进行过程中纠正错误的烦恼。每当使用划线刀时，请始终确保划线刀的背面朝向测量工具。

你的工具箱中应该有多种划线 / 画线和测量工具，可用于不同的任务。

### 标记切割的长度

1. 如果木材的两端都必须是方正的，应先在刨木导板上修整木材端面，或使用切割机修整其中的一端。如果可能，应使用钢尺测出切割尺寸并标出，因为它比卷尺测量得更准确。

2. 将钢尺放在木材上方正的一端，量出正确的尺寸。用划线刀沿着钢尺末端划出切割线。

3. 将划线刀放在之前的切割线上，然后将直角尺置于划线刀处，确保直角尺底座牢牢抵住木材正面或侧面。如果可能，如图所示，应用手指固定直角尺，将其牢牢地夹在木材表面。

4. 沿着直角尺边缘划线。

5. 转动木材，将划线刀放在先前标记的与边缘相交的位置。同样将直角尺移动到划线刀的位置，再划一次线。你可能需要旋转直角尺，以确保其底座抵住木材的正面或侧面。将划线刀抵在直角尺外侧划线会比较方便，这样你就可以直接划穿整个横面而不会碰到直角尺底座。

6. 如果你要标记的木材比较宽，则可能需要用钢尺抵住直角尺以增加划线的长度。

注意用拇指和其他手指固定直角尺

如果在这一侧划线，划线刀会碰到直角尺底座

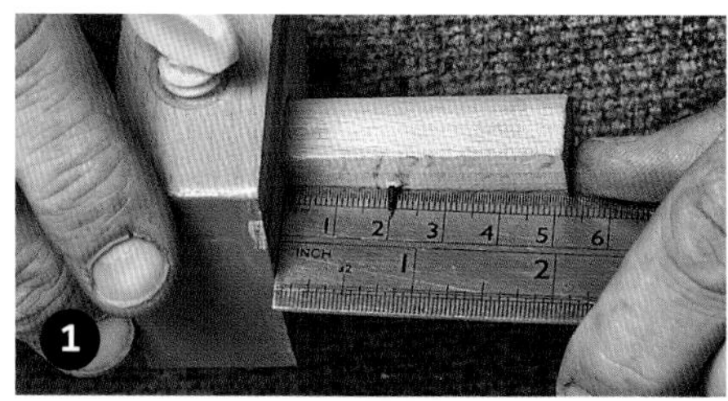

### 标记切割的宽度或厚度

标记宽度或厚度通常使用单针划线器，并且始终参考已经刨过的正面和侧面进行操作。

1. 用钢尺的一端抵住划线器的靠山，移动靠山直到划线针在钢尺上找到正确的数值，然后拧紧固定螺丝并重新检查。

2. 用拇指握住划线器靠山下侧，食指握住上侧，其余的手指抓住尺杆。

3. 将划线器放在木材上，使靠山抵在侧面，尺杆的一边抵在木材表面上。旋转划线器，直到划线针与木材表面接触。将划线器推离自己时会拖动针头划线。

4. 标记木材的正面与侧面，如果木材比较宽，则在木材两端也进行标记。

## 问题诊断

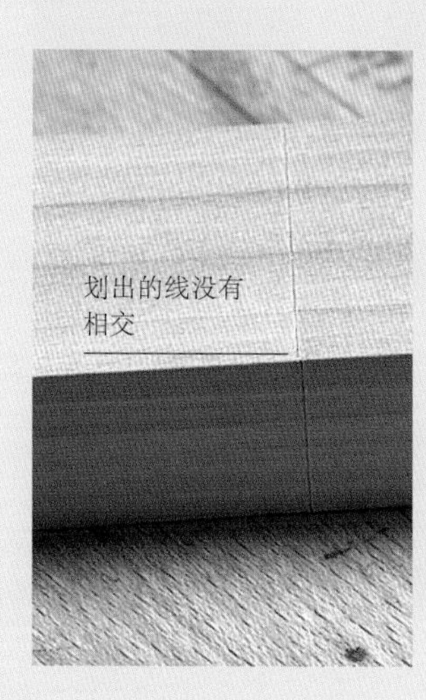


### 木材 4 个面划出的线没有全部相交

这可能是由多种原因造成的。

- 因为木材不是标准的立方体，所以应检查正面和侧面是否笔直且成直角。
- 没有根据参考面划线。
- 由于施加给划线刀的压力过大，划线时直角尺可能已偏移。尝试将直角尺的底座尽可能牢固地靠在木材侧面上。
- 在转动木材时，可能未将直角尺放置在准确的位置。应先用划线刀找准位置，再将直角尺置于划线刀划线外，以此来避免这个问题。

### 划线器划出的线不直

虽然划线器是一种相对简单的工具，但实际上它可能不容易操控。掌握正确的操作方法很重要，并且要将划线针倾斜以拖动针头划线。不要看划线针的走向，而要看划线器的靠山是否一直紧贴着木材侧面——如果出现缝隙，划出的线就会不直。集中注意力，确保划线器的靠山紧贴木材侧面。

## 用铅笔画出与木材边缘平行的线

有以下 3 种简单的方法可以用铅笔画出与木材边缘平行的线。

可以使用铅笔画线器（用铅笔代替针的单笔画线器），使用方法与单针划线器相同。这里展示的铅笔画线器是自制的。

如果想要画出靠近木材边缘的粗略线条，只需握住铅笔并用中指和无名指来修正铅笔的轨迹即可。

使用组合直角尺，设置正确的数值，使其底座靠着木材边缘以修正铅笔的轨迹。将铅笔的一端抵着组合直角尺的尺条末端，沿着木材边缘移动直角尺。

## 用于组装件和厚度的精细测量

有时你可能希望测量某个用于组装的工件，例如组装槽榫用的工件。钢尺是无法进行这么精细的测量的，在这种情况下，应使用游标卡尺。用这种工具，你可以测量凹槽的内部尺寸和组装配件的宽度，精度可达零点几毫米。

游标卡尺也可以用来精确检查刨过的工件每个边缘的厚度是否相同。

测量外部尺寸

测量内部尺寸

## 测量角度

要测量并标记出角度，应使用活动角度尺。

1. 活动角度尺的底座和木材之间的角度可以使用量角器进行调整与设置。

2. 或者也可以在某个工件上复制所需角度。

3. 设置好角度后，用与使用直角尺相同的方法操作即可。

## 练习建议

如之前所述，精密度和准确度是划线/画线与测量工作的关键。其主要技巧是不停地练习，不过这里提供了进一步的建议来提高划线/画线与测量的准确度。

**使用锋利的铅笔**

当你需要非常精准地画线时，请使用 H 或 2H 铅笔并保持笔尖始终是锋利的。当你不需要太精准地画线时，例如仅标记出正面和侧面，HB 铅笔通常更好用，因为它能画出更黑、更明显的线条。

**使用划线刀或划线器**

如果要锯或凿到划线位置，请使用划线刀或划线器划线，这样你会有明显的划线感。

**测量时请使用钢尺**

购买一套包含 150 毫米、300 毫米、600 毫米和 1000 毫米长度的钢尺。1 米以内的测量都应该使用这套钢尺完成。对于较大尺寸的测量，请确保你的卷尺准确无误，通常卷尺末端可滑动的挂钩会导致读数错误。

**使用游标卡尺**

有时，工件是否能贴合地组装在一起可能就取决于 0.25 毫米的误差，但你用钢尺时是量不出如此小的差别的。这时，就要使用游标卡尺等更精确的工具。

**有条理地建立参考面**

在根据参考面划线/画线或测量木材之前，应确保木材的正面和侧面是平整且彼此成直角的。

**检查直角尺的直角是否准确**

用直角尺比着一条直边划线，然后翻转直角尺检查其另一边是否与划线重叠。

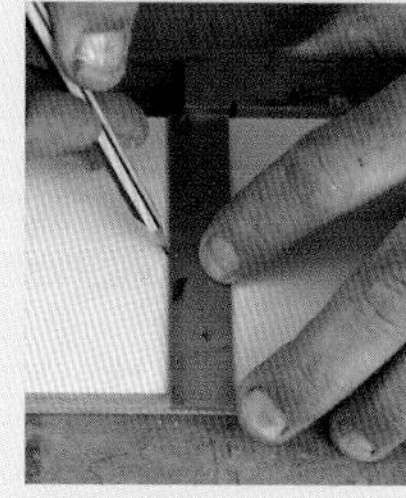

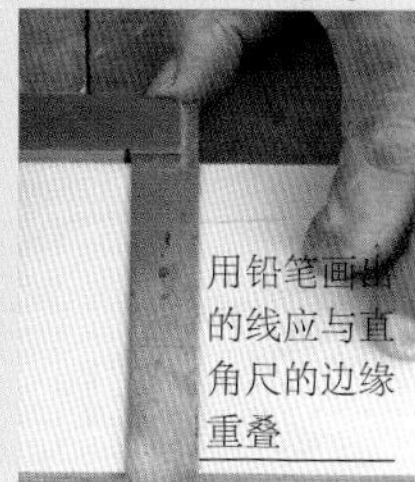

用铅笔画出的线应与直角尺的边缘重叠

**进行每一步时都要检查加工完的部分是否都是方正的**

这里我们应该检查榫的肩部、木板边缘，以及未上胶夹紧和胶合的框架（可通过测量工件对角线进行检查）。

**先连接**

如果你制作的木工作品有曲面或是锥体，则可以试着在所有参考面都存在的情况下，先完成连接，然后再修整形状，因为这时你可能会切掉参考面。

**凿切时尽量保持木材表面平直且整洁**

这样你可以更轻松地看到自己标记的切割位置。

**使用精确的图纸**

无论是由计算机软件［例如计算机辅助软件设计（CAD）或草图大师］生成的图纸，还是全尺寸的标尺（用锋利的铅笔绘制），如果必须在加工过程中更改尺寸，请确保同时在图纸上进行更改，否则通常会操作失误。

记住，在某些情况下，与精密度相比，准确度更为重要。例如，榫的长度并不重要，因为卯底通常有间隙，但是两端带榫的榫件的肩部之间的距离非常关键。

# 锯切

准确锯切是木工必不可少的技能，但这项技能不容易掌握。在所有木工技能中，相比之下，锯切可能更需要不断练习才能达到炉火纯青的程度。锯切可以分为粗锯（将木材分割成接近所需的尺寸）和精锯（以得到尺寸精准的工件并用于组装）。应使用手板锯进行粗锯，使用夹背锯进行精锯。所有锯切原则上都应在划线外的废料上切割。通常，划线位置是从木材边缘或端面测量出来的，因此你需要在划线外没有测量的一侧进行切割。锯切时要始终注意安全——用拇指或食指引导切割开始的位置，这时你的手指处于危险区域，应用锯在木材上轻轻地划几下；切割开始后，移开手指并更用力地切割。

## 使用手板锯

制作木工作品所用的木材最初可能是大片的胶合板，或者是需要裁切的粗锯长板。如果没有电圆锯，你可以使用手板锯。应使用纵切锯沿着纹理切割实木，而横切锯用于横切实木及人造木板。横切锯也可以用于纵切，但使用难度较大。

### 纵切

最好使用 TPI 为 4~6 的纵切锯进行纵切，当然也可以使用一次性的 TPI 为 8 的硬锯进行纵切。

1. 标记切割线。如果木材足够小，可以将其垂直放置在桌钳中。但通常木材必须横放在两个锯木架上，木材的锯切起始端悬空在锯木架外。

2. 将你的右膝盖放在木材锯切起始端后方大约 400 毫米处。如果有可能，将视线移到切割线的上方，这样你对锯子就会有立体视觉。你的手臂应该与锯子成一条直线。

3. 握住木材末端到划线左侧的位置，用拇指将锯子引导到切割线上。请勿将拇指放在木材表面，以防止锯子在开始切割时跳起来。开始切割时应轻轻拉动几下锯子，将其稍稍提起。锯子应与木材成约 60 度角。

4. 一旦切口形成，你就可以将拇指移开，并施加更大的力锯开切口，但不要使用蛮力。要稳定、长距离地拉锯，手臂与锯子在一条直线上，并且将视线保持在切割线的上方，以确保沿着切割线切割。

5. 随着切割的进行，你需要在锯木架上移动木材，直到锯子切到第二个锯木架外侧，或者旋转木材，然后从另一端切割最后的部分。始终试着保持切割区域尽可能靠近锯木架。

6. 有时切割会变得困难，因为切口总是试图闭合并挤压锯子。将一块楔木塞进切口能够解决这个问题。

**横切**

最好使用 TPI 为 7~8 且锋利的横切手板锯或 TPI 为 8 的硬锯来进行横切。

1. 标记切割线，然后将木材放在锯木架上或将其夹在木工桌上。如果你用的是锯木架，则身体应位于切割处的上方，从而使手臂与锯片在一条直线上，膝盖压在木材上来固定木材。如果木材在锯木架外悬空太多，应再用一个锯木架来支撑木材。

2. 切割的方法与纵切相同，但是锯子与木材的角度更小，大约为 45 度。如果锯子非常锋利，则无须用力使其切入木材中，只需靠锯子自身的重量完成切割即可。

3. 切割到木材末端时，轻轻地用左手抓住即将锯掉的废料，否则这块废料可能会掉落，将需要保留的木材扯掉。

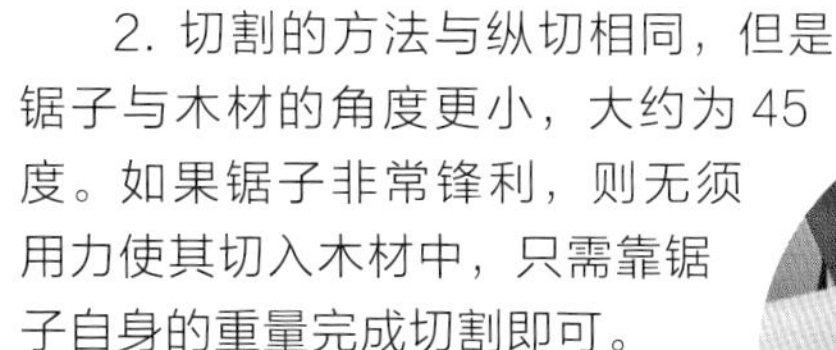

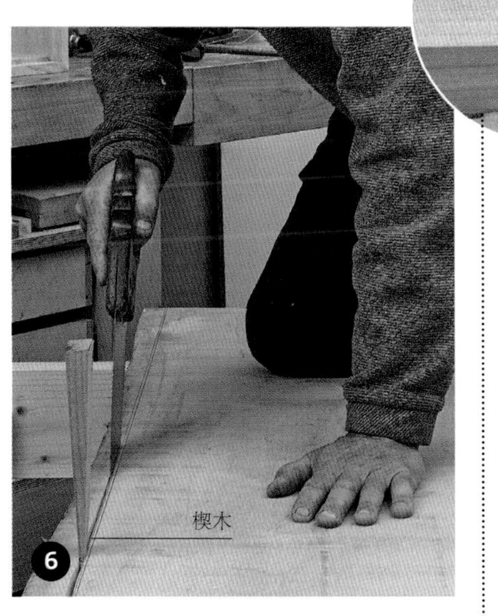

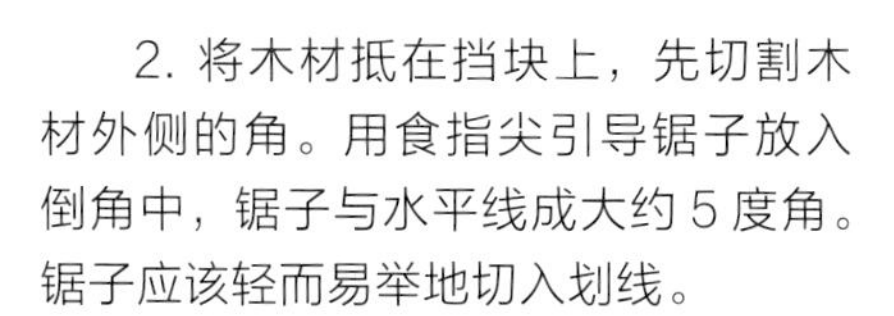

**试试这样做！**

尽可能靠近支撑点进行切割会让锯切作业更加容易，因为这样可以减少振动并提高工件的稳定性。

## 使用夹背锯

常见的夹背锯是燕尾榫锯和大鸠尾锯。燕尾榫锯，顾名思义，主要用于加工燕尾榫，“连接方式”一章会介绍其使用方法。大鸠尾锯是在木工桌上用于常规的精细锯切的主要工具。它通常会被打磨锋利以进行横切，可以用于将木材切割成特定的长度，也可以用于部分切割作为连接的肩部。

1. 用划线刀划出切割线。然后使用宽且锋利的凿子在划线外废料的一侧削出一个有较小斜度的斜槽。这样能够为锯子就位提供一个斜坡。

2. 将木材抵在挡块上，先切割木材外侧的角。用食指尖引导锯子放入倒角中，锯子与水平线成大约 5 度角。锯子应该轻而易举地切入划线。

3. 刚开始要轻轻拉动锯子，手几乎将锯子整个提起。

4. 开始切割后，逐渐将锯子的施力点放到划线上，直到水平切开整个木材的横切面为止。平稳而长距离地拉锯，不要向下压，直到你完全切开木材或切到该停止的位置。用锯子本身的重量完成这项工作。如果锯片是锋利的，那么你无须用力将其切入木材。

## 问题诊断

**切割面与相交面不成直角**

- 锯齿的一侧可能变钝，这会导致其在垂直方向上偏移。用手摸锯齿，锯齿的一侧比另一侧更锋利吗？如果是，锯子可能需要打磨锋利。
- 检查自己锯切时的姿势。你的手臂与锯片在一条直线上吗？还是你的视线在锯片的一侧？这可能会导致切面在两个方向上不方正。你应练习以不同的姿势进行切割。
- 如果在木材表面还残留部分划线，则在使用夹背锯进行横切时，你可能会切掉需要保留的木材。应该在切入木材的角后，来回移动锯子逐步向下锯切。

**切割面粗糙**

- 锯子可能是钝的。使用大鸠尾锯时，有时在木材底部边缘会形成粗糙的内角，最后一点废料在锯切至划线处断裂。废料通常很容易脱落。
- 用手板锯切割时产生了粗糙的切割面，说明你使用的锯子的锯齿太粗。

### 用开榫锯或大鸠尾锯纵切

纵切指沿着木材的纹理进行切割，通常用于切割榫或搭接的侧面。最好使用开榫锯，因为它是按照纵切方式打磨的，但是也可以使用大鸠尾锯。

1. 使用划线器标记切割线。将木材以较小的角度夹在桌钳中，这样对角形成的切割线大致是水平的。

2. 从上面的角开始锯切，在划线废料的一侧切入并向下锯，这样切割路径会从一个角沿着对角线向另一个角延伸。

3. 在桌钳中翻转木材，然后重复第 2 步。

4. 将木材垂直于桌钳放置，向下锯到划线位置，从而去除剩余部分。

### 试试这样做！

如果你在控制切割操作方面遇到困难，应尝试在握住锯子时让食指指向切割处。

# 凿切

凿子可能是工具箱中最有用的工具之一，它可用于在切割连接处时清除大量废料，也可用于非常精细的凿切。对于需要力量的工作，可用木槌敲击凿子完成，而一般情况下，凿切时用手按压凿子通常就足够了。

在所有凿工中，如果你一点点凿，会比直接一刀下去更能精确地凿到划线位置。因为如果你试图直接凿到划线位置，那么直接作用在斜面上的力就会将刀刃推到划线以外的位置。

在凿的时候，应始终确保双手都在工具锋利一端的后面。把手放在凿子前面握住木材的做法不安全，可以改用木工桌上的固定装置（例如 G 夹）固定木材。用凿子和木槌垂直凿切废料（例如半暗燕尾榫）时要戴护目镜，因为木材可能会因为力的作用而飞离出去。

记住要保持凿子锋利，因为钝的工具比锋利的工具更危险。这听起来似乎违反常理，但是钝器需要你使用更大的力量，因此会更难控制。

错误做法可能会使凿子滑动而导致人受伤

正确做法——双手都在凿子锋利一端的后侧

## 凿切技巧

凿切指的是用凿子薄薄地一点点进行切割，从而逐步清除废料。凿切通常用于清除锯切后的废料。

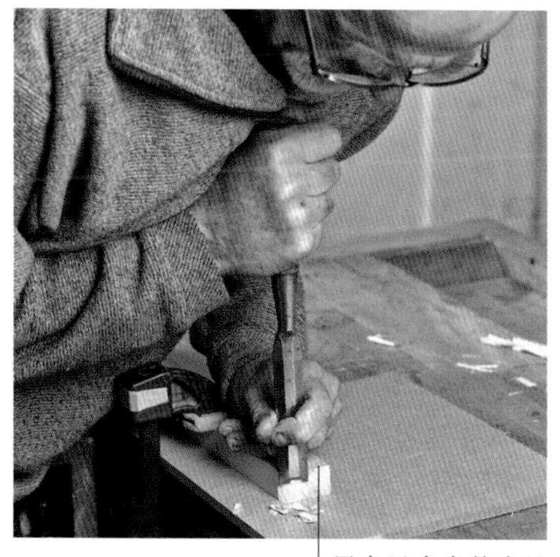

用自己全身的力量推动凿子向下切

## 凿切端面

这可以通过将木材垂直夹在桌钳中，使用侧面凿切的方法完成，也可以将木材平放在木工桌上，如上图所示。

1. 将木材固定在木工桌上，下方放置一块废弃的木料。
2. 用右手反向握住凿柄，用左手定位凿子的末端。
3. 用自己全身的力量按压凿子向下切割。

## 问题诊断

**凿切的表面凹凸不平**

这可能是因为凿子不锋利或你只用了手臂的力量推动凿子。用自己全身的力量可以更精准地切割。

**切割面低于划线位置**

你可能在划线处切割得太快了。在你进行切割时，划线上方的大量废料会推动凿子切割到划线位置之下。在切割至划线位置时要非常小心。

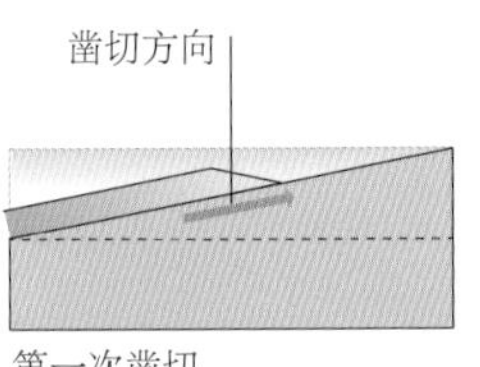

第一次凿切

切割的深度

第二次凿切

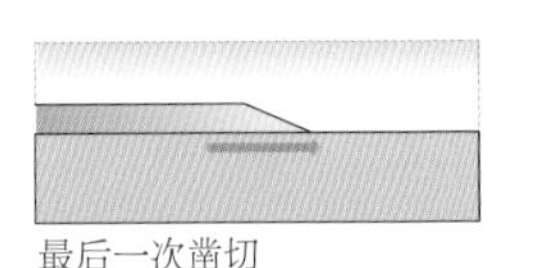
最后一次凿切

### 凿切侧面

横穿纹理凿切比沿着纹理凿切更容易——横切纹理更好控制。通常，这里展示的手工凿切，是用木槌和凿子清除废料后进行的。

1. 将木材夹在桌钳中。右手握住凿子手柄，用左手引导凿子末端切入木材。将左手食指放在凿刀下面，并用力抵在木材边缘；拇指放在凿刀上面并向下按压，这有助于将凿子的刀刃切入木材以开始切割。

2. 水平凿切时使用全身的力量作为驱动力，可以使切割平稳而可控。将手肘蜷缩至臀部一侧，然后向前移动身体，使凿子穿过木材。锋利的凿子就能够干净利落地凿出薄片。

3. 通常，你需要凿切至划线处。从上向下凿切至只剩一层薄片，然后从划线位置切入。你应该能感觉到凿子嵌入了划线处，这样就能精确地按照划痕切割。

4. 不要直接凿穿至木材的后侧，以免木材后侧发生断裂。如果你需要凿穿木材，应将木材翻转过来，从另一侧凿。

5. 通常宽的凿子用于凿切，但只用一部分刀刃进行切割，其余部分在之前凿过的表面的相邻部位上滑过，作为正在切割部分的参考面。

6. 让凿过的表面保持平坦且干净，你会更容易看清正在切割的部分。用全身的力量进行凿切会帮助你完成这种操作。

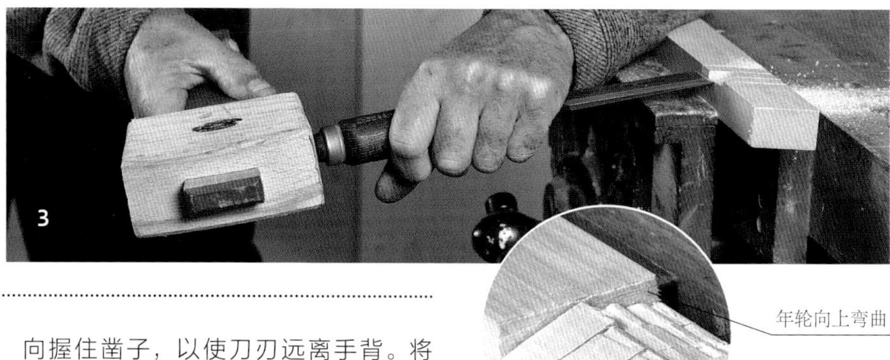


## 用木槌和凿子清除废料

为了大量清除废料，可用木槌敲击凿子。当要从底座中清除大量废料时，比较实用的办法是先用凿子和木槌将废料凿碎，再手工凿切清除废料。应使用斜凿或更坚固的凿子完成这项工作。

1. 用锯子切出肩部的位置，然后横切废料将其切成几块。

2. 将木材放在桌钳中，用左手反向握住凿子，以使刀刃远离手背。将左手肘放在木材上保持你的手的稳定，然后将凿子放在切口处，刀刃稍微向上倾斜。每次切割只去除 2 毫米厚的一层木材。

3. 用木槌用力敲击凿子的手柄，直到废料被凿下来。

4. 一直这样做，直到凿到划线位置，然后将木材转向另一侧，重复上述步骤。

**提示：** 木材的年轮向上弯曲时，通常你可以切割得更干净。你可以通过观察端面来确定年轮弯曲的方向。

## 用凿子深切

用木槌和凿子凿碎废料是比较有效的深切方法，例如制作卯。最好用榫凿完成深切。

1. 标记要切割的区域，然后将木材夹在木工桌上，最好在桌腿上方。

2. 左手反手握住凿子，然后用右手将其引导到指定的位置。在离卯边缘约 4 毫米处开始切割。

3. 用木槌用力敲击凿子，然后向前移动凿子约 4 毫米。重复这么做，直到快到达卯的另一端为止。

4. 翻转凿子，使其背面朝前，并撬出废料。

5. 重复上述步骤，直到达到指定的深度。使凿子背面朝后，将槽两端剩余的废料清除。

# 夹紧与固定

人们常说夹具再多也不够用，但我认为，事实上只要你会创造性地使用夹具，就可以用较少的夹具完成固定工作。夹具有多种形状和尺寸，不仅可用于在胶合时将工件夹持在一起，还可用于在加工时控制和稳定工件。

夹紧的目的是闭合连接表面并施加适度的压力。一旦做到这一点，就不再需要任何压力，也没必要再花精力使连接处更贴合。施力点应始终接近连接处，因为远离连接处的压力会导致工件变形。试着用合适的夹具匹配不同的任务，因为有时在小型工件上使用大型夹具会在卸下夹具时导致木工成品扭曲变形。

## 胶合工件

胶合的黄金法则是“始终记住涂胶前先进行练习”，原因如下。

- 你需要观察工件是否可以很好地组装在一起，并纠正任何出现的问题。一旦连接处被胶水覆盖，你就很难去纠正。
- 练习意味着在正式涂胶前，你已经正确地准备和调整好了所有夹具。
- 胶合是一个会让你“手忙脚乱”的过程——这是木工项目的重要时刻，你必须在胶合之前正确处理好所有问题。练习能让你提前发现可能存在的问题，这有助于减轻你的压力。

### 应该使用多少胶水

我们很难对此进行量化，但是大多数初学者都会过度使用胶水。胶合连接处时，应该只在连接处的边缘溢出一小滴胶水，而不要让大滴胶水流到木工桌上，这只有靠不断地积累经验才能做到。大多数连接是嵌入式的（例如卯榫连接或圆木榫连接），你需要注意避免溢胶。将胶水抹到孔中，而不要抹在接头上（如果连接处松动了，只需在榫上涂抹一点胶水），这样就可以减少溢胶的风险。

### 试试这样做！

确保你在平面上进行胶合工作，这样可以将平面当作参考面，确保木工成品没有扭曲变形。

如果夹杆接触了有胶水溢出的木材，则某些木材（例如橡木和胡桃木）会被染成黑色。可以在夹杆上贴遮蔽胶带来防止这种情况发生。

垫块能够保护木材

调整夹具的角度能够将框架“拉回”到方正的状态

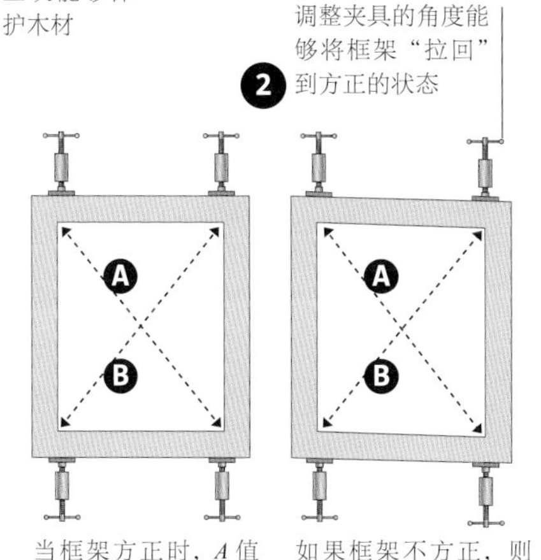


当框架方正时，*A* 值和 *B* 值相等

如果框架不方正，则 *A* 值大于 *B* 值或 *B* 值大于 *A* 值

### 夹紧框架结构

拼板夹比较适合长距离的夹持，而对于小于 300 毫米的夹持工作，你可以使用 F 夹和 G 夹。

1. 在每个连接点上放置一个夹具。可使用夹紧块防止夹坏工件，也可以使用磁铁夹紧块或条状夹持块。

2. 闭合连接处后，通过测量对角线检查框架是否方正。如果组件在压力下产生了变形，使用直角尺进行检查可能会产生错误的结论。

3. 如果对角线长度不相等，则可以通过调整夹头，使其向长对角线方向移动，以此来校正框架。

4. 检查框架是否扭曲变形，确保夹具均匀地平贴在胶合参考面上，并且框架各处都贴在夹杆上。如果胶合参考面不标准，则可以使用扭曲棒或水平仪进行检查。

5. 有时工件可能会被夹具提起。应使用直边进行检查，或者检查扭曲棒下方是否有光亮。

6. 用湿抹布擦去所有溢出的胶水，或者等其凝固后，再用凿子将其除去。

### 夹紧箱体结构

箱体结构（例如橱柜、箱子和盒子）组装起来可能比较难，因为需要在多个不同的方向上夹紧。你可以根据夹持距离使用不同的夹具——短距离用标准 F 夹和 G 夹，而重型 F 夹则用于长距离夹持。如果你认为胶水和夹具无法及时将工件胶合和夹紧（大多数 PVA 胶大约需要 20 分钟才能凝固），则可以将组装分为几步进行。与夹紧框架一样，应检查箱体是否方正或扭曲变形并根据实际情况进行调整。在向箱体中心施加压力的地方放置自制的曲面横撑。各个末端的夹持都会将压力传递到箱体中心。有时，在为箱体布置夹具时必须要有创造力。

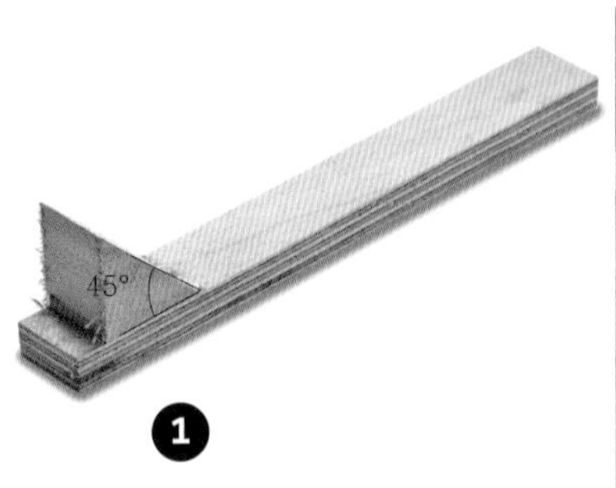

### 夹紧斜角连接组件

你可以使用多种方法和工具来夹紧斜角连接组件，包括基于棘轮腰带夹和角块的专用系统。此外，还有一种简单的办法，那就是使用 G 夹或 F 夹夹住放置在连接处的角块。这些角块可以粘在或夹在适当的位置，这取决于可用的夹具数量。

1. 对于 90 度角的连接处，应切割出两个 45 度角的角块。如果有可用的夹具，则将角块粘到木条上（可以是胶合板或中密度纤维板）。如果没有，则将角块直接粘到工件的末端。在连接处放入一层报纸将有助于稍后将角块敲掉。

2. 如果你把角块粘在木条上，请使用 G 夹或 F 夹将木条固定到工件的末端。

3. 现在，你需要使用 G 夹或 F 夹在连接处施加压力。涂上胶水并夹紧连接处。

4. 使用直角尺检查连接处是否对齐。

5. 固定好连接处后，可以用锤子从侧面敲掉粘住的角块。

6. 如果夹具数量有限，那么即使你分两次夹住同一对角线上的两个角而不是同时夹住所有角，此方法仍然管用。

## 试试这样做！

这种方法也可以用在箱体的斜接处，应使用更宽的角块来夹紧斜接处。

遮蔽胶带可以防止木板与夹具的金属接触而产生化学反应

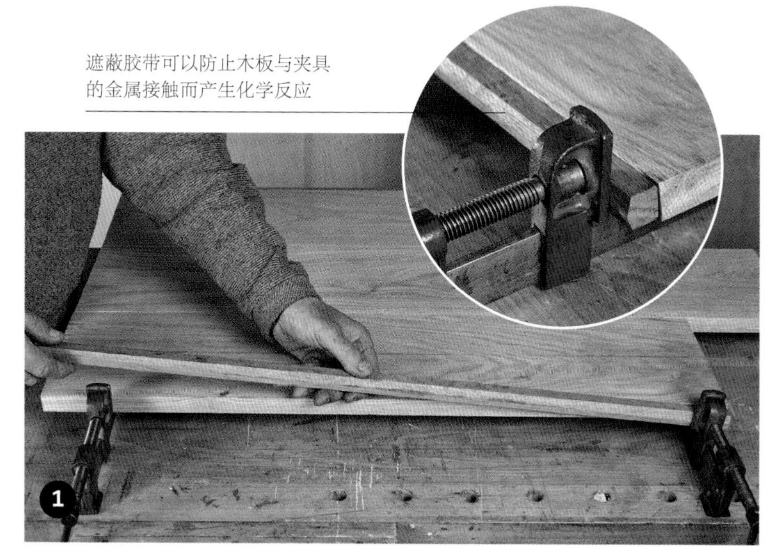

垫条突出的边缘可确保压力通向木板中心

这里的光亮表示木板表面不平整

## 试试这样做！

调整夹具的张力可以减小整个木板的弯曲度。夹紧木板上方的夹具能够向下推动木板，夹紧底部的夹具则能够向上推动木板。移动垫条也有此效果，稍微向上移动垫条可以抬高木板边缘，反之则降低木板边缘。

### 夹紧板接组件

拼板夹是胶合木板的首选工具。做桌面或宽大的门板时一般会进行板接——将许多木板并排连接在一起。

1. 使用垫条保护木板的边缘。

2. 沿木板每隔大约 450 毫米放一个拼板夹，上下交替放置。如果它们朝向一侧，则组件将在中间弹开。

3. 夹紧夹具之前，检查组件是否正确地排成一排；如果没有，则用木槌敲击进行调整。

4. 夹紧后，检查连接处是否完全贴合，并在必要时使用更多夹具。

5. 用钢尺检查平面度，并用扭曲棒或水平仪检查扭曲度。可以通过调整夹具带来的张力，或上下移动夹具以改变压力点来进行调整。

6. 可用湿布擦去所有溢出的胶水，或在胶水凝固后用木工刮刀小心地将其刮掉。

# 第 3 章 电动工具的使用

有些木匠喜欢使用电动工具快速获得成果，而那些享受制作过程和重视成品效果的人会觉得使用电动工具很扫兴。就精细的木工项目而言，有些电动工具根本不够精确，只适用于粗加工，但电木铣是个例外。如果你只想用一种电动工具，那就应该是电木铣。这种工具非常有用，所以我会在第 4 章进行详细介绍。

使用电动工具时应始终小心，不仅因为它们很危险，还因为它们能在瞬间完成作业，有可能在你未察觉到问题时就损毁了你的作品。但是，在了解了每种电动工具的工作方式之后，你就可以游刃有余地使用这些工具了。

# 钻孔

电动钻孔机（简称电钻）可分为有线电钻和无线电钻。无线电钻的出现促进了轻量电钻的发展，这种电钻可以作为电动螺丝刀使用。轻量电钻几乎取代了简单的手动钻，不过有些操作还需要用手动钻才能完成，尤其是需要工具在狭窄的空间中作业时。

用锥子标注钻孔的位置

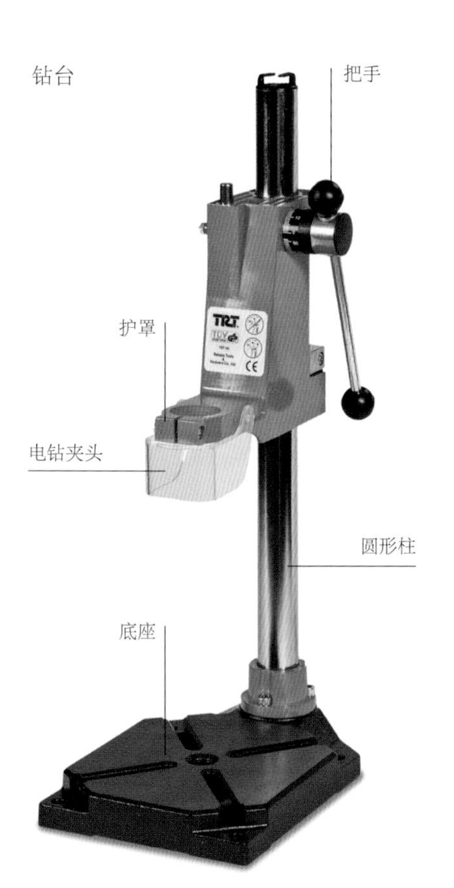


有的电钻主要用于钻入砖石结构的重型钻孔作业，配有免工具拆卸系统（Special Direct System，SDS）的钻夹头。这种电钻不适合木工项目，但是可以安装钻夹头转换器。大部分无线电钻都配有无匙夹头。如果你想精确地钻孔，则不适合使用手持电钻。你可以选择台钻，或者将电钻安装在立式钻台上。这种钻台包含一个立式的圆形柱，在其上运行有一个装有弹簧的支架，电钻可以安装在这个支架上。下拉操纵杆可降低钻头的高度，弹簧能够让电钻恢复原位。钻台的精确度取决于其质量，应选择带有圆形柱的、底座结实且滑动支架不会晃动的钻台。将一块木材装到底盘上，以便在其上钻穿透孔。钻台可以夹在木工桌上使用。

使用直角尺保持钻孔垂直，使用遮蔽胶带标记钻孔的深度

## 手持钻孔

为了提高钻孔的精确度，应在电钻附近放置一个直角尺作为参考。有必要用锥子标记出钻孔位置，也可以通过在钻头上缠绕一些遮蔽胶带或使用钻头限位环来标记钻孔的深度。

钻头限位环也可以代替遮蔽胶带用于标记钻孔的深度

## 钻螺丝孔

对于软材来说，通常你无须做准备，直接将螺丝拧入木材中即可。但对于硬材，你需要准备导孔、穿透孔和埋头孔，以免木材被劈裂。导孔和穿透孔的直径取决于所用螺丝的尺寸。

## 选择导孔直径

下表展示了常用的螺丝尺寸的最佳导孔直径（接近这个数据即可）。有的螺丝的直径号用数字表示，有的螺丝则以螺丝杆的尺寸表示。

| 导孔 | | |
|---|---|---|
| 螺丝直径号 | 螺纹规尺寸 | 导孔直径 |
| 4 | 3 毫米 | 2 毫米 |
| 6 | 3.5 毫米 | 2.8 毫米 |
| 8 | 4 毫米 | 3.2 毫米 |
| 10 | 5 毫米 | 3.6 毫米 |
| 12 | 5.5 毫米 | 4 毫米 |

### 试试这样做！

进行穿透钻孔操作时，将一块废料垫在木材下方可以防止钻头冒出时在木材上造成难看的撕裂痕迹或使木材断裂。

在钻深孔时，应偶尔将钻头从木材中拿出来，将废料清除，这样可以更干净且快速地钻孔。

## 钻孔以连接两个工件

要将两个工件用螺丝连接在一起，需要上部工件上有一个穿透孔，下部工件上有一个导孔。你还需要解决螺丝头部的问题——它可以显现出来，但要埋头与工件表面齐平；或在沉头孔中沉入表面以下，然后再将孔填充好。在没有足够长的螺丝的情况下连接厚工件时，钻沉头孔也很有用。

### 钻埋头孔

钻埋头孔的目的是让螺丝头部凹进穿透孔顶部的锥形凹槽中，螺丝的头顶与工件表面齐平或刚好位于表面下方。

1. 用锥子标记螺丝的位置。
2. 用普通的螺旋钻头在工件上钻出一个合适的穿透孔。
3. 用埋头钻头在穿透孔上钻出埋头孔。你的目标是钻出埋头孔，所以孔的深度只需要使放入的螺丝的头部位置比工件表面低一点即可。

4. 将工件固定在合适的位置（如有必要，可用夹具固定），并用锥子或螺丝穿过穿透孔标记导孔的位置。

5. 取下带埋头孔的工件，在导孔标记处钻孔，用遮蔽胶带或钻头限位环标记钻孔的深度。

6. 拧紧螺丝，将工件连接在一起。

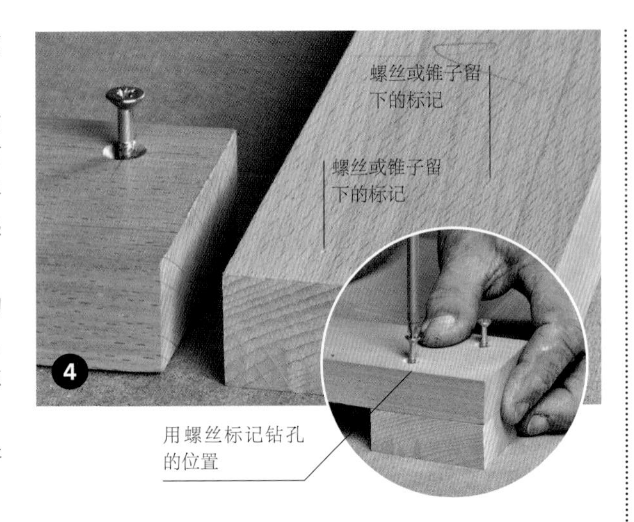

用螺丝标记钻孔的位置

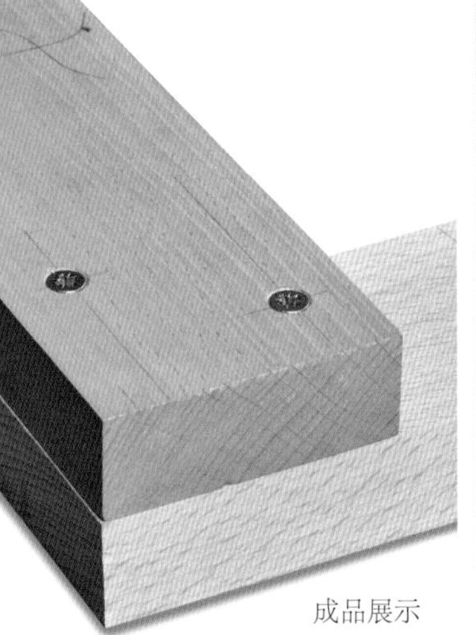

成品展示

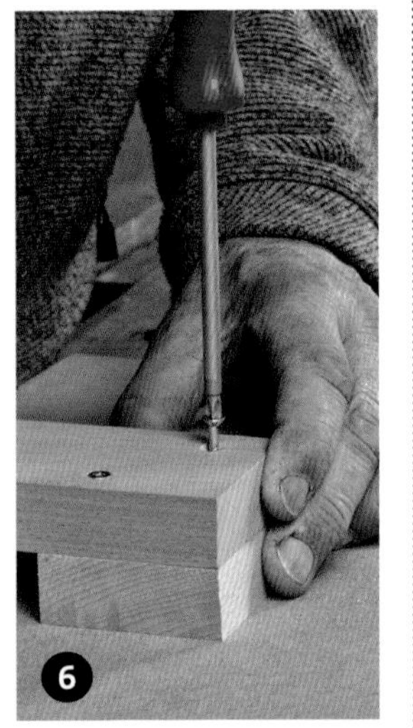


## 试试这样做！

黄铜螺丝相对较软，因此其头部可能会在与螺杆相交处被拧断。可以先拧入相同大小的、用蜡润滑过的钢质螺丝以形成螺纹，然后再拧入黄铜螺丝。

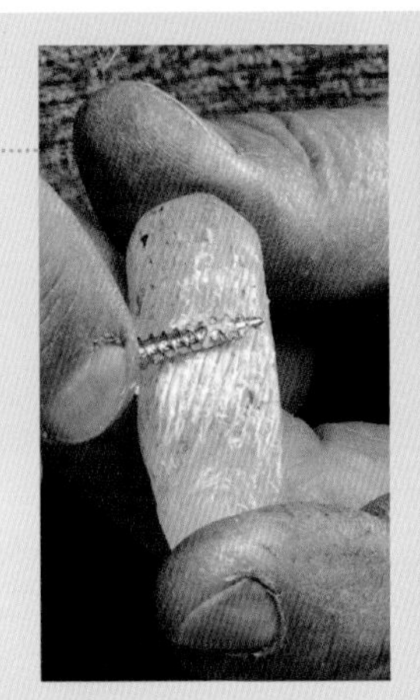
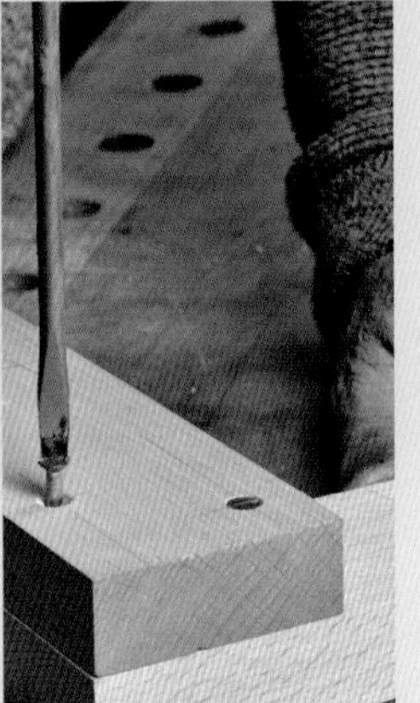

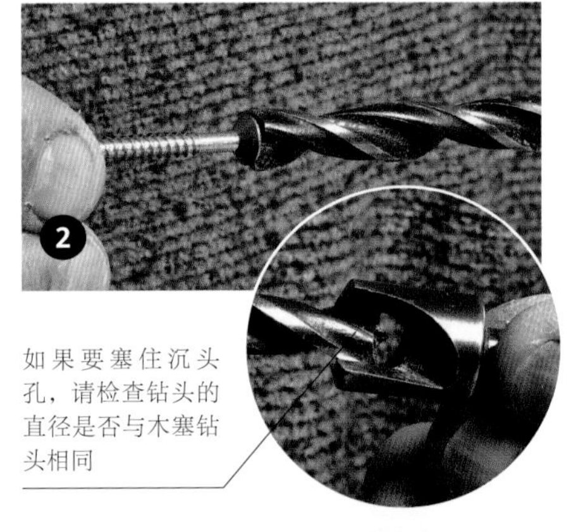

如果要塞住沉头孔，请检查钻头的直径是否与木塞钻头相同

### 钻沉头孔

在沉头孔中，螺丝头部完全沉入工件表面下方，钻孔比螺丝头部的直径更大。随后，我们可以堵住沉头孔。

1. 用锥子标记要拧入螺丝的位置。

2. 选择一个比螺丝的头部稍宽的钻头，用于钻沉头孔。三尖钻头或平

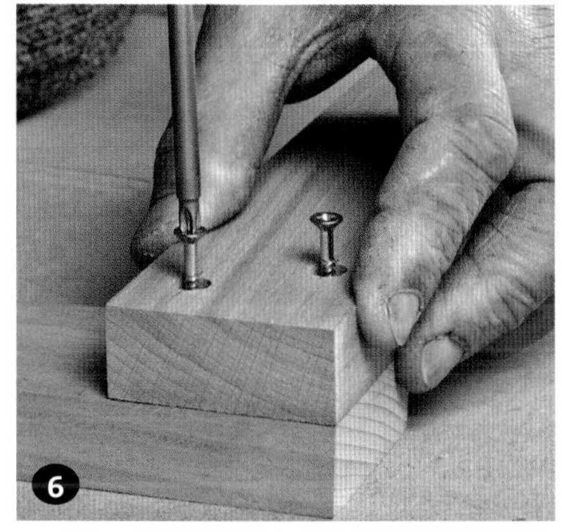

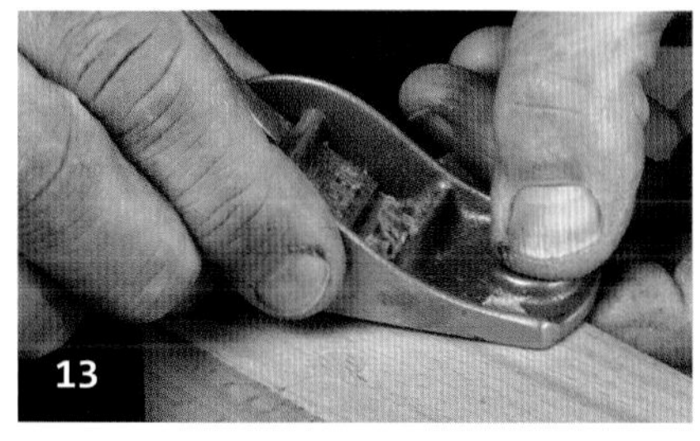

## 练习建议

当你需要使用三尖钻头或平翼钻头钻一个与较窄的孔同心的宽孔时，请务必先钻宽孔，因为钻头需要有结实的中心点才能有效地钻孔。

成品展示

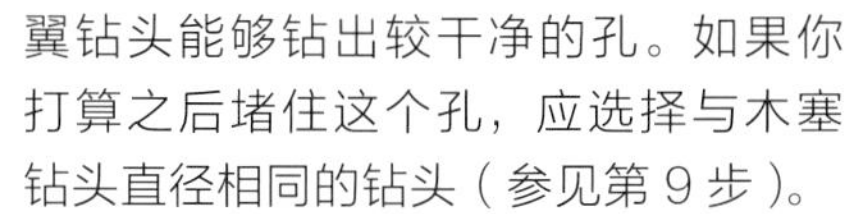

翼钻头能够钻出较干净的孔。如果你打算之后堵住这个孔，应选择与木塞钻头直径相同的钻头（参见第 9 步）。

3. 用遮蔽胶带或钻头限位环标注钻孔的深度。可能需要进行一些计算，以确保钻头不会钻穿工件。

4. 钻沉头孔。

5. 选择合适的钻头，并通过沉头孔钻出穿透孔。

6. 将工件固定在合适的位置（如有必要，可用夹具固定），并用锥子或螺丝通过穿透孔标记导孔的位置。

7. 取下带沉头孔的工件并钻出导孔，使用遮蔽胶带或钻头限位环标记钻孔的深度。

8. 拧紧螺丝，将工件连接在一起。

9. 沉头孔可以使用横纹木塞堵住，这种木塞可以使用木塞钻头来制作。这种钻头像是空心的电钻钻头，它会制造出一个圆形的切口，中间的部分就是木塞。木塞钻头可能难以与手持电钻一起使用，最好在钻床或钻台上操作。

10. 制作木塞。

11. 把木塞撬出来。

12. 在沉头孔中涂抹胶水，然后将木塞轻敲进去。确保木塞与工件表面的纹理方向是相同的。

13. 胶水干了以后，用短刨和砂纸将表面磨平。

# 使用电圆锯

如果你使用了正确的锯片，那么便携式电圆锯可以干净且笔直地进行切割。如果电圆锯具备下压装置并且安装在轨道上，则可以增强此功能。轨道锯的引入意味着你无须使用台锯就可以干净且准确地裁切出木材的尺寸。如果没有轨道，锯切会变得困难一些，并且可能需要你用刨子修整木材边缘。

## 安全注意事项

使用电圆锯之前，务必考虑使用的安全性。你应该遵守以下几点关键原则。

- 佩戴护目和护耳用具。
- 电圆锯要与真空集尘器连接，以实现良好的集尘效果。如果没有真空集尘器，则应戴好防尘口罩。切割中密度纤维板时，无论有没有连接真空集尘器，都要佩戴防尘口罩。
- 检查电线是否远离切割线。
- 始终按照正确的切割深度操作——锯齿在被切割木材下方的突出长度应不超过 3 毫米。
- 更换锯片时，务必关闭电圆锯的电源。
- 确保锯片的保护罩在电圆锯不工作时始终罩着锯片。
  - 在使用电圆锯之前，检查锯片保护罩是否正常发挥作用，以及电圆锯被松开后锯片是否返回到保护罩中。
  - 除了让电圆锯开始工作的情况以外，请勿抬起保护罩。
  - 不要将保护罩固定在打开位置。
  - 在放置电圆锯之前，确保保护罩已下降罩住锯片，否则电圆锯可能会伤到你的脚。
- 请勿在锯齿形成的凹槽或切口中尝试改变锯齿的方向或使其倾斜，否则可能导致电圆锯不受控制地从切口中滑脱。
- 纵切时，将楔木插入切口中，以确保切口不会夹住锯片。
- 锯片后面应有一把分料刀，这有助于防止木材夹住锯片。请勿卸下分料刀。
- 切割前，检查切割线上是否有钉子或其他异物。
- 使用恰当的锯片进行作业。
- 做好准备工作，确保木材得到稳固的支撑，以便在切割完成后可以控制分割开的两块木材。如果切割时两块木材向两侧倾斜，则有夹住锯片的危险。切割结束时两块木材会分开，在此时你可能无法固定住它们。
- 锋利的锯片更安全。

## 锯片的选择

电圆锯至少需要两个锯片，一个是用于纵切实木的粗齿锯片（根据锯片不同的直径来计算，大约有 14 个锯齿），另一个是用于横切及切割人造木板（例如胶合板和中密度纤维板）的细齿锯片（有 70~80 个锯齿）。

如果要进行非常精细的切割，则应选择梯平齿锯片，它的锯齿很锋利，由梯形齿和平齿交替排列组成。这有助于清除切割时出现的废料，进行干净的切割，尤其是在切割饰面板或层压板时。

## 电圆锯的使用技巧

在某些情况下，你可能只需要将木材大致切割成一定的尺寸，因此可以将电圆锯底座上的切口标记作为参考。但是，有时你需要更精确且干净地进行切割。在这种情况下，你应该使用电圆锯配置的靠山，或者将一个直边夹在木材上，从而让电圆锯底座抵靠着直边进行加工。有必要测量从底座边缘到锯片同侧的距离，并将其写在底座上以供参考。直边按照这个距离与切割线平行，并在此处夹紧。

通常，用机器切割实木比用机器切割人造木板更难，即切割 75 毫米厚的橡木板比切割 18 毫米厚的中密度纤维板更具挑战性。电圆锯锯片可能会卡在实木的锯缝中，这是很危险的。

1

2

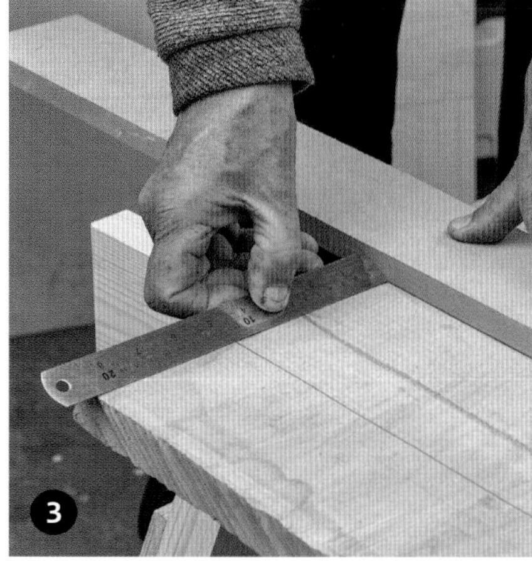

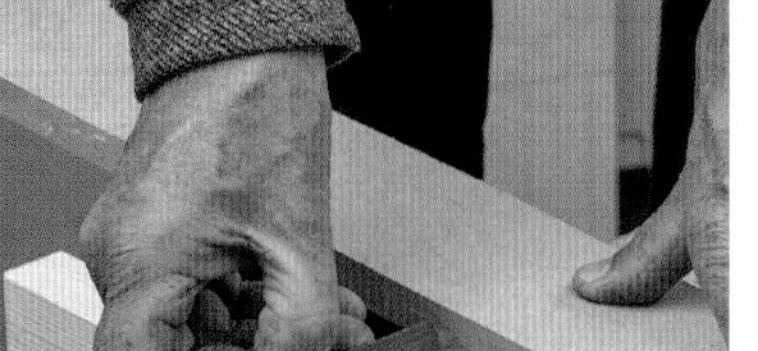

3

5

试试这样做！

当使用直边引导电圆锯进行切割时，只需用电圆锯挤压一下直边，检查直边是否固定在了正确的位置。然后，你可以将其校准到切割线上，另一端也同理。

**提示：**切割实木的技巧与切割人造木板的技巧不同，但是你都需要确保对所有工件和边料进行稳固支撑。注意，如果将一个支撑不稳固的大型工件切成两半时工件突然失衡，可能会很危险。

### 横切实木

横切窄工件使用斜切锯更好。如果没有斜切锯，应按以下步骤进行。

1. 确保工件得到足够的支撑。如果边料很小，则切割时可以让它掉落下去。但如果边料很大，你就需要支撑住它，这样它就不会在切割快结束时断裂，或者掉落而夹坏锯片。同时，你还要检查锯片是否会切到重要的或者对锯片有损害的表面，例如木工桌桌面或水泥地面。

2. 检查你是否安装了细齿横切锯片，并且正确调整好了切割深度（不超过工件厚度 3 毫米）。

3. 标记切割线。如果要进行干净的切割，请按照前文所述，使用靠山或用夹具夹住一个直边。确保在切割线的废料一侧进行切割。

4. 将电圆锯底座放置在工件的边缘，让锯片远离工件表面再启动电圆锯。检查锯片的前端是否与切割线对齐，然后向前推动电圆锯。在抵着直边推动电圆锯时，锯片的保护罩应向后旋转；如果没有，可以使用锯片后面的小旋钮将保护罩稍微向后倾斜并开始向后旋转。试着用双手抓住电圆锯，一只手抓住后面的手柄，另一只手抓住前面的把手。

5. 继续切割，并确保沿着靠山或夹紧的直边进行。仔细听电动机的声音，如果电动机声音变小，应降低进给速度。

6. 在切割结束时，将电圆锯抬起，关闭开关并检查锯片保护罩是否已旋转归位且罩住锯片。

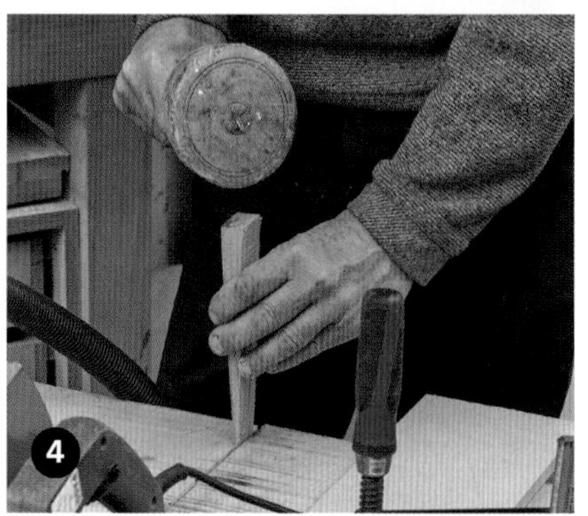


### 纵切实木

纵切比横切更棘手，更不容易切割，并且锯片卡在锯缝中的可能性更大。纵切的切口通常比较长，你可能要切割长达 250 厘米的工件。

1. 检查是否牢固地支撑住了工件，锯片是否已按照上页第 2 步所述设置完成。

2. 确定切割线。你可以不使用辅助工具沿着划线切割，但是切割出来的线可能会不直。如果使用靠山或直边作为参考，切割起来会更安全，效果也会更好。靠山仅适用于距工件边缘不超过 200 毫米的切割工作，而且工件边缘也必须是直的。最好使用直边，并按照前文所述的方法安装直边。

3. 启动电圆锯，同之前所述一样进行切割。切割的长度增加后（例如切割长度为 600 毫米），你可以在锯缝中放一块楔木。如果你可以找人帮忙做这件事最好，否则应将电圆锯从锯缝中稍稍退出，然后关闭电圆锯。

4. 使用楔木扩大锯缝。

5. 前后移动电圆锯，检查锯片是否可以自由运转。如果锯片被锯缝夹住或以任何方式被卡住，则不要启动电圆锯。检查无误后，再启动电圆锯并继续切割。

6. 在切割结束时，抬起电圆锯远离工件，关闭电圆锯并检查锯片保护罩是否已旋转归位且罩住锯片。

> **试试这样做！**
>
> 始终将直边固定在要制作的工件上，而不是废料一侧。这样，如果你切割的边不直，直边会在废料一侧，而不在所制作的工件一侧。

### 锯切人造木板

尽管人造木板的表面可能有纹理方向，但纵切和横切实木的方法不适用于切割人造木板。可能存在的问题是，在沿着人造木板表面纹理方向锯切时，会切出木碎。这可以通过使用史丹利牌刀具划切割线来解决，这种刀会切断木纤维并避免其碎裂。应将木材显露面（在成品中大部分会显露在外的一面）朝下进行切割。人造木板的主要问题是它们的尺寸。其尺寸通常是 2440 毫米 ×1220 毫米，你很难用电圆锯锯切它们。如果可能，建议让供应商锯切好人造木板，至少要对半切割。

1. 在将人造木板切成两大块时，确保保留的那块和废弃的那块都得到良好支撑。例如，如果你从长边的中间锯下，应用一堆长条支撑板（例如 400 毫米 ×2400 毫米的木板）来支

**试试这样做！**

如果无法使用夹具固定直边，请用双面胶带将其与下方的木板粘在一起。确保木板表面没有灰尘，然后用力向下按压。

撑该木板，地面上的支撑板在切割线的两侧。要锯切的木板应该被抬到电圆锯不会切入地板的高度，确保稍后被切出来的两块都得到支撑，并且支撑木板也足够稳定，能够支撑你踩上去。

2. 将直边夹在适当的位置并检查其稳固性。

3. 在电圆锯上安装细齿锯片或梯平齿锯片，将其调整成正确的深度。

4. 以常规的方法开始锯切。如果锯片在切口中开始发紧，则将楔木插入锯缝中。

5. 切割开始时，电圆锯底座的前端抵住直边；到切割快结束时，集中注意力在底座的后端，直到切割结束。

6. 切割结束时，将电圆锯抬离木板，关闭电圆锯并检查锯片保护罩是否已旋转归位且罩住锯片。

## 使用轨道锯

轨道锯配备了我们之前需要夹上的直边，即轨道。电锯夹在由铝挤压材料制成的轨道上，以确保准确锯切。这种电锯也是下压式的，因此你是从上方推动锯片进行锯切的，而不是在锯片保护罩打开后开始锯切。

1. 和之前一样设置电锯，使用正确的锯片并设置正确的切割深度。

2. 将轨道精确地放在切割线上，底部的防滑条可以防止其移动。

3. 将电锯放到轨道上，使其定位并滑动。

4. 重新将电锯归位。启动电锯，下压锯片，然后向前推动。在锯切结束时，松开锯片并关闭电锯。

## 切割机或复合斜切锯

如果你在木工项目中使用电动工具，则必须在一开始就准确地确定所有工件的尺寸。用电动工具作业时，工件必须是相同尺寸的，因为使用电动工具来进行非统一标准的切割是在浪费时间，几乎无法达到使用机器的目的。你可以使用手板锯标记尺寸，使用刨木导板进行精细修整，也可以使用切割机或复合斜切锯。在作业开始时，使用优质的复合斜切锯将工件整齐地切割成一定长度，可以节省之后的时间。顾名思义，这种电锯可用于锯切斜角，也可用于锯切简单的凹槽和榫。

切割机只能进行单一的操作，以锯片向下倾斜的方式来锯切工件。可滑动的复合斜切锯具有附加的滑动功能，因此可以推着它锯穿工件。拥有滑动装置意味着复合斜切锯可以锯切更长的工件。

这种锯的支撑台和靠山通常很短，你可以购买加长装置，但其用于现场工作时通常不够重。如下图所示，有必要自制一些适合你的工作室的支撑台和靠山。

简单的支撑台和靠山有助于在切割长工件时增强稳固性

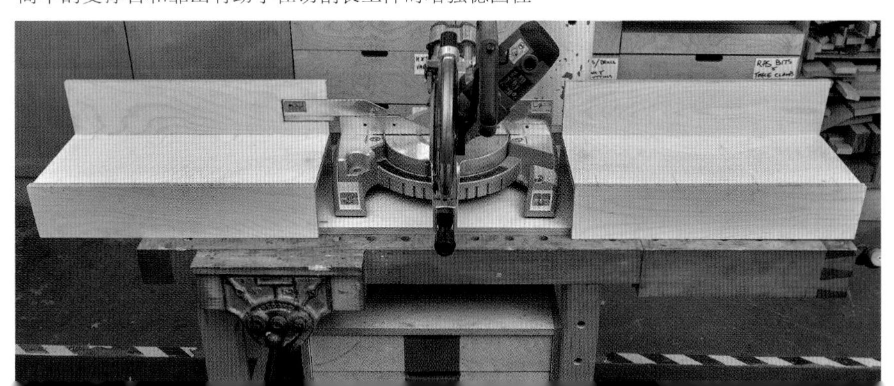

### 安全注意事项

复合斜切锯的锯片可下压或滑动，这意味着你需要特别注意其操作的安全性。工具使用手册会提供安全说明，以下是其中比较重要的内容。

- 确保电锯底座牢牢地固定在木工桌或工件表面上，以免在使用时倾斜或移位。
- 在使用前，需检查安全装置，例如锯片保护罩能否正常发挥作用。
- 锯切长工件时，工件被锯穿时有倾倒的危险。可以使用某种加长装置，确保沿着工件的长度方向支撑工件。
- 在使用斜角锯时，你很难预测电锯的路径，因此，如果可能，在实际锯切前，在锯片固定的情况下先练习一遍。
- 尽可能夹紧工件，而不要用手固定，尤其是较长的工件。
- 切忌用手交叉着抓住工件（例如用左手抓住工件的右侧）。
- 抓住工件进行锯切时，请尝试同时抓住工件和靠山。这意味着你的手被拽向锯片的可能性较小。
- 使用带滑动功能的电锯锯切宽工件时，将锯面对着你滑动到工件外侧，启动电锯并下压，然后将电锯推离你。避免在拉动时锯切，因为此时电锯不够稳定。
- 当你使用带滑动功能的电锯下压锯切工件时，应将其锁定在向后的位置，以免其突然向前跳动。
- 锯切结束后，在抬起电锯之前先让锯片停在工件上，然后等待其停下来再取出所有小的边料。
- 你可能需要使用挡块来将工件锯切成一定长度。不要在废料的一侧使用挡块，因为废料会楔入挡块并被弹走。

通过将工件和靠山夹在一起来固定工件

锯切宽工件时，应先从前端向下压，然后向前推动电锯

### 直线锯切

1. 如果必须要将工件锯切得很方正，应先锯切一块废料并查看其切面，必要时进行调整。

2. 标记切割线，然后将工件抵在靠山上。

3. 如果你的电锯有激光导向装置，则可以让激光线与切割线对齐。通常，切口位于激光线的右侧。如果没有激光导向装置，应按下安全释放装置，然后将固定的电锯放下，将工件放置在锯片下方。

4. 调整好位置后，将工件固定在台面上。抬起并启动电锯，打开安全释放装置，然后将锯片放到工件的前边缘，以确保手远离锯片。

5. 切下的边料比较长可能会导致锯切不稳定，在这种情况下，应将其用夹具夹住或支撑住。

3 将挡块夹在靠山上

### 将多个工件锯切成一定长度

1. 对于重复锯切，想办法延长靠山有助于夹上挡块。

2. 修整每个工件的一端。

3. 将挡块夹在靠山上。

4. 修整另一端，使工件向上抵住挡块。

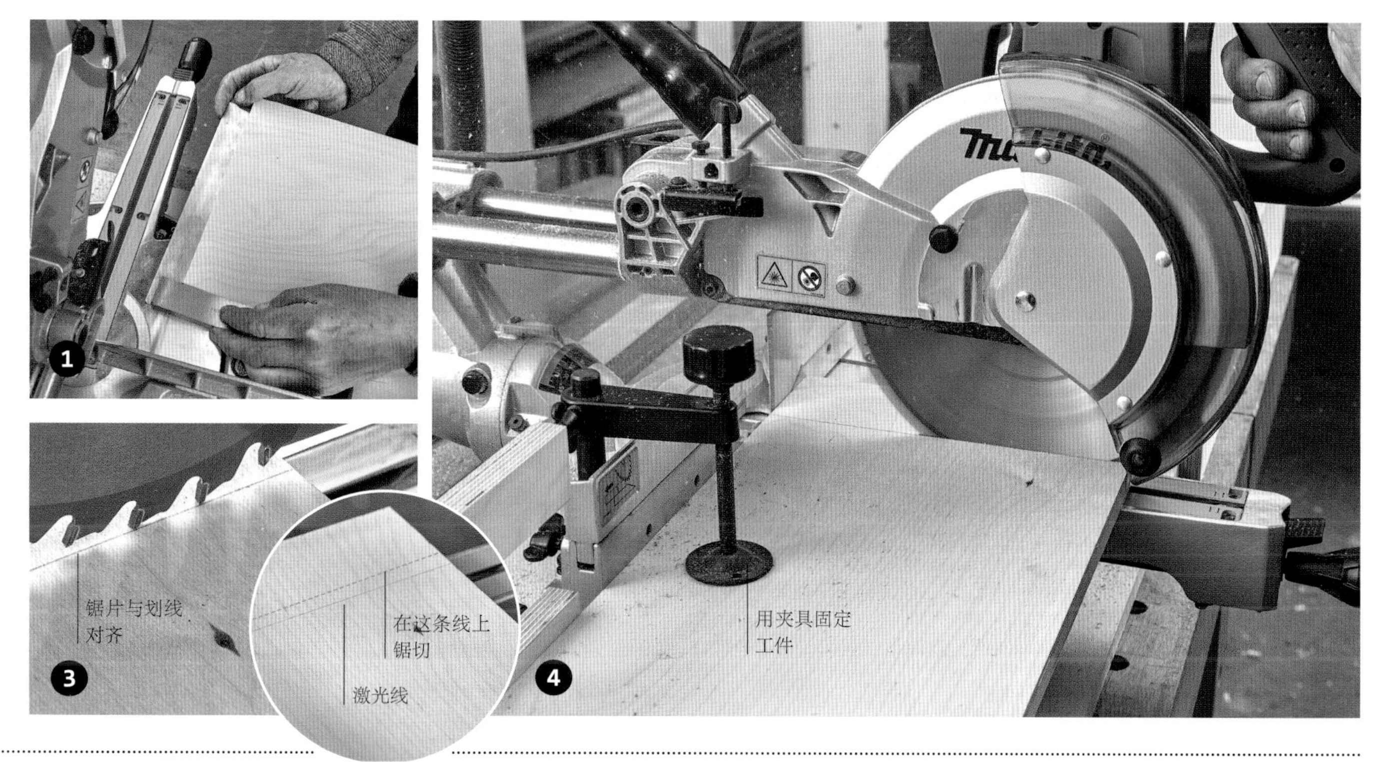


## 锯切斜角

大多数电锯可以在底座上旋转以锯切斜角，也可以倾斜锯片锯切更宽的箱体斜角。将这两种操作相结合可以获得复合斜角。当使用倾斜的锯片进行切割时，应调整靠山，以免切到靠山。

锯切斜角的方法与普通锯切的方法相同，但要更加注意安全，因为锯切斜角会让你搞不清楚锯片的路径。

斜角

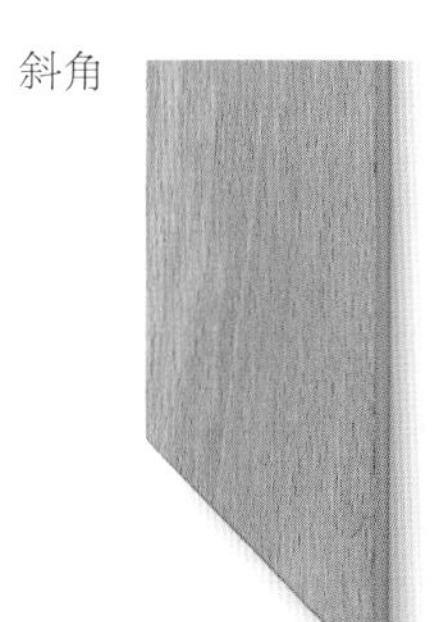

箱体斜角

复合斜角

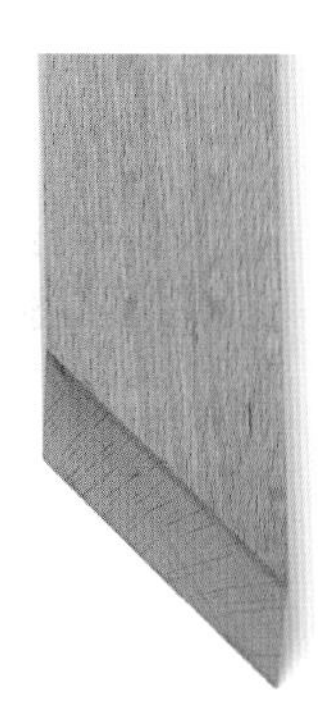

锯切斜角

锯切箱体斜角

锯切复合斜角

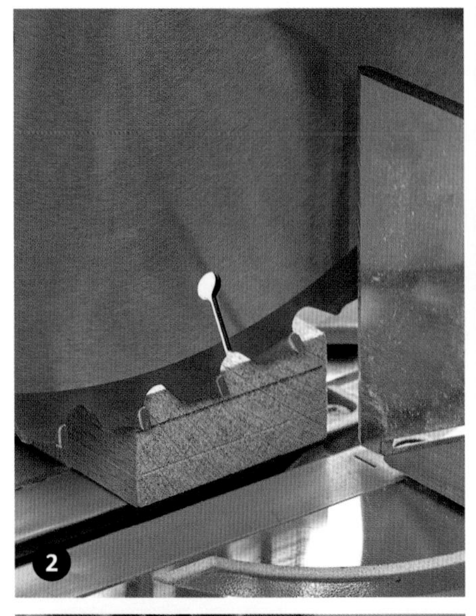

将挡块夹紧，确定榫的长度

填充件可确保锯切到工件的后边缘

### 锯切凹槽和榫

滑动复合斜切锯应具有限制锯切高度的功能，这样就不会切穿工件，而且电锯就可以重复进行锯切，按照所需深度清除废料，以形成凹槽和榫，这在批量锯切连接处时很有用。现在让我们看看如何使用它加工榫。

1. 用双针划线器在与工件厚度相同的废料上标记榫的厚度。

2. 设置高度限位器，使锯片与最上面的划线齐平。

3. 在测试件上反复锯切，每次锯切都向前移动，直到清除了约 20 毫米厚的废料。将测试件翻转过来，在另一面重复操作，然后检查榫是否能够贴合地插进卯中。调整限位器，直到卯榫连接贴合为止。

4. 如果锯切时不能切到工件的后边缘，应在靠山和工件之间放置一个填充件。

5. 将挡块固定在靠山上，使锯片与划出的榫肩线对齐。

6. 现在锯切榫件，反复锯切直至榫件抵上挡块，需先在一侧锯切，然后翻转工件，在另一侧锯切。

7. 现在，你应该在工件上制作出尺寸准确且居中的榫了。

# 使用曲线锯

曲线锯在家具制作中的用途有限，因为使用该电锯切割出来的切口粗糙且不整齐。但是，它确实可以用于粗加工，尤其是在没有电圆锯或带锯的情况下。曲线锯可用于在木板中央锯切出一部分，虽然你也可以使用电木铣更干净利落地（但是粉尘会多一些）完成这个任务。电木铣也可以用于粗糙地进行曲线锯切。

## 锯片选择

大多数制造商都用带有相关图标的代码系统标记锯片的型号，以利于顾客选购锯片。应选择能够精细地锯切木材的锯片——很可能是双金属（Bimetal，BIM）锥形磨削锯片，其具有较大的TPI。对于曲线锯切，狭长的锯片能够锯切出半径更小的曲线。

参考你购买的锯片的使用说明，了解如何更换锯片

## 锯切运动

标准的锯片是在向上划动时锯切工件的（有向下锯切的锯片，主要用于在不会切到表面的层压板的前提下在桌面锯切工件）。锯片的运动方式应该是将锯子下拉到表面上。

可以手工锯切直线，也可以将直边夹在表面上，使电锯底座的边缘抵靠在直边上，但这要求锯片能够正确地跟着底座移动。

1. 要从木板的中心切下一部分。应在废料的每个角上钻足够大的孔，以便插入锯片。

2. 先把锯片插入其中一个孔中开始锯切，然后在每个角的孔中旋转锯切。使用曲线锯锯切后，都需要用电木铣或手工工具进行修整。

# 使用磨机

## 试试这样做！

磨机在配合使用真空集尘器时，真空集尘器的软管经常会上下摩擦工件边缘，这可能会损坏工件。可以通过将软管悬挂在工件上方（可以用金属线绑到天花板上）来避免这种情况发生。

你会发现，能够满足大多数的木工需求的磨机有两种类型：砂带机，用于大面积加工粗糙的表面；随机轨道砂光机（Random Orbital Sander，ROS），用于进行更精细的表面处理。

砂带机不是用于抛光的磨机。制作家具时，较好的打磨方式是用 120 目粒度（在非常不平的表面上使用 80/100 目粒度）的砂带机打磨，然后用 150 目粒度和 180 目粒度的随机轨道砂光机打磨。随机轨道砂光机不同于轨道砂光机。轨道砂光机进行的是单一轨道运动，运动直径小于 5 毫米，往往会在木材表面留下小的圆形划痕。而随机轨道砂光机旋转的底盘丰富了轨道运动的样式，这能避免在木材表面留下圆形划痕。

磨机随附的集尘袋通常不够用，因此，如有可能，应连接真空集尘器，否则，应戴好防尘口罩。

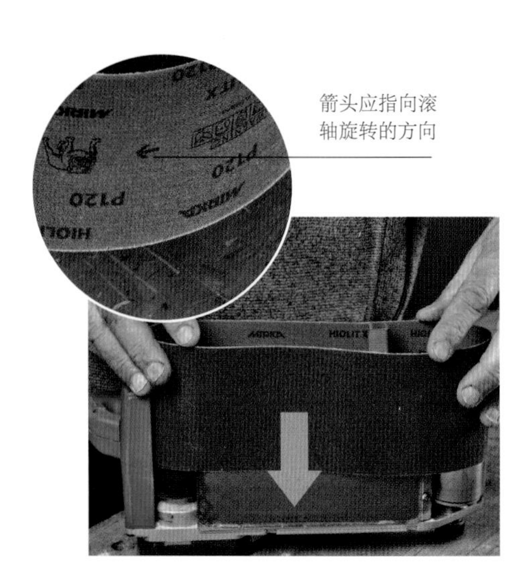

箭头应指向滚轴旋转的方向

## 砂带机

砂带机适用于大面积打磨（例如打磨木板和桌面），它几乎可以代替手工工具刨平打磨表面。在狭小的表面上，应小心地使用砂带机，因为它能够在短时间内磨掉大量木材，尤其在木材边角处，砂带机可能会掉落到木材边缘外侧。而如果遵循磨机的打磨规则使用砂带机，则可以节省大量手工打磨的时间和体力。

大多数砂带机的侧面有一个控制杆，用于移动前滚轴以释放砂带，然后可以更换新砂带。将新砂带安装到砂带机上时，应检查砂带内侧的箭头是否指向滚轴旋转的方向。安装后，运行砂带机并检查砂带的跟随效果，以确保砂带完全跟着滚轴运行。如果砂带从机器的侧面滑出，则可能被撕碎。大多数磨机的正面有一个旋钮，用于控制砂带的运行。

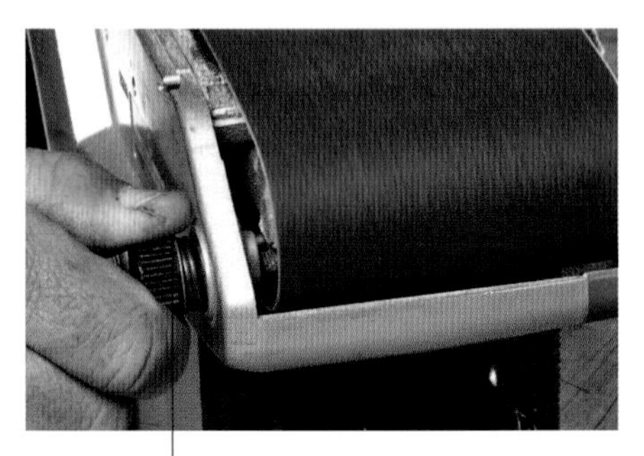
跟踪控制旋钮

**提示：**如果你以前从未使用过砂带机，在首次使用时应将速度设置为慢速，因为全速启动砂带机可能会吓你一跳。

## 问题诊断

### 打磨后出现 75~100 毫米长的狭长瑕疵

这些是磨机启动后“向下俯冲”到木材表面留下的划痕。通常，直到打磨完成后，划痕才会变得明显。应确保先将磨机放在木材表面再启动机器（参见下页左侧的第 2 步）。

磨机“向下俯冲”留下的痕迹

保持随机轨道砂光机与木材的纹理平行，随机轨道砂光机始终保持左右移动

### 砂带机的使用技巧

砂带机有点像微型坦克，你的工作就是阻止它向前冲。但如果你将其按住，它会向后退出它所加工的表面。

1. 确保木材固定在桌钳中，可以将其放在挡栓之间或使用夹具固定。

2. 启动机器之前，务必先将砂带机放在木材表面。如果你启动砂带机后再将其放在木材表面，则可能会导致机器“向下俯冲”，砂带机垫的前侧会先撞击木材表面，并在表面留下轻微的凹痕。

3. 将砂带机的前后滚轴与木材纹理对齐。砂带机会在木材表面留下轻微的划痕，但如果其沿着木材纹理运行，划痕不会很明显。只要保持砂带机的前后滚轴正确地与木材纹理对齐，就可以沿任何方向移动它。不要向下按压机器，砂带机很重，让其自身重量作用于木材表面即可。

4. 保持机器运转。如前文所述，砂带机可以快速磨掉大量木材，如果你停留在一个位置打磨，就会使木材表面形成凹陷。如果要打磨掉瑕疵，则应该在集中打磨该区域的同时，以打圈的方式围绕该区域打磨。这样，打磨的深度在较大的区域内就会比较平均。

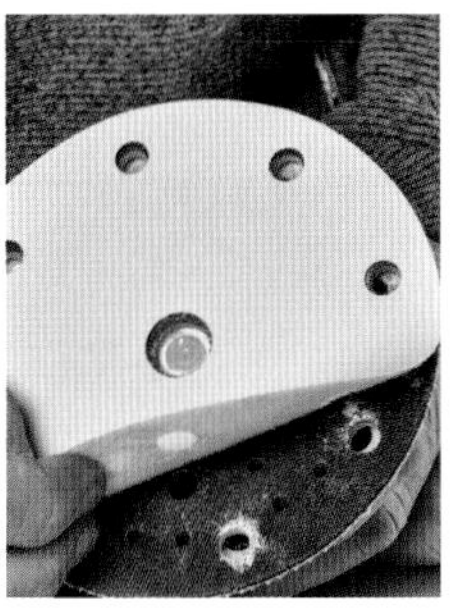

将背面带魔术贴的圆形磨垫上的孔对准底盘

网状圆形砂纸

## 问题诊断

### 砂光机的震动导致在木材表面形成涡状纹划痕

使用较便宜的随机轨道砂光机或磨垫被堵塞住时，通常会出现这个问题。一般很难发现这些划痕，只有在你涂上第一层涂料后才会发现它们。这时要更换堵塞住的磨垫。

## 随机轨道砂光机

砂带机可以完成粗糙的表面处理工作，而随机轨道砂光机负责在表面处理之前进行最后的打磨，还可以在涂层之间进行轻度的打磨。它比砂带机的磨损力度小，因此不能很快地去除深层的瑕疵，但也不太可能损坏表面。

设置随机轨道砂光机，要先安装磨垫，使磨垫的孔与底盘上的孔对齐。这些孔因机器的不同而存在差异，因此在订购磨垫时应确保选择合适的孔状图案。大多数随机轨道砂光机使用背面带魔术贴（又称粘扣带）的磨垫。网状圆形砂纸非常好用，具有较好的除尘效果。

### 随机轨道砂光机的使用技巧

这个时候，木材表面经过刨切、刮擦或砂带机的打磨，应该变得非常平滑了。对于最后的表面处理工作，你可以使用 180 目粒度的氧化铝磨垫打磨；如果表面还有轻微的瑕疵，可以先用 150 目粒度的砂纸打磨，然后再用 180 目粒度的砂纸。

1. 使用时，你的手和随机轨道砂光机的重量足以用于打磨木材表面，无须用力下压。让随机轨道砂光机在整个木材表面保持随机运动即可。

2. 避免倾斜底盘来尝试打磨木材边缘处不好打磨的地方，否则会导致木材表面不平整。

3. 在涂层之间进行轻度打磨（刷式打磨）时，应使用安装有 400 目粒度或 500 目粒度的氧化铝磨垫的随机轨道砂光机。打磨角落处时要小心，因为这里的饰面容易被磨穿。

# 第 4 章 铣削

电木铣是一种多功能电动工具，可以让你有效而准确地开展工作。但是，许多人对其望而却步——快速旋转的铣刀不仅会带来嘈杂的声音，还可能会对你或你的工件造成损害。本章将详述能够帮助你安全地使用电木铣的 5 个基本原则，使其成为你的工作室中物超所值的一种工具，即了解电木铣的使用常识，理解并遵守健康和安全说明，了解送料方向，寻找并预判可能影响铣削质量的问题，使用夹具与固定装置来提高安全性和准确度。

电木铣具有非常多的功能，本章将介绍其中一部分功能，并在介绍功能的过程中详述以上 5 个基本原则。

# 电木铣入门

电木铣可能是工作室中真正的主力工具。在这里，我会介绍电木铣能够完成的一些基本任务。当你能够熟练使用电木铣后，我相信你会发掘出它能完成的其他任务。

## 使用手持电木铣的安全注意事项

使用手持电木铣时，双手应握住两侧的把手，以免双手与铣刀接触。以下是比较重要的使用手持电木铣时的安全注意事项。

- 更换铣刀或处理与电木铣的“锋利端”相关的问题之前，先要断开电源。这样可以避免电木铣不小心启动而发生事故。
- 注意，关闭电木铣后铣刀还会继续转动一段时间，因此在铣刀完全停止转动之前手不能靠近它。铣削完成后，将电木铣恢复到初始位置，这样铣刀能够被底座护住。
- 佩戴护耳器和护目镜。
- 将电木铣连接到真空集尘器上，因为使用电木铣会产生大量粉尘。在某些情况下，例如在修边时，即使使用了真空集尘器也可能会粉尘飞扬，因此你需要戴上防尘口罩。铣削中密度纤维板时，应始终佩戴防尘口罩。
- 如果你留着长发，那么请确保把头发扎在脑后。
- 用桌钳或某种方式牢固地夹紧工件。切勿用一只手握住工件而用另一只手拿着电木铣进行铣削。

铣削时请使用高质量的集尘设备

确保工件被牢牢地固定住，并用双手握住电木铣

关闭电源之前，务必先让铣刀恢复到初始位置

## 试试这样做！

可以使用刀头专用清洁剂清洁电木铣铣刀，烤箱清洁剂和牙刷也是不错的清洁工具。使用烤箱清洁剂时要戴手套。

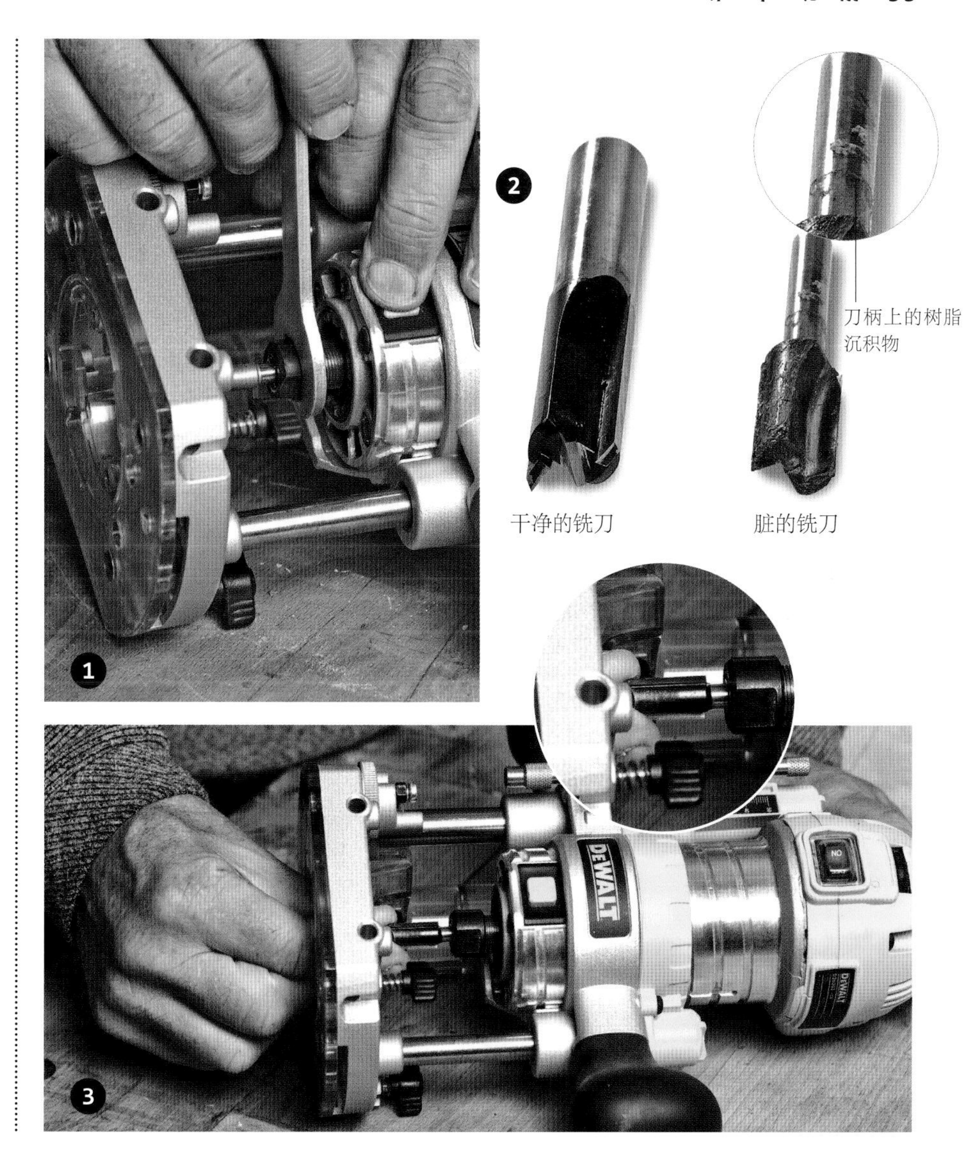


## 设置电木铣

在启动电木铣之前，需要先按照一系列步骤设置电木铣。

### 更换铣刀

1. 松开螺母，卸下之前使用的铣刀。主轴上应该有某种形式的锁定装置来辅助此操作，即用扳手拧动螺母，或者在夹头上方进行压力锁定。大多数电木铣有安全设置，其中包括确保螺母松开时夹头不会松开铣刀的装置。你需要继续旋转螺母才能卸下铣刀。

2. 检查新的铣刀：它是否锋利？刀柄是否干净且未损坏？铣刀上是否有树脂沉积物？铣刀损坏或附着残留物可能会导致电木铣在作业时震动，从而影响木材表面的处理质量。

3. 如果铣刀比较钝，则可以用一块小磨刀石来将铣刀磨锋利（参见下页的“保养铣刀”）。如果铣刀很锋利，则将铣刀刀柄插入夹头至少 3/4 的深度（某些刀柄上有深度标志）并拧紧螺母，但不要拧太紧。

## 保养铣刀

钝了或者损坏的铣刀会影响木工成品的质量。钝了的铣刀会减慢铣刀的运转速度，导致木材上出现烧痕或使木材的切面变得粗糙。钝了的铣刀可以重新磨锋利，但是有缺口、损坏的铣刀最好还是更换掉。

有缺口的刀刃

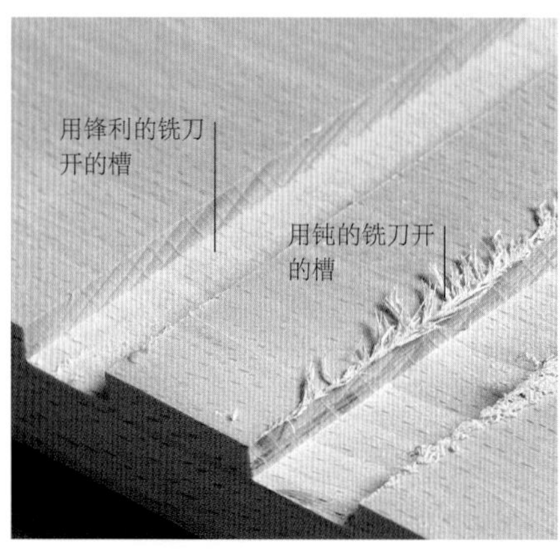

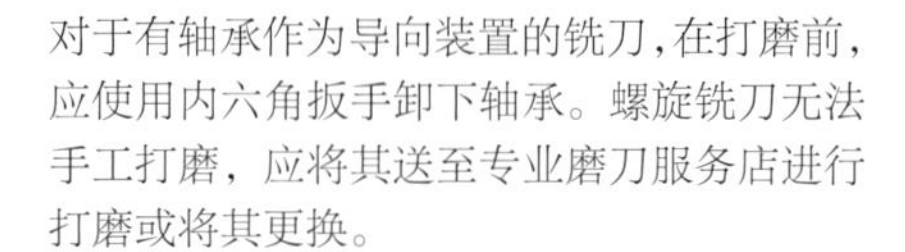
对于有轴承作为导向装置的铣刀，在打磨前，应使用内六角扳手卸下轴承。螺旋铣刀无法手工打磨，应将其送至专业磨刀服务店进行打磨或将其更换。

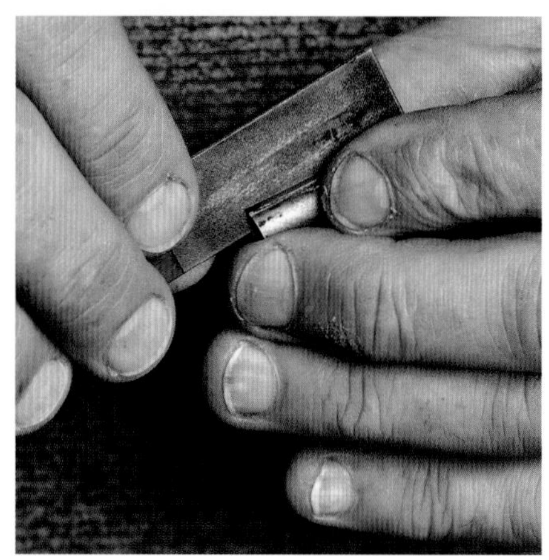

高速钢铣刀可以在油磨石或水磨石上磨锋利。碳钨合金材质的铣刀需要用小块金刚磨石打磨（有些金刚磨石被称为卡片磨石）。只能打磨铣刀平整的一面，在外表面上进行打磨会改变其尺寸和轮廓。尝试均匀地打磨铣刀，因为即使产生细微的不平整也会导致启动后铣刀发生震动，降低铣削的质量。只能用这种方法打磨铣刀几次，因为如果打磨次数过多，铣刀质量就会变差，这时应该将铣刀更换或送去专业磨刀服务店进行打磨。

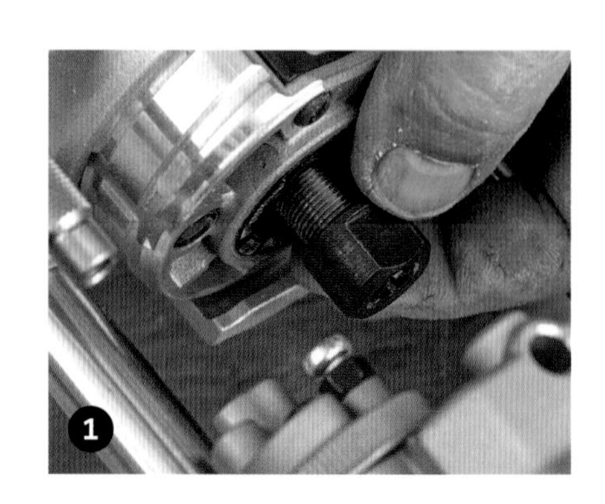


### 更换夹头

如果你的电木铣的夹口直径约 13 毫米，则你可能需要偶尔更换夹头，夹头的直径应小至 8 毫米。

1. 从主轴上卸下夹头螺母，夹头会和螺母一起脱落。
2. 更换时，将夹头从螺母和弹簧上拉出来。

### 试试这样做！

当你想要更换夹头时，可能很难从螺母上卸下夹头。尝试在一块厚度比夹头长度数值稍大的木板上钻一个直径比夹头长度数值稍小的孔。将夹头按入孔中，向里按直到能将螺母拉下来。你可以把夹头留在孔中。

从另一侧将另一个夹头按入孔中，会将留在孔中的夹头推出，并将另一个夹头从螺母上卸下来。

将铣刀放置在木材表面

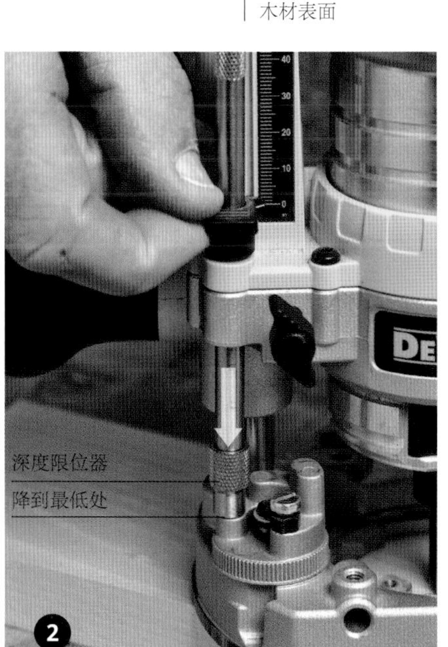


深度限位器降到最低处

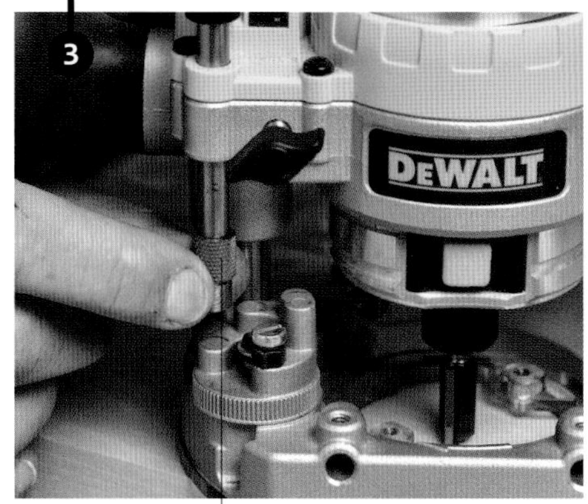


有些电木铣的深度限位器上有微调器，这有利于试铣削后对数值进行精细的调整

将深度限位器向下移并锁定

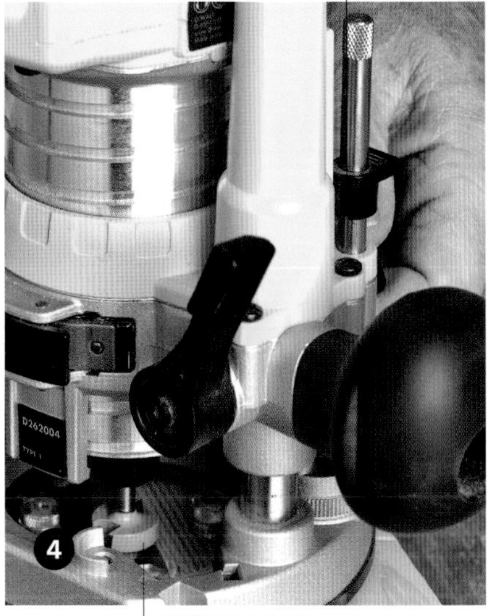


将成型铣刀按照需要进行设置

### 设置深度限位器

电木铣上会有某种形式的深度调节装置。

1. 设置开槽或企口的深度，让铣刀向下接触木材表面并锁定电木铣。

2. 将深度限位器调节至最低处。某些电木铣有一个可移动的指针，将其设置为 0，如果没有 0，则设置为一个方便读取数值的数字。

3. 将深度限位器向上移动至所需的深度，从指针上读取尺寸，然后锁定限位器。如果电木铣上没有指针，则需要相对于最低处向上移动限位器。

4. 如果使用的是成型铣刀，则深度设置值将取决于所需铣削的轮廓。将铣刀设置为与木材表面齐平，或者设置为在表面的下方，从而形成阶梯状。在废料上试铣削，以获取正确的位置。然后，将铣刀设置在所需深度，将限位器向下移并锁定。

5. 通常，深度限位器会置于阶梯式转轮上。你可以旋转阶梯式转轮，以便分阶段下降限位器至最终深度。

**设置靠山**

如果铣刀没有轴承作为导向装置，则可能需要使用靠山。

1. 将靠山的导轨插入铣刀底座，然后将靠山穿到导轨上。通常这样做是为了让集尘器在前面，而靠山的导轨向右边伸出。

2. 用一块废料帮助设置靠山的位置：用单针划线器在废料上标记切割的位置，然后将固定的铣刀向下移动至废料表面，让铣刀尖与靠山成直角。

3. 调整靠山，直到铣刀尖与划线重叠。有的电木铣有靠山微调器，这让微调变得容易很多。

4. 切割企口时，将铣刀设置为与靠山在一条直线上。有的电木铣在靠山的中间有一个缺口，让你可以这样设置；而有的电木铣的靠山有多个可移动的面，可以将其放置在铣刀的任意一侧。

5. 如果你觉得靠山已经设置正确，请检查所有固定螺丝是否拧紧。

调节靠山，使其呈刚要离开铣刀的状态

## 试试这样做！

如果电木铣的靠山上没有多个可移动的面，则当工件的边缘在靠山缺口的里面时，靠山可能会倾斜。为避免这种情况发生，应在靠山上贴上自制的大约 6 毫米厚、20 毫米宽的临时表面，这样就可以给铣刀提供支撑。

双面胶带非常适合粘贴临时表面。

如有必要，应在临时表面上切出一个适合放置铣刀的凹口

## 铣削宽度、铣削深度、铣刀直径、进给速度和转速

电木铣的铣削效率取决于铣削宽度、铣削深度、铣刀直径、进给速度和转速。任何铣刀的运转都有最佳速度，如果低于此速度，铣削质量就会下降。

现在，大多数电木铣带有可改变铣刀转速的控制装置。右表展示了给定铣刀直径时建议的最大转速。但是，设置的铣刀转速值主要靠反复试验得来，因为很多铣刀在小于最大转速时能更好地工作；对于更长的铣刀尤其如此，因为其动作幅度可能更大。你需要培养对铣刀产生的噪声和运行方式的敏感性，并据此设置铣刀的转速。

设置转速后，铣削效率取决于电木铣是否能保持以设定速度工作。如果铣削太深或进给太快，电木铣会减速，导致铣削得不整齐。保持的电木铣速度要在铣削尺寸和进给速度之间进行权衡。建议铣削深度不超过铣削宽度的一半。但是，与其遵循任何规则，不如在做木工时仔细聆听电木铣的声音。如果音量降低，则说明电木铣正在减速，此时你需要降低进给速度或铣削深度。降低进给速度时随着热量的积累会导致木材燃烧，因此降低铣削深度可能是比较好的选择。

| 铣刀直径 | 转速 |
|---|---|
| 小于 24 毫米 | 24000 转 / 分 |
| 25~40 毫米 | 18000 转 / 分 |
| 41~65 毫米 | 15000 转 / 分 |
| 大于 65 毫米 | 10000 转 / 分 |

**提示：**在用机器加工木材的时候，要始终聆听机器运行的声音；如果声音听起来不对劲，通常说明机器存在问题或操作不当，需要及时处理。

# 开始铣削

设置完成后，就可以进行铣削了。首先要考虑的因素是进给方向，这对铣削的质量至关重要。

根据进给方向，旋转的铣刀会将电木铣与工件的距离拉近或拉远。使用手持电木铣时，铣刀顺时针旋转，工件在进给方向的左侧逐渐进入电木铣，电木铣会抵住工件运行，从而进行干净而可控的铣削。沿另一方向进给（工件在右侧）意味着铣刀的运转将迫使铣刀远离工件，从而导致铣削不均匀且不好控制。这可能是铣削技巧中最重要的一点。现在，让我们看看电木铣可实现的多种铣削效果。

此处展示的不均匀切割效果是进给方向错误导致的

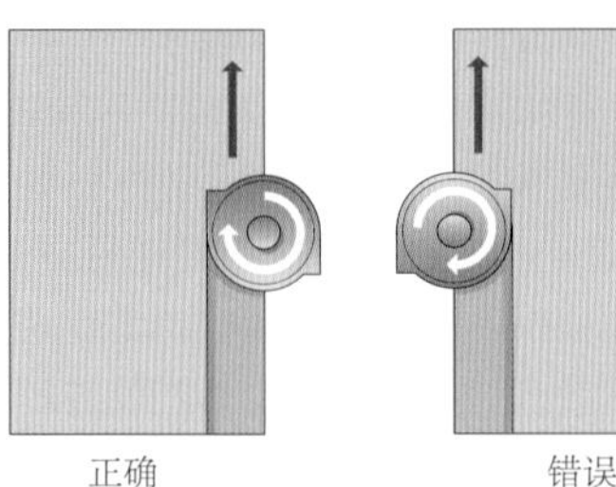


## 开槽和制作企口

在开槽和制作企口时，必须确保铣刀在切入过程中没有倒转或停止，因为这两种动作都会降低铣削的质量。

### 进行铣削

使用电木铣时，应遵循以下步骤。

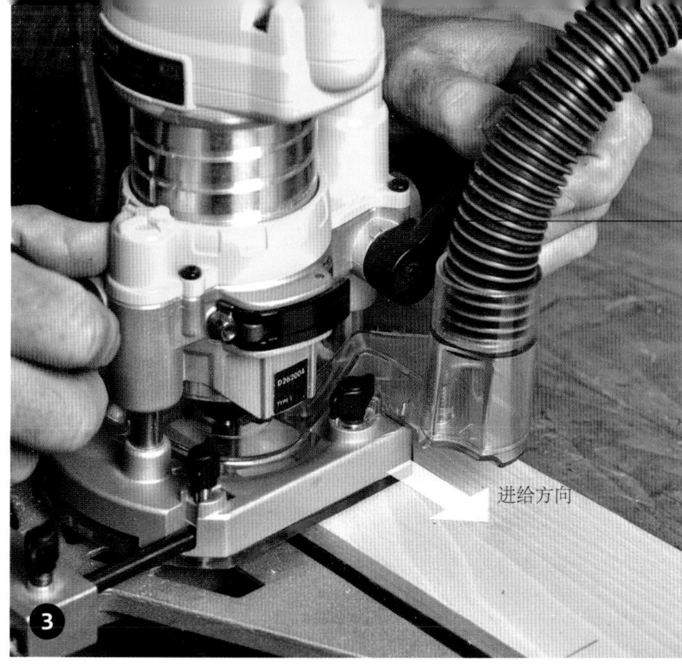

1. 将电木铣放在工件上，靠山在右侧，然后启动电木铣。

2. 将铣刀放在起始位置上方，然后向下压至最佳铣削深度。

3. 使用锁定器锁定铣削深度。向前推动电木铣进行铣削，聆听电木铣的声音。尽量避免暂停电木铣，特别是在开始和结束铣削时，否则会在木材上留下烧痕。

4. 将电木铣停在设定的位置，让铣刀离开工件。

5. 如果需要继续铣削，应回到起始位置并重复上述步骤。如果结束铣削，应关闭电木铣并等待铣刀停止旋转。

## 试试这样做！

在制作半闭式企口、凹槽或特殊形状时，将挡块夹在工件上有助于确保你从正确的位置开始和停止铣削。将电木铣放置在起始位置，在电木铣的后边缘处划线，并在此处固定一个挡块。然后，将电木铣移至停止的位置并在电木铣的前边缘处划线，在该处也固定一个挡块。这有助于防止木材被烧毁，此时你无须放慢电木铣的运转速度来检查其是否接近停止的位置，这样能够确保铣削的准确度。

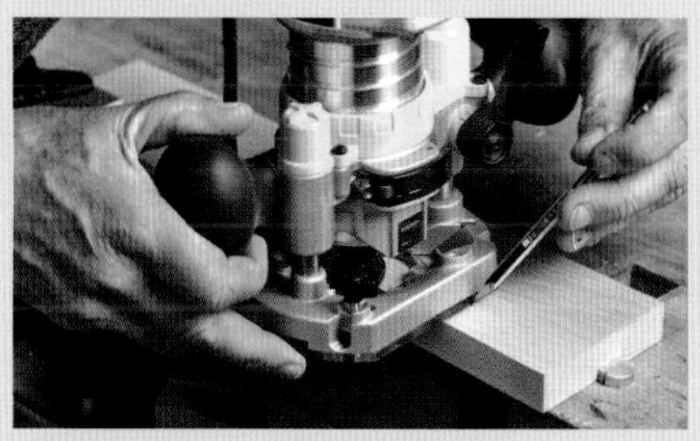

标记电木铣停止的位置

在停止位置固定一个挡块

成品展示

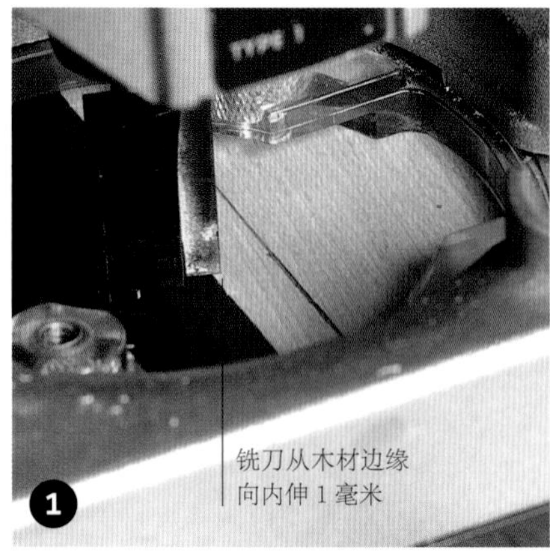


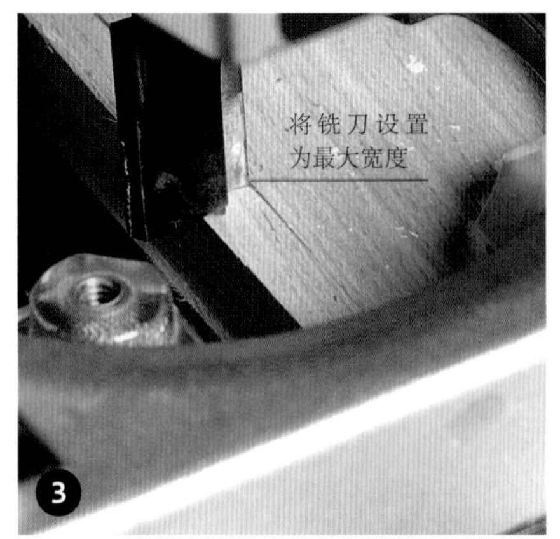

### 在企口底部铣削出干净的边缘

制作企口时，企口底部与正面会合的位置会被铣削得很粗糙，甚至会产生木碎或发生断裂。出现这些情况是因为铣刀底部的铣削效率不如其侧面。这个问题可以通过反向进给来解决——这是进给方向与铣刀铣削方向唯一相同的情况。

1. 想要反向进给，先设置靠山，使铣削宽度小于或等于 1 毫米，并设置最大铣削深度。

2. 以与正常铣削相反的方向进给，这样会在木材的边缘处形成浅而底部干净的切面。

3. 可以将电木铣重新设置为所需的最大铣削宽度。

4. 以正常方向使用电木铣。只有在进行非常窄的铣削时，反向进给才有效，因为所涉及的力大大减小了。

**提示：**制作企口最好使用较大的铣刀，仅用铣刀的外侧铣削企口。使用仅比企口大一点的铣刀会产生木碎，导致不均匀的铣削效果。

### 制作较宽的凹槽

有时，你会需要一个比可用铣刀宽的凹槽，例如需要将木板插在凹槽中时。在这种情况下，你需要先进行铣削，然后移动靠山再次进行铣削。最好在一块废料上试铣削，直到凹槽的宽度正确为止。

1. 设置靠山，使第一次铣削的位置位于最终的凹槽靠近靠山的一侧。在废料上试着进行较长距离的铣削。在废料上的铣削位置正确后，再在工件上开槽。

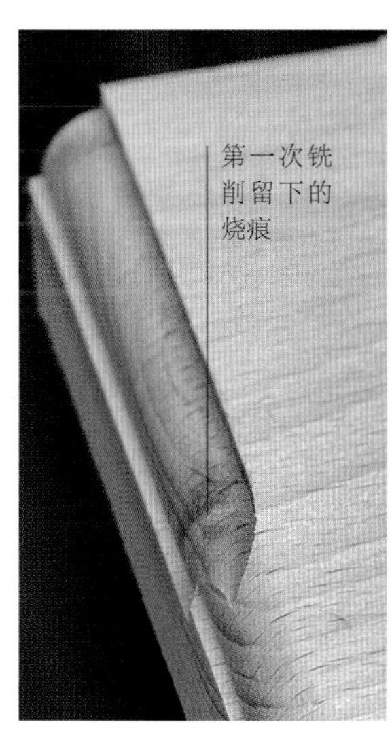


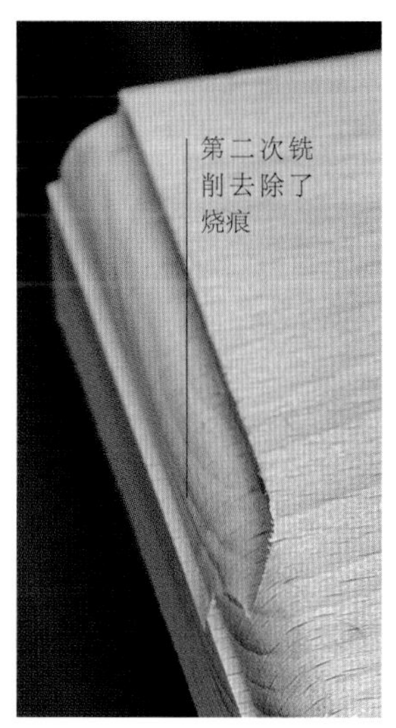


如果你无法保持稳定的进给速度，则在铣削特定形状时可能会在木材表面留下烧痕，特别是在端面上。因此有必要进行两次铣削——第一次铣削的深度要小于最终深度，然后再进行最后的修整，这一次要稳定地铣削，以免烧毁木材。

2. 将靠山重新设置为所需铣削的最大宽度，用木板比着测试出来的凹槽并标记宽度。或者，你可以在划线之间开槽。调整靠山，直到铣刀与标记的宽度对齐，然后试铣削。请勿按照测试槽的全部长度铣削，如果需要的话，可以再进一步试铣削。

3. 试着组装木板，然后根据需要进行进一步调整，直到木板与凹槽贴合为止。

4. 在工件上进行最终的铣削。通过第二次在凹槽远离靠山的一侧铣削，你可以得到可控且更加干净的切面。

### 使用靠山铣削特定形状

要铣削特定形状，可以使用带轴承导向装置的铣刀，或者如果木材边缘是直的，可以使用铣刀和靠山。

1. 由于会有在特定形状的切口上留下烧痕的危险，因此铣刀在下压之前应先从木材的边缘切入。

2. 在矩形木板的边缘加工特定形状时，横穿端面纹理铣削可能有断裂的危险。为避免这种情况发生，应始终从端面开始铣削并使铣刀围绕木板逆时针旋转。使用此方式，端面末端的任何断裂处都会在下一次铣削时被处理。

3. 铣削特定形状时，木材几个角的稳定性可能会成为问题。

## 底座不稳定时支撑电木铣

在某些情况下，例如对狭窄工件的侧面进行铣削时，或者当电木铣底座上的铣刀孔位于工件末端的外侧时，你可能难以保持电木铣的底座稳定地放在工件上。在这些情况下，有必要增加支撑件以保持直线铣削。

加工狭窄的工件时，电木铣可以向一侧倾斜

电木铣上的铣刀孔位于工件末端的外侧

### 使用一块废料

有时，你只需要将一块废料夹在桌钳中（参见右图），让废料与工件的表面齐平，就能增大让电木铣底座滑动的表面。这块废料可以超出工件末端，以防止电木铣掉落。

用一块废料作为支撑件

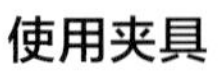

### 使用夹具

如果要铣削多个工件，那么你可以用两个工件组成一个夹具来支撑电木铣，在它们之间留出一定的空间来夹紧要加工的工件（参见右下图）。

使用夹具

夹具应与工件的宽度匹配，完美对齐

### 使用底座延伸件

当使用带轴承导向装置的铣刀将木材边缘加工成特殊形状时，可能会出现电木铣从木材的一角掉出去的问题。可以通过使用类似于制作量规时使用的基础扩展件，或在木材任一端夹紧支撑件来解决这个问题。

务必在关闭电木铣电源的情况下先进行试运行，以检查是否存在任何问题。最好采取预防措施，而不要去冒险。如果可以选择，则应在电木铣倒装工作台上完成这些铣削工作，这样你会获得质量更好的成品。

## 问题诊断

### 凹槽的顶部边缘粗糙或凹凸不平

这通常是因为铣刀钝了，尤其是在横切纹理时这种情况很明显。你可以尝试用金刚磨石将铣刀磨锋利，或者重新换一个铣刀。廉价的电木铣铣刀套装中，很多铣刀的质量低劣且容易变钝。

如果凹槽在靠山的一侧不平，可能是因为进给方向错误、铣削方向反了或进给时靠山没有紧贴木材边缘。

### 特定形状铣削时表面留下烧痕

这是因为进给速度太慢。应尝试进行多次铣削，这样在最后一次铣削时，深度可设置得很浅。

### 进行特定形状铣削时拐角处不平

电木铣可能会掉下去，因为底座上的铣刀孔在拐角的外侧。在工件旁边夹一块相同厚度的废料，有助于在拐角处支撑电木铣底座。

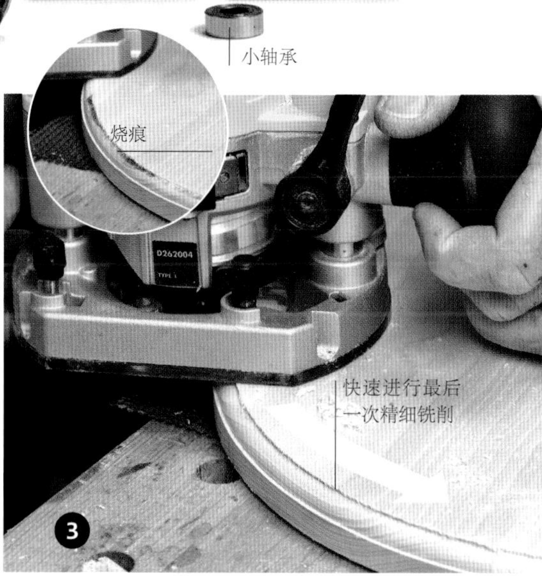


### 如何使用带轴承导向装置的铣刀

带轴承导向装置的铣刀有两个主要用途：在工件的曲线边缘上加工出特定形状（尽管这种铣刀可以在直边上使用），以及按照特殊形状的模板进行修整。

1. 根据加工所需的形状确定铣刀的位置（参见顶图），然后向下移动深度限位器，以便可以根据深度限位器设置的深度进行重复加工。铣刀通常配有不同直径的轴承，因此可以在加工出形状的工件底部形成多个阶梯。

2. 下压铣刀至所需的深度。启动电木铣，然后将其从侧面铣入工件，直到铣刀和轴承啮合，然后继续进行铣削——让工件在左侧，逆时针旋转铣削。如果要铣削的部位较小，则可以以最大深度进行加工，而较大的部位则可能需要进行多次铣削。尝试保持稳定的进给速度。如果电木铣减速，则将铣刀移离工件，这样轴承不会接触到木材边缘，铣削掉的木材会变少，而电木铣的速度会加快。如果没有上述情况，那么你可能需要减小铣削深度。显然，轴承远离工件边缘铣削意味着你还需要让铣刀接触工件进一步铣削。

3. 如果你担心产生烧痕，应进行最后一次非常浅的铣削，并快速进行。

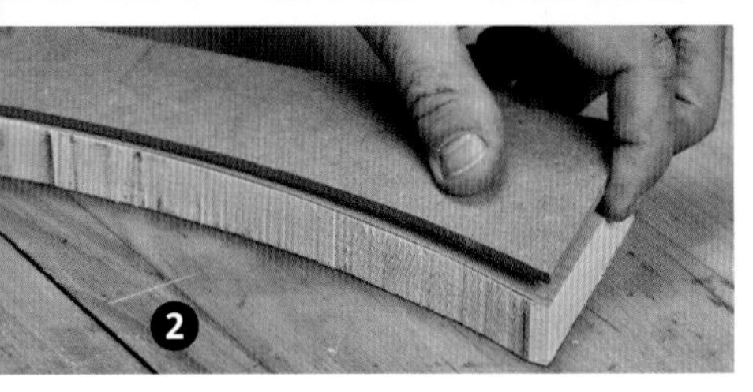

## 试试这样做！

使用底轴承铣刀时，铣刀有可能会铣削进木工桌桌面。这时，要么将工件垫起来，要么将其伸出桌面，以避免发生这种情况。

## 按照模板铣削（使用电木铣）

按照模板铣削时，通常使用带轴承导向装置的直槽铣刀——直径为 12 毫米较为合适。轴承可以位于铣刀的顶部或底部。模板可以用 6~9 毫米厚的中密度纤维板或胶合板制成，可以手工制作，也可以使用电木铣和量规制成。

1. 将模板放在工件上，画出模板的轮廓（参见小图）。如果只需要修整约 2 毫米或更少的废料，则铣刀的效果更好，所以应使用带锯、简易弓锯或普通弓锯，将尽可能多的废料锯掉。

2. 将模板牢牢地固定在工件上。如果你发现螺丝孔的位置不那么显眼（可能会被连接处盖住），则可以拧入螺丝固定，或者使用双面胶带固定。

3. 调整铣削深度，使轴承位于模板的边缘。只要轴承抵靠在模板上，铣刀是否抵靠在模板上并不重要。设置深度限位器。

4. 要进行铣削，首先将铣刀下降到深度限位器所在位置并锁定。在铣刀远离工件的情况下启动电木铣，然后将其移动到模板上并向前移动，以免烧毁工件。保持稳定的进给速度——如果电木铣速度下降，铣刀应离开模板，以减少铣削的废料。进给方向应在模板左侧。最后，将铣刀从模板上移开，松开下压并关闭电木铣。

## 问题诊断

### 某些地方表面粗糙

这可能是异形铣削的问题，例如曲线铣削会逆着木材纹理进行，有时会使工件表面产生烧痕。工件成型时，应通过最后进行一次薄薄的铣削来解决这个问题。用模板铣削会更困难，你可以尝试将模板放在工件的另一侧，以便在这一区域以相反的方向进行铣削。

第一次铣削时在到达不容易铣削的木材纹理之前停止（左图），然后翻转工件（右图），这样第二次会沿着纹理铣削

第二次沿着纹理铣削

### 铣刀切入模板

当铣削深度未充分锁定，且铣刀升高而轴承不再抵靠着模板时，会出现这种情况，通常发生在上轴承铣刀上。如果要再次使用该模板，则需要对其进行修复。你可以用混合型填缝剂修复它并重塑边缘。

# 铣削圆弧形

要使用电木铣制作圆弧形，你需要一个量规。量规有许多用处，例如制作圆桌的外缘、铣削曲线嵌入物，或制作与带轴承导向装置的铣刀一起使用的模板。

量规，简单来说，就是将电木铣固定在一个中心点上的装置，铣刀可以围绕这个中心点旋转铣削。你可以购买专用的量规棒，也可以使用中密度纤维板或有机玻璃快速制作一个量规。

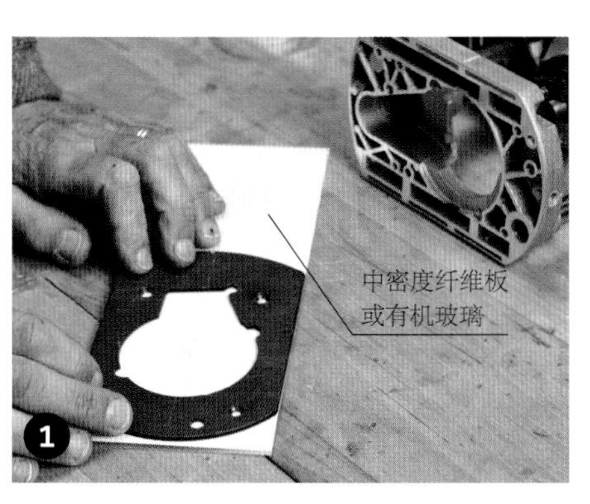


**标记量规来铣削小的圆弧**

对于半径很小的圆弧，其中心点可能位于电木铣底座下方。在这种情况下，你可以在底座上钻一个孔作为中心点，但这有点麻烦。所以你可以制作一个可调整的活动底座。

1. 使用 6 毫米厚的中密度纤维板或有机玻璃，切出一个矩形的活动底座，这个底座要比电木铣底座略长一些。

2. 大多数电木铣有可卸下的塑料或胶木底座，取下这个底座并将其用作模板，用来标记出至少两个固定螺丝和铣刀中心点的位置。

3. 为固定螺丝和量规中心点（在这

## 试试这样做！

设置量规时，始终要考虑你制作的是内曲线还是外曲线，因为你需要在内曲线或外曲线上留出与铣刀宽度相同的距离。这很容易出错！

里钻孔用于安装中心销钉）标记中线。

4. 使用电木铣在固定螺丝处制作沉头槽。

5. 将量规固定到电木铣底座上，松开螺丝，使底座可以自由滑动。

6. 在电木铣中安装一个直径约 20 毫米的大型铣刀。留出适当的间隙，下压铣刀并滑动量规，这样就可以在量规上制作中心槽。

7. 拆下量规并间隔约 20 毫米钻出与铣刀槽相邻的孔，用于安装中心销钉。如果你使用的是有机玻璃，则可以取下塑料保护膜。

8. 将量规安装到电木铣底座上并调整位置，直到确定了所需的半径。销钉位于刚刚钻出的某个孔中。

9. 安装中心销钉，使其向外突出约 6 毫米。

10. 在工件上钻一个孔，以放进销钉。

11. 使用量规时的进给方向应为逆时针方向，并且必须进行多次铣削。

12. 如果你希望孔外侧干净，则在进行最后一次铣削时应留下几片小“薄

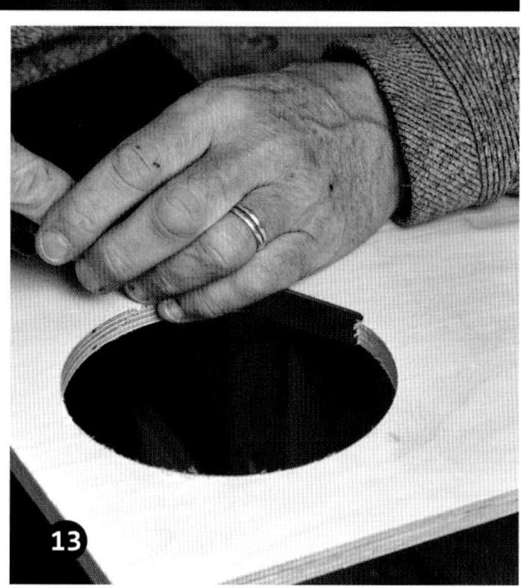

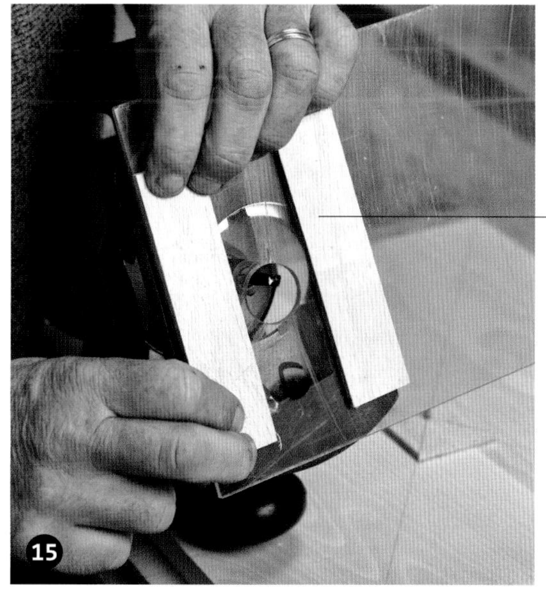


片”，这很有用，可以防止铣削的圆形工件移动，并且防止在切下全部圆形工件时损坏外边缘。

13. 剩下的薄片可以用手掰掉，并用凿子修整好。

14. 如果中心销孔会破坏成品，则应在一个胶合板或中密度纤维板上钻孔，然后用双面胶带将其方正地贴在工件中央。

15. 你可能需要在电木铣底座下方增加相同厚度的木板，以使电木铣底面平整。

**提示：** 在进行铣削之前，应确保将工件抬离木工桌，否则可能会在桌面上留下一些明显的弯曲凹槽。

## 试试这样做！

对于半径较大的圆弧，你可以使用更长的活动底座。你想要制作的弧形工件的半径也许大于等于 2 米，在这种情况下，活动底座可以是一块长条的中密度纤维板。你无须在底座上开螺丝孔槽，只需重新钻一下销孔即可进行调整。

# 铣削辅助工具

使用工作室自制的各种夹具和配件可以使电木铣精确地完成细致的工作。你可以凭借自己的想象力制作任意数量的夹具，因为夹具通常是根据特定木工项目的需求制作而成的。在这里，我将介绍两个有用的配件，用于方正地铣削木材边缘。

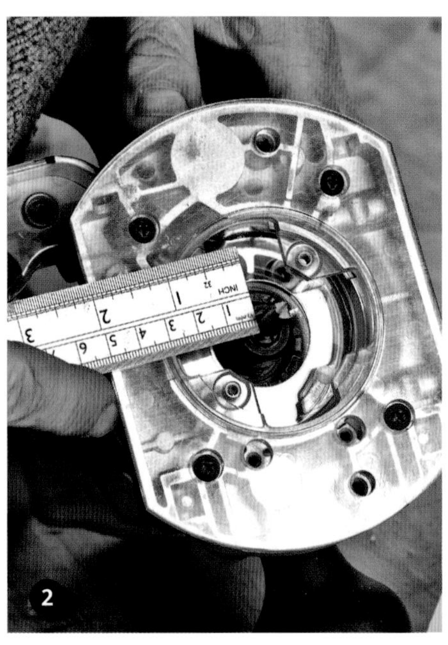

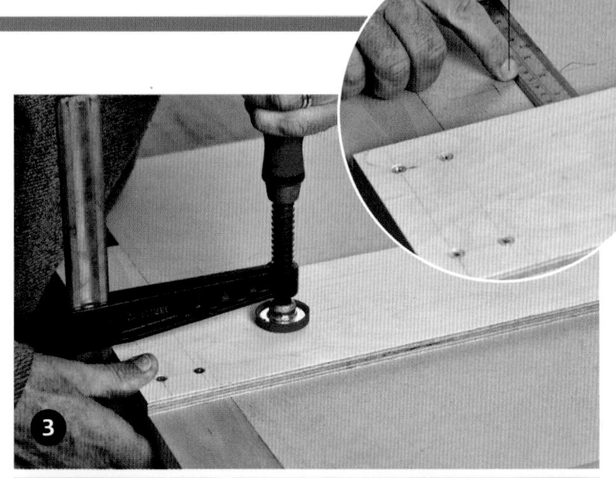


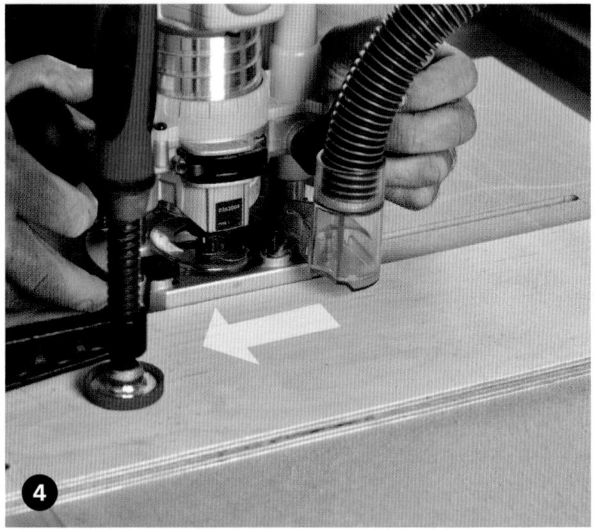

**制作并使用直角导板**

1. 直角导板由一块约 200 毫米宽的胶合板构成，其长度与你将要铣削的工件的长度相符合。将一块大约 300 毫米 ×20 毫米 ×20 毫米的硬材胶合到胶合板末端并用螺丝固定，确保其与胶合板成直角。

2. 测量电木铣底座边缘和铣刀之间的距离。

3. 量好所需的凹槽与导板直边的距离，放置导板并夹紧。确保你在划线位置正确的一侧铣削。

4. 进行铣削时，电木铣底座边缘紧贴导板直边。进给方向应在前方左侧，沿着导板直边进行铣削。可以进行多次铣削。

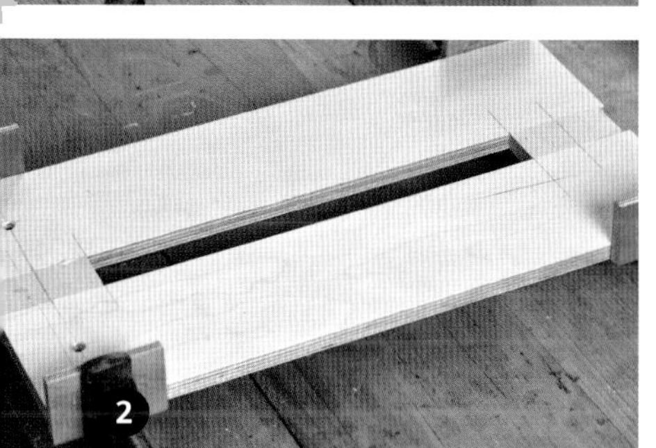

### 使用导套

导套是安装在电木铣底座下方铣刀周围的套环，用于引导铣刀抵住模板或夹具。导套对于精确或重复铣削凹槽很有用。例如，我们可以制作一个夹具来铣削 25 毫米宽、300 毫米长的凹槽，同时使用直径为 22 毫米的导套和直径为 15 毫米的铣刀。这样的夹具可以在多种情况下使用，特别是需要高精确度的时候。相较于用肉眼观测，我们不如花时间做一个夹具。

确定所需夹具的宽度，以便形成 25 毫米宽的凹槽。

安装导套时，请确保其与铣刀同心。许多电木铣都有协助校准的装置

1. 准备两块 15 毫米厚的胶合板或中密度纤维板，将其切割成约 450 毫米 ×100 毫米大小，这两块板作为夹具的两个侧边。再准备两块 32 毫米 × 70 毫米的木块作为隔块，这样可以形成一个凹槽。用饼干榫加固连接处。

2. 将夹具各部分胶合在一起，确定隔块的位置，以便形成 307 毫米 × 32 毫米的凹槽。

3. 如果需要凹槽与工件边缘成直角，则可以像上页“制作并使用直角导板”中那样在末端安装横木条。

4. 在模板夹具用于工件之前，应在一块废料上对其进行测试。

5. 操作方法：在适当位置夹紧夹具，然后将电木铣放置在合适的位置，导套安装于夹具的凹槽中；先在左侧向前进给，再在右侧向后进给，根据需要尽可能多次铣削。

#### 计算方法

夹具凹槽的宽度 = 成品凹槽的宽度 - 铣刀的直径 + 导套的直径

夹具凹槽的宽度 =25-15+22=32（毫米）

夹具凹槽的长度也可以通过类似的计算得出。

夹具凹槽的长度 =300-15+22=307（毫米）

## 问题诊断

**使用简易导板时铣削凹凸不平**

检查你的进给方向是否正确。

**使用导套夹具铣削出的凹槽过大**

可以通过将遮蔽胶带粘在夹具内部或将绝缘胶带粘在刀套上来进行调整。

# 电木铣倒装工作台

如果可以将电木铣安装在电木铣倒装工作台上，电木铣将发挥更大的作用。相比手持电木铣，倒装工作台可以让你更稳定地进行铣削。

简单来说，电木铣倒装工作台就是中间有个孔的桌子。电木铣倒置在桌子下面，铣刀可以从孔中伸出。工件通常抵靠着可调节的靠山来进给。这种靠山由两部分组成：右侧的进料靠山和左侧的出料靠山。两者可以滑动分开，以使铣刀和靠山在同一直线上。铣刀直径为 12 毫米的大型电木铣比小型电木铣更适合安装到倒装工作台上。有的电木铣有一个非常有用的功能，即可调节铣刀穿过底座的深度。这种电木铣在安装到倒装工作台上使用时，可以轻松地从上方进行调节。

有的电木铣倒装工作台不太结实。购买时，应寻找带有坚固靠山和配件的倒装工作台，并检查倒装工作台的表面是否平坦、结实。或者，你可以使用厨房台面和购买来的嵌入盘自制一个倒装工作台，你还需要自制可调节的靠山和其他配件。

## 使用电木铣倒装工作台的安全注意事项

使用手持电木铣时，你的双手应握住把手，以确保双手远离铣刀。但是在电木铣倒装工作台上，你的手指很容易与铣刀接触，因此，注意安全是使用电木铣倒装工作台的关键所在。

### 进给方向

在使用电木铣倒装工作台时，进给方向关乎着使用者的安全。在使用带有旋转铣刀的电木铣时，应注意平衡所有的力。旋转的铣刀在一个方向上施加力，因此你需要确保在将工件送入铣刀时，向相反的方向推动工件。如果你和电木铣都向同一方向施力，则工件可能会从你的手中被拽飞出去。更糟糕的是，如果没有足够的保护装置，你的手指可能会被拽进铣刀里。需要注意的是，在许多图片中，为了清楚地展示操作方法，我会卸下保护装置，但切忌在现实操作中这样做。

在电木铣倒装台上工作时，铣刀将逆时针旋转。因此，如果靠山位于进给方向的左侧，则铣刀施加的力的方向将与你推动工件的方向相同。这意味着力将变得不平衡，工件将被铣刀拽住。如果靠山在进给方向的右侧，则铣刀施加的力和进给的力将达到平衡。

### 保护装置

你可以在工作室制作出许多用于电木铣倒装工作台的保护装置。

相互平衡的力

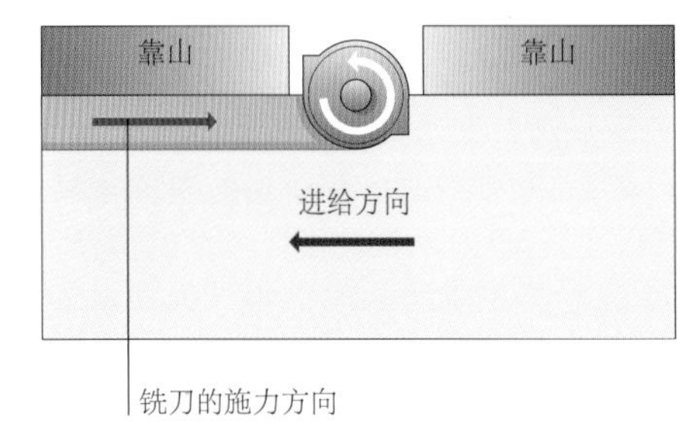


正确：两个力的方向相反，从而达到平衡

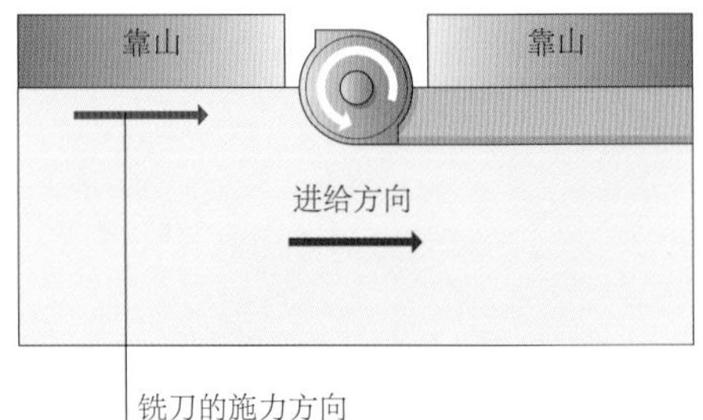


错误：两个力的方向相同，未达到平衡

### 护板

护板通常安装在靠山上。如果电木铣倒装工作台是自制的，你还需要自制一块护板。你始终要用某种方式保护铣刀，可以将护板与有机玻璃防护罩或羽毛板一起使用。

### 羽毛板

当工件通过铣刀进给时，羽毛板用于均匀地施加压力。羽毛板还可以防止工件被铣刀抛出去。大多数专用电木铣倒装工作台配有装在桌子或靠山上的塑料羽毛板，你也可以单独购买或在工作室自制羽毛板。

### 集尘设备

在电木铣倒装工作台上，可以在两个地方安装两个集尘设备，一个设备可以在制作企口或特定形状时穿过靠山，另一个设备可以在切口远离靠山开口时穿过铣刀孔。

集尘设备穿过靠山

集尘设备穿过铣刀孔

### 推板

推板厚约 6 毫米，前端切割出一个缺口，顶部装有手柄。当护板或羽毛板控制狭窄工件的通道时，可以使用推板推动工件。

有机玻璃铣刀护板

推板

推杆

### 推杆

推杆和其他辅助工具可以在护板或羽毛板的保护下将工件送入铣刀。推杆一般就是一根木棍，末端有鸟嘴形的切口。

工作室自制的电木铣倒装工作台和靠山，桌子用合页连接起来以辅助更换铣刀，用千斤顶可调整铣刀的高度

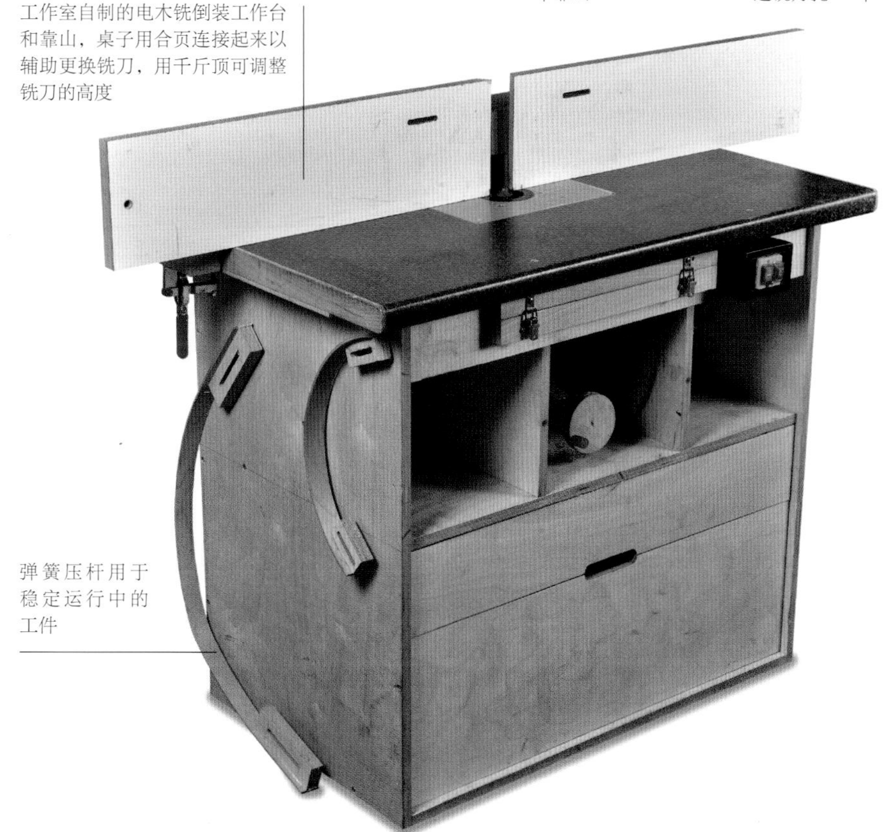

弹簧压杆用于稳定运行中的工件

## 在电木铣倒装工作台上进行基础铣削工作

在电木铣倒装工作台上进行的大部分铣削工作是将工件抵着靠山进行的，包括开槽、制作企口或制作特定形状。开槽和制作企口的方法相似，因为企口就是只有一侧的凹槽。

电子深度计用于在开槽或制作企口时对倒装工作台进行设置，是一种好用的设备，它可以精确测量出铣削深度或铣刀与靠山之间的铣削距离。

你还可以在工件上标记铣削位置，并根据该位置设置铣刀。设置靠山的位置时，应确保将铣刀旋转到最大铣削宽度，即铣刀与靠山成直角。

测量铣削深度

测量铣刀与靠山的距离

设置铣削深度

铣刀与靠山之间的铣削距离

你需要牢记与进给速度和转速相关的问题。通常，你必须进行多次铣削，并且进给时你需要对电木铣的声音保持敏感；如果机器运转不灵，应降低进给速度或者减小铣削的深度或宽度。

### 制作企口

1. 使用电子深度计测量工件第一次铣削的深度，并标记靠山的位置。小型企口可能只需要铣削这一次。对于需要多次铣削的企口，你应将铣刀设置为最大深度，并通过调整靠山来逐渐增大铣削宽度。铣削企口时，铣刀通常和靠山在一条直线上。

2. 靠山分为两部分，中间为铣刀留出空隙。调整靠山的位置，让空隙尽可能小。

3. 将工件抵在靠山上，安装羽毛

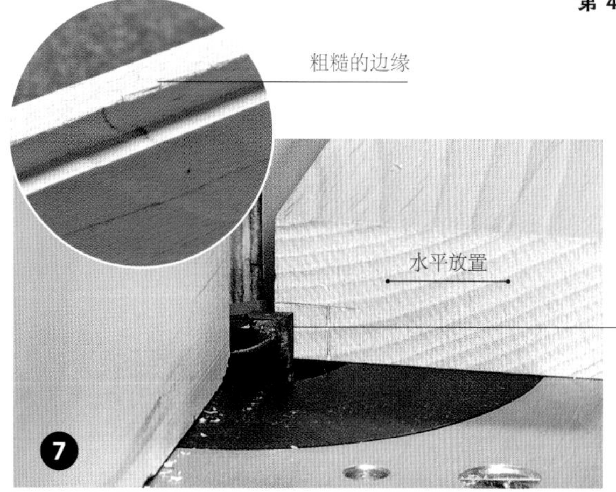

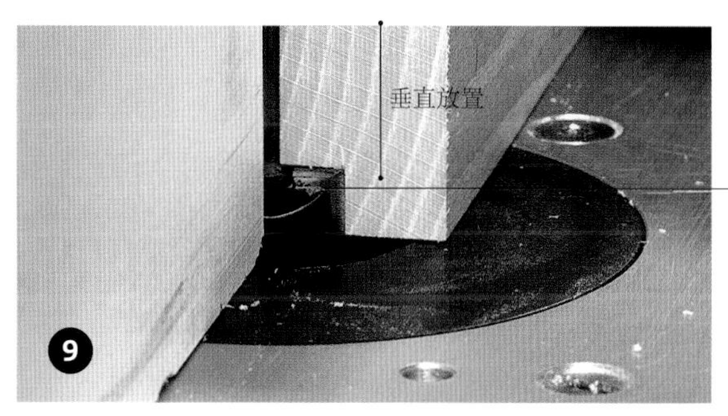


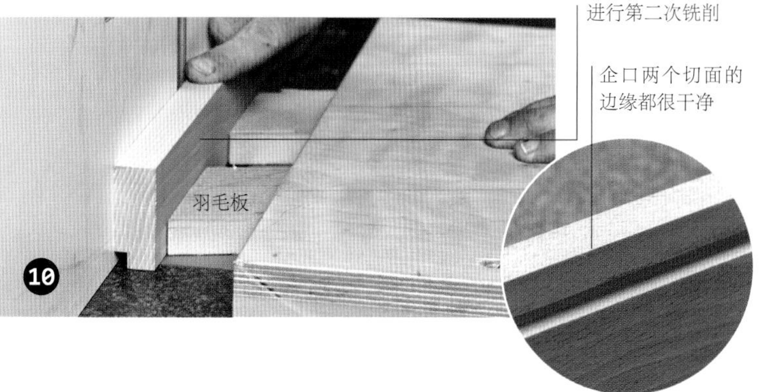


板。然后将羽毛板固定在靠山上，手指略微施压并朝向进给方向。

4. 在废料上进行铣削以检查刚才的设置。

5. 设置正确后，开始铣削工作。使用推杆或推板将工件推入羽毛板下方。

6. 你可能会发现，企口顶部被铣削得不规则。这是因为铣刀顶端的铣削效率不如侧面。使用手持电木铣时，可以通过反向进给来解决此问题，但在电木铣倒装工作台上这并不是安全的做法。更好的方法是铣削两次，并在两次铣削之间旋转工件。

7. 进行设置，让铣刀在所需位置以下进行铣削，但如果有可能，可按照最大宽度铣削。较宽的企口可能需要多次铣削，可调整靠山以达到所需的宽度。

8. 以正常的方式进行铣削。

9. 旋转工件，使切口与第一次铣削时的切口成直角。设置铣刀，使其顶部仅轻轻擦过之前的铣削面，从侧面铣削至之前铣削后剩下的划线处。

10. 现在进行铣削应该意味着最后这两次铣削都是用铣刀有效的侧面完成的，因此企口两个切面的边缘都会铣削得很干净。

## 开槽

开槽的设置方法与制作企口时相似。

1. 用与制作企口相同的方法对铣削进行设置。如果没有可以直接铣削出正确宽度的铣刀，则需要进行两次或以上的铣削才能形成凹槽，每次铣削时都需要调整靠山。如果接下来在凹槽靠近靠山一侧铣削，则旋转的铣刀会卡住工件并造成不均匀的铣削效果。所以接下来应该在凹槽远离靠山的一侧铣削。

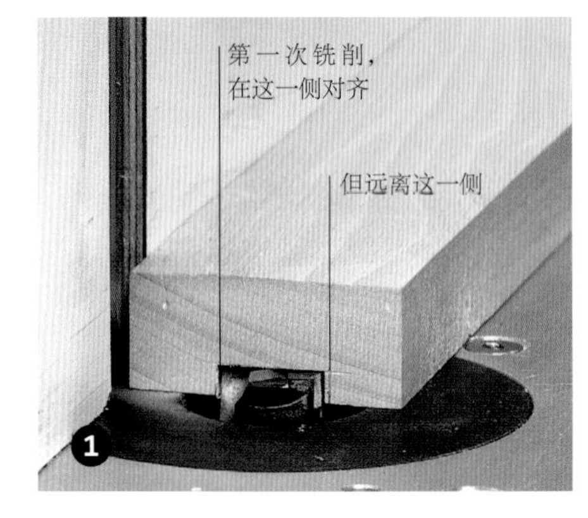


2. 如果要开槽以插入木板或架子，应在一块废料上进行试铣削以检查其连接是否贴合。

3. 对于宽而深的凹槽，应对第一次铣削进行调整，直到铣削至最大深度，然后调整靠山以铣削至最终宽度。

**深而宽的凹槽的铣削顺序**

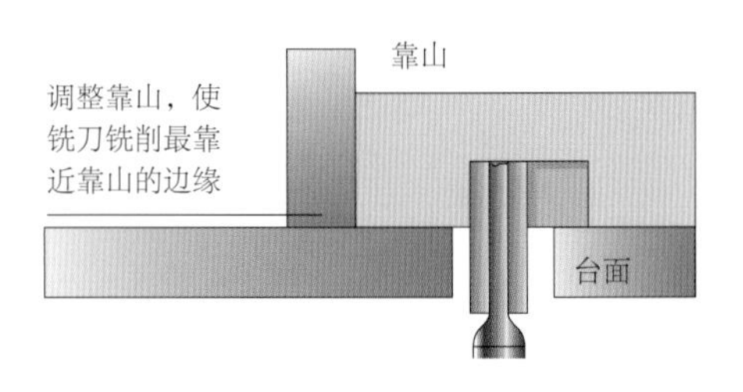


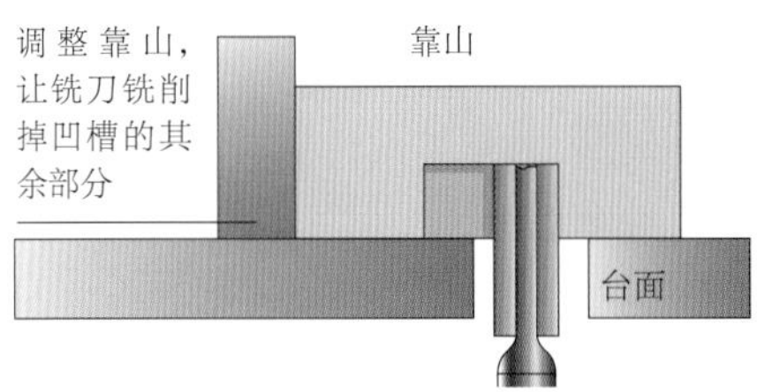


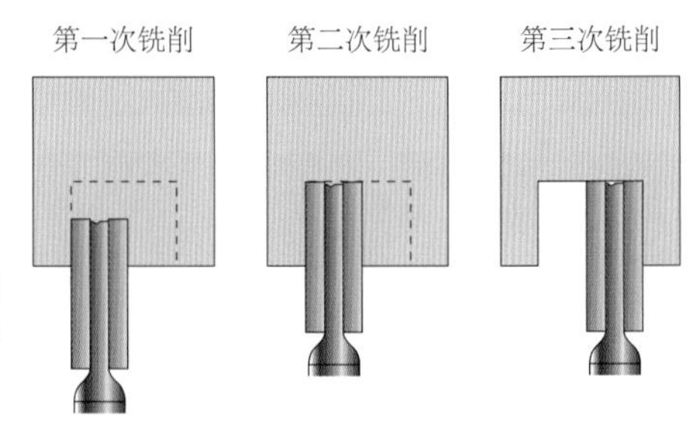


## 成型铣削

成型铣削指的是在木材边缘制作特定的形状。这一操作可能会在较大的木板上进行，或者在较窄的木条上进行，制作好的木条可能会作为封边条粘贴在工件上。成型铣削可以被视为制作特殊形状的企口，因此设置与之类似。成型铣刀位于靠山所在的直线上，两个靠山应尽可能靠近铣刀。可以进行一次或多次铣削，具体取决于铣刀的尺寸。另外还有一点需要注意，成型铣削窄工件的末端可能很困难，因为工件可能会钻进靠山中间的缝隙中。

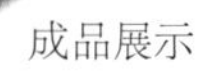
成品展示

1. 你可以通过以下方法解决上述问题：将靠山向远离铣刀的方向移动并将一块 6 毫米厚的木板固定到靠山上，然后小心地将木板向前移动，以便铣刀将其切开，在其上形成铣刀形状的缺口。

2. 这时工件可以在铣刀上移动，而不会倾斜，甚至钻到靠山的缝隙中。

## 问题诊断

**铣削的最后部分凹凸不平**

有时，进行特定形状铣削可能会改变工件边缘的线条，因此经过铣刀铣削后的边缘和靠山（出料靠山）之间会有间隙。这将导致铣削的最后部分凹凸不平。某些专用电木铣倒装工作台可以调整靠山的位置，比如可以移动出料靠山来避免出现过大的间隙。

如果无法调整出料靠山，则可以在出料靠山上粘贴厚度适当的垫片。有时，这个间隙可能很窄，贴上两条遮蔽胶带即可。

## 在电木铣倒装工作台上使用轴承导向铣刀

使用带轴承导向装置的铣刀进行手持铣削总是会让人很紧张，但是在倒装工作台上操作就容易很多。工件能放置在倒装工作台的桌面上，相比在工件边缘上需要平衡电木铣底座而言，倒装工作台上的电木铣能够更稳定地工作。

在轴承接触木材边缘之前，铣刀在运作时会有一刻出现不稳定的情况，因此将工件送入带轴承导向装置的铣刀时，要稳定工件。为了增强稳定性，大多数倒装工作台设有一根小型辅助杆，可以将其安装在靠近铣刀位置的桌面上。

在倒装工作台上使用带轴承导向装置的铣刀时需要考虑一些安全注意事项：由于没有靠山，因此必须注意集尘和防护。很多倒装工作台都没有办法很好地做到这一点，所以可能需要你发挥一下临时应变的能力。

**铣削特定形状**

1. 选择并安装铣刀和辅助杆。

2. 启动电木铣，将工件抵住辅助杆，然后将其送入铣刀（铣刀位于工件的右侧）并向前移动。一旦开始铣削，工件就可以离开辅助杆了。

3. 稳定地铣削，铣刀位于进给方向的右侧。在相反的方向进给可能会导致机器不稳定，并且很危险。

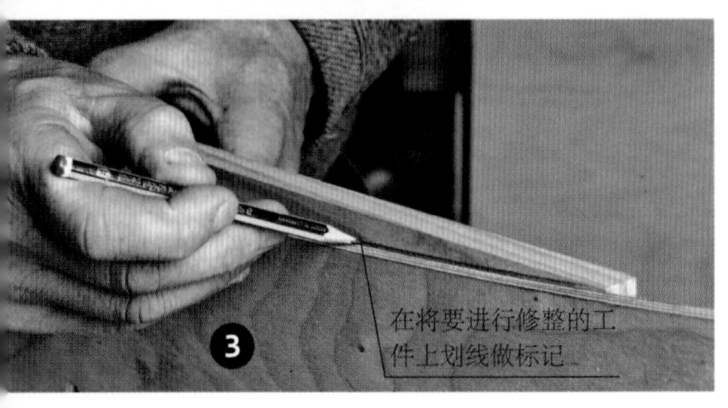


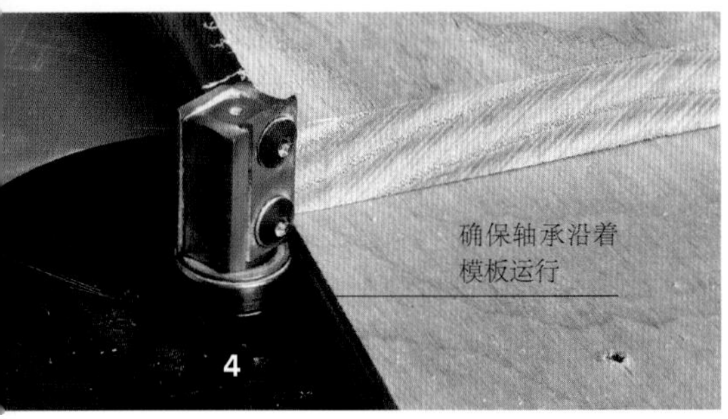

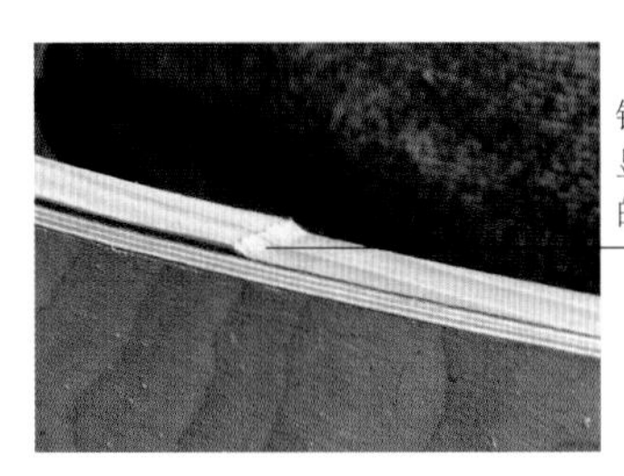


### 按照模板铣削（使用电木铣倒装工作台）

前文已介绍了“按照模板铣削”的方法，但实际上，在电木铣倒装工作台上，这是一项更容易完成的任务。

1. 采用电木铣和量规，或徒手，应用15毫米厚的中密度纤维板或胶合板制作模板。如果可能，模板应长于工件，以使模板比工件大一些。

2. 可以使用双面胶带或螺丝将工件固定在模板上，但是有效的方法是使用水平夹。在模板上安装两个水平夹，用来牢牢地固定住模板。你可能需要将水平夹安装在木块上，使其高于工件，才能够夹紧。在水平夹处将砂纸粘贴在模板上，以增加水平夹的牢固性。

3. 在工件上划线并将其切割为模板的形状，留出约2毫米的边距进行修整，然后将其固定到模板上。

4. 安装带下轴承导向装置的直槽铣刀（直径约20毫米的铣刀比较合适），然后进行调整，使轴承靠在模板边缘、铣刀靠在工件上（图中的铣刀可更换刀片）。

5. 如果模板比工件长，则可以在铣刀碰到工件之前让模板与轴承相接触，否则你需要使用辅助杆。

6. 进行铣削，使模板在铣刀的左侧向前移动。

## 问题诊断

**工件与铣刀接触时会被卡住**

你是否在两者接触之前将轴承放在了模板上或让工件抵住了辅助杆？导致这一问题的原因之一可能是你需要铣削的面积太大。需要修整的边缘应尽可能薄，最厚不超过4毫米。逆着木材纹理铣削也会导致工件被卡住，应想办法在一开始时沿着纹理铣削。

**在铣削结束时工件被撕裂或断裂**

这也是没有注意木材纹理方向的问题。逆着纹理铣削会造成切面比其他区域更粗糙，尤其是当铣刀较钝时。对于成型铣削，可以通过最后进行一次精细的铣削来解决这个问题。对于按照模板铣削的情况，如果工件形状是对称的，则可以将工件翻转后置于模板上，以沿着其纹理铣削。你需要确保第二次铣削与第一次铣削的切面相融合。在铣削凹线时，铣削结束时可能会存在纹理比较脆弱的区域，这些区域容易发生断裂，而翻转工件后将其置于模板上铣削可以解决这个问题。

进行第二次铣削

**提示：**与中密度纤维板相比，桦木胶合板制作的模板更好。当你使用的是中密度纤维板时，你会发现它不容易拧入螺丝，那么，如果你必须将水平夹安装在木块上，就应从下方钻埋头孔（通过中密度纤维板进入木块）并用螺丝将木块拧紧。

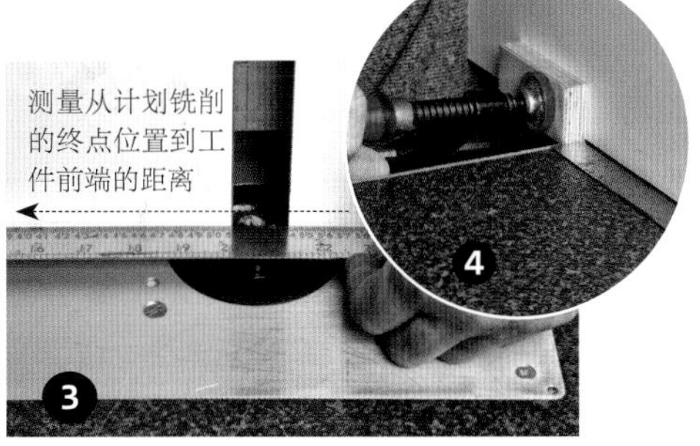


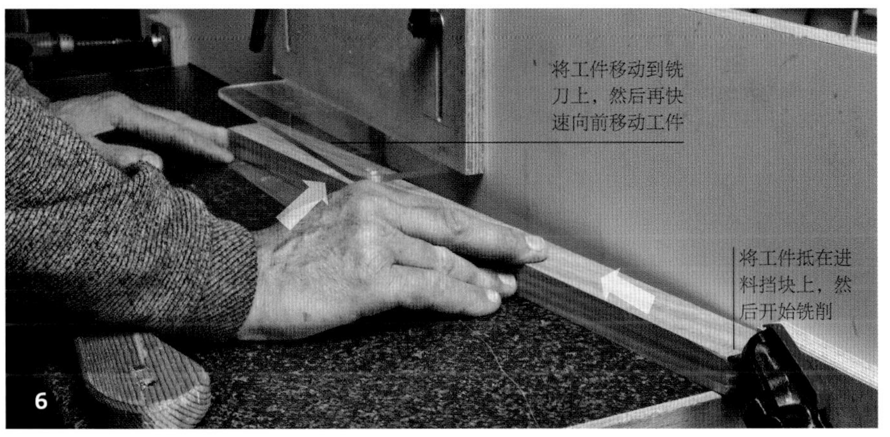


## 问题诊断

### 工件铣削得不均匀

因为你将工件下放或斜移到铣刀上，所以无法使用羽毛板，因此你需要手动进给，往往就会造成工件铣削得不均匀。在这种情况下，有必要减小铣削的深度，并通过多次铣削达到最大深度。

### 工件被烧毁

在半闭式铣削特殊形状(例如倒角)时，这一问题尤其要引起注意。在开始和结束铣削时，工件静止于铣刀之上，极有可能被烧毁。你有必要在一些废料上多练习一下。当工件接触到靠山后，应立即将其向前移动工件，并在触碰到出料挡块时立即将其倾斜移走。稍微降低铣刀速度也会有帮助。

## 半闭式铣削

有的时候，你可能会需要进行半闭式铣削。半闭式铣削不会铣削至工件的末端，机器会在工件的某处停下来。

在倒装工作台上进行半闭式铣削会遇到以下 3 个问题。

- 工件倒置，因此看不到铣削的位置。
- 开始和结束铣削时你很难控制工件，从而导致工件被铣削得不均匀。
- 手工进行半闭式铣削存在安全隐患。铣削开始后，工件与铣刀接触时可能会被抛出去。

幸运的是，我们可以采取简单的预防措施来解决这些问题。通过将挡块夹到倒装工作台靠山上，可以控制铣削的起点和终点。放置挡块的位置正确至关重要。

### 开始半闭式铣削

1. 确定进料挡块（工件在铣削开始时抵靠的挡块）的位置时，先测量从计划铣削的起点位置到工件另一端的距离。

2. 然后从铣刀出料的一侧，按照这个距离，在进料靠山上固定一个挡块。

3. 确定出料挡块的位置时，先测量从计划铣削的终点位置到工件前端的距离。

4. 然后从铣刀进料的一侧，按照这个距离，在出料靠山上固定一个挡块。

5. 用平常的方法进行铣削前的设置，并在一块废料上按照即将在工件上铣削的长度进行测试。

6. 对于企口和特殊形状的铣削，将工件抵在进料挡块上，然后将工件斜着逐渐靠近靠山，快速向前移动工件避免其被烧毁。在铣削快结束时，工件一旦碰到出料挡块就立刻倾斜，离开铣刀。可以使用推杆完成这一操作。

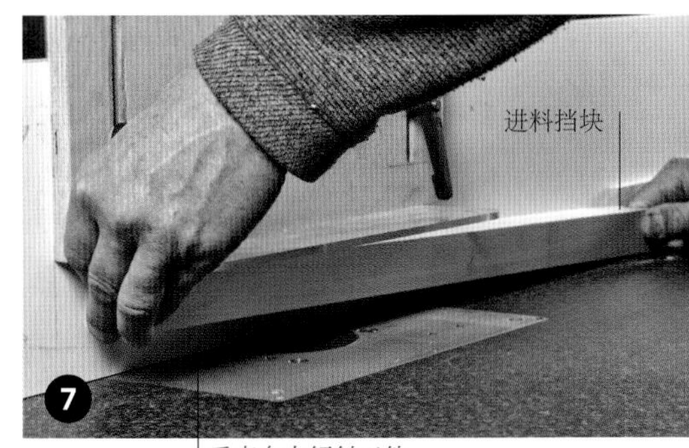


7. 半闭式开槽会更难操作，因为工件必须垂直落到铣刀上。这时护板可能会有点碍事，但不要试图将其卸下。在电木铣运行的情况下，握住工件的进料端并将其抵在进料挡块上，工件在铣刀上方，与倒装工作台桌面成轻微的角度。将工件靠在靠山上，向下移动工件到铣刀上并向前进料。铣削到工件的另一端，将工件垂直抬离铣刀，最好使用推杆完成这一操作。

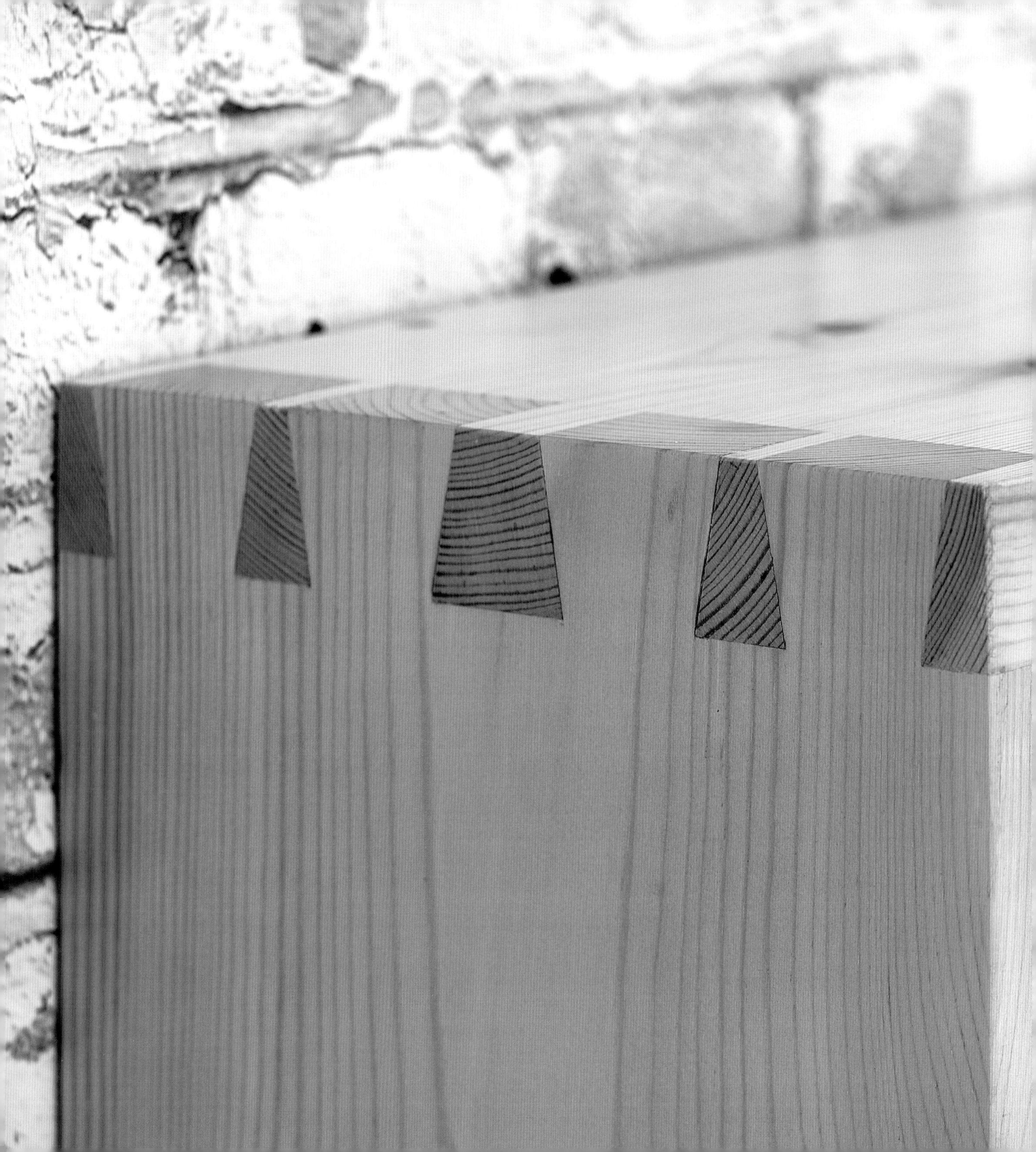

# 第 5 章 连接方式

木工的关键之处就是连接，其不仅关系到成品的承载力，良好的连接也是成品高质量的体现，并且可以起到装饰作用，我们可以从中看出这是一件精心制作的艺术品。因此能够有效切割出干净且精准的连接处非常重要。

在本章中，你将了解一些常用的连接方式。在木工行业，通常操作方法不会只有一种，其中的连接操作也同样如此。你可以选择纯手工切割连接处，也可以使用一些电动工具进行辅助。电动工具虽然需要花费时间设置，但在批量制作连接处时更有效率。电动工具还需要你准确地标出工件的尺寸，因为任何误差都会反映在连接处的贴合度上。

# 交叉半榫连接

交叉半榫连接用于工件侧边之间的十字连接，通常成直角，用于成组制作盒子或托盘中的隔板。这不是一种非常牢固的连接方式，因为没有肩部可以稳固较宽的切割边缘。

**所需主要工具**

- 划线刀
- 轻量夹具，例如简易夹或快速夹
- 直角尺
- 划线器
- 桌钳
- 大鸠尾锯
- 窄斜凿
- 木槌（选用）
- 弓锯（选用）

成品展示

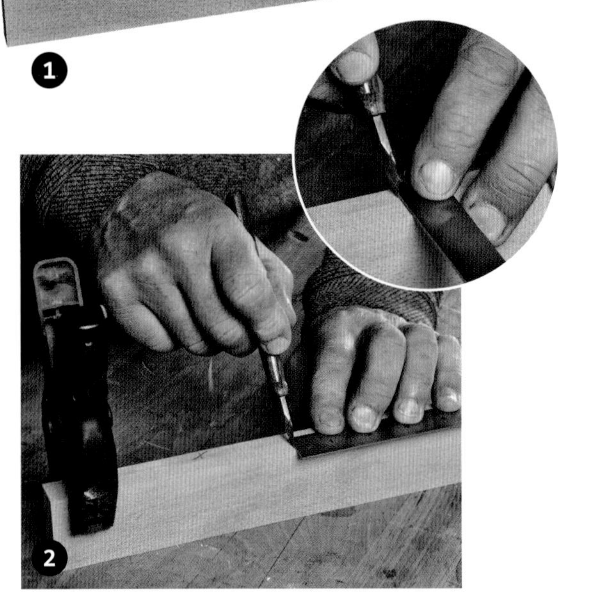

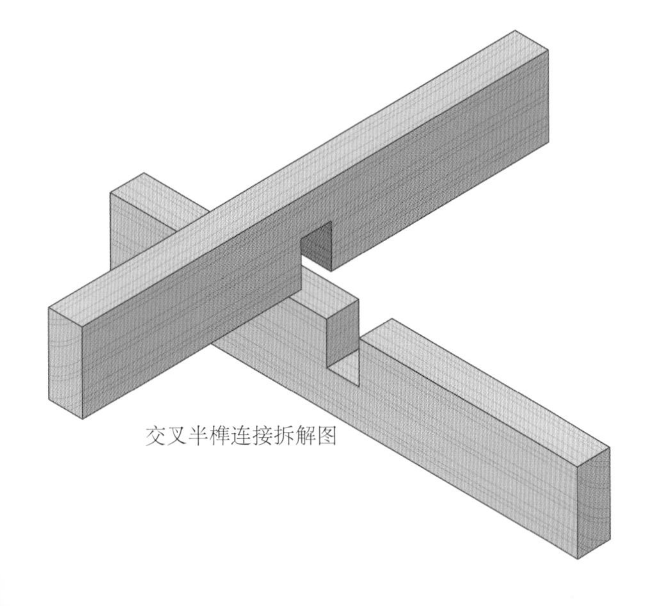

交叉半榫连接拆解图

**标记和手工切割交叉半榫连接件**

准确的标记对于交叉半榫连接的制作至关重要。这里演示的是在两块 300 毫米 ×50 毫米 ×10 毫米木板的中间切割出简单的连接处。

1. 首先标记出连接处。准备两个量好尺寸的工件，这两个工件已标记正面和侧面，端面与正面和侧面垂直。一个工件的侧面朝上，另一个工件的侧面朝下，将两个工件拼接在一起（连接时两个工件的侧面都朝上）并将两端对齐。

2. 从末端起量出 145 毫米，并用划线刀和直角尺（参见小图）划一条贯穿两个工件的线。

3. 从夹具上卸下两个工件，然后借助其中一个工件在另一个工件上

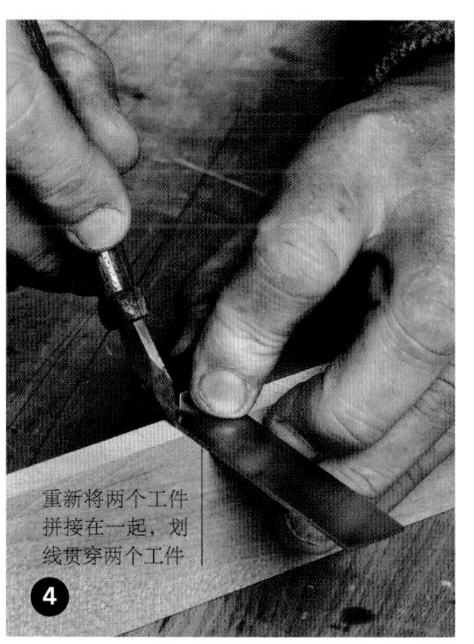

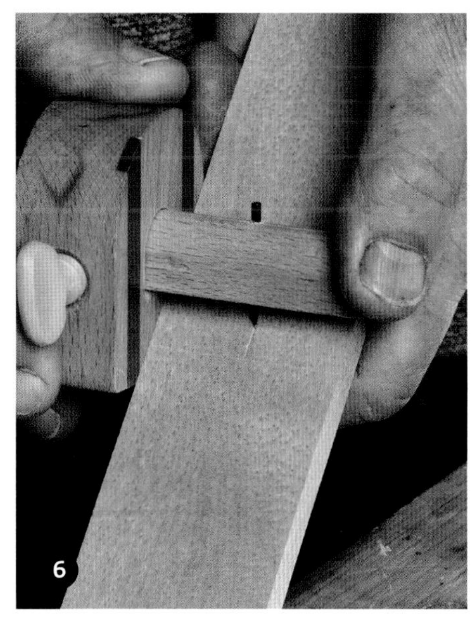


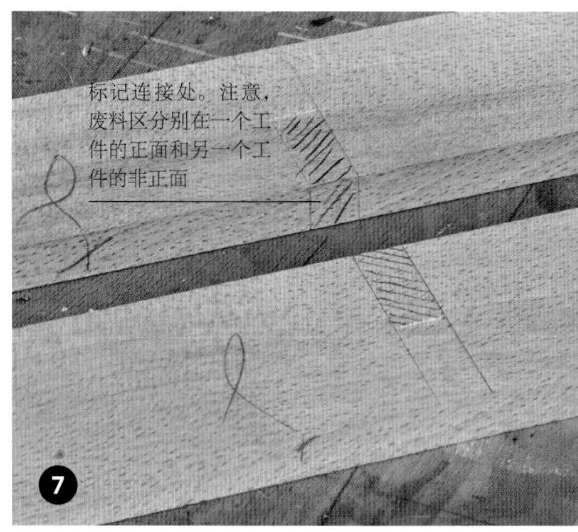

标记连接处的宽度（如果你切下的边料也是同样的厚度，则可以用它代替工件进行标记）。请小心地将工件放在之前标记的线的正确一侧并对齐，划出工件的宽度。

4. 重新精确地将两个工件拼接在一起，用直角尺比着将划线延伸至另一个工件上。

5. 从夹具上卸下工件，用划线刀和直角尺将连接处的划线延伸至工件正面。

6. 将划线器设置为工件宽度的一半，抵着工件侧面，在两条划线的中间划一条横线。

7. 从划线的边缘到中间标记出即将清除的废料区——其中一个工件应该是在正面标记的，而另一个工件则应该在正面以外的面标记。

8. 将两个工件放在桌钳中，并用大鸠尾锯在划线的废料区一侧横切至划线器划出的横线。你可以通过将两个工件拼接在一起，把最上面的废料部分和凹槽线对齐，一次性锯切两个工件，

## 试试这样做！

如果工件很薄，则加工时产生的弯曲和震动可能会对工件造成影响。在桌钳中，将支撑件放在工件后面夹紧，能够缓解这个问题。

## 试试这样做！

对于较厚的工件，你可能需要使用弓锯将废料切掉，或者在废料上竖直锯切几下以将其分解，然后再用凿子清掉废料。

## 问题诊断

**两个工件的凹槽无法拼接在一起**

可能是因为凹槽太窄。仔细观察，是否还能看到划线刀划出的线？如果还能看到划线，你需要用凿子将凹槽边缘凿至划线处。如果看不到划线，则可能是你标记的凹槽不够宽。你可以将一个工件的凹槽对准另一个工件的凹槽，用划线刀标记新的宽度位置，然后按照这个宽度凿切。如果两个凹槽都很窄，可以轻轻用刨子将两个工件刨薄些。

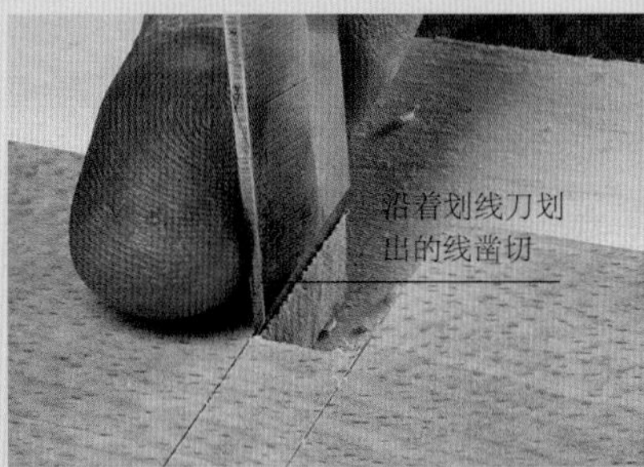

**两个工件可以拼接在一起，但表面不平整**

这通常是因为凹槽不够深。只需在凹槽底部多凿掉一层木料——在哪个工件上凿都可以。

但这仅在锯切准确的情况下有效。

9. 这里展示的工件很薄，可以用凿子清掉废料。在离划线几毫米处开始凿切，逐渐靠近划线。反手握住凿子，向下按压或用木槌敲击凿子。

10. 试着组装两个工件——它们应该正好可以拼接到一起。

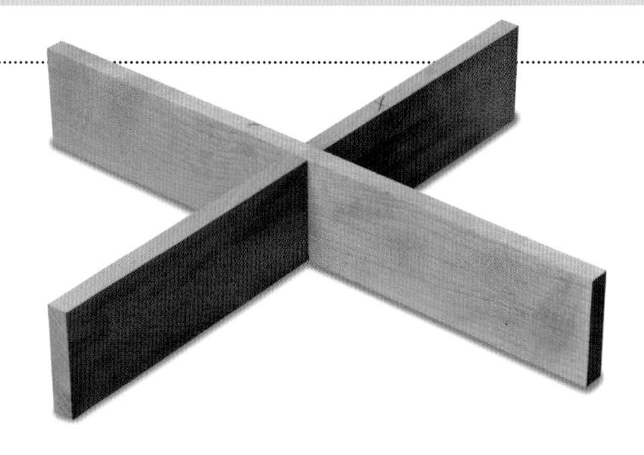

# 搭接

搭接主要用于框架结构的细木工中，它有多种方式，接下来展示的是如何制作 T 形搭接。你可以手动切割搭接件或使用电木铣铣削搭接件，两种方式我都会介绍。手工切割搭接件是练习凿切技巧的绝佳方式。

**所需主要工具**

- 划线刀
- 钢尺
- 直角尺
- 铅笔
- 划线器
- 开榫锯或大鸠尾锯
- 宽凿或斜凿
- 木槌
- 闭喉槽刨（选用）

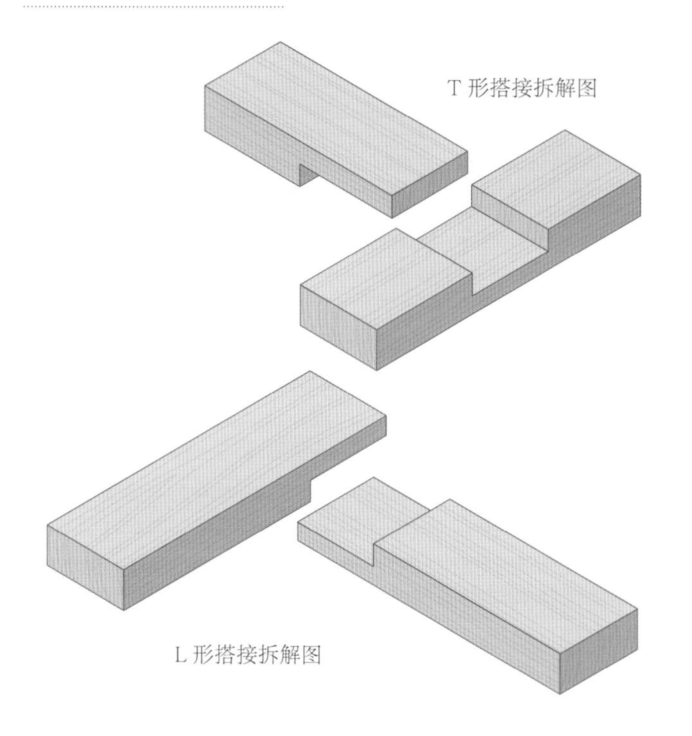


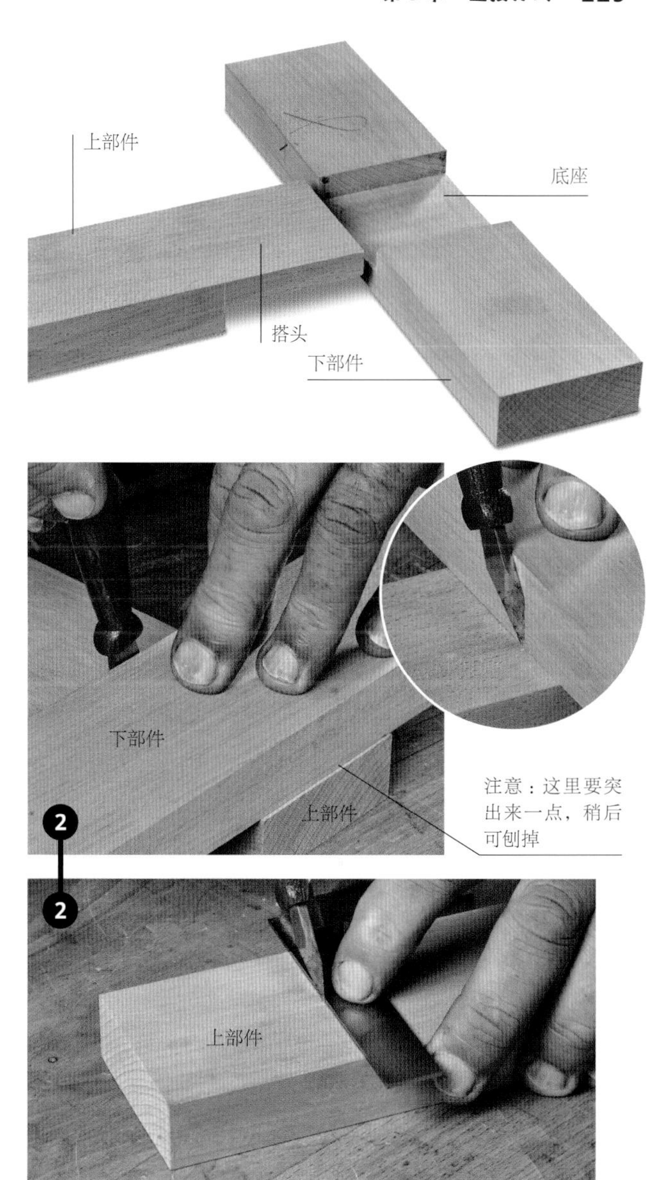


### 手工切割搭接件

使用 65 毫米 ×24 毫米的工件进行 T 形或中间搭接。

1. 准备标记好正面和侧面的工件。这里演示的连接处的两个部分被命名为上部件和下部件。

2. 将下部件放在上部件的非正面上，用划线刀标记出搭头肩部位置。用直角尺比着将划线贯穿到工件两边（不要划到正面上，因为划线在安装连接时会显露出来）。

## 试试这样做！

搭头可以比底座略长点（大概长1毫米），这样在组装时搭头的木端会略微突出。在胶合完成后，可以修整掉突出的部分。通常，搭接会成为框架的一部分，因此划线时的关键尺寸实际上是任意一端肩部之间的距离。

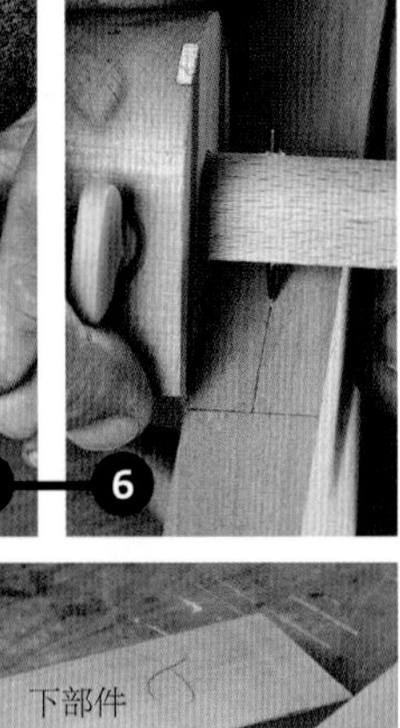

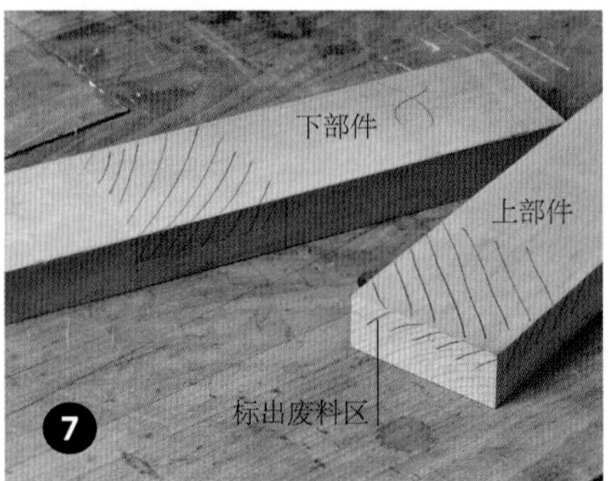


3. 在下部件的正面用划线刀划线，然后用直角尺标记出底座其中的一个肩部。

4. 将上部件放置在标记的位置。用划线刀仔细按照上部件的宽度标记出另一个肩部，然后用直角尺比着划穿整个表面。用上部件检查底座划线的准确度（这里划的线对于搭接的效果至关重要）。

5. 用铅笔比着直角尺，将划线从下部件的正面延伸至两边。

6. 将划线器设置为工件厚度的一半。在两个工件上，用划线器抵着正面，划出搭接处的厚度线。沿着上部件的搭头划一圈。

7. 用铅笔在两个工件上标记出废料区。

8. 先切割下部件的底座。在开始切割之前，有必要重新阅读有关如何使用大鸠尾锯横切、用凿子和木槌凿切的相关内容。在肩部划线的废料一侧，使用宽凿斜切至划线刀划的线处，然后使用带有横切锯齿的大鸠尾锯向下切至划线器划的线处。

9. 在废料区，每隔 10 毫米左右切割一下，以便后续凿去废料。

10. 你可以只用凿子清除废料，也可以先用凿子清除废料，然后用闭喉槽刨切割至最终深度处。先用凿子和木槌，然后向上倾斜凿切，一直凿到接近划线器划的线，直到线上方仅剩一层薄片。

11. 改用更精细的凿子凿到划线处

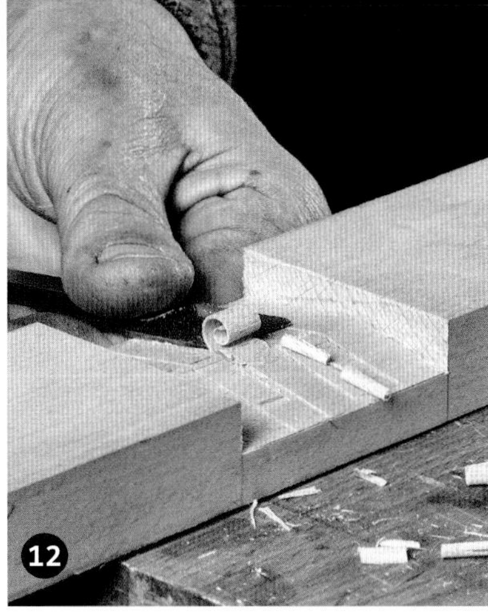


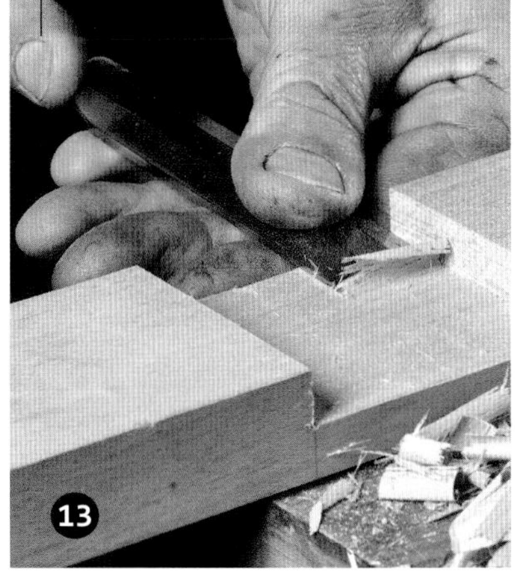

（感觉凿子在最后一次凿切时卡到了划线处）。旋转工件，然后在另一侧重复以上步骤。

12. 现在你需要将底座两侧都凿切到划线器划的线上，但凿切面要向上倾斜，中间最高。你需要在两侧划线之间创建一个平面。以划线为参考，开始凿切：将凿子的平面放在划线上，并在每次凿切时逐渐抬起凿子的手柄，以减小坡度。你应该能够看到中间最高的位置在底座表面逐渐后移。

13. 当最高点靠近底座后侧时，将后侧转过来并从这一侧凿切。现在，底座应该接近最终的深度。你可以继续凿切直到整个底座变平，然后进行第 15 步。或者，你可以使用闭喉槽刨准确地将底座底部刨平（参见第 14 步）。

14. 用划线器以刚才标记搭头的方式在一块废料上划线，然后以此来设置闭喉槽刨。将闭喉槽刨的平底放在工件表面，然后用刨刀刨整个底座。闭喉槽刨主要用于刨出细刨花，所以如果你发现很难刨，试着稍微向上调节刨刀先刨几下，然后再重新设置刨刀，直到刨到最终深度。尽量避免刨到底座后边缘——建议从外向内刨。

15. 用直边（也可以是凿子的边缘）检查底座底部的平面度，确保整个表面都是平的。这样你就完成了搭接的底座部分。

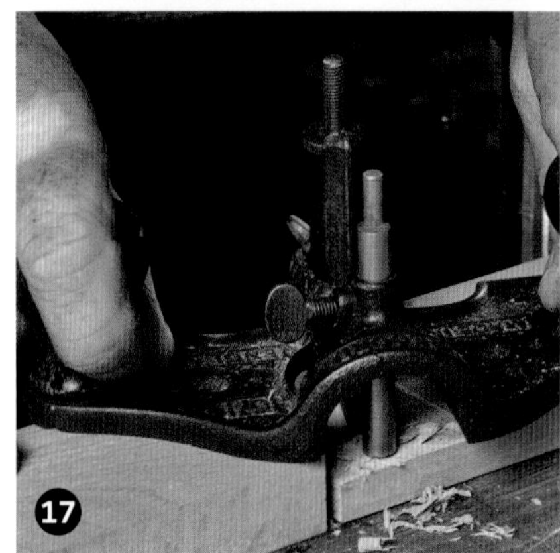

## 问题诊断

### 上部件太宽

不是划线出错就是锯切有问题。仔细查看下部件是否残留有刀线，如果有，则用宽凿小心地凿切至划线处。你应该能够将凿子卡到划线中，然后用自身力量向下凿切。如果看不到任何刀线，那么你可能必须重新标记肩部，方法是将上部件比着一个肩部，再用划线刀标记另一个肩部。然后你可以凿切到新的划线处。如果不影响其他地方的贴合，另一种方法是把上部件凿窄一点，直到其与下部件搭接贴合在一起。

### 上部件放在底座上高出来一部分

这是因为底座或上部件的搭头切割不到位。检查上部件的搭头，如果残留有划线器划的线，则需要在搭头的整个表面上凿切，一直凿到划线处或使用闭喉槽刨进行修整。查看底座，你经常会发现底座表面是平的，但在最边缘有个斜坡延伸到划线器划出的线处。小心地去除这个斜坡。有时，搭头肩部或底座角上会残留废料，这可能会影响连接。清掉这些废料，使角落处棱角分明。

### 上部件在下部件表面下方

这很难修整。你可以贴上一层木皮，但会很难看。更好的方法是再制作一个部件。

16. 槽颊或搭头肩部的切割方式类似于榫，第 2 章详述了如何进行这样的切割。

17. 可以使用闭喉槽刨对搭头进行最后的修整。将一块相同厚度的垫块与搭头相连，并固定在木工桌上。设置好闭喉槽刨的深度后，刨搭头的整个表面，修整掉薄薄的几层。

18. 将两个工件搭接在一起。如果它们很贴合，就可以将其胶合。如果胶合后搭头略突出来，用刨子刨掉即可。

成品展示

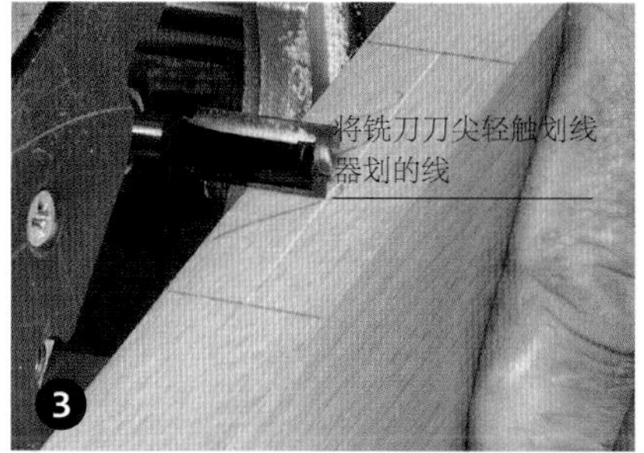




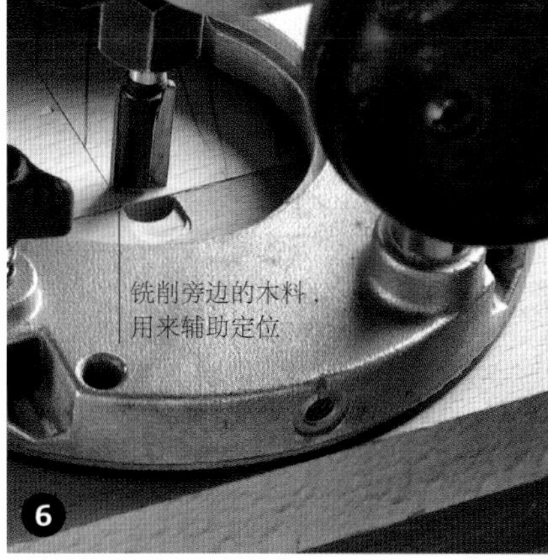

## 试试这样做！

如果要制作多个搭接，可能有必要先制作如前文“使用导套”（参见第 115 页）中所述的夹具。

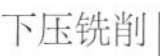

## 使用电木铣铣削搭接件

**所需主要工具**

- 划线刀
- 钢尺
- 直角尺
- 划线器
- 工作室自制直角导板
- 电木铣和电木铣倒装工作台
- 直径约 12 毫米的中号直槽铣刀（带下压刀尖）
- 电子深度计（选用）
- 夹具
- 宽的直槽铣刀（最好使用榫铣刀）
- 大鸠尾锯

1. 准备工件，按照“手工切割搭接件”的第 1~7 步，比着直角尺划线。

**铣削底座**

2. 要铣削底座，你需要先制作一个直角导板。这里展示的直角导板比实际需要的更长，因为它还会在其他木工项目中使用。

3. 将带下压刀尖的直槽铣刀安装在电木铣上。设置铣削深度，让刀尖轻触划线器划的线。

4. 将下部件固定在木工桌上，两侧放两块木料支撑电木铣底座。

5. 测量铣刀外侧到电木铣边缘的距离，按照这个距离，设置直角导板边缘到标记的搭接肩部位置的距离。

6. 当你将电木铣抵在直角导板上时，铣刀应该与肩部划线在同一条直线上。用电木铣底座抵住工件，在旁边的木料上铣削出一个切口来辅助定位。铣削出的边缘应该与工件肩部的划线对齐。

7. 将电木铣底座抵住直角导板，进行几次下压铣削，然后沿着肩部划线进行水平铣削。

8. 重复第 5 步和第 6 步铣削另一个肩部，然后清除两个肩部之间的废料。

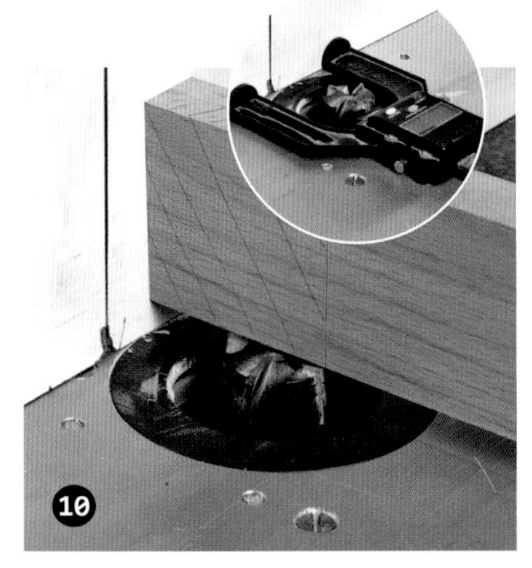

## 铣削上部件的搭头

9. 这一步可以在电木铣倒装工作台上完成。可以使用尽可能宽的直槽铣刀，也可以使用能够精确切割的榫铣刀。根据下部件的底座设置铣削深度，使铣刀的顶端与底座的底部齐平。

10. 通过使用电子深度计（参见小图）或将铣刀边缘与划线刀划出的肩部线对齐来设置靠山的位置。

11. 如果你的倒装工作台上有可滑动的横切靠山，应设置靠山与工件精确地成直角。如果没有这种靠山，应准备 18~25 毫米厚的中密度纤维板或胶合板，并带有准确的 90 度直角。这块木板必须足够大，才能完全支撑住工件，并且手指应远离铣刀约 300 毫米。

12. 如果搭接处面积很小、废料很少，则使用电木铣就可以完全清除废料。如果搭接处的面积很大，如图所示，那么就有必要用大鸠尾锯先清除废料，从距离划线处约 2 毫米的地方锯切，然后使用电木铣精准地修整剩余部分。

13. 工件穿过铣刀时，应用靠山或木板支撑工件。对于较长的搭头，你可能需要进行多次循序渐进的铣削，逐渐向肩部方向清除废料，每次铣削后将工件逐渐移向靠山。

14. 如果你使用了木板作为支撑件，那么在铣削工件后端时工件不会发生断裂，因为木板可以防止这种情况的发生（铣刀将在铣削结束时切入木板，但是木板可以支撑工件后端）。如果你使用滑动靠山，则可能会出现断裂的情况。为防止这种情况发生，应将约 20 毫米宽、20 毫米高的支撑件固定在靠山上，其长度适中即可。

15. 在实际铣削之前，务必在废料上测试你的设置是否准确。

### 试试这样做！

对于长搭头的铣削，两个靠山可能是闭合的。对于短搭头的铣削，铣刀可能位于两个靠山之间的空隙中，因此在铣削时，工件有可能进入这个空隙并损坏肩部。为避免这种情况发生，应将一块木板夹在铣刀上方的靠山上，然后铣削时工件的末端会靠在这块木板上。设置靠山时要考虑这块木板的厚度。

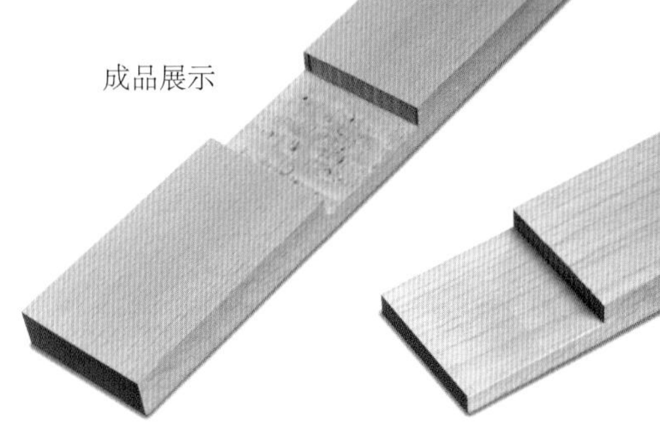
成品展示

# 卯榫连接

卯榫连接具有悠久的历史，可能是已知最早的木工连接方式之一。从木框架结构建筑中的大型钻销卯榫连接，到抽屉柜中的短粗榫，这种连接方式的应用范围很广。

**所需主要工具**

- 划线刀
- 钢尺
- 大小合适的凿子（榫凿或斜凿）
- 双针划线器
- 直角尺
- 单针划线器
- G 夹或 F 夹
- 组合直角尺
- 开榫锯或大鸠尾锯
- 桌钳
- 锋利的扁凿

这种连接由在榫件末端加工的接头（榫）和卯件中的狭槽（卯）组成。连接的构造根据其用途而有所不同——可以通过用钻销锁定连接，或将钻销直接贯穿卯件，并从外部敲进楔木将其胀开来增加强度。通常，卯榫连接隐藏在框架结构中，但是如果榫贯穿了卯件，那么色彩不同的楔木或榫的装饰性造型可以带来不同的视觉效果。

卯榫通常成对使用。例如 8 对卯榫将桌子的横撑连接到 4 个桌腿上。制作一对比较好的卯榫需要精确地标记和切割。如果连接具有装饰作用，则更需要精确地标记和切割——毕竟你应该也不愿意突出展示不好看的连接处。

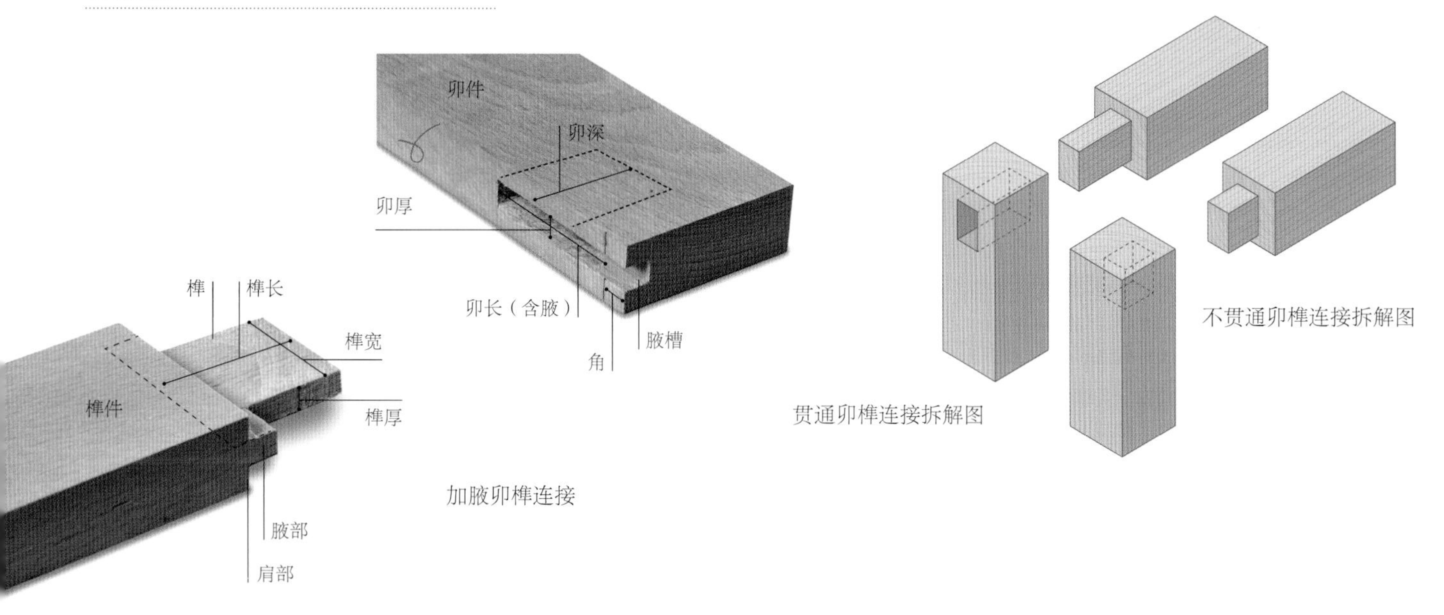

加腋卯榫连接

贯通卯榫连接拆解图

不贯通卯榫连接拆解图

角：10 毫米

腋槽：15 毫米

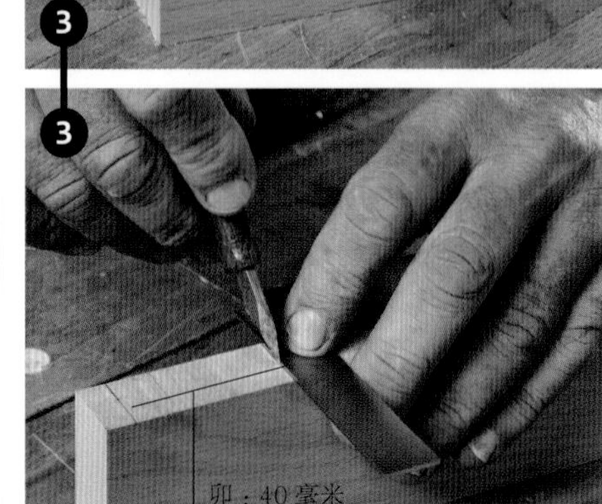

卯：40 毫米

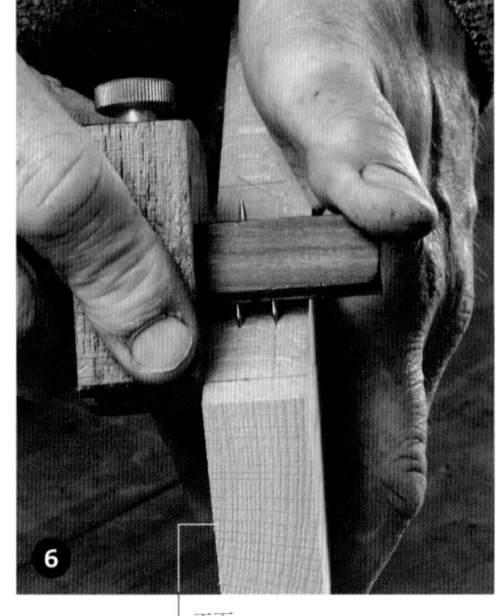

正面

> **试试这样做！**
>
> 在使用单针划线器和双针划线器的时候划线很容易超出所需的长度。为避免这种情况发生，应在开始操作之前，用针尖在要停止的位置扎出小孔。划线时，当针尖掉入事先扎出的小孔中时，划线就完成了。

## 手工切割加腋卯榫连接中的卯和榫

加腋卯榫连接中的卯和其他卯榫连接中的卯几乎一样，不同的是多了一个延伸到工件末端的浅槽。而榫在同一侧增加了一块（即腋部），与浅槽拼接在一起。这种连接方式通常用于框架和嵌板结构中——腋部加固了连接处，并填充了嵌板框架中形成的凹槽。

尽管卯榫通常成组批量切割，但这里只展示如何切割单个卯和榫。这里使用的工件厚度为 24 毫米，宽度为 65 毫米。

1. 标记切割尺寸，并清楚地标记出工件的正面和侧面。卯应在工件侧面，两个工件连接后，它们的正面应该在同一侧。

2. 应该在卯件的侧面标记卯的尺寸。轻轻划出榫件边缘在卯件上的位置。在正常的结构中，卯件会略长一些，因此榫件应在距卯件末端约 10 毫米处。这多余的 10 毫米长的部分被称为角，在工件组装完成后会被修剪掉。

3. 工件外侧有 15 毫米长的腋部，内侧有 10 毫米长的肩部，卯长为 40 毫米。从刚刚标记的榫件在卯件上的位置开始，量出 15 毫米和 55 毫米的位置，用划线刀标记卯的长度。

4. 通常，卯和榫的厚度应约为工件厚度的 1/3。在这里，厚度设置为最接近这个数据的凿子的宽度——8 毫米。将双针划线器的两个针尖分别与凿子末端的两角对齐。

5. 找到工件侧面的中心，这可以通过以下方法完成：将划线器居中放置并在工件表面划线，然后从另一侧划线，如果两次的划线重叠，则表示找到了工件的中心；如果没有重叠，应调节划线器继续尝试，直到找到工件

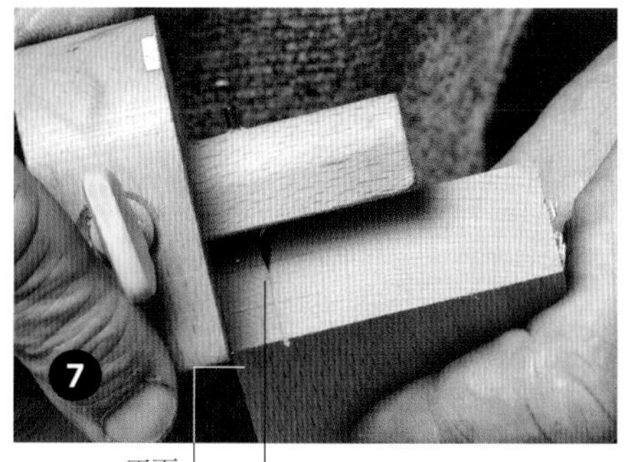


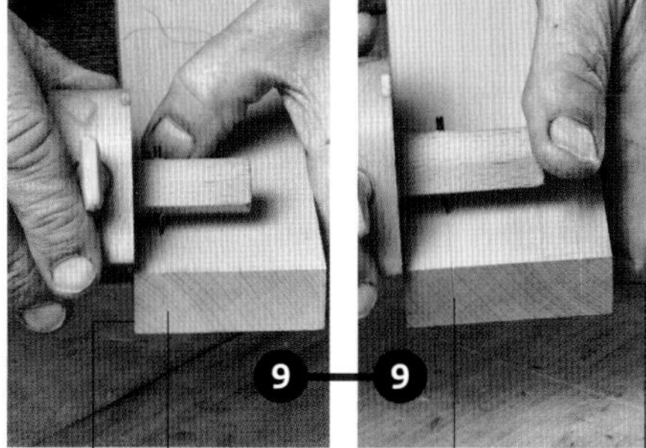


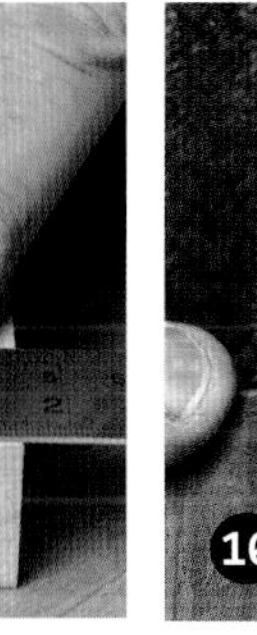

侧面的中心。

6. 标记卯的位置，用划线器靠山抵住工件的正面划线。

7. 将划线器设置为 10 毫米，在工件末端标记出腋槽的深度。

8. 标记榫的长度。如果不是贯穿榫，通常榫长约为卯件宽度的 2/3，这里为 44 毫米。从榫件末端开始，按照这个长度比着直角尺用划线刀划一圈线。

9. 使用普通的单针划线器标记榫宽，先设置为 10 毫米，在榫件侧面划线；然后再将划线器设置为 15 毫米，在上述侧面的对面划线。

10. 用双针划线器标记榫的厚度，其厚度应与卯的厚度相同。用划线器靠山抵住工件的正面划线。

11. 用划线刀（参见小图）标记腋的长度，这里为 10 毫米。

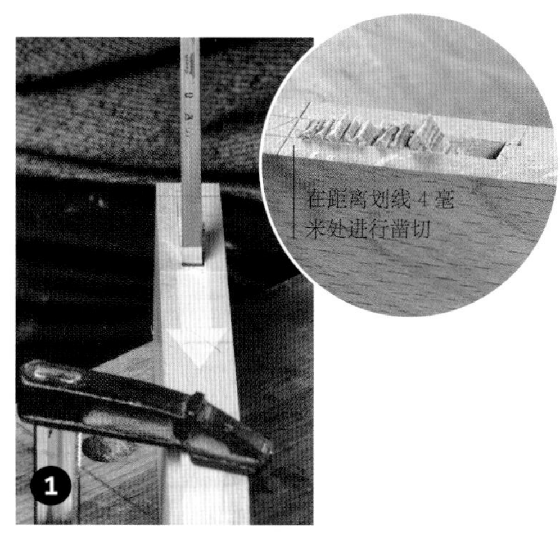

**试试这样做！**

在凿切卯时，将直角尺抵住工件来检查凿子与工件是否垂直。

### 切割卯和榫

现在就可以切割卯和榫了。在操作之前，请复习有关使用凿子和夹背锯的相关内容。

1. 切割卯。使用 G 夹或 F 夹，将卯件固定在木工桌上，最好在桌腿上方。面向卯件末端站立，以便判断凿子是否垂直于工件。使用用于设置卯厚的凿子，将其放在距卯末端划线约 4 毫米处（见图示，一旦凿切到最大深度，应将卯的末端精确修整）。用木槌反复敲击凿子向下凿切，每次向下凿切约 4 毫米。到达距离末端约 4 毫米处时停止。握住凿子，使其斜面朝着进给方向，偶尔检查凿子是否垂直于工件。

2

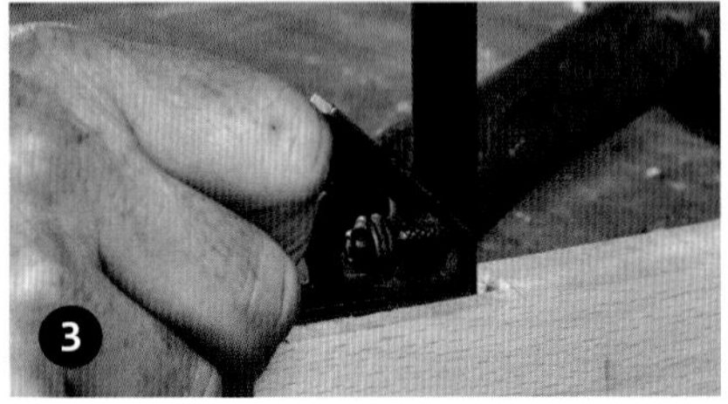

3

## 试试这样做！

你可以使用以下任意一种方法检查是否达到最大凿切深度。

- 使用组合直角尺，如第 8 步所示。
- 用钢尺测量。
- 在凿子合适的位置上缠绕一圈遮蔽胶带，用它来检查。

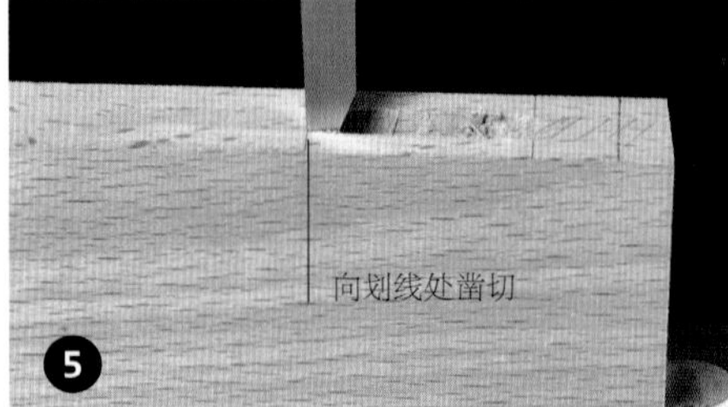

5

6

7

8

## 试试这样做！

修整卯两端时，不要忘记凿切的黄金法则——一点点凿到划线处。应逐渐向划线位置凿切，直到只剩下一层需要清除的、薄薄的木料。

2. 第一次凿切 4~6 毫米深。凿子平面朝上，撬出废料。最后你可能还需要垂直凿切，以清除凿切过程中由凿子斜面形成的坡形废料。

3. 重复以上步骤，直至最大深度。我喜欢使用一个小型组合直角尺来检查深度（其他检查方法参见上方的“试试这样做！”）。该工具也可以检查凹槽两端是否竖直。最大深度实际上是榫的长度加上大约 2 毫米，多出的 2 毫米是留给组装时被挤压到连接处底部的胶水的。

4. 不要试图去凿卯的侧面，否则会加宽卯，卯、榫都需要保持和凿子的宽度一致。

5. 达到最大深度后，旋转卯件，使身体面对其正面或正面的对面，并凿切掉卯两端剩余的 4 毫米部分。你会发现从这个角度判断凿切是否垂直更容易。不要直接凿至划线位置，应一点点向划线处凿切。

6. 切割腋槽。小心地向下锯切到标记的深度。

7. 凿切掉废料，直至到达划线位置。

8. 使用组合直角尺检查腋槽深度。

9. 切割能够安装进卯的榫（在实际切割前，有必要在一些废料上进行练习）。采用第 2 章“用开榫锯或大鸠尾锯纵切”中所述的方法来切割榫颊——先倾斜工件，然后锯切至对角线，再

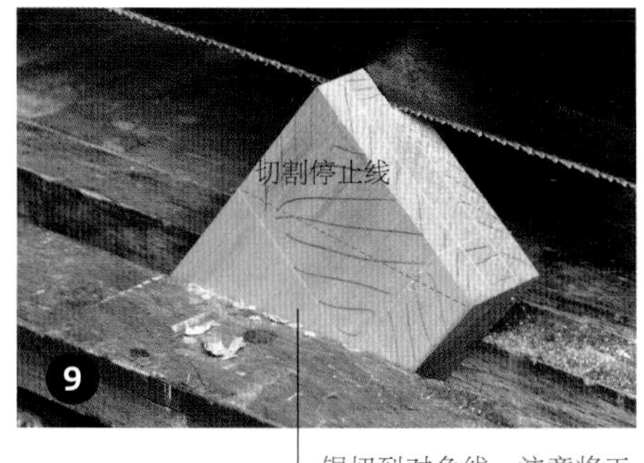


锯切到对角线，注意将工件在桌钳中夹得低一些，以便在锯切时减少震动

清除角落的废料

成品展示

水平放置工件进行锯切。

10. 沿榫的宽度划线进行切割。将榫件垂直夹在桌钳中，从榫的任一端向下锯切至划线器划的线处。你无须像之前那样倾斜工件，因为切口很短。记住，腋部的切口更短。

11. 切割腋部的末端。使用锋利的凿子在之前用划线刀标记的废料一侧切出一个斜槽，然后使用横切大鸠尾锯进行切割。

12. 参照第 11 步，先切割一侧肩部，然后切割另一侧。

13. 参照第 11 步，切割末端的肩部。

14. 你可能会发现肩部的角落有一些未清除的废料。用锋利的凿子横穿木材纹理，将废料清理掉。

15. 试着组装工件，确保两个工件正面相连。一开始可能无法很好地将两个工件组装在一起——可能会连接得很松或很紧，或者无法完全匹配。应该用适中的力按压，或用木槌轻敲，让工件滑动组装在一起。

16. 将两个工件胶合后，修整掉卯件的角，使其与榫件齐平。

## 问题诊断

如果安装榫时比较困难，试试斜着插入。如果斜着能插进去，则问题出在榫宽上。如果不能，应先解决榫的厚度问题。

**检查宽度和厚度**

- **在宽度方向上连接太紧**

检查榫的两边——可能在表面有摩擦痕迹。如果痕迹只在末端出现，则可能是卯略呈楔形，你可以使用组合直角尺进行检查。

如果痕迹确实出现在末端，应适当修整卯的末端。

摩擦痕迹表明连接时在宽度方向上很紧

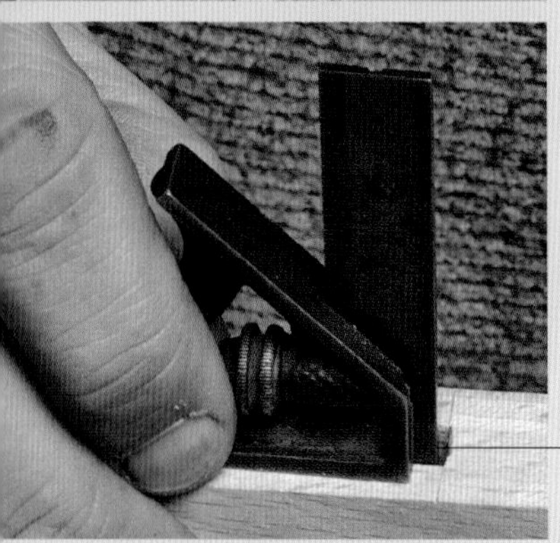
榫的底部与侧面是垂直的，但安装后顶部有一条缝隙，表明其末端不够方正

- **在厚度方向上连接太紧**

看看是否有残留的划线器划的线，如果有，可以用锋利的凿子、肩刨或闭喉槽刨横穿木材纹理，小心地清除划线。如果仍然很紧，应再次将榫斜着朝上，然后凿切两端较紧的地方。

残留的划线器划的线

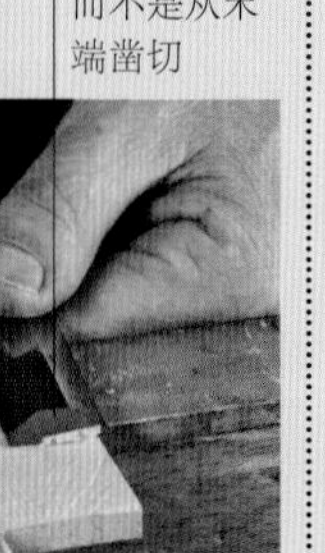
应横穿木材纹理凿切，而不是从末端凿切

- **连接有点松**

使用填缝胶粘接，例如凯斯克美特胶，下次注意应切割得更精确。

- **接太松**

可以在某一表面上贴上一层木皮。检查连接的工件是否对齐，以决定在哪个面上贴木皮。但这样制作出的成品不美观，最好重新制作一个新的榫件。

**榫无法全部插入**

- **卯不够深**

用钢尺或组合直角尺检查卯的深度——有可能是一片区域或是一端没有完全清除所有废料。

- **肩部残留废料**

仔细检查肩部四周是否还有切割时残留的废料。检查肩部是否有斜坡，从而导致安装时产生缝隙。如果是这样，应用锋利的凿子或肩刨去除斜坡。注意不要改变肩部外圈的线条。

角落残留的废料

清除角落的废料

检查腋部是否影响正常安装。

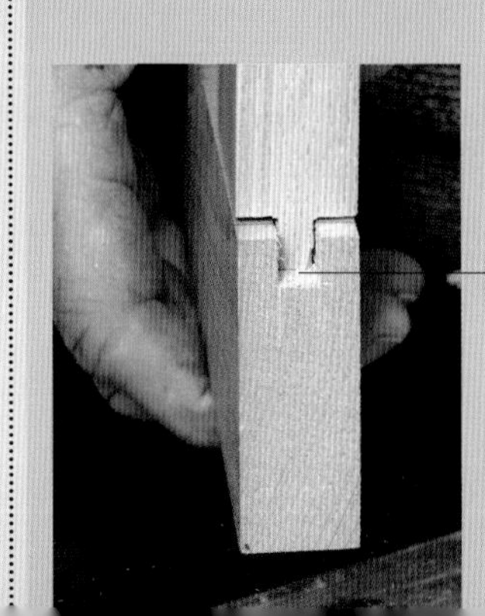
腋部太长

## 对齐问题

### • 两个工件的正面不齐平

检查你是否组装正确。也有可能是你在用划线器划线时，卯件和榫件抵住的是不同的面。不松开连接处就很难纠正这个问题。如果不齐平的问题不严重，则可以在榫件适当的一侧进行修整。

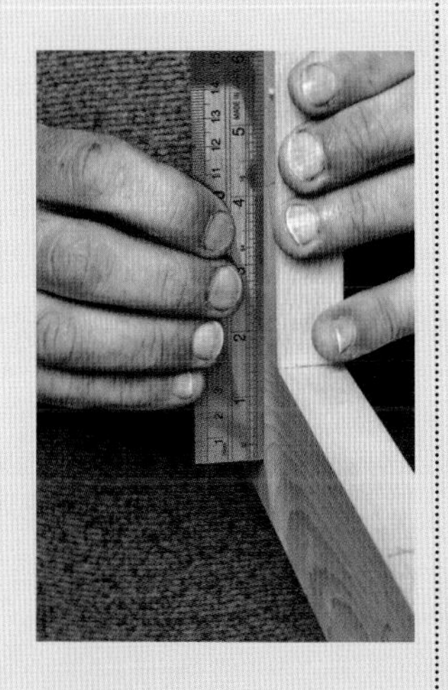

### • 两个工件互不垂直

把直角尺放在边角处检查。如果不垂直，则可能卯不是方正的。用一个组合直角尺检查，并在适当的一端修整卯的底部来进行校正。

### • 榫件倾斜

在榫件侧面使用一个直边进行检查。如果侧面不直，则可以在榫件倾斜的一侧修整榫的底部。有时在固定时可以纠正轻微的倾斜问题。

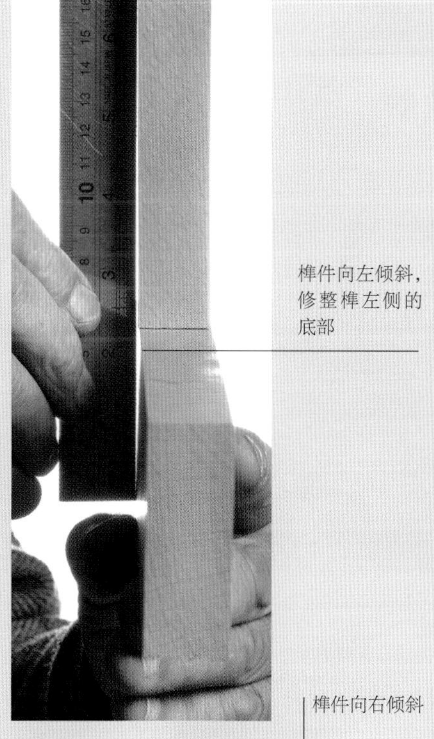

榫件向左倾斜，修整榫左侧的底部

榫件向右倾斜

### • 肩部不能很好地置于榫件面上

解决榫件倾斜问题后再检查这一点。有时一个肩部很贴合，但另一个肩部与榫件有缝隙。应以最大缝隙所在的区域为准，重新用刀划出肩部的线，并用宽凿或肩刨修整至划线处来解决该问题。这里只能进行轻微的修整，因为这一操作会影响到组装后的整体垂直度。

肩部有缝隙

最大的缝隙在这里，以此端为准将其修整方正

**所需主要工具**

- 电木铣和电木铣倒装工作台
- 下压式直槽铣刀（直径等于或小于卯的宽度）
- 电子深度计（选用）
- 桌钳
- 斜凿（比卯略窄）
- 用于制作榫的宽的直槽铣刀（最好使用榫铣刀）
- 开榫锯或大鸠尾锯
- 双针划线器

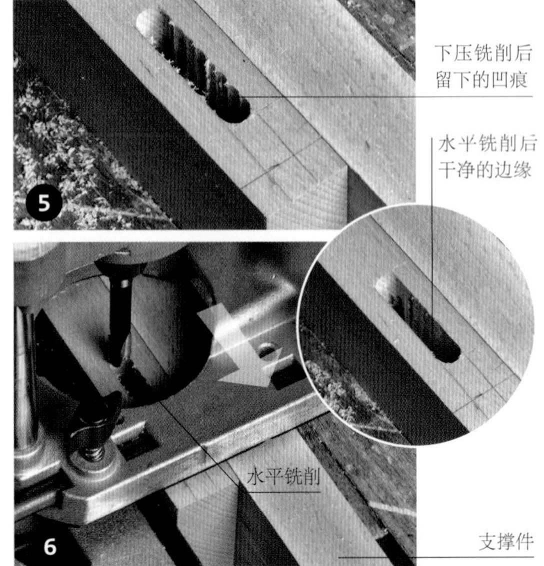

## 用电木铣和电木铣倒装工作台铣削卯与榫

参见“手工切割加腋卯榫连接中的卯和榫”,在工件上标记卯和榫的尺寸。

在两个工件厚度相同的框架中，卯最好位于整个厚度表面的中间位置，这可以通过分两次从工件两侧铣削卯来实现。在这种情况下，铣刀的直径并不重要（只要比卯窄即可），否则卯的厚度应设置为可用铣刀的直径。这里，你需要在工件表面中间位置铣削一个宽度为 8 毫米的卯，因此将双针划线器设置为 8 毫米，并居中标记卯的厚度。

### 铣削卯

1. 在电木铣上安装直径小于或等于卯宽的铣刀，确保铣刀可以下压铣削。在这里，我使用的是直径为 6 毫米的铣刀。调整靠山，使铣刀外侧与双针划线器划的线对齐。将转轮设置为比榫长 2 毫米，即 46 毫米。由此,设置铣削时转轮的最低点。

2. 设置转轮的最高点，用于调整腋部的深度。在铣刀仍然向下接触工件表面的情况下，调节转轮上的螺丝，直到螺丝与限位器的距离为腋部的长度（10 毫米）。

3. 将卯件夹到桌钳中。铣削时的稳定性可能是一个问题，因此应考虑在卯件后面固定一个支撑件，将其一起夹在桌钳中。将转轮设置为卯铣削的深度。

4. 下压铣削，切割出卯槽，然后进行水平铣削以清理槽的边缘：将电木铣放置在工件上，启动机器并在卯的前端向下铣削。你可能无法铣削至最大深度，因为切口中的废料会堵塞铣刀，所以只能铣削到最大深度的 1/3 处。向前移动铣刀进行第二次铣削，覆盖第一次铣削的部位——这次你应该能够进行更深的铣削，甚至能铣削到最大深度。

5. 重复第 4 步，直到铣削至腋部位置为止。在最初未进行最大深度铣削的位置，重新按照最大深度进行铣削。

6. 卯槽的侧面会有凹痕。要清除这些凹痕，应在卯的前端下压铣刀（大

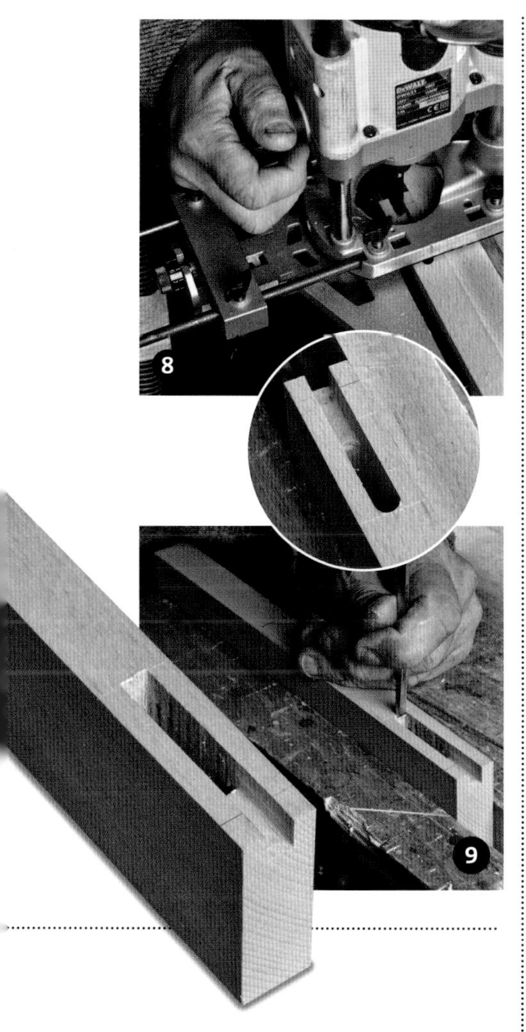

约 20 毫米），然后将铣刀向前移动水平铣削至卯的末端，再抬起铣刀。使铣刀返回至初始位置，重复以上步骤直到完成卯槽的铣削。

7. 将转轮调节到腋部深度位置，并通过两次水平铣削，铣削腋槽至最大深度。

8. 旋转工件，并在另一侧重复第 4~7 步。至此，你就得到了一个干净且达到最大深度的卯和完全居中的腋槽。

9. 此时卯槽的底部是弧形的，可用斜凿将其修整成直角。

## 铣削榫

1. 你可以在电木铣倒装工作台上铣削榫颊。用与铣削搭接件相同的方法设置倒装工作台。铣削榫与铣削搭接件的方法大致相同，不同之处在于，你可以将工件翻过来从另一侧铣削。重要的是，你需要使用厚度完全相同的废料来测试你的设置。你需要非常谨慎地调节倒装工作台，因为工件的两面都要铣削。

2. 铣削榫颊后，调整铣刀的高度，以铣削侧面 10 毫米宽的肩部。可以使用电子深度计设置铣刀的位置或将铣刀设置在榫的末端用划线器划的线上。

3. 将工件侧面朝下，铣削肩部。你应进行渐进式铣削，每次铣削后将工件移向靠山。

4. 调整靠山和铣刀高度以铣削腋部。将划线器设置为 15 毫米，在榫的边缘标记腋部的宽度。此外，标记腋部的长度为 10 毫米。逐步调整工件的位置和铣刀高度，直到铣削到这些划线处。

# 槽榫连接

槽榫连接用于架子、隔板或抽屉滑轨上，其包含通常由横穿木材纹理所形成的凹槽，凹槽中可以插入相应厚度的架子或抽屉滑轨。槽可以贯穿至工件边缘并在边缘可见；也可以在接近边缘处停止，这样就不会看到连接处，在架子的前端设置凹口还可以遮住槽。这种连接方式可以承受由架子带来的相当大的向下压力，但抵抗不住侧向压力。饼干榫和多米诺榫连接的引入意味着槽榫连接不再像以前那样被普遍使用。

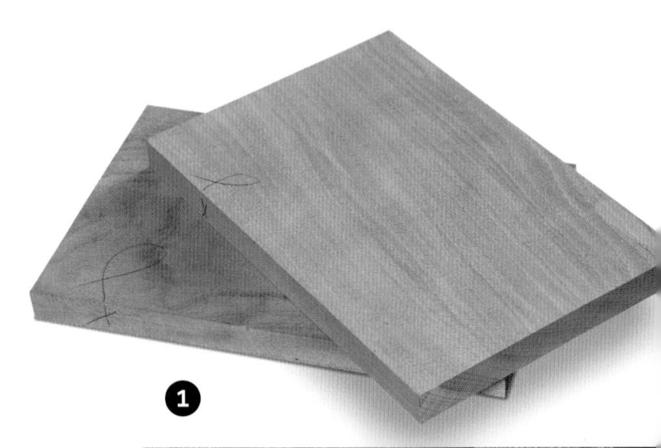


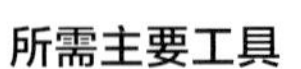

**所需主要工具**

- 直角尺（最好是长直角尺）
- 划线刀
- 铅笔
- 单针划线器
- 扁凿或斜凿（比榫件略窄，最好是较长的扁凿）
- 横切夹背锯
- 宽斜凿
- 木槌
- 闭喉槽刨

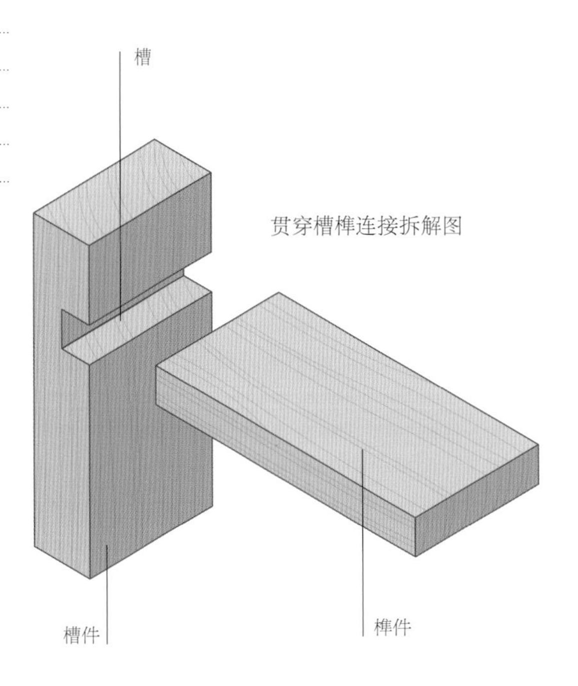


贯穿槽榫连接拆解图

**手工切割贯穿槽榫连接中的槽和榫**

1. 准备标记好正面和侧面且尺寸合适的工件。这里，每个工件的尺寸为300 毫米 ×170 毫米 ×22 毫米。连接时，使榫件的正面朝上，槽件的正面朝内，两个工件侧面相邻。确保榫件的末端是平整且方正的。

2. 用直角尺和划线刀标记槽的一侧。

将此边缘小心地对准刀线

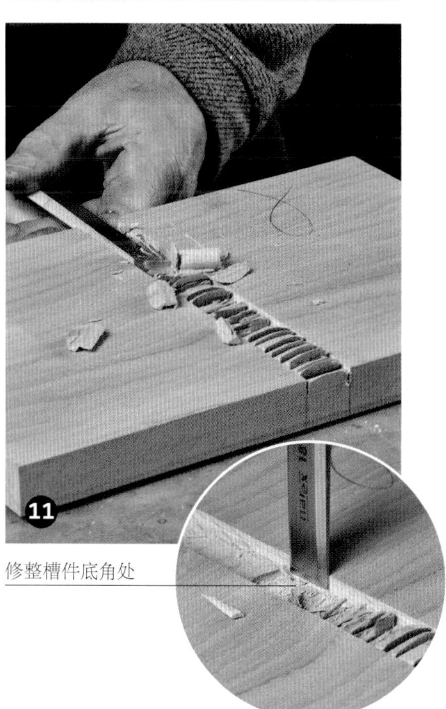

修整槽件底角处

3. 在划线合适的一侧放置榫件，用划线刀标记其宽度。

4. 用直角尺比着划线刀，延长划线。应尽可能深地划线。

5. 用铅笔比着直角尺，将两条划线延长至工件前后侧。

6. 将划线器设置为所需槽的深度（通常比较浅，例如 6 毫米），并在铅笔线之间标记槽的深度。

7. 将槽件牢牢地固定在木工桌上。

8. 在划线刀划线的废料一侧凿出斜槽，如果需要，可以由此加深划线。

9. 沿着划线刀划的线锯切，直至划线器划的线处。保持水平锯切——如果槽件比较宽，则将其旋转，从两侧开始锯切。

10. 用凿子和木槌在槽的整个宽度（比槽稍窄些）方向上进行几次凿切。

11. 将凿碎的废料清除，直至所需的深度——你会发现长扁凿很好用。锯切后的槽两侧底角处可能需要进行修整。

12. 当你快切割到最大深度时，可以使用闭喉槽刨精确地刨到最终深度。将刨刀的深度设置为划线器划出的槽深。如果刨得太深而无法获得良好的效果（在进行切割时，工具会发颤），应升高刨刀，以便刨出薄刨花，然后循序渐进地调整刨刀的深度再刨，直到进行最后一次切割。

13. 将工件组装在一起，检查是否贴合。检查时要小心——如果连接得太紧，则拉出榫件时会有槽边碎裂的风险。

## 试试这样做！

如果你没有闭喉槽刨，还可以用以下方法检查槽底是否平整。

凿切至工件任意一端的划线器划线位置，并使用钢尺检查划线之间的表面是否平整。

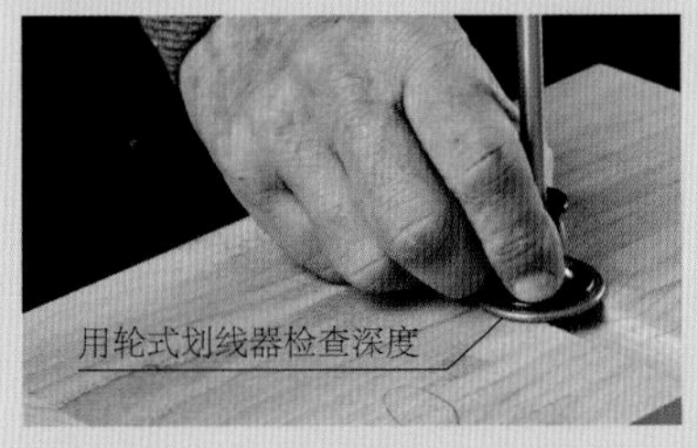


现代轮式划线器非常有用，因为它是平头的，可以作为深度计使用。

也可以用组合直角尺检查深度。

## 问题诊断

**榫件无法插入槽件**

沿着槽的边缘检查，并修整边缘不垂直或仍残留划线刀划线的地方。如果榫件和槽件连接得太紧，你可能会看到榫件的某些区域受压，这些区域将与外壳边缘上的不规则处相对应。

**榫件能够安装进去，但末端有缝隙**

这是槽底不平造成的。按照左侧“试试这样做！”中描述的方法，检查底部是否平整。

**榫件能够安装进去，但不垂直于槽件**

检查榫件和槽件连接处是否方正。如果不方正，则槽可能会倾斜。可以从槽的边缘向底部凿切来解决此问题。

**所需主要工具**

直角尺（最好是长直角尺）

划线刀

单针划线器

铅笔

扁凿或斜凿（比榫件略窄，最好是较长的扁凿）

宽斜凿

电钻和平翼钻头

横切夹背锯

木槌

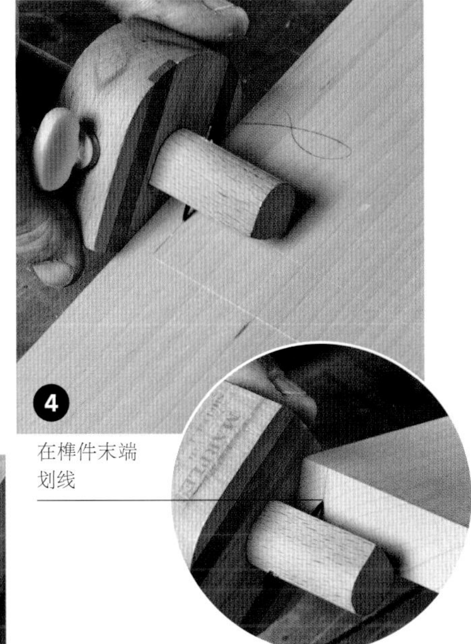


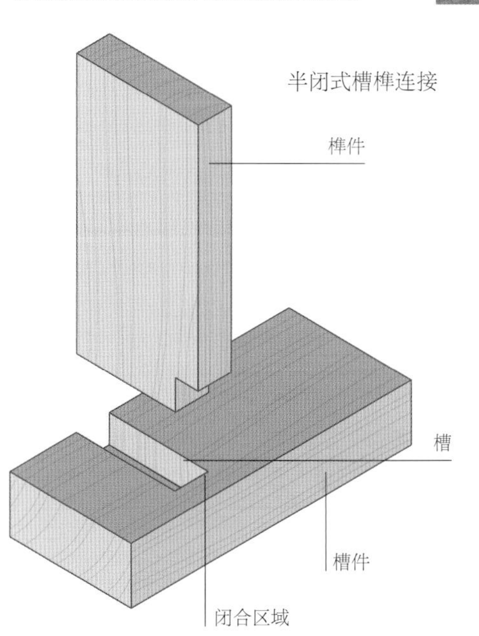


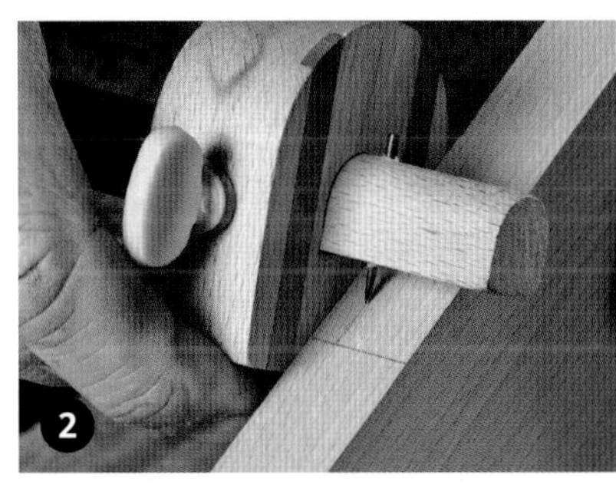

## 手工切割半闭式槽榫连接中的槽和榫

除了槽不延伸到工件边缘外，这种连接方式与贯穿槽榫连接非常相似。由于很难锯切到该连接方式中闭合的一端，因此切割变得更困难。

1. 按照“手工切割贯穿槽榫连接中的槽和榫”的第 2~5 步标记出槽的宽度，但不要在闭合处的前侧用划线刀划得太深。

2. 将划线器设置为所需的槽深度，并在开口一端标记槽的深度。

3. 使用设置为槽深的划线器，在榫件前端标记凹口深度。

4. 将划线器设置为闭合区域的长度（大约为 10 毫米），并在槽件的槽宽划线和榫件末端之间将其标记出来。

5. 用铅笔在榫件上延长划线器划的线，绕各个面一圈，使铅笔线相交。相交的区域就是需要切掉的凹口——将其标记为废料区。

**提示：**你可能希望榫件前端比槽件前端短，即榫件比槽件窄。在这种情况下，用划线刀划线时应注意只划出榫件的宽度线（不用划到侧面边缘），否则组装后划线会露在外面。

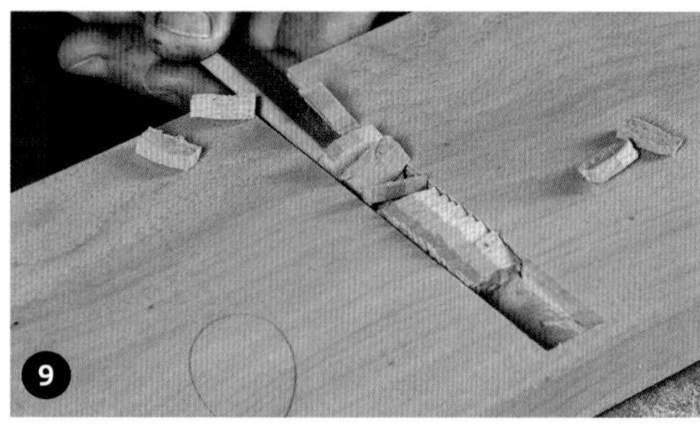

残留的废料可能会导致连接处无法完全贴合

## 问题诊断

手工切割贯穿槽榫连接中的槽和榫时会出现的所有问题及其解决方法可以照搬到这里。

### 带凹口的肩部没有完全置于槽件表面

检查肩部是否方正，是否有废料残留导致肩部无法完全置于槽件表面。如果处理后问题仍然存在，则可以加深槽，或者稍微刨一下榫件的末端。

6. 按照与贯穿槽相同的方式，在确定槽宽的刀线上凿出一个斜槽。

7. 你很难直接锯到闭合区域。为解决此问题，要从闭合的一端向后约50毫米处钻出废料，然后凿出废料并修整到刀线处。比槽稍微窄一点的平翼钻头在这里比较好用。

8. 沿刀线进行锯切，将废料区域凿出，让锯切变得更加容易。

9. 按照“手工切割贯穿槽榫连接中的槽和榫”的第10~12步继续操作。

10. 在榫件前端切割凹口，先从侧面开始横切。在划线的废料一侧开斜槽，并向下锯切到凹口的另一条划线处。然后旋转夹在桌钳中的木材，并向下锯切来清除废料。检查凹口是否成直角，如有必要，可以进行修整。

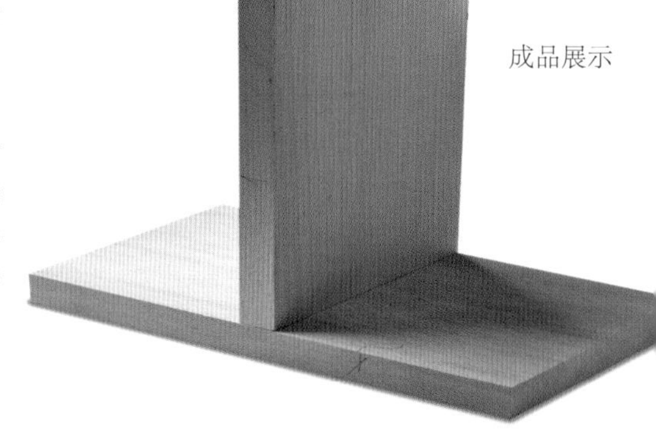

成品展示

### 铣削槽

贯穿和半闭式槽都可以使用电木铣制作，这也是我的首选方法，但也可以采用其他多种方法进行铣削。如果槽靠近工件的末端，则可以使用靠山引导铣削，如果二者距离较远，可以使用第 114 页所述的直角导板，或第 115 页所述的导套和模板来引导铣削。这里我将介绍如何使用靠山和导套进行铣削。

靠近工件
边缘铣削

## 试试这样做！

设计工件时，有必要将榫件的宽度刨到与可用铣刀的直径相同。这样就可以不进行两次铣削来加工槽。

如果必须进行两次铣削，则可以在一块废料上练习几次，以确保第二次铣削的位置是正确的。

进行两次铣削以制作更宽的槽

如果铣削的位置靠近工件边缘，则可以使用靠山作为引导

### 使用靠山进行靠近工件边缘的铣削

1. 用锋利的铅笔标记连接的位置。

2. 安装铣刀，其直径略小于或等于要安装的榫件的宽度。

3. 设置靠山，使铣刀与标记出来的槽对齐。如果铣刀的直径比槽宽小，则将铣刀与槽远离靠山的一侧对齐。

4. 设置深度限位器。

5. 开始铣削，靠山位于进给方向的右侧。

6. 如果铣刀的直径比槽宽小，应移动靠山，使铣刀与槽的另一侧对齐，并沿着另一方向进料铣削。

7. 在铣削结束时，铣刀离开工件可能会导致工件断裂。为避免这种情况发生，要用支撑件从后面抵住工件。

使用支撑件以防止工件断裂

### 使用导套和模板

你有必要阅读第 115 页“使用导套”部分的相关内容，了解详细的操作说明。

1. 选择要使用的铣刀尺寸，然后计算所需模板的尺寸。

2. 用 12~15 毫米厚的桦木胶合板或中密度纤维板制作模板。

3. 标记槽的位置，然后将模板对准将要铣削的位置。设置好电木铣，在模板中的横板上制作一个切口来辅助对齐。

4. 设置深度限位器。

5. 进行铣削，先在左侧向前铣削，然后从右侧向后铣削。

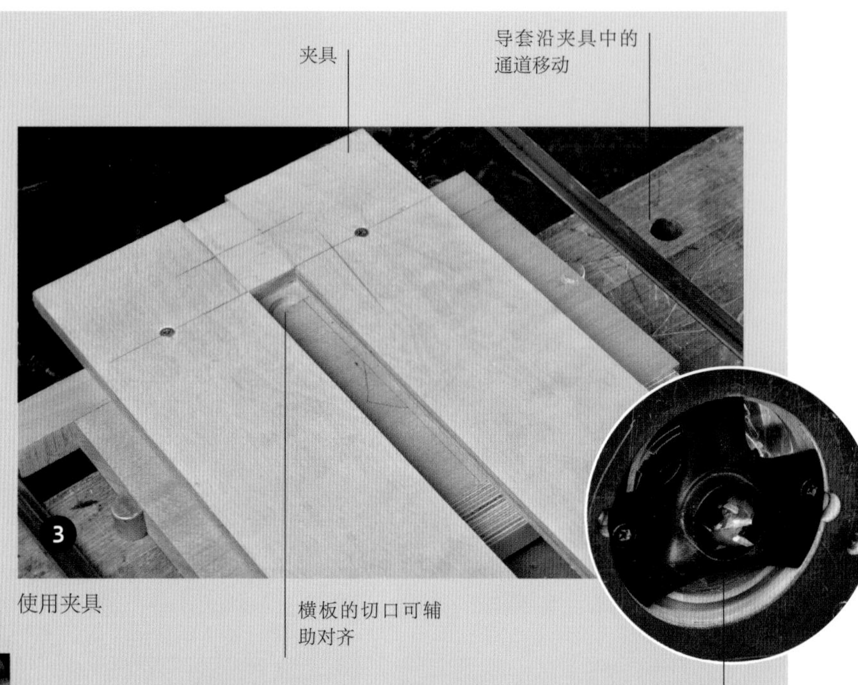

使用夹具

进行铣削

成品展示

#### 试试这样做！

对于贯穿槽，工件断裂可能是一个问题。为避免这种情况发生，要用额外的两块木料夹在工件的外侧以支撑工件。

# 拼　接

在制作桌子或宽板时，你可能不得不拼接多个木板。由窄木板拼接成的宽板更加稳固。在制作面积较大的宽板时，你得让拼接处“隐形”，而且不能露出胶合线。制作这种拼接起来的宽板需要熟练使用刨子。在开始学习拼接的知识之前，应先复习第 2 章介绍的使用刨子的基本技巧。

### 所需主要工具

- 钢尺
- 铅笔
- 桌钳
- 夹具
- 捷克刨或更长的刨子

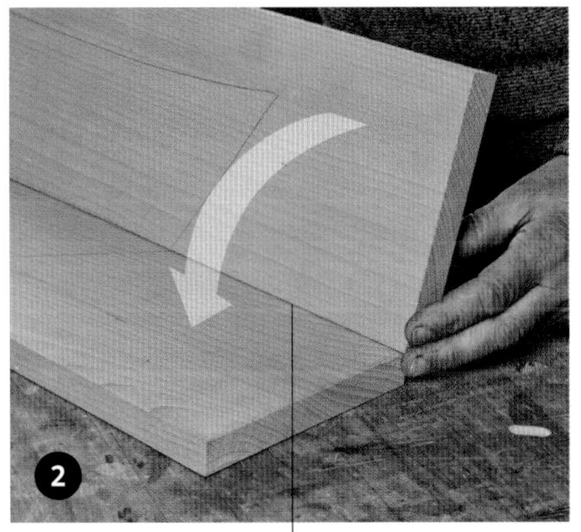

合页式连接木板，然后将其放入桌钳中

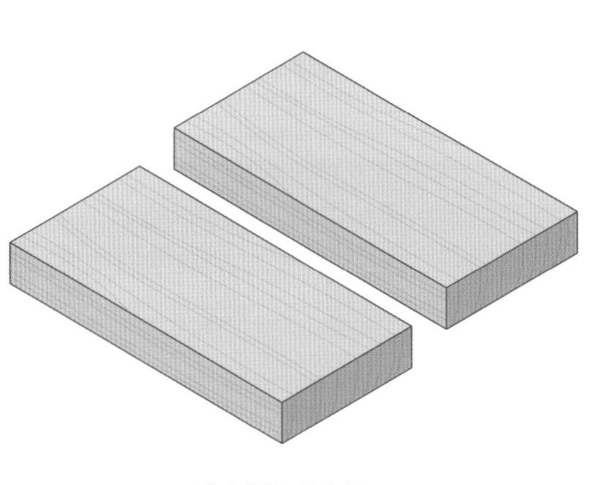

准备拼接的木板

### 刨平拼接边缘

刨平拼接边缘时，你的目标是将两个干净的边对接在一起，形成一个平面，两个边之间的缝隙只能有一张纸那么薄。在胶合和夹紧木板后，这个缝隙就闭合了。你可以通过同时刨平两个木板来实现这种效果。学会这个技巧意味着你不必精确地将木板刨切方正——旋转木板让两个木板拼接在一起时，任何不精确的情况都会被消除。但是，你仍然需要掌握良好的技巧，沿木板的长度方向进行直线刨削。

1. 准备相同厚度的木板，这些木板完全是平的。确定要连接的边并标记出它们——木匠常用的画三角形的方法在此处很有用，因为它比给边编号更容易且更清晰。当将它们组装在一起时，你可以根据三角形很明显地看出木板是否对准。

2. 每次进行拼接时，将两块木板夹在桌钳中并使连接的边齐平。应通过合页式连接木板来定位，就像是合上一本书一样。你将刨切的是合页式连接的边。

3. 仔细观察桌钳中木板接触的区域。如果有任何弯曲的情况，也许是因为木板间存在缝隙。尝试将它们左右互换，从而消除缝隙。如果仍然存在缝隙，应轻轻用夹具夹紧它们以缩小缝隙。两块木板必须尽可能平整地贴在一起。

4. 你可以使用 5 号或 5.5 号捷克刨，而对于较长的木板，最好使用 7 号或 8 号捷克刨。将两块木板一起刨平，直到在两块木板上同时刨出均匀的刨花。刨子必须锋利，并且在最后一次刨切时必须精确设置刨子。

5. 将木板组合在一起并检查它们是否贴合。

6. 如果贴合，可以用饼干榫或多米诺榫来辅助对齐木板或加固。

## 问题诊断

**拼接处在垂直方向是否是平的?**

用钢尺沿着木板的几个点检查平面度。如果你从木板中间或顶部能看到光线，则说明木板拼接不平。将木板放回桌钳中，然后重新刨边。检查时要小心，如果上面的木板向钢尺侧倾斜，并用力压向钢尺表面，此时你可能会把木板向后推，这样你可能会得到错误的读数。

**木板的两条边贴合吗?**

轻轻握住上面的木板的两端并试着旋转木板来检查贴合情况。当两条边在任意一端相接触时，你应该能够感觉到两者在摩擦。如果没有，则上面的木板可能会在中间的某处以某一个高点为轴旋转。如果感觉到了摩擦，则在连接木板的两端抓住两块木板，然后尝试前后弯曲木板。木板相连接的中间位置应该有一点缝隙——如果木板弯曲而中间没有摩擦，则表明有缝隙。查看缝隙的另一种方法是从木板的后面投射一道光，看看是否可以通过缝隙看到光。缝隙应该非常小，只有一张纸的厚度。

如果中间没有缝隙，则应用刨子在木板相连接的中间位置刨出一点缝隙。只在其中一块木板上操作，先在木板中间刨出短而精细的刨花，然后将刨子抬离木板结束刨切。再增加刨切的距离，直到刨切起点和终点分别离木板两端 150 毫米。

如果有高点，则可以尝试在轴点处进行局部刨切，然后组装木板以再次检查其是否贴合。在检查时应该刨出少量精细的刨花。如果高点明显，则最好将两块木板放回桌钳中再次刨切，尤其要注意刨切的技巧。

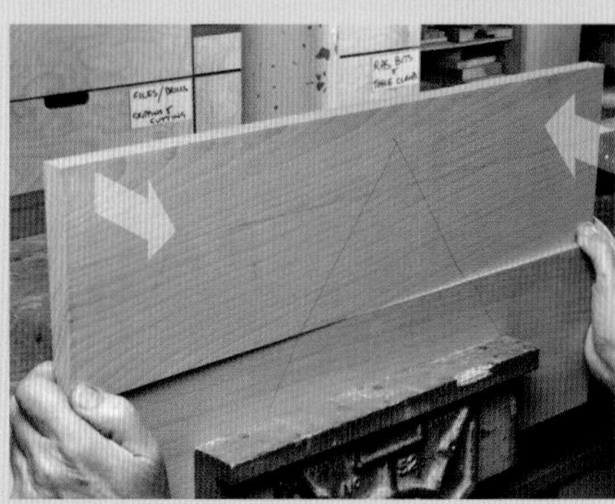

尝试旋转上面的木板

弯曲两块木板以检查中间是否相接触

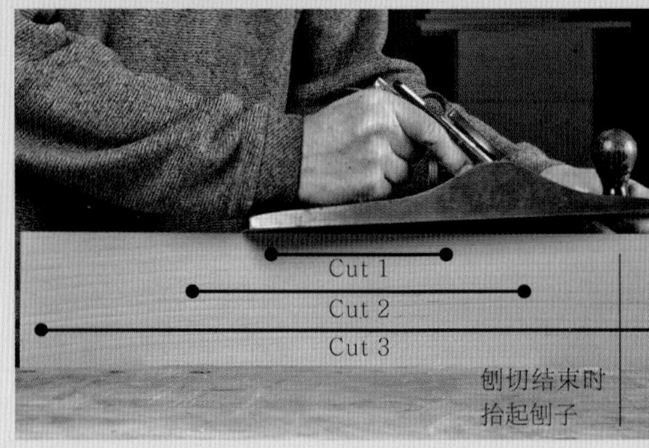


局部刨切以去除高点，或者在中心或连接处刨出微小的缝隙

# 燕尾榫连接

明燕尾榫连接展示

燕尾榫是具有标志性意义的木工连接方式。通常在挑选家具时，人们会通过燕尾榫的外观来判断其质量。一部分原因是燕尾榫连接经常是显露出来的，而其他连接通常隐藏在家具内部；另一部分原因是燕尾头和插头的图案会很自然地吸引大家的眼球。制作优质的燕尾榫连接需要掌握好的方法，注意细节并多加练习。

燕尾榫连接的结构是将一系列燕尾头组装到对应的一系列插座中。燕尾榫有许多不同的配置，包括明燕尾榫、半暗燕尾榫和暗燕尾榫。在这里，我将演示如何切割两种常见的燕尾榫连接——明燕尾榫和半暗燕尾榫的构件。

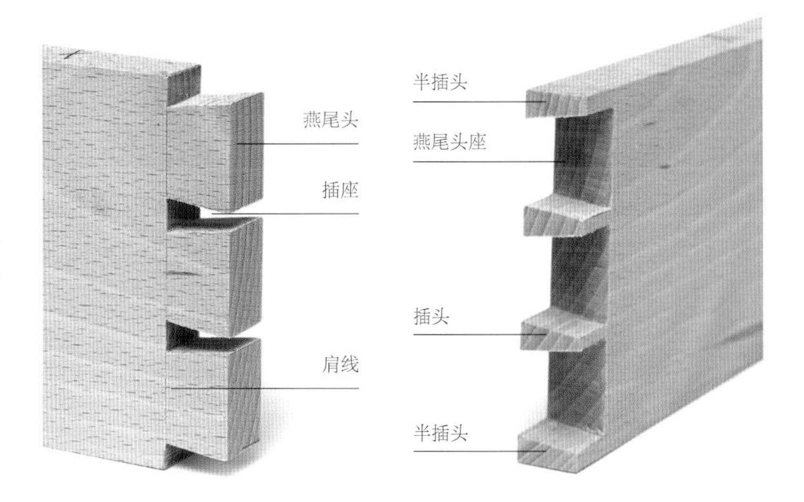


**所需主要工具**

- 划线刀或手术刀
- 刨木导板
- 划线器
- 钢尺
- 标记插头夹具（选用）
- 圆规
- 活动角度尺或燕尾榫模板
- 燕尾榫锯
- 桌钳
- 小型直角尺
- 弓锯或线锯
- 宽凿和窄凿

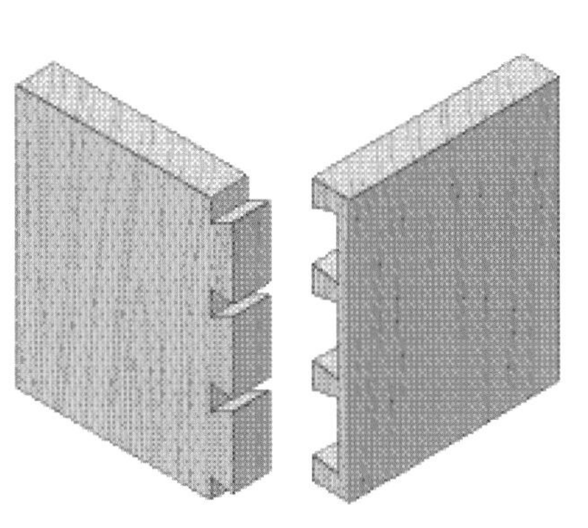
半暗燕尾榫连接拆解图

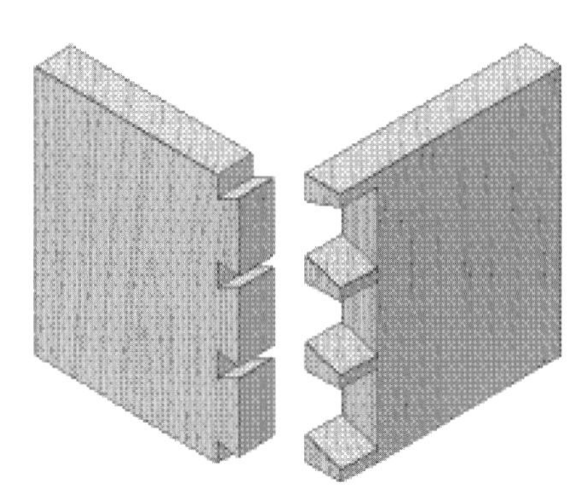
明燕尾榫连接拆解图

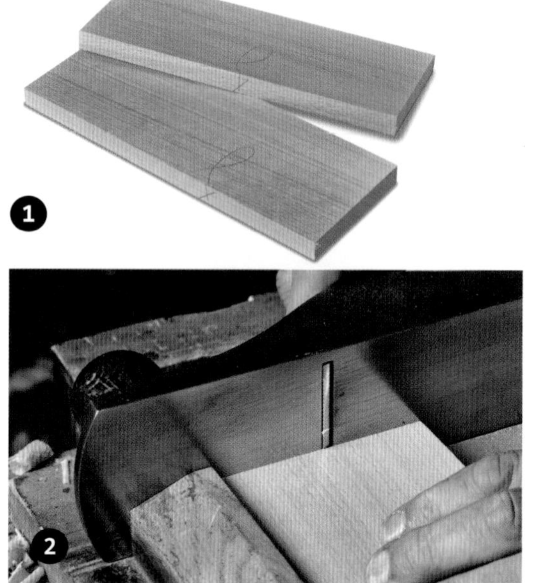

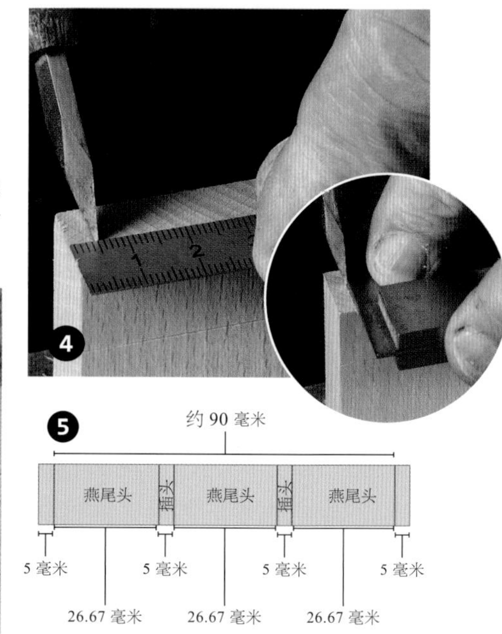


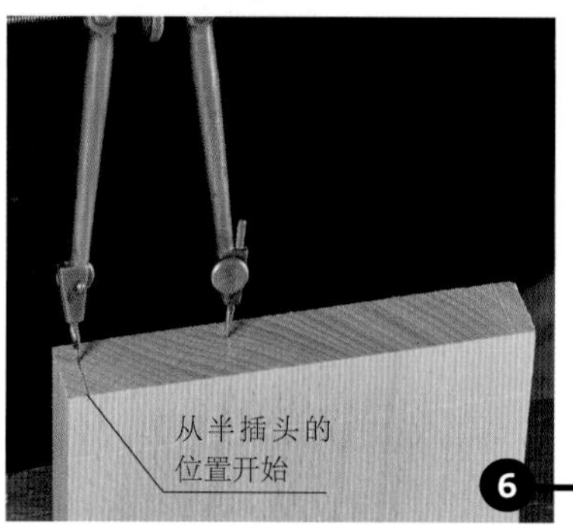


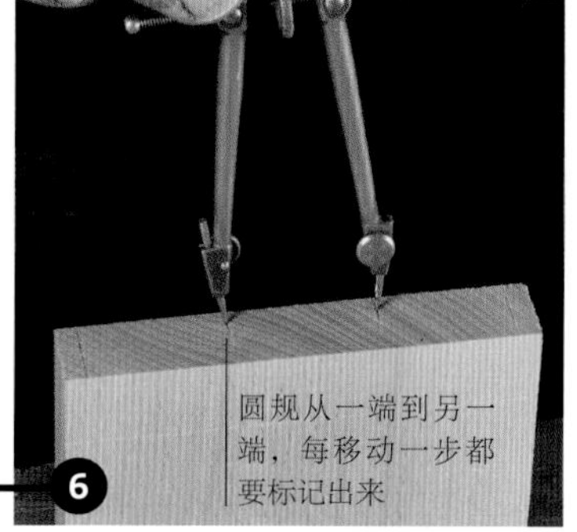


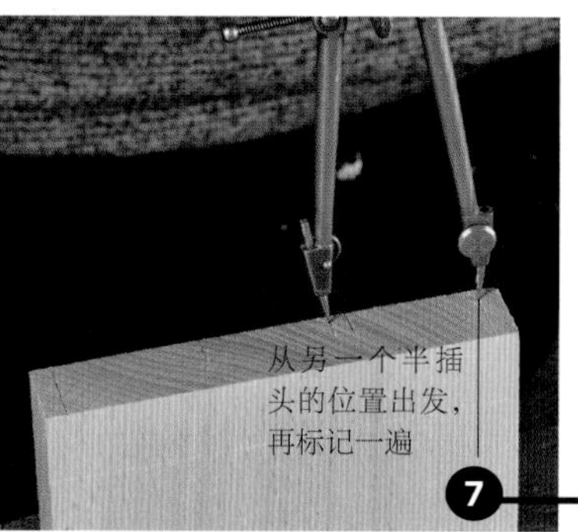


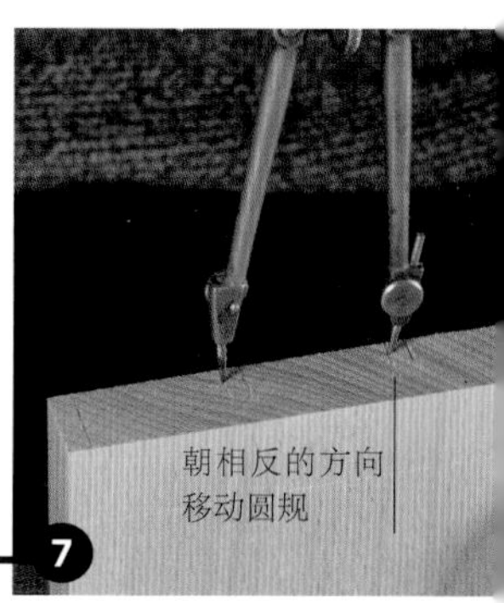


## 手工切割明燕尾榫连接

明燕尾榫通常用于制作盒子和抽屉背板。标准的明燕尾榫在两端各有一个半插头，半插头只有一侧是倾斜的，中间是穿插着插头的一系列燕尾榫。切割一组燕尾榫的步骤是先标记并切割燕尾头，然后以其为模板来标记插头。

通常情况下，我们会一次性标记一个盒子或一个抽屉的整组燕尾榫。在这里，我将只切割一个边角的连接件，其两端有半插头，中间有 3 个相同的燕尾头。

### 切割燕尾头

1. 准备标记出正面和侧面的两个工件。这里展示的工件厚度为 16 毫米，宽度为 100 毫米，长度任意。连接时，工件正面朝内，侧面在上。

2. 在刨木导板上修整工件的末端，直到两个工件末端方正为止。修整工件末端是因为要使用末端作为参考面来进行标记。

3. 将划线器设置为工件的厚度，并用划线器靠山抵着修整好的末端划出肩线。划线器的刀的平面一侧应朝外。

4. 在工件的末端标记出燕尾头的位置。这里展示的连接，两端各有一个 5 毫米宽的半插头。从两端量出半插头的位置，然后用直角尺比着划线。

5. 测量两个半插头之间的距离，这里的距离约为 90 毫米——在这个空间里制作燕尾头和插头。插头有 2 个，

**进行燕尾榫设计时涉及的计算**

$$\text{燕尾头宽度} = \frac{\text{两个半插头间的距离} - (\text{插头宽度} \times \text{插头数量})}{\text{燕尾头数量}}$$

$$= \frac{90 - (5 \times 2)}{3} \approx 26.67\ (\text{毫米})$$

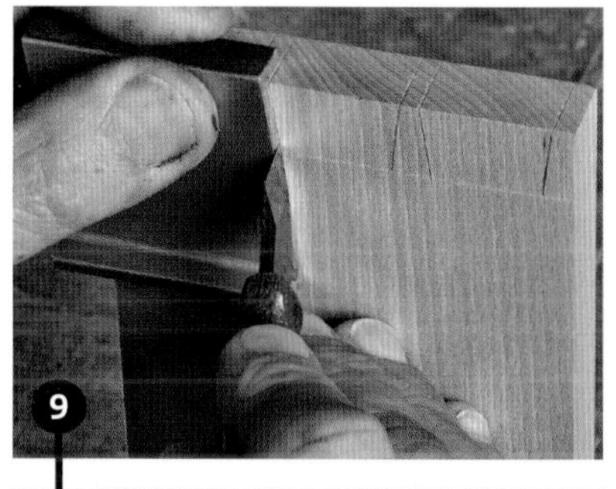

## 试试这样做！

如果你没有燕尾榫模板，可以使用活动角度尺。如果要设置活动角度尺，应在一块木板上标记所需的斜率。例如 1 ∶ 8 的斜率——在一块废料上划一条垂直于边缘的直线，量出边缘上 10 毫米长的一段并做标记、直线上 80 毫米长的一段并做标记，将这两个标记连接成线。将活动角度尺设定为这一条线相对于边缘的斜率。

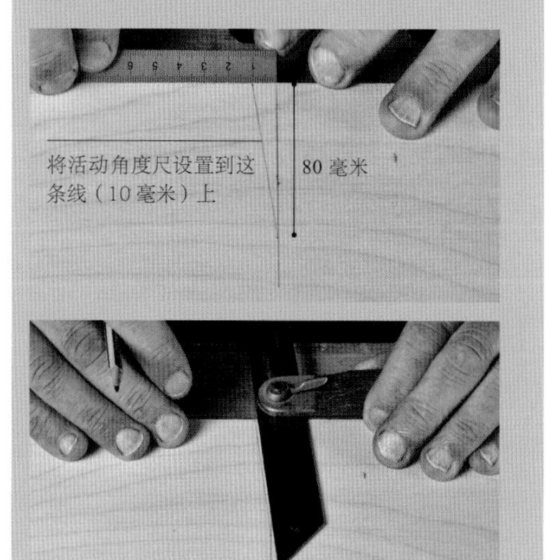


宽度为 5 毫米，现在计算出燕尾头的宽度。

6. 使用圆规标记出燕尾头的位置：将圆规两脚之间的距离设置为一个燕尾头和一个插头的宽度之和，即 31.67 毫米。先将圆规的一脚放在一端的半插头的位置，然后用另一脚进行标记，再以此为中心移动第一支脚并进行标记，直到到达另一端的半插头位置。

7. 然后将圆规从另一个插头开始，以同样的方式朝反方向标记。

8. 这样你就能标记出所有燕尾头的位置，然后用直角尺比着标记点划线。与挨个手动测量相比，使用圆规能够让燕尾头的间距更整齐划一。

9. 在工件的两面标记燕尾榫的斜边。软材上的燕尾榫的斜率通常为 1 ∶ 5 或 1 ∶ 6，而硬材上的燕尾榫的斜率是 1 ∶ 7 或 1 ∶ 8。使用燕尾榫模板，用划线刀标记出燕尾榫（你也可以使用设置好角度的活动角度尺——参见右上方的“试试这样做！”），标记出废料区（即插座的空间）。

10. 用燕尾榫锯切割燕尾榫。按照第 2 章所述锯至肩线。应靠近划线位置锯切，然后凿切至划线处，这样做通常会导致贴合度变差，并且很耗时，你可能有必要进行一些练习来锻炼你的眼力。

11. 将燕尾头放低一点夹在桌钳中，稍微倾斜工件，使切割线基本垂直于桌面。你可以用直角尺检查垂直度。

12. 在划线的废料一侧（插座区域）锯切，用食指尖将锯子引导到切口中，轻轻划动锯子开始锯切，一直锯切到肩线。

13. 以这个角度锯切同向倾斜的边，然后重新调整工件的角度锯切燕尾榫的另一条边。

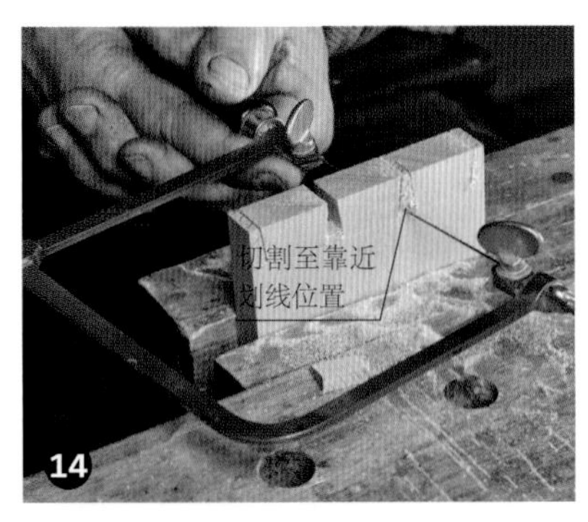

### 试试这样做！

半插头肩部比其他肩部低是制作燕尾榫时最常见的问题之一。在切割半插头肩部时，我建议靠近划线处锯切，再小心地凿切至划线处。

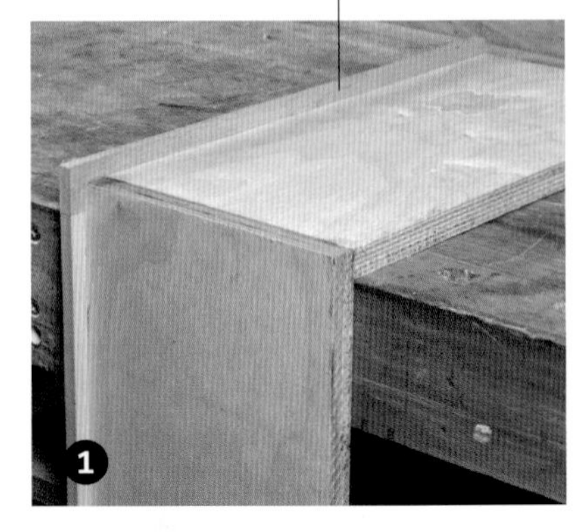

将夹具放入桌钳中，使插头件的末端与夹具顶部齐平，然后向前滑动燕尾头件，直到肩部与插头的背面对齐。两个工件的侧面都必须抵着夹具凸起的边缘，并且正面朝向夹具

14. 用线锯靠近划线器划的线锯掉废料。如果工件较厚，你可能需要使用弓锯。如果锯条不能进入燕尾榫锯切口，应在废料区向下锯，再沿着废料区边缘锯切。或者对于较厚的工件，应在废料上进行几次锯切将其切成几块，然后再凿掉废料。

15. 现在可以用凿子修整出插座底部的肩线。如果要清除的废料很多，应先使用凿切端面的技巧。如果只需要清除少量的废料，则水平凿切，逐渐向下凿至划线器划线处，直到凿子可以卡到线上进行最后一次凿切。从工件两侧进行凿切，倾斜凿子，以免凿切过度。现在，肩部应该从两侧向中间倾斜至最高点。逐渐去除最高点，直到肩部变平或轻微下凹为止。避免直接水平向后贯穿凿切，否则会有导致工件断裂的风险。确保肩部的角落干净清晰，没有残留的废料。

16. 用正常的横切方法锯切出半插头的肩部。用刀划线，然后在划线上凿出斜槽，再锯切至划线处。

## 切割插头

现在你可以开始切割插头了，这是制作燕尾榫连接的关键一步。切割插头时你可以给误差留出一些空间，但是必须精准地切割插头才能将工件贴合地组装在一起。

1. 传统做法是，将插头件夹在桌钳中，与在其旁边的刨子齐平。向后移动刨子，将燕尾头件放在插头件顶部。两个工件正面朝向连接处的内侧，

标记插头的位置

6

开始锯切另一侧，用指尖引导切割

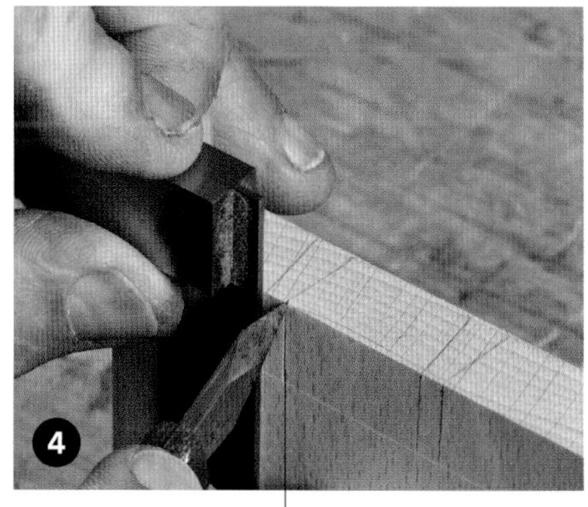


用划线刀比着直角尺延伸划线至工件两面

如果你要成组制作连接，应给连接编号

## 试试这样做！

在进行所有锯切工作时，让切口尽可能靠近支撑点会更容易锯切。因此，锯切燕尾头和插头时，应尽可能将工件放低并夹在桌钳中。

侧面在同一侧，插座肩部与插头件的背面对齐。用划线刀比着插座的位置标记出插头的位置。但是，这样标记时工件可能会打滑，因此，我建议你使用夹具来固定工件。简单来说，这种夹具就是将两块中密度纤维板或胶合板以直角精准连接，并在一侧增加凸起的边缘。

2. 在使用时，将插头件放在夹具上，正面朝向夹具，侧面紧靠夹具凸起的边缘，并且末端与夹具顶部齐平。然后将燕尾头件以相同的方向放在夹具上，使其肩部与插头件的背面对齐。

3. 用划线刀在插头件上标记插头的位置。有时，普通的划线刀太厚而无法进入燕尾头之间，在这种情况下，你可以使用钢锯条制作一个薄刀。

4. 用划线刀划线，将插头位置延伸至工件两面划线器划的线上。

5. 标记出废料区，如果要成组制作连接，应给连接编号，以帮助正确组装。

6. 将插头件垂直夹在桌钳中，并在划线的废料一侧锯切至划线位置。较为简单的方法是锯切所有插头的一侧，然后再改变工件的位置以切割另一侧。你的目的是直接锯切到划线器划线处，不留空隙。你可能会发现有必要在废料上进行几次切割练习。

7. 锯掉插头之间的废料，然后采用与清理燕尾头肩部相同的方式清理插头的肩部。

8. 使用尽可能宽的凿子，因为宽

凿可以将肩部清理得整洁且平直。

9. 到这里，燕尾榫连接就基本制作完成。有必要将燕尾头的角向后削掉一些，这样即使插座清理得不太干净，燕尾头也可以轻松插入，连接到位。轻轻地在燕尾头正面一侧的角上从末端向后削掉几毫米。

10. 现在可以试着组装连接。理想的情况是工件能够贴合地拼合在一起，最后要用木槌敲几下工件。调整时，应横穿木材纹理切割，每次只去掉薄薄一片，精细调整至最佳连接状态。

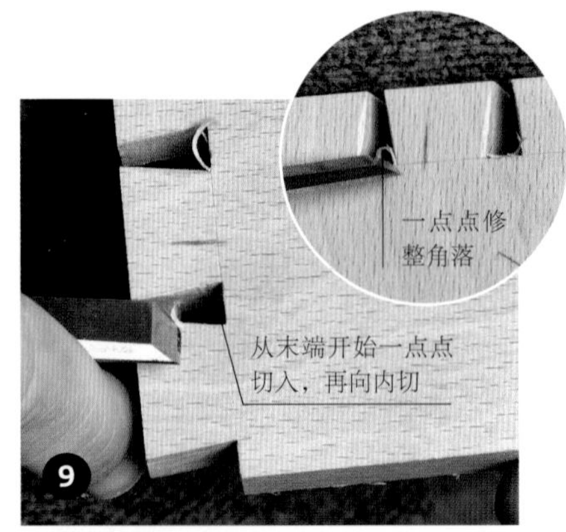

## 问题诊断

如果工件不能贴合地拼合在一起，可能出现的问题和解决方法如下。

**插头连接过紧**

轻轻将连接件按压在一起，然后将燕尾头晃动着安装在插头上。你应该能够察觉到插头是否比较紧，因为燕尾头能与较松的插头连接在一起，但无法插入较紧的插头。检查边缘是否对齐，如果没有，调整插头可以解决此问题。在插头合适的一面凿掉薄薄的几层，使边缘对齐。如果边缘对齐了，则在两面稍稍凿掉一点木料。检查哪里还留有划线刀的痕迹，可以帮助你确定在哪里凿切。

你可以通过在边缘处放一个钢尺来判断半插头是否突出来了。如果半插头突出来了，可轻轻凿削半插头的内侧来处理。

**插头的表面看上去有磨过或压过的痕迹**

这表明插头太紧。插头的角应保持棱角分明。如果有圆角，则表明插座的角落尚未清理干净。

**连接松动**

这个问题很难解决。如果整体都松动，最好丢掉插头并重新制作。在这么做之前，应检查燕尾头，以确保插座的各个面是方正的。

**燕尾头和肩部之间有缝隙，无法将连接件推到位**

首先检查连接处是否方正，然后查看肩部是否存在圆角或不方正（这通常是插头肩部的问题，你可以使其略微向下凹陷）。最后，还应该在插头和肩部之间的角落处查看是否有小的废料或呈阶梯状的表面，这些可能会不利于连接件完全契合，应进行凿削处理。

**所需主要工具**

- 划线刀或手术刀
- 刨木导板
- 划线器
- 钢尺
- 螺丝刀
- 横切夹背锯
- 捷克刨
- 电钻
- 标记插头夹具（选用）
- 圆规（选用）
- 活动角度尺或燕尾榫模板
- 燕尾榫锯
- 电木铣，配小型或中型直槽铣刀（直径为 6~10 毫米，选用）
- 工作室自制的铣削废料夹具
- 宽凿和窄凿
- 弓锯或线锯

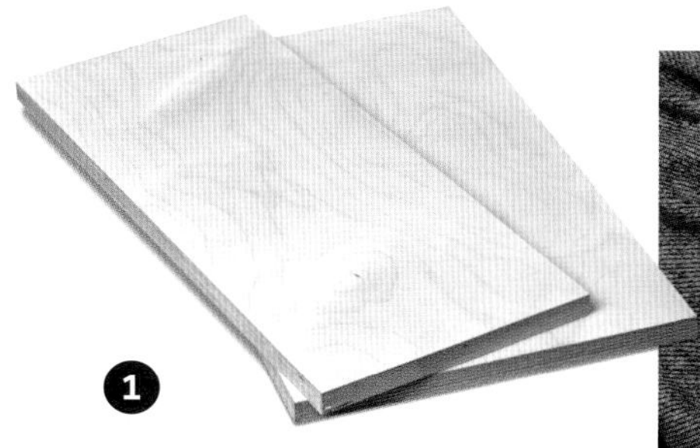

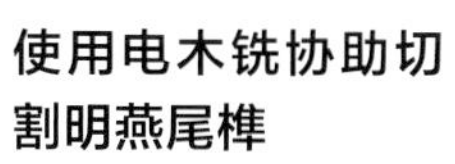

## 使用电木铣协助切割明燕尾榫

你可以使用专门的燕尾榫夹具来铣削燕尾榫，但是大多数夹具制作出来的燕尾榫看起来都很平淡无奇。通常这种夹具制作出来的插头和燕尾头的宽度是相同的，因此无法制作出非常窄的插头，而这种窄插头在燕尾头中间看起来会很精致。此外，还可以使用电木铣清除插头之间的废料。燕尾头之间的缝隙通常很窄，以致电木铣铣刀无法进入，但是使用电木铣清除插头之间的废料可以节省大量的时间，尤其是当你制作一组抽屉的燕尾榫时。采用这种方法，燕尾榫连接的质量仍然取决于你的切割技术，但是省去了很多基础工作。你要在铣削时固定住工件，并且需要使用工作室自制的铣削废料夹具。

### 制作夹具

夹具的底座可以用 18 毫米厚的中密度纤维板或胶合板制成。 大约 450 毫米宽的夹具对于大多数燕尾榫连接来说足够了。

1. 准确地切割出两个尺寸为 450 毫米 ×300 毫米的工件。

2. 通过饼干榫或多米诺榫胶合，或仅用胶水和螺丝将两个工件沿长边成直角相连。这个直角必须精确，并且工件相交的表面要齐平。

3. 将 250 毫米 ×450 毫米 ×18 毫米的胶合板或中密度纤维板作为支撑板，用螺丝和胶水沿着夹具底座后边缘固定。螺丝的头部应该沉在表面以下。

4. 夹具的前侧和支撑板之间应有 50 毫米的空隙，用于安装使用中会被损坏的牺牲件。将尺寸为 450 毫米 × 50 毫米的牺牲件（硬木或软木）准确安装在空隙中。在底座的前边缘向后 30 毫米处拧入一排沉头螺丝，将牺牲件固定到位，确保其顶部与支撑板齐平，前面与底座齐平。

5. 将一块 450 毫米 ×45 毫米 ×45 毫米的加固件用胶水居中粘到直角连接处。仔细检查，保持工件方正且相互垂直。

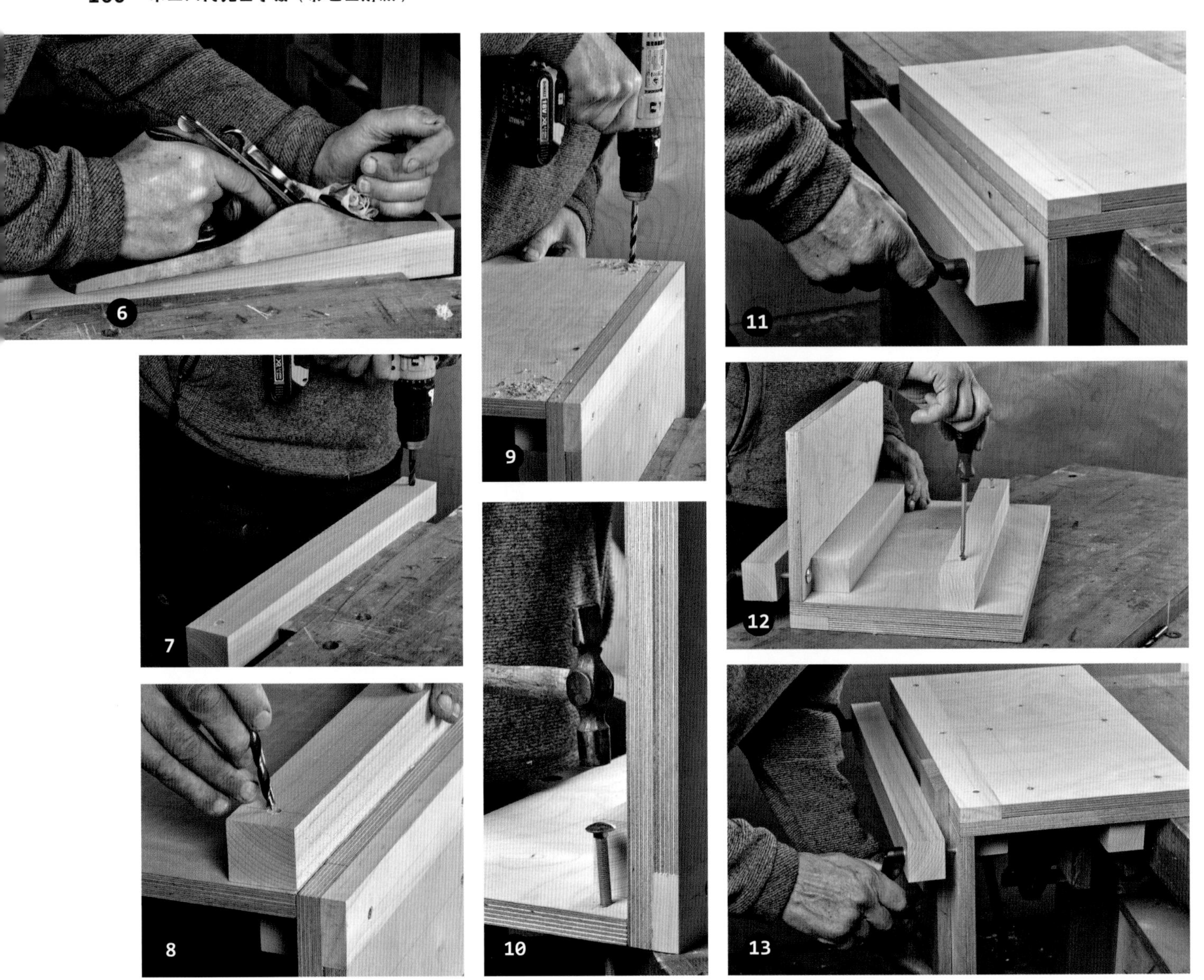


6. 用硬材制作一个450毫米×50毫米×50毫米的横杆。在一个面上沿其长度方向用刨子刨出一个非常细微的凸面（突出来大约1毫米）。

7. 在这个面上，在距离横杆两端25毫米处钻出直径为9毫米的孔。

8. 将横杆放在夹具顶部边缘下方约36毫米处，并标记钻孔在夹具上的位置。

9. 在夹具标记的位置钻孔，用于安装M8马车螺栓。

10. 将100毫米长的M8马车螺栓安装在孔中，螺栓头部在后面。将螺栓头部安装到位以固定螺栓。

11. 将横杆的曲面朝内，将锁紧杆拧到突出的螺栓上，并用垫圈和翼形螺母固定（如果想要外观看起来更专业，安装得更牢固，应使用M8内螺纹锁紧杆）。

12. 将约400毫米×45毫米×50毫米的固定件用螺丝固定在底座的背面。

13. 固定件用于将夹具夹到桌钳中。

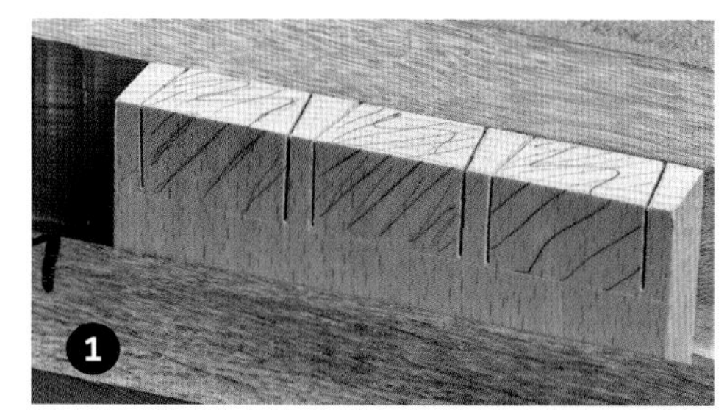

### 使用电木铣清除插头间的废料

1. 切割燕尾榫，标记插头位置并按照之前介绍的步骤进行锯切。

2. 将工件放入夹具中，使插头的末端与夹具顶部齐平，然后拧紧锁紧杆。

3. 在电木铣中安装一个小型直槽铣刀（直径为 6~10 毫米）。将电木铣放在夹具的顶部，设置深度限位器，使铣刀末端与工件上划线器划的线齐平。可以在实际操作之前在废料上测试深度，或在工件上进行小幅铣削以测试深度。

4. 用电木铣清除废料。铣削端面比铣削侧面容易，因此通常可以以最大深度进行铣削。先在插座区域反向进行一次较浅的铣削，这有助于避免插座底部断裂。

5. 手工清除插座中的废料——注意是一点点铣削，而不是一下子切碎。靠近铣削位置后停下，注意不要铣削掉插头。铣削到夹具的前端也没关系，因为这时牺牲件就能发挥作用了。

6. 你应该将插座的轮廓都铣削出来，除了边缘还残留一点废料。从夹具上取下工件，并将废料凿切掉，用铣削出来的平面作为参考面进行凿切。

7. 安装方法与之前介绍的方法相同。

## 问题诊断

### 插头上有缺口

这是因为铣削时离插头太近了——有时电木铣会跳动。可以通过逆时针铣削插座中心的废料，每次铣削都铣削掉薄薄的一层，来避免发生上述情况。

## 如何定义“手工”？

如今，“手工”一词已经被严重滥用。很多家具都被宣传为“手工”制作的，但事实却并非如此。随着你对木工制作方法的逐渐熟悉，你应该很容易就会发现机器加工和手工制作的差别。但是，机器加工和手工制作之间的界限在哪里呢？

我认为，关键的切工是手工制作的标志——在工件表面进行的标记和切割操作很大程度上决定了工件的外观和结构。例如在燕尾榫连接中，标记与锯切燕尾头和插头时，你的手眼协调性就决定了成品的外观和结构。这与用电木铣清除废料并无太大关系。如果使用电木铣和夹具来实际确定燕尾头和插头的切割线，那么这个燕尾榫连接就不算是手工制作的。

## 手工切割半暗燕尾榫连接

半暗燕尾榫通常用于制作抽屉前板或任何你不希望将插头末端露出来的部件。切割这种燕尾榫连接件的方法与前文介绍的切割明燕尾榫连接件的方法相同，但是切割插头时会比较麻烦，因为你无法一切到底。

### 所需主要工具

- 划线刀或手术刀
- 刨木导板
- 划线器
- 标记插头夹具（选用）
- 圆规
- 活动角度尺或燕尾榫模板
- 燕尾榫锯
- 横切夹背锯
- 夹具
- 宽凿和窄凿
- 木槌
- 6 毫米的右斜口凿和左斜口凿（选用）
- 一套精选的凿子
- 小型组合直角尺
- 弓锯或线锯
- 工作室自制的铣削废料夹具（选用）

成品展示

用划线器在燕尾头件的两个面标记燕尾头的长度

在插头件的末端划线

2

燕尾头件

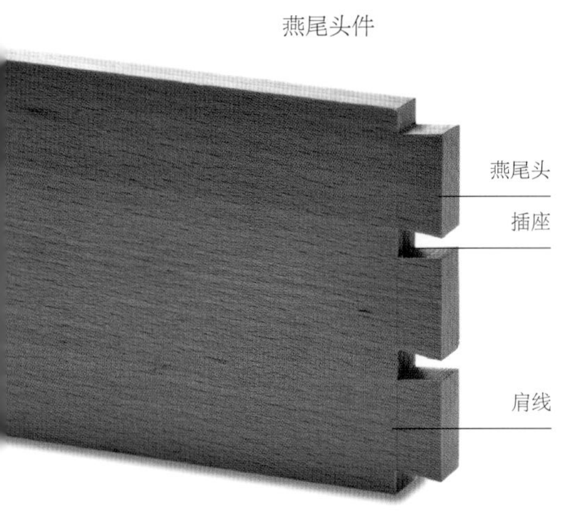


插头件

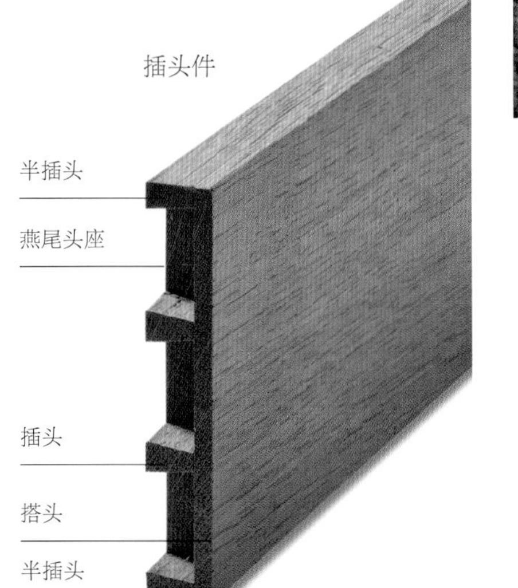


### 制作半暗燕尾榫连接

1. 准备标记好正面和侧面的工件，然后在刨木导板上将两个工件的末端刨方正。这里所用的插头件厚度为 16 毫米，宽为 100 毫米；燕尾头件的厚度为 10 毫米，宽为 100 毫米。切割连接处时，两个工件的正面朝内，侧面在同一侧。

2. 标记出燕尾头的长度。通常，燕尾头的长度是插头件厚度的 3/4，因此

**提示：**非常窄的插头是优质抽屉的标志，但是要注意插头不能过窄，否则使用最薄的凿子也无法插入插座的底部。

7

标记出废料区

**提示：**锯切废料时，可能很容易分不清哪里是废料而哪里不是。在切碎废料之前，应清楚地标记插头，以免意外切到插头。

这里其长度为 12 毫米。设置划线器，然后在插头件末端（划线器靠山抵着工件正面）与燕尾头件末端相连的两个面上划线。

3. 将划线器重新设置为燕尾头件的厚度，并以此在插头件的正面划线。

4. 标记出燕尾头的轮廓并切割燕尾头。

5. 想要标记出插头位置，应将插头件放入插头标记夹具中，使插头件正面朝向夹具，然后将燕尾头件正面朝下，末端与插头件上划线器划的线对齐。此时，燕尾头件的肩部应该和插头件的内侧边缘重叠。

6. 用划线刀标记插头的位置。

7. 用直角尺比着，将插头件上的线延伸至工件的正面，并标记出废料区。

8. 将插头件以低位夹到桌钳中，但要留出足够的空间让锯斜着切割。从工件的前侧边开始切割，在锯子与平面成一定角度的情况下，在划线的废料一侧向下切割，这样切口后高前低，切口前侧位于最低位置。重复以上步骤切割所有插头。想要用凿子凿出废料，应先在废料上锯切几次，将废料分解，方便之后的凿切。

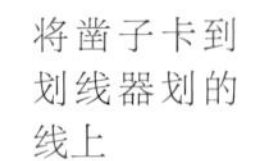

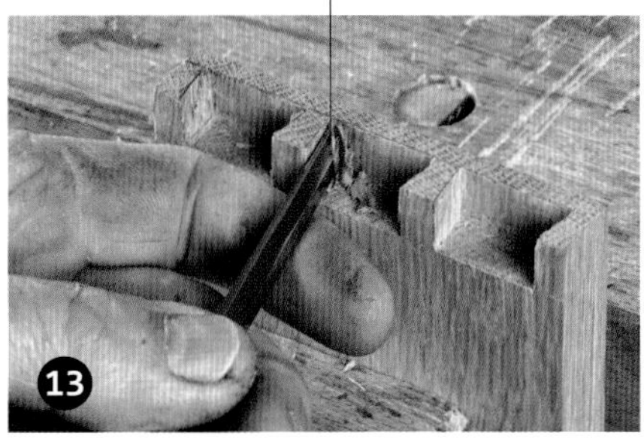

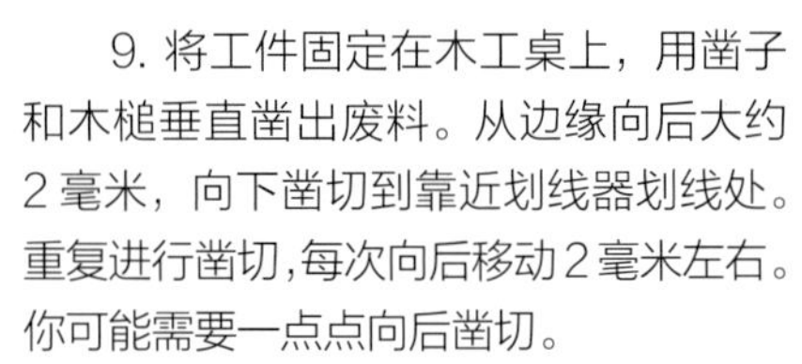

9. 将工件固定在木工桌上，用凿子和木槌垂直凿出废料。从边缘向后大约2毫米，向下凿切到靠近划线器划线处。重复进行凿切，每次向后移动2毫米左右。你可能需要一点点向后凿切。

10. 垂直凿切几次后，水平凿切出废料。这样交替进行凿切，你就能清除大部分废料了，也就是通过垂直凿切切断木纤维，然后通过水平凿切撬掉切断的废料。

11. 向后凿切至划线器划线处，直到只剩下薄薄一层需要清除的木料，然后将凿子卡到划线上，垂直或水平凿切掉最后一层木料。

12. 将工件放低一点夹在桌钳中，以进行最后的修整。工件的角落里会残留一些废料——你应该能够看到锯切的面，有些废料会残留在上面。

13. 清除废料使锯切面平整。

14. 使用斜口凿将插座底部的角落修整干净。执着于手工切割燕尾榫的木工爱好者可以使用特殊的鱼尾凿，或者你也可以将凿子磨出偏斜的切口。

15. 使用组合直角尺检查肩部与工件的面是否垂直，并检查插座的背面是否与插座肩部垂直。

16. 像之前介绍的方法一样，你可以稍微削减燕尾头的内顶角。因为燕尾头的内侧末端不会显露在外，所以可以沿着燕尾头的内侧末端进行修整。

17. 试着组装连接。

## 问题诊断

半暗燕尾榫可能会出现的问题和解决方法与明燕尾榫相似，但可能还存在其他问题。

**插座背面与肩部不垂直**

在这种情况下，连接好后，燕尾头的末端有缝隙。这是因为插座的背面倾斜，导致燕尾头无法贴合连接。使用组合直角尺检查插座背面，确保其垂直，如果没有垂直，应凿切修整。

将燕尾头轻轻敲进连接处时，注意燕尾头的末端在什么情况下会出现缝隙

## 试试这样做！

在深色木材（例如胡桃木）上，你可能很难看清划线刀或铅笔的痕迹。用白色胶带标记可以解决此问题，木皮胶带也特别好用。

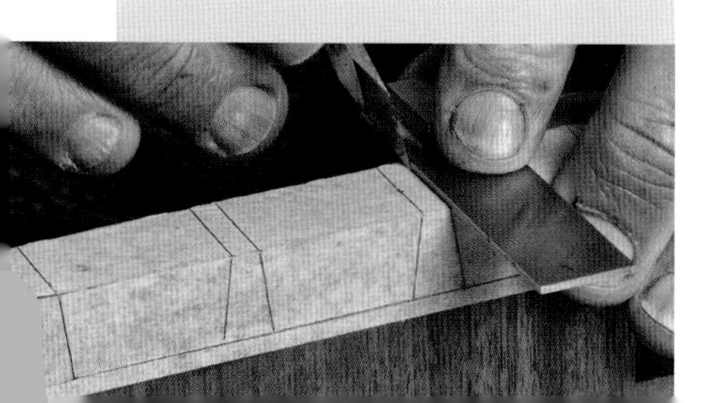

圆边区域的废料可用凿子去除

轻微铣削工件上的痕迹以检查工件的对齐情况

注意清理插座的底面

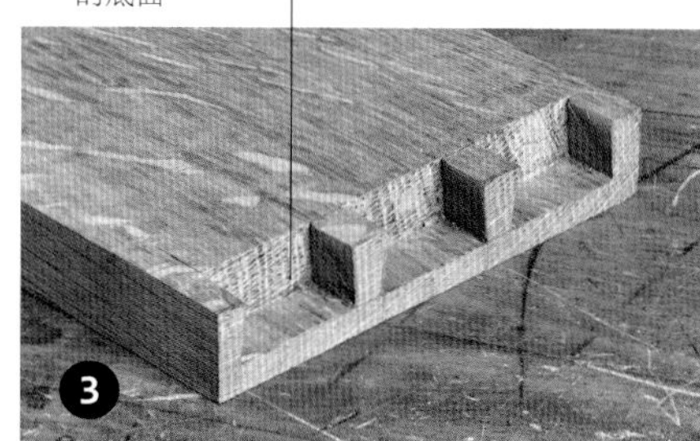


**所需主要工具**

参见“使用电木铣协助切割明燕尾榫”部分

**使用电木铣协助切割半暗燕尾榫**

切割步骤与“使用电木铣协助切割明燕尾榫”中介绍的步骤几乎相同。

1. 将靠山安装到电木铣上并进行设置，使铣刀与插座背面划线器划的线对齐。

2. 在相同厚度的测试件上检查靠山的设置，或者通过在工件上进行轻微铣削来检查其对齐情况。使用靠山可以使电木铣沿着直线铣削。

3. 和切割明燕尾榫一样，需用凿子进行修整。插座的角落需要用斜口凿等工具清理。

# 斜角连接

斜角连接通常出现在各种类型的框架上，还会出现在封边、成型和镶边的工件上，这时斜角是沿着工件宽度面被切割而成的，我称其为框架斜角连接。斜角连接也可用于制作盒子，这时斜角沿着工件厚度面被切割而成，我称其为箱体斜角连接。斜角连接指的是两个工件相交成角，并按照这个角的一半分别在两个工件上切割斜角。较宽的斜角连接本身没有什么稳固性，除非你用斜角半搭接的方式，因此需要用榫片、饼干榫或多米诺榫等连接进行额外的加固。

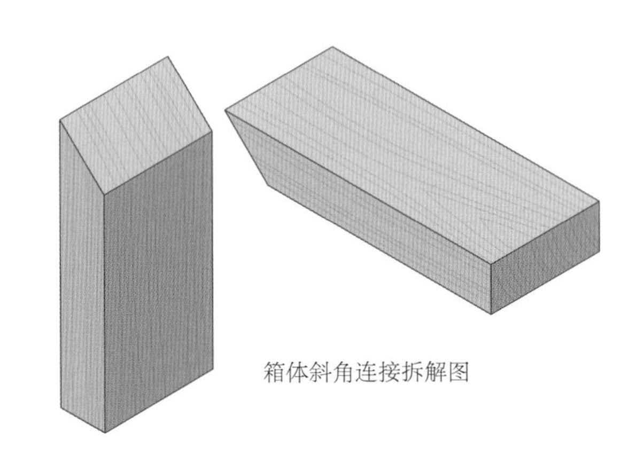
箱体斜角连接拆解图

**所需主要工具**

- 斜角尺或组合直角尺
- 划线刀
- 直角尺
- 开榫锯或大鸠尾锯
- 斜角刨木导板
- 捷克刨
- 短刨
- 下压直线铣刀
- 电木铣和电木铣倒装工作台（只能在使用松动的榫片的情况下使用）

我们几乎很难靠手工切割出合适的斜角连接。由于锯切不够精确或不够干净，并且工具在狭窄表面上很难保持平衡，因此很难进行刨切。斜角修边机可精确地切割斜角。这种工具可以通过上下切割运动来修剪斜角，能用手或脚来操作。如果你有精确的斜角修边机或复合斜切锯，则可以使用它们。如果没有斜角修边机或复合斜切锯，那么还有一种方法是使用专门的刨木导板。接下来，我将演示如何切割框架斜角，以及如何切割箱体斜角。在演示中，我使用了工作室自制的斜角刨木导板。

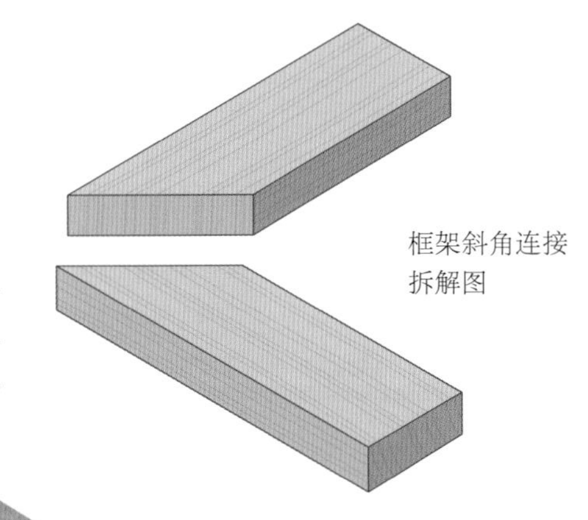
框架斜角连接拆解图

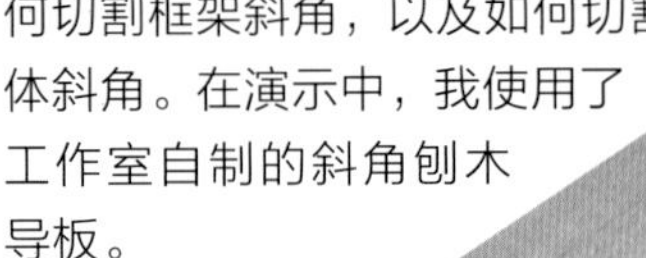
成品展示

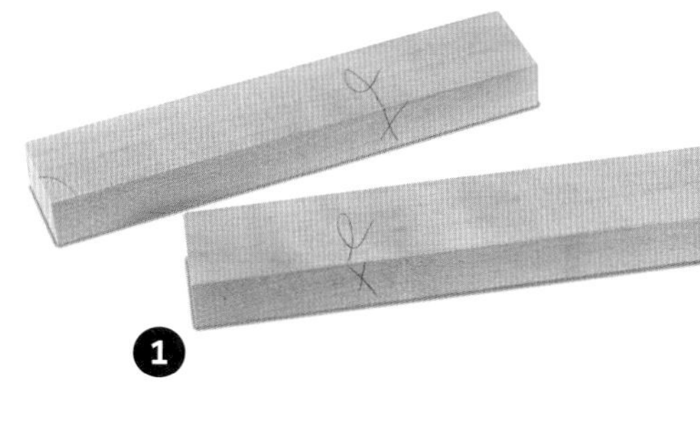

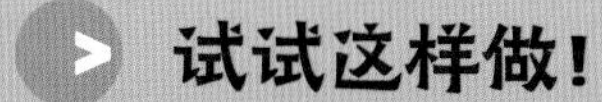


可以在斜角锯框中切割斜角。斜角锯框可以从商店购买或自制。

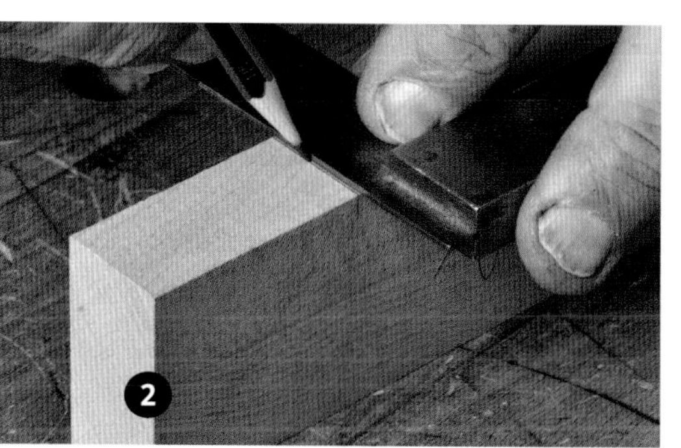

## 手工切割框架斜角

1. 准备标记出正面和侧面的两个工件。连接时，两个工件的侧面通常应位于内侧，并且正面在同一侧。这里展示的工件的尺寸为 75 毫米 ×23 毫米。

2. 在侧面标记斜角的位置。

3. 使用斜角尺或组合直角尺在工件的正面标记出斜角，然后用直角尺比着在另一面标记斜角，所有划线应该会合在一起。标记出废料区。

4. 如果你是手工锯切的，应用划线刀和合适的直角尺标记出斜角。

5. 在划线处凿一个斜槽，按正常的锯切方法进行锯切。

6. 确保在划线的废料一侧锯切，建议与划线处留点距离。现在还不是制作完美斜角的时候，之后还要使用刨木导板进行修整。

7. 斜角刨木导板用于将斜角末端刨切正确，既可以用专门的导板，也可以把普通的刨木导板改装成斜角刨木导板。将工件放在导板上，侧边抵住斜角块，并用与使用普通刨木导板相同的方法，沿着导板刨切。

8. 如果你使用的斜角刨木导板中间是斜角块，且斜角块的角是直角，那么你在一侧刨削一个工件，在另一侧刨削另一个，就能够得到更准确的斜角。

9. 检查斜角是否正确的简单方法是将两个工件组合到一起，查看其是否为直角，而不是单独检查其中一个是否为 45 度角。

10. 同样有必要检查的是，斜角面是否与工件的两个面垂直。

11. 斜角通常成组切割，用于框架等结构中。真正需要检验的是整个框架组合在一起后每个斜角连接是否都没有缝隙——任何小误差都会在 4 个角上成倍地凸显出来。

12. 任何细小的错误都可以使用短刨手工进行纠正，否则就要选择斜角重新在斜角刨木导板上刨削，尤其需要注意刨削技巧。

13. 在大多数情况下，斜角需要以某种方式进行加固。最简单的一种方法是用饼干榫加固斜角连接。先在一块废料上测试饼干榫槽的尺寸，以检查斜角是否足够长。

在另一侧刨削另一个工件的斜角面

标记长度

检查斜角面与支撑件是否齐平

**铣削松动的榫舌来加固斜角连接**

如果不用饼干榫，那么加固斜角连接的另一种方法是插入松动的榫舌。应在斜角面上铣削一个凹槽来插入榫舌。

1. 在斜角面上标记出榫舌凹槽的长度。对于 6 毫米深的凹槽来说，必须在距离工件外侧端至少 13 毫米处停止铣削，以免切穿边缘。凹槽与内侧端的距离不是很重要——这里演示的距离大约是 5 毫米。

2. 选择一个下压直线铣刀，其直径约为工件厚度的 1/3。有必要使用铣刀来匹配可用的胶合板或中密度纤维板的厚度——这块木板将用于制作榫舌。

3. 将斜角工件正面朝外夹在桌钳中，前面放置一个与其齐平的长支撑件，确保工件和支撑件之间没有缝隙。设置电木铣靠山，使铣刀位于工件宽度面的中心位置。将深度限位器设置为 6 毫米。

4. 铣削凹槽的末端，注意不要在外侧边缘铣削太多，否则可能会切穿边缘。

5. 在两个工件上重复以上步骤。确保调整好工件的方向，使其正面始终朝向靠山，否则斜角可能无法连接。

6. 制作榫舌，其宽度为 11 毫米，长度和厚度适中即可。如果用实木制作榫舌，则木材纹理应横穿整个宽度面。

7. 将榫舌安装到连接处，然后重新检查贴合度。

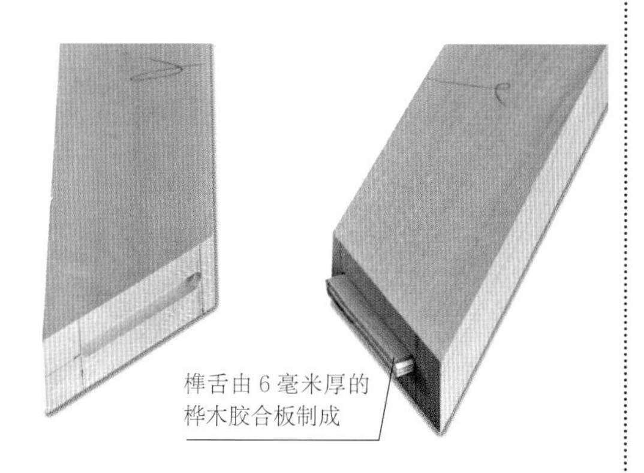


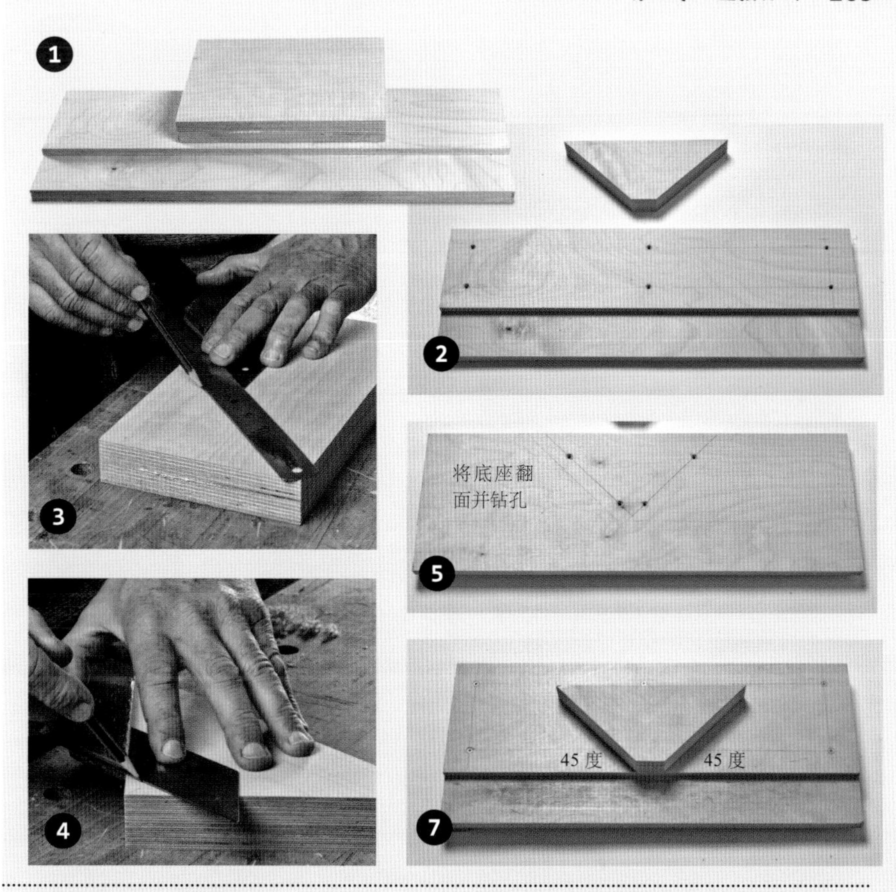


## 试试这样做！

胶合斜角时可能会出现问题，因为胶水会润滑连接处，使两个斜角向四周滑动。关于如何解决此问题，参见第 78 页的“夹紧斜角连接组件”。

### 制作斜角刨木导板

斜角刨木导板与普通的刨木导板类似，不同之处在于它没有末端的横木，而在中间有个三角形木块。

1. 准备尺寸大致为 650 毫米 ×215 毫米 ×18 毫米的胶合板或中密度纤维板作为底座。将另外一块尺寸约为 650 毫米 ×140 毫米 ×9 毫米的木板安装在底座上，从而留出约 75 毫米宽的企口。

2. 将底座和这块木板用螺丝拧在一起，留出 75 毫米的企口。

3. 用较厚的胶合板切出一个直角三角形的木块，直角边均为 200 毫米长。直角的精度非常重要，因此要小心地进行修整。25 毫米厚的胶合板比较适合做这个木块，或者你可以将薄板层压在一起来制作。

4. 将三角形木块的直角削掉，此时两条直角边就各从内侧去掉了 40 毫米，这样木块就变成了梯形。

5. 将底座翻面，钻出 4 个直径为 4 毫米的穿透孔，并在其中钻沉头孔，将螺丝拧入三角形木块。

6. 将三角形木块夹在刨木导板的中间位置，削掉的直角边缘与企口的边缘对齐。使用斜角尺或组合直角尺检查三角形的两条直角边是否与企口边缘成 45 度角。

7. 调整准确后，通过底座上的穿透孔钻出直径为 2 毫米的导孔。涂上胶水并拧紧螺丝，检查刨出的斜角是否为 45 度。

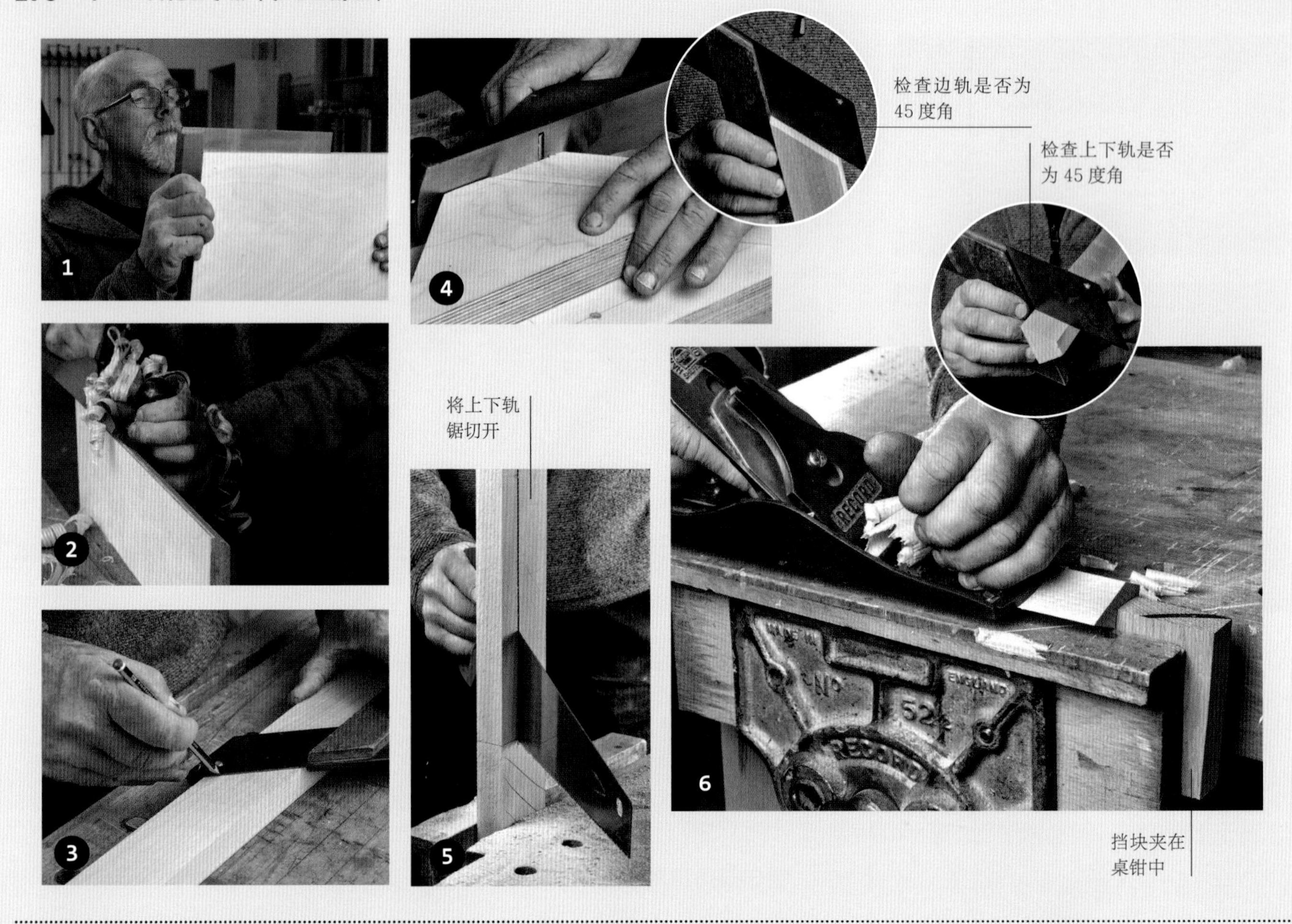


**制作箱体斜角刨木导板**

想要手工制作较长的斜角，例如用于箱体结构的斜角，你需要一个长斜角刨木导板。与普通刨木导板的不同之处在于，在长斜角刨木导板上，刨子将倾斜 45 度进行刨削，并沿着一个斜坡移动，斜坡的两边与刨子相接触。重要的是，长斜角刨木导板的角度必须准确，因为你无法在不准确的导板上制作出准确的斜角。这里的导板可以制成边长约 330 毫米的斜角，并且可用带 60 毫米宽的刨刀的刨子来加工。对于带有 50 毫米宽的刨刀的刨子，导板端部工件的宽度应减小至 44 毫米。

1. 用 18 毫米或 15 毫米厚的桦木胶合板制成 400 毫米 ×400 毫米的底座，然后再用 12 毫米厚的桦木胶合板制成 333 毫米 ×375 毫米的木板。确保边缘成直角。

2. 将第二块木板的其中一条窄边刨出 45 度角，确保其表面与长边成直角。然后在 45 度角的锋利边缘刨出 4 毫米宽的平面。

3. 边轨由 30 毫米 × 50 毫米的硬材制成，这里我使用的是山毛榉木。一开始，边轨没有延伸到底座的末端。但如果延伸到了底座的末端，则看起来会更整齐一些。准备一个至少长 700 毫米的工件。在 375 毫米处，用斜角尺比着在宽度表面划出 45 度角的斜线（起点在 375 毫米处）。

4. 沿着划线锯切出斜角，并在斜角刨木导板上修整锯出来的两个工件。使用斜角尺检查斜角的角度是否准确。

5. 用一块 420 毫米 ×70 毫米 × 25 毫米的木材制作上下轨。在木材的末端划出一条 45 度角的斜线，起点距离边缘 20 毫米。现在将划线器设置为 20 毫米，将斜线延伸至木材的任意一面。沿着划线纵向锯切，从而制成两个带有斜面的轨。锯切至中间时，你可能要翻转木材再锯切。

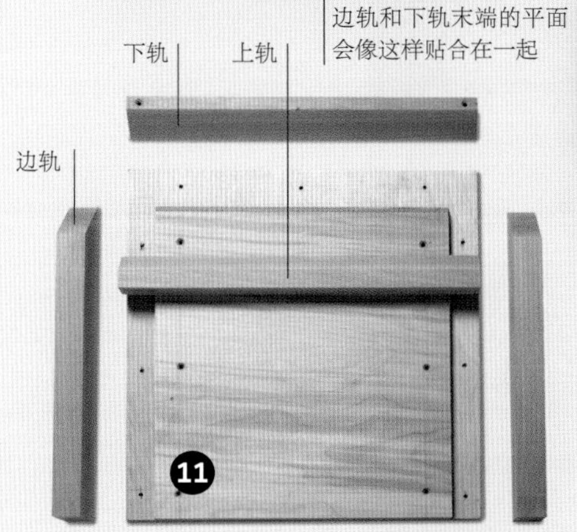

**提示：**刨子的边缘只会小面积地靠在上轨处，因此使用时上轨会很快被磨损。在安装上轨之前，如果可以的话，最好在上轨上贴上一层保护膜，如富美家( Formica )等。

6. 锯切面应该会很粗糙，这时可用刨子将其刨平整，并时常检查其是否保持 45 度角。用工件抵住夹在桌钳中的一个挡块，帮助保持这个奇特的形状。

7. 将两个轨木修整成 400 毫米长。

8. 在轨木斜角面上刨出 4 毫米宽的平面。

9. 在边轨的末端刨出 4 毫米宽的平面。

10. 在组装所有工件前，应最后检查所有斜角是否准确。

11. 在距底座两条长边 15 毫米和距其中一条短边 20 毫米的位置划线，按照图中所示的位置钻直径为 4 毫米的沉头孔。

12. 将下轨夹在底座的这条短边上，钻出直径为 2.5 毫米的导孔，并将螺丝拧入下轨。

13. 将边轨夹到适当的位置上。下轨和边轨斜面之间应为直角。如果不是直角，检查哪里出了问题。将工件修整到合适的长度，钻导孔并用螺丝将边轨固定在正确的位置。

14. 在上轨的斜角往后 10 毫米、离上轨末端 15 毫米处钻一个直径为 4 毫米的沉头孔。

15. 将上轨放在两个边轨上，并检查上轨的斜角是否与边轨的斜角在同一个平面上，必要时可进行调整。

16. 将上轨夹在合适的位置，然后钻导孔并用螺丝拧紧。

17. 如图所示，在第二块木板上钻出直径为 4 毫米的沉头孔，然后将木板放在两个边轨之间。检查这块木板前端的斜角面，它应与边轨形成连续的平面，并与上轨的斜角面齐平。钻导孔并用螺丝将木板固定到位。

18. 为了提高使用时的稳定性，你可以根据自己的惯用手，将一个木条用螺丝固定在底座的一端。使用时，木条会抵住木工桌的边缘。

**所需主要工具**

- 划线刀
- 斜角尺和直角尺或组合直角尺
- 开榫锯或大鸠尾锯
- 专门的长斜角刨木导板
- 捷克刨
- 短刨
- 斜凿或扁凿

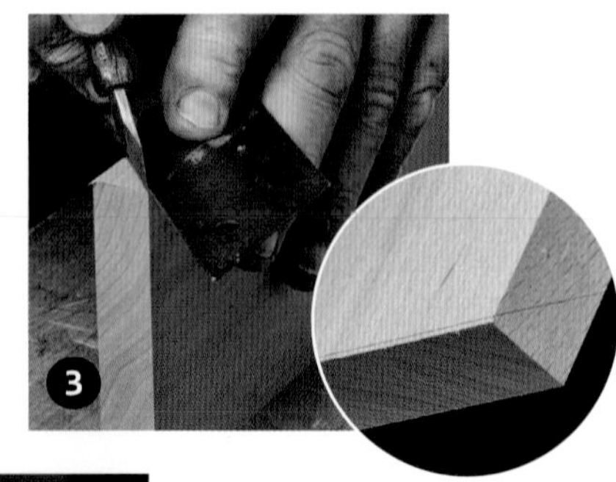


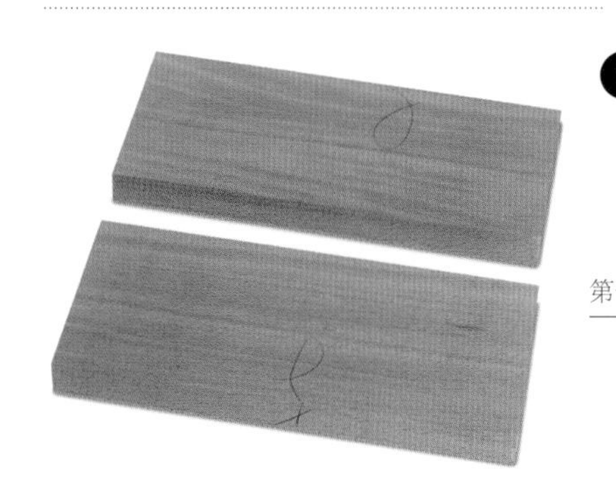

1

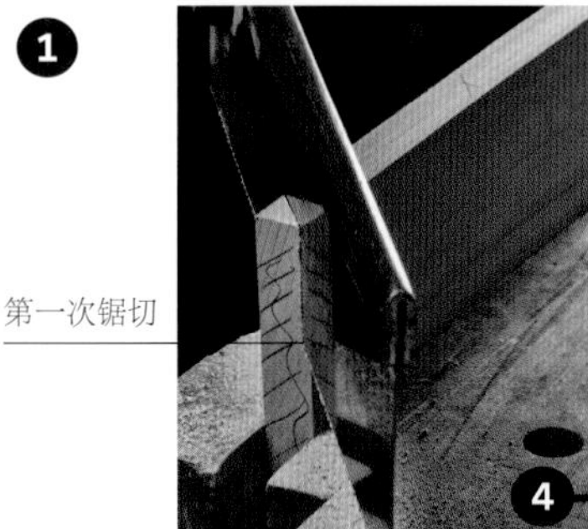


第一次锯切

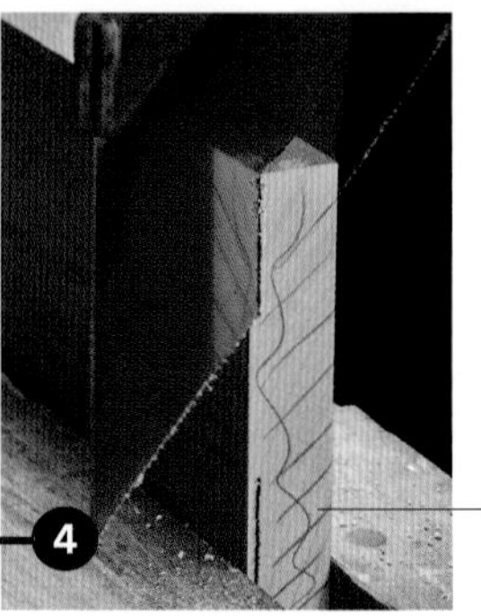


将工件翻转后夹在桌钳中，进行第二次锯切

**提示：**把工件夹在桌钳中锯切斜角会产生的一个问题是，锯子会损坏木工桌桌面，此时放一块薄的胶合板或中密度纤维板可以保护桌面。

## 手工切割箱体斜角

1. 准备两个工件，工件的正面和侧面应分别位于接合后的内侧和顶部。这里展示的工件的尺寸为 100 毫米 ×23 毫米。

2. 用划线刀和直角尺在工件正面划出斜角的位置。

3. 用斜角尺或组合直角尺在工件侧边划出斜角的位置。

4. 斜角可能因为太厚而无法在斜锯框中切割，因此需要手工完成，可以将工件夹在桌钳中，从两边垂直切割或使用挡块水平锯切。你无须太担心切割的准确性，只需要保持在划线的废料一侧锯切。

5. 将工件放在长斜角刨木导板上，然后用刨子修整斜角，直到划线处表面整洁。

6. 将斜角组合在一起并检查贴合度。有些时候，可以使用短刨小心地进行细微调整，以达到贴合度。如果不贴合，可将斜角放回斜角刨木导板中进行修整。如果问题仍然存在，则有必要检查斜角刨木导板的准确度。

7. 斜角连接可能需要用某种方式进行加固。如果工件较厚，可以用饼干榫、多米诺榫、松动的榫舌或多层榫片来进行加固（参见下页）。

锯切后，与划线位置还有些距离

用刨子刨到划线位置

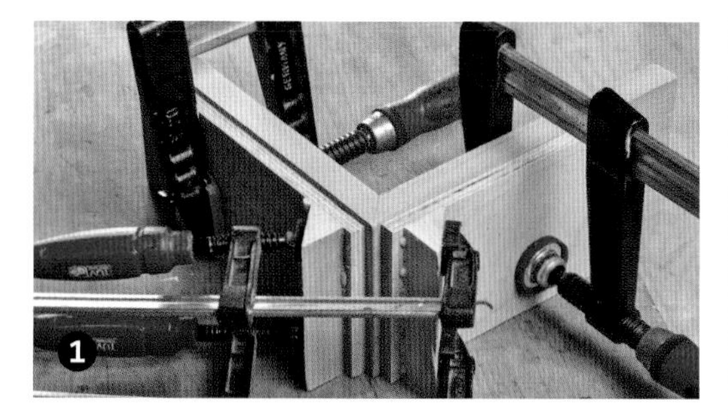

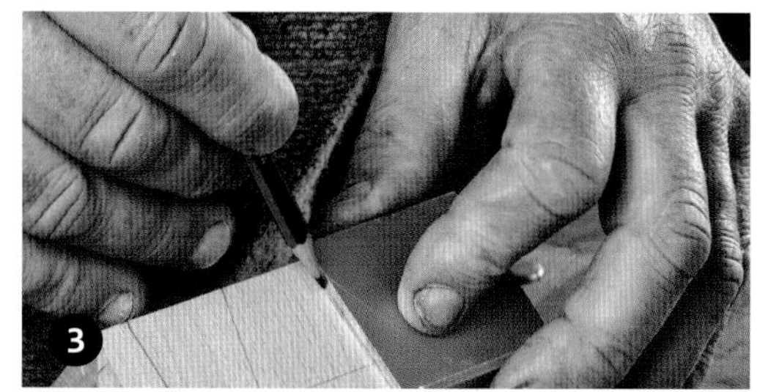


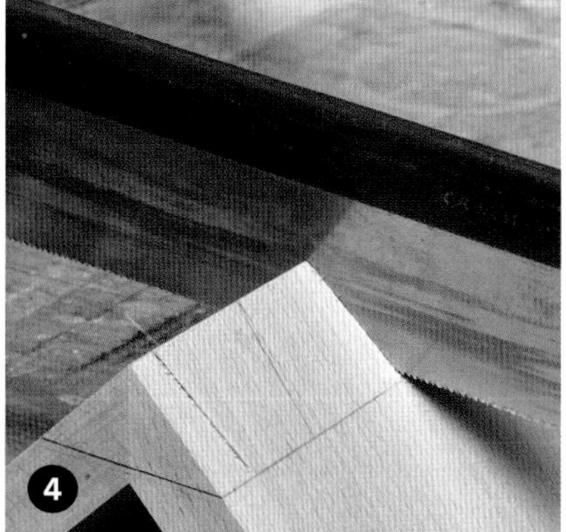

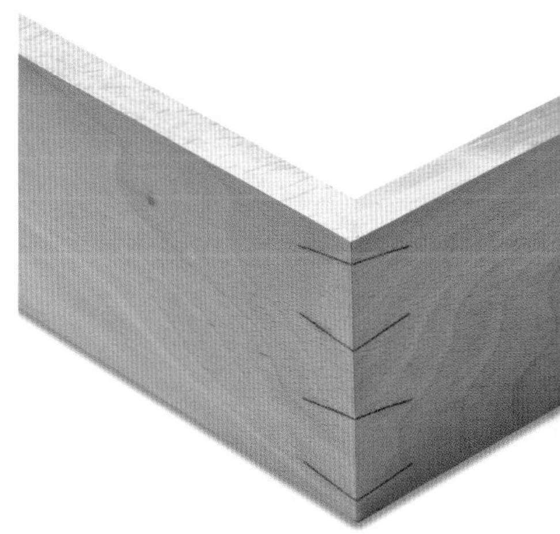

### 使用榫片加固斜角连接

在斜角连接上插入多层榫片能够帮助加固连接，而且还起到了装饰作用。为此，你需要一把锯片厚度与榫片厚度相同的锯子。开榫锯切割出的切口宽度通常和标准榫片的厚度（8 毫米）相同。如果你的锯子的锯片都比较厚，你可以自制更厚的榫片；如果锯片都很薄，可以尝试打磨榫片。

### 安装榫片

1. 和制作箱体斜角的方法一样，将所有部件用胶水粘接在一起。如果斜角连接很厚，那么你可能需要两个棘轮腰带夹或使用宽斜角块辅助夹具。

2. 完全调整好组件后，在从直角到侧面的距离小于工件厚度的位置用铅笔画线（例如，如果侧面厚度为 12 毫米，则你应该在侧面距离直角 11 毫米处画线）。画的线就表明锯切的深度。

3. 画出榫片安装的位置，应与之前的线垂直，这需要你仔细判断。在该演示中，榫片上下之间的距离约为 10 毫米，间隔约为 25 毫米。榫片可以跟铅笔线垂直，也可以有一定的斜度，后一种安装方式会有燕尾榫的效果（在演示中我就是这么做的）。

4. 将连接的工件夹在桌钳中，相连的角朝上，然后选用合适的锯子沿着榫片位置向下锯到深度线位置。尽量保持切口笔直，这样底部是平的，便于安装榫片。

5. 准备尺寸大一点的榫片，安装后，其纹理应该横穿进连接的直角。

6. 检查榫片是否贴合，在必要时进行调整。有的时候，在锯切位置的中间会有一个高点，这会妨碍榫片插到底。在边缘上切一个小幅度的曲线，从而让榫片插入。

7. 将胶水滴入锯缝中，然后插入榫片。

8. 胶水凝固后，用锋利的凿子修理掉多余的榫片。从外侧向内凿掉多余的部分，然后将表面打磨光滑。

# 圆木榫连接

圆木榫连接通过将圆木榫安装在两个工件的钻孔中来加固简单的对接结构。制作圆木榫连接应注意的问题是，需要在定位和垂直钻孔时保持较高的准确度。饼干榫连接器和多米诺榫连接器能够很好地从技术上解决这个问题，因此这意味着在家庭工作室中圆木榫连接已不再被使用。但是，如果你不想使用连接器，则可以使用各种圆木榫定位器和辅助工具。一些价格低廉的工具可以供你选择。

**所需主要工具**

- 斜角尺或组合直角尺
- 开榫锯或大鸠尾锯
- 捷克刨
- 斜角刨木导板
- 桌钳
- 锥子
- 深度限位器或遮蔽胶带
- 电钻
- 三尖钻头

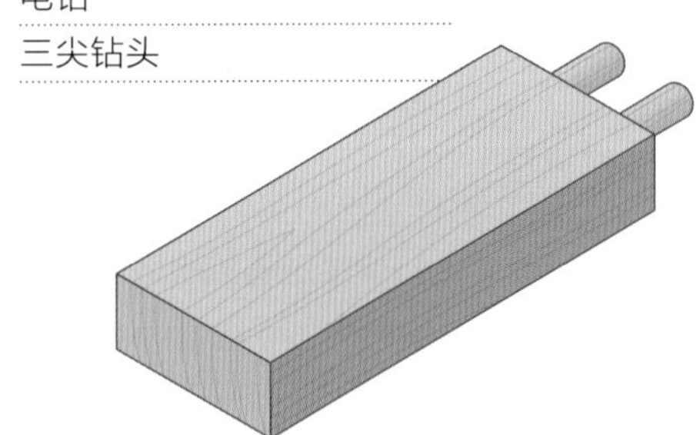

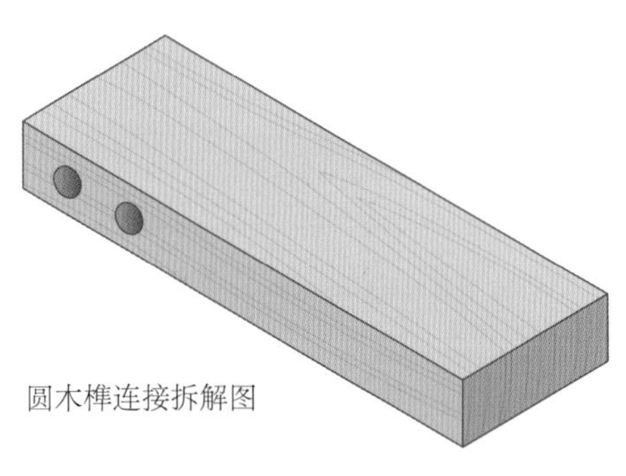

圆木榫连接拆解图

### 使用中心定位器

中心定位器就是用金属制成的圆榫，可以插入先前钻出的圆木榫孔中。中心定位器末端的尖头用于标记圆木榫孔的位置。这里，我使用圆木榫将 80 毫米宽、23 毫米厚的工件进行角连接，然后进行 T 形连接。圆木榫会被插入一个工件（榫件）的端面，而榫孔会在另一个工件（孔件）的正面上。

### 圆木榫角连接

1. 准备标记好正面和侧面的工件，连接后，两个工件的正面应该相邻。榫件的端面必须是平整、方正的，因此有必要在刨木导板上进行修整。

2. 将榫件夹在桌钳中，并用锥子标记端面上圆木榫的位置，即距离工件边缘 15 毫米、工件厚度面的中间位置。

3. 选择一个与圆木榫的直径相匹配的三尖钻头。设置钻孔深度，其值取决于圆木榫的长度和扎件的厚度。参见

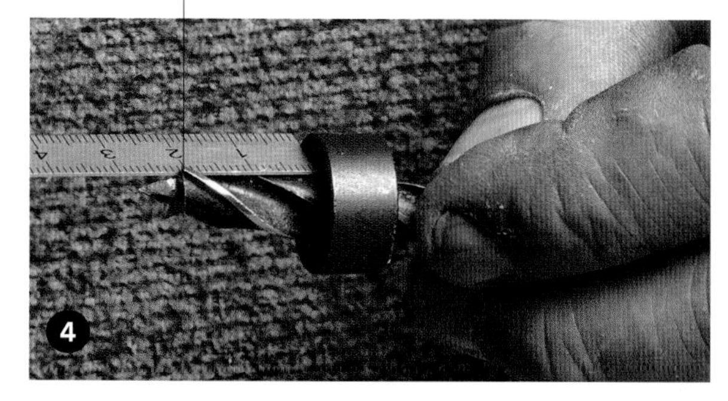

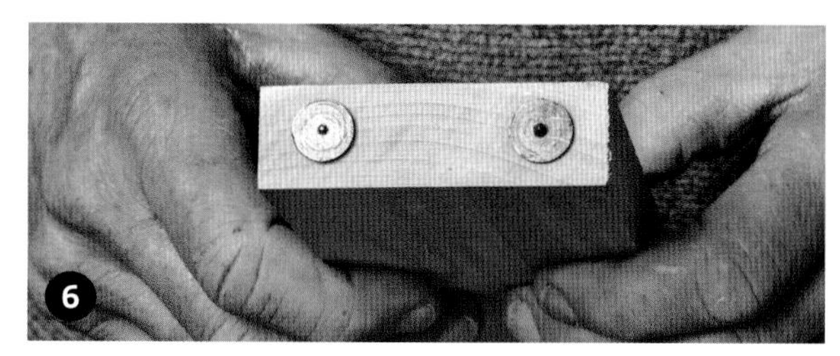

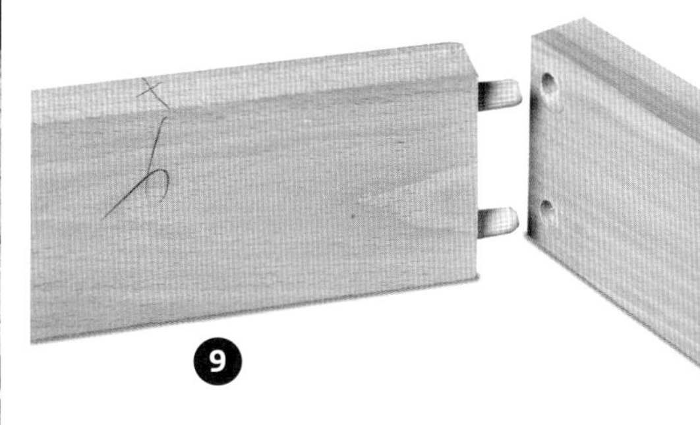


下面的“钻孔深度计算方法”，这是很好的经验法则。

4. 要设置深度，你可以使用深度限位器；或将遮蔽胶带缠在钻头上，测量遮蔽胶带边缘到钻头圆柱末端的距离，而不是到中间突出的尖头位置的距离，该值即孔件厚度（图中为 23 毫米）。

5. 在标记的位置钻出圆木榫孔，钻头的尖头应该很容易置于用锥子标记的点上。注意保持钻头与端面垂直。

### 钻孔深度计算方法

**榫件钻孔深度：**

圆木榫长度 +6 毫米 – 孔件厚度

例如，40 毫米 +6 毫米 –23 毫米 =23 毫米

**孔件钻孔深度：**

孔件厚度 –6 毫米

例如，23 毫米 –6 毫米 =17 毫米

6. 将中心定位器插入孔中。

7. 在木工桌上，将孔件抵在一块作为挡块的废料上。然后将榫件倒过来抵着挡块放在孔件上，并使两个工件的侧面在同一平面上。向下按压，这样中心定位器就会在孔件表面留下凹痕。

8. 将深度限位器调整到新的深度，然后在凹痕处钻孔。

9. 将圆木榫插入榫件中，然后尝试连接两个工件。

### 圆木榫 T 形连接

这里演示用的榫件尺寸与圆木榫角连接的榫件尺寸相同，但是圆木榫 T 形连接的榫件是在距孔件末端 150 毫米处进行连接的。

1. 在孔件上用铅笔标记出榫件的位置，用箭头标示榫件所在的一侧。

2. 将一块废料的直边夹在划线位置上。将中心定位器放到合适的位置，榫件抵着废料，两个工件侧面对齐，向下按压榫件以定位圆木榫孔的位置。

3. 设置电钻的深度限位器并在标记的点处钻孔。

4. 检查连接处是否贴合。

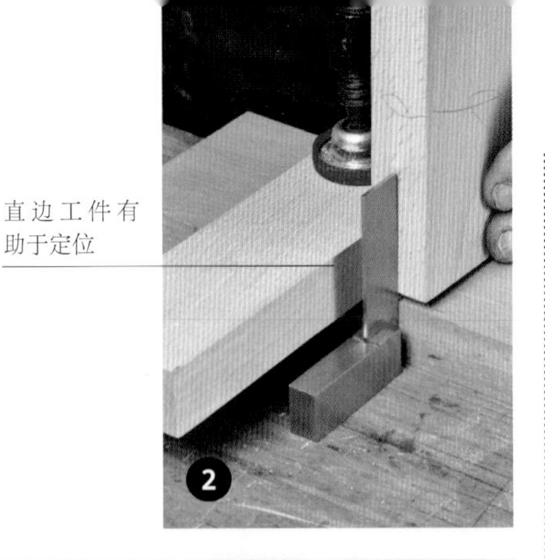

## 问题诊断

这种连接会出现的大多数问题主要由钻孔不准确造成。如果圆木榫稍微对不准，工件就无法连接在一起，或者使连接件变形。即使孔的位置正确，如果孔不垂直于表面，仍可能无法正确连接。

使用三尖钻头有助于定位，但在加工结构比较坚硬的木材时，钻头可能会偏离其位置。使用钻床可以帮助工具定位，并辅助垂直钻孔。

### 使用圆木榫定位器

使用圆木榫定位器可以避免使用中心定位器时会出现的许多问题。市场上有许多不同的圆木榫定位器，其质量和价格各不相同，图中使用的是德国狼工圆木榫定位器。

这种定位器包含一个塑料底座，底座上方有 3 个直径分别为 6 毫米、8 毫米和 10 毫米的金属环穿透孔。定位器定位后，金属环穿透孔引导电钻垂直钻孔。定位器一面上的固定挡块有助

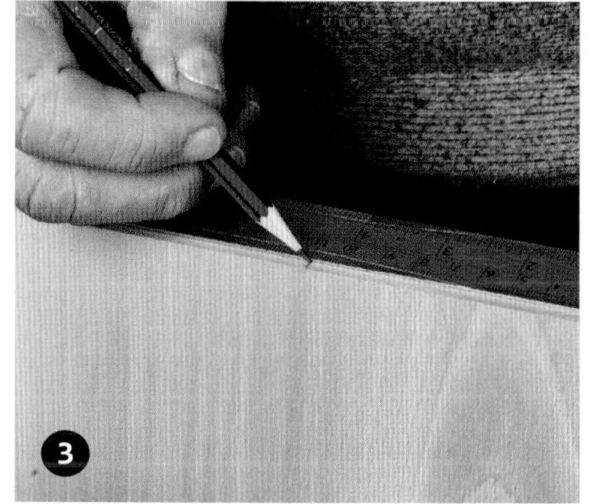


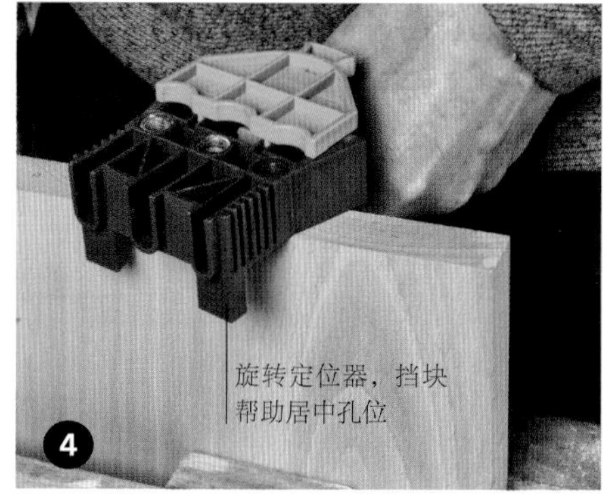

于将孔居中定位在不同厚度的木板上。另一面是一个滑块，可帮助在木板的末端定位。

这里演示的定位器用于在 23 毫米厚的木板上制作圆木榫角连接，然后制作圆木榫 T 形连接。根据木板厚度，这里使用定位器上直径为 10 毫米的金属环穿透孔。

**圆木榫角连接**

1. 准备标记好正面和侧面的工件，连接后，两个工件的正面应该都朝内并且侧面在同一侧。这里演示的工件宽度为 250 毫米，厚度为 23 毫米。

2. 在直径为 10 毫米的三尖钻头上设置钻孔深度。深度的计算方法参照使用中心定位器时的方法，但你需要加上定位器的厚度，即 25 毫米，因此钻孔深度为 48 毫米。

3. 在榫件的端面距边缘 125 毫米处，画一条中心线。

4. 将定位器放在端面上，将直径为 10 毫米的孔对着中心线上方，然后旋转定位器直到固定挡块靠在工件的面上。这应该能让钻孔在整个工件厚度上处于居中位置。

5. 钻圆木榫孔。

6. 移动定位器，直到固定挡块恰好在工件的边缘。旋转定位器，以使孔居中并钻孔。

10 毫米 U 形定位凹槽抵在最中间的圆木榫上

## 试试这样做！

使用此方法意味着对于 10 毫米圆木榫而言，最边上的圆木榫与边缘的距离是 40 毫米。在某些情况下（例如在窄工件上），圆木榫孔有必要离边缘更近一些。这可以通过将定位器抵在最中间的圆木榫上，移动滑块抵住边缘，然后将定位器向边缘移动，但在厚度面上仍居中来实现。

设置滑块，将金属环穿透孔对准圆木榫

7. 将定位器移到另一端并重复以上步骤。

8. 将圆木榫插入孔中。

9. 现在可以在孔件上钻孔。先将定位器放在榫件的一个圆木榫上，然后将滑块抵在上面。

10. 将孔件放置在木工桌上，正面朝上。然后将榫件放在孔件上面，正面朝下，且两个工件的侧面对齐。

11. 将定位器放在孔件的末端，将 10 毫米 U 形定位凹槽抵在最中间的圆木榫上。向后移动榫件，直到滑块可以抵在孔件的端面上。夹紧两个工件。

12. 将钻孔深度限位器设置为 32 毫米。

13. 榫件上的 3 个圆木榫决定了在孔件上钻孔的位置。将定位器放在孔件的末端，将 10 毫米 U 形定位凹槽抵在其中一个圆木榫上，让滑块抵住工件末端。钻第一个孔，然后重复以上步骤钻其他两个圆木榫孔。

14. 将工件连接在一起。

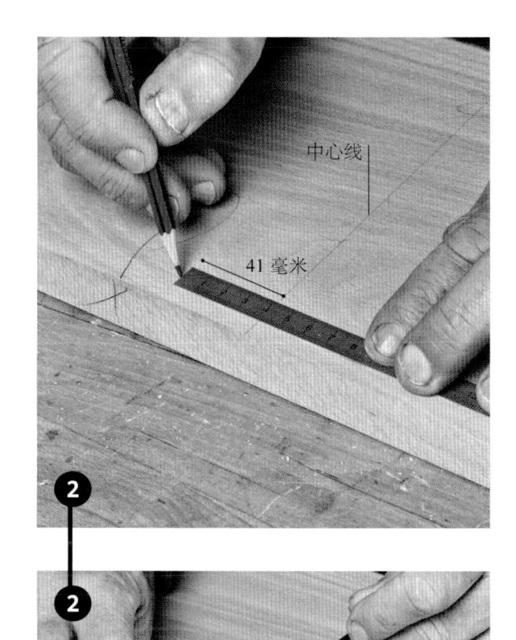


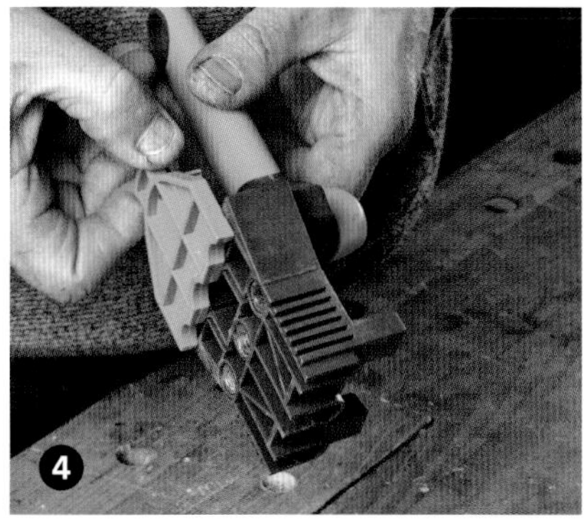

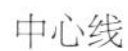

### 圆木榫 T 形连接

要制作 T 形连接，应按照“圆木榫角连接”的第 3~8 步在榫件上钻孔。

1. 现在将孔件正面朝上放在木工桌上，并标记连接处所在的中心线。

2. 在距中心线 41 毫米的位置画另一条线（定位器说明书上写的是 40 毫米，但是我发现 41 毫米对我的定位器而言更准确，因此你有必要检查你的定位器是否也是如此）。

3. 将榫件放在孔件上，两个工件侧面对齐，榫件末端应与距中心线 41 毫米的铅笔线重叠。

4. 松开定位器固定螺丝并卸下滑块。

5. 将定位器平放在木材表面上，定位器末端抵在榫件的末端，10 毫米 U 形定位凹槽抵在一个圆木榫上。将电钻深度设置为 32 毫米后开始钻孔。

6. 重复上述步骤钻另外两个圆木榫孔。

7. 将工件连接在一起。

# 饼干榫连接

饼干榫连接器的主要作用是在现代细木工家具中连接人造木板，其也非常适合用于拼接实木木板，能保证木板对齐。当使用饼干榫连接器进行细木工时，确定在何处制作饼干榫槽非常重要，因为我们很容易将其放在错误的位置。在标记时，我将尝试简单而明确地展示如何给部件确定方向。

**所需主要工具**

- 饼干榫连接器
- 夹具
- 桌钳
- 电木铣
- 捷克刨或更长的刨子

主靠山可以旋转90度

调节主靠山

## 设置饼干榫连接器

饼干榫连接器需要进行两个设置：切割深度和靠山位置。

切割深度通常由靠近底座的旋钮决定，可以进行多种设置，但你感兴趣的可能是针对3种常见的饼干榫连接器尺寸进行设置，尺寸编号分别是0号、10号和20号。20号饼干榫连接器是最大的，如果木板足够厚，该尺寸的连接器可用于大部分细木工。而10号饼干榫连接器略小些，用于较薄的木板。0号饼干榫连接器是最小的，可用于拼接时对齐木板，也可用于非常薄的木板的细木工。

靠山位置连接器有一个合页式的主靠山，以及可以滑到主靠山上的辅助靠山。如果主靠山放下，则饼干榫槽的中心应距上表面10毫米。可以调节辅助靠山，使其中心与上表面的距离为0~50毫米。通常，你的目标是在木板厚度面的中间位置制作榫槽，但是主靠山通常用于18~22毫米厚的木板。在使用时，靠山应置于参考面上，即你要对齐的表面。

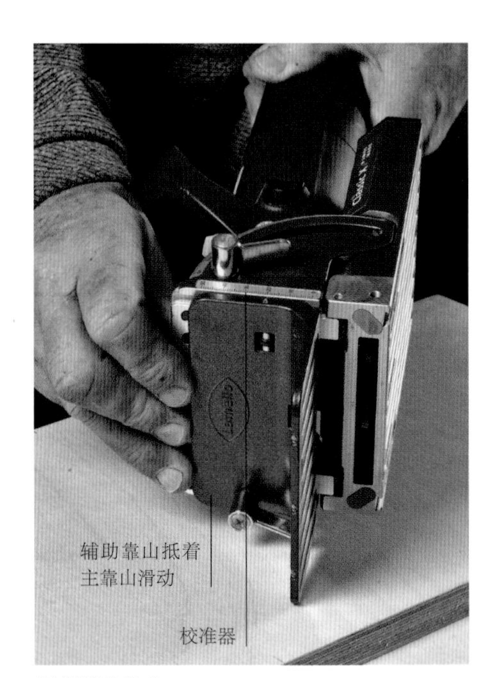


调节辅助靠山

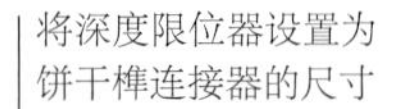


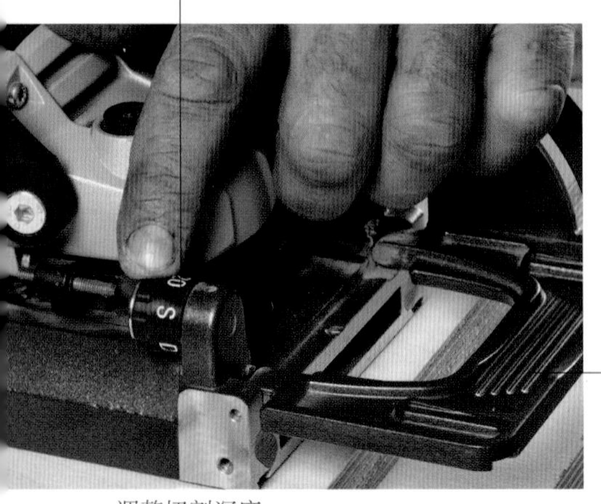

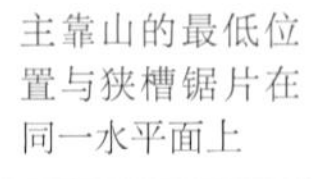


调整切割深度

0

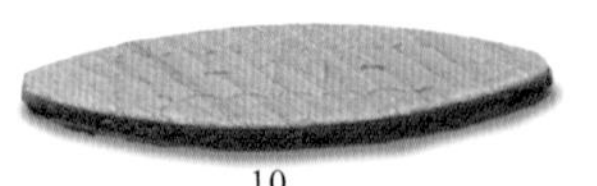

10

20

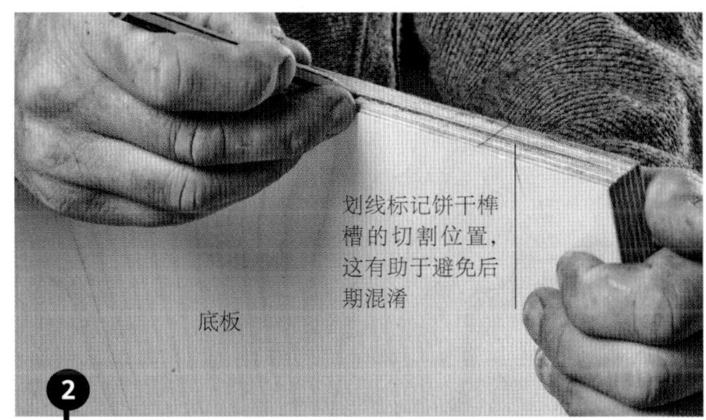


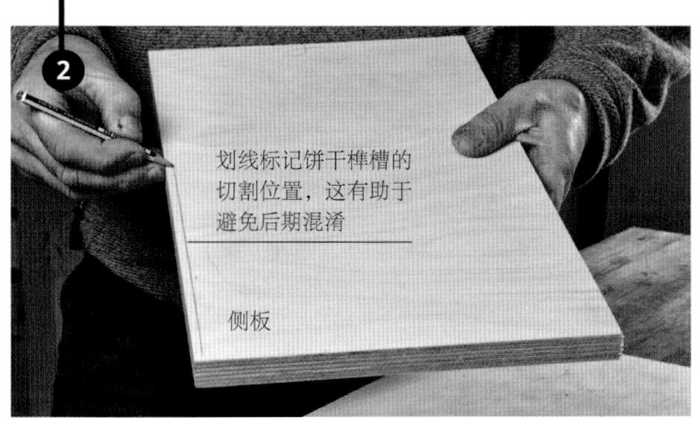


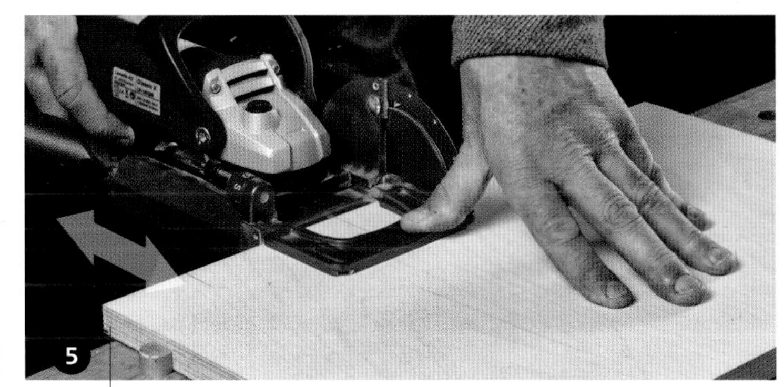


注意这里突出来了一部分。如果工件没有突出来一部分，则连接器可能会靠在木工桌表面，从而导致切割错误

### 试试这样做！

靠山应完全平放在底板表面，这一点至关重要。在向前压之前轻轻晃动连接器，能够帮助实现这一点，还可以帮助你判断连接器是否已经“坐”在了底板末端，如果它已“坐”好，你就可以集中注意力水平向前推动。

### 饼干榫角连接

让我们想象一下将橱柜底板连接到侧板上的场景，这里使用的是18 毫米厚的工件。准备好两个工件，并标记出正面和侧面。两个工件侧面朝后、正面朝内放置。

1. 将工件放在木工桌上，使其侧面对齐，正面贴在一起，并将要连接的末端对齐。在末端标记饼干榫的中心线，中心线距离边缘约 60 毫米，线与线之间相距 200 毫米。

2. 饼干榫的狭槽应该在底板的末端和侧板的其中一面。为避免混淆，有必要画一条线将其标记出来。切割饼干榫槽时，始终确保你是在这些标记线上切割的。

3. 你可能需要将饼干榫的中心线延伸到底板的底面。

4. 根据底板厚度设置连接器。在这里，我使用主靠山让饼干榫稍微偏离中心线。

5. 将底板固定在木工桌上，正面朝下，然后放置连接器，以使靠山位于底板的底面上，而底座抵着底板末端。切割饼干榫槽时，靠山要完全平放在参考面上，这一点非常重要，因此应用力向下按靠山。启动连接器，将连接器上的指示箭头与标记出来的中心线对齐，向前推动连接器主体，然后让其自动弹回。

将靠山始终置于要对齐的表面上

支撑件用于提供额外的支撑

6. 在其他饼干榫中心线上重复以上步骤。

7. 切割侧板上的狭槽，将其夹在桌钳中，使连接的面（正面）朝外。

8. 切割侧板的狭槽比较麻烦，因为你必须在木板狭窄的末端上保持靠山的平衡。将支撑件和侧板夹在一起，与侧板持平，由此扩展靠山接触的表面，这样便于切割狭槽。现在，你可以将靠山抵住侧板末端，然后切入正面了。

9. 安装饼干榫连接，应将合适的饼干榫插入底板末端的槽中。

10. 将安装完成的部件连接至侧板上。横向多切割一些，因为可能会标记得不准确。

## 问题诊断

### 底板和侧板底部不在一个平面上

靠山可能已从一个或两个参考面上偏移，从而导致切割位置偏移。测量狭槽的位置，你可能会发现问题所在。将切成一半的饼干榫用胶水粘到狭槽中，胶干后将其用刨子刨平，然后重新切割狭槽。

### 连接处无法闭合

这可能是由于你使用了错误的饼干榫，或者你可能还没有切割到最大深度。

此处显示饼干榫槽没对齐

用游标卡尺检查狭槽尺寸是否正确

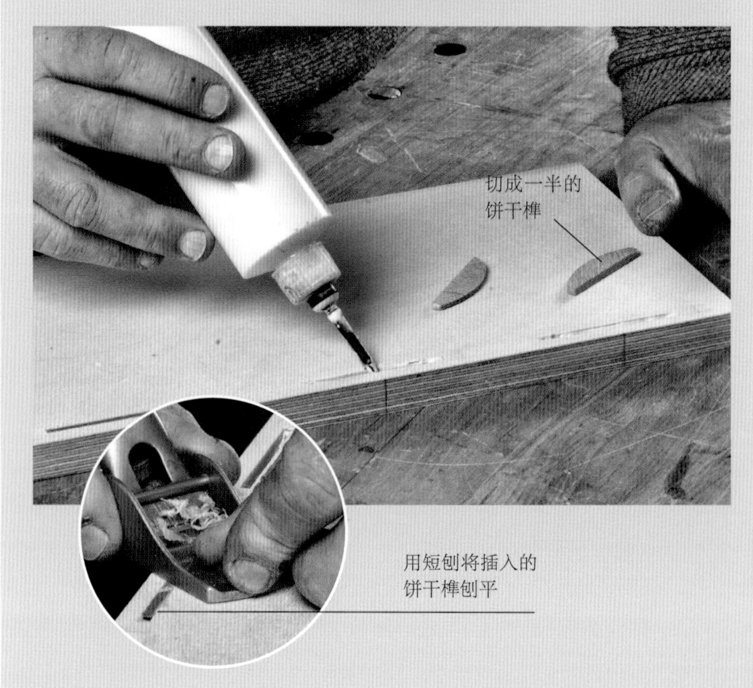

切成一半的饼干榫

用短刨将插入的饼干榫刨平

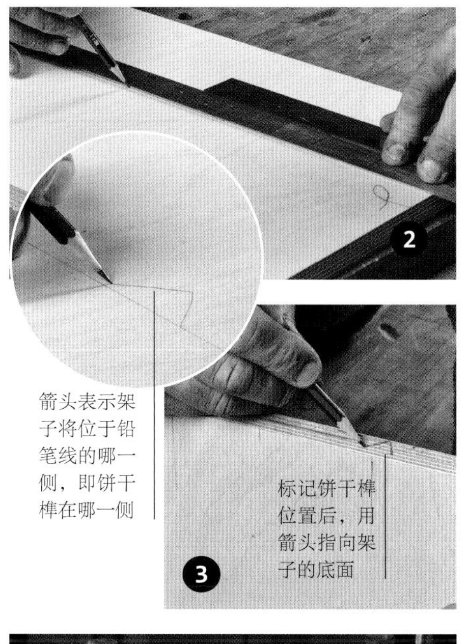

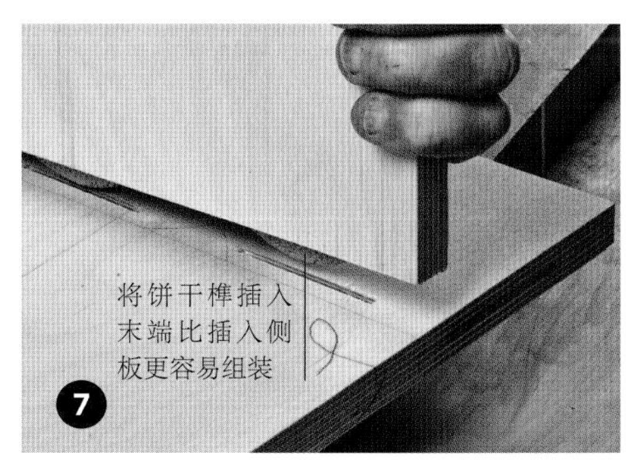


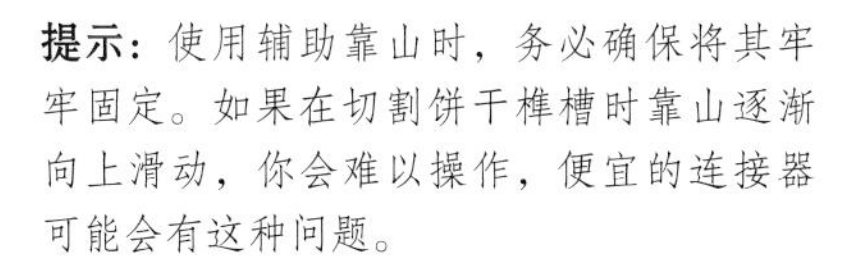

**提示：**使用辅助靠山时，务必确保将其牢牢固定。如果在切割饼干榫槽时靠山逐渐向上滑动，你会难以操作，便宜的连接器可能会有这种问题。

## 问题诊断

**架子没有与侧板上的画线对齐**

这可能是因为架子上下颠倒了，也可能是在将工件夹在一起切割饼干榫槽时，你没有正确对齐架子的末端。

还有一种可能是架子没有平放在侧板上。如果你仅在一侧夹紧了架子，则架子可能在另一侧稍微翘起，从而导致没有对齐。最好在两侧都使用夹具。

### 饼干榫连接架子

使用辅助靠山可以将工件在离边缘 50 毫米处连接起来。这是一种在无法使用主围栏的情况下将工件从中间连接起来的方法——可能是用一个架子连接侧板。此方法将连接器的底面作为参考面。这样切割出的饼干榫槽，其中心线距参考面 10 毫米。

1. 像之前一样准备工件，并标记出正面和侧面。

2. 在侧板上，用铅笔和直角尺标记出架子的位置。这里并不是要画一条中心线，而是标记出架子的顶边或底边。用箭头表示架子将位于线的哪一侧。

3. 在架子上，像之前一样在末端画出饼干榫的位置。有必要画个箭头指向架子的底面，这有利于之后定位架子。

4. 将架子放置在侧板上，使其末端与侧板上的画线对齐，并且让两个工件的侧面对齐。架子末端的箭头指向是否正确取决于你是将架子的顶边还是底边与侧板画线对齐。想象一下，架子以合页的方式与侧板上的画线相连。在这里，我将架子的底边与侧板画线对齐，将两个工件牢牢地夹在木工桌上。

5. 将连接器的底面平放在侧板上，以便切割进架子的末端。将连接器上的箭头与架子上的饼干榫中心线对齐，切割饼干榫槽。

6. 将连接器立起来，使其底面抵在架子的末端，这样可以切割进侧板。架子的末端应标有饼干榫中心线，将连接器与这些线对齐，并向下切割进侧板（你可能需要将中心线从侧面延伸至顶部表面，这样有助于对齐）。

7. 将两个工件组装起来：想象架子以合页的方式旋转至侧板画线的位置。

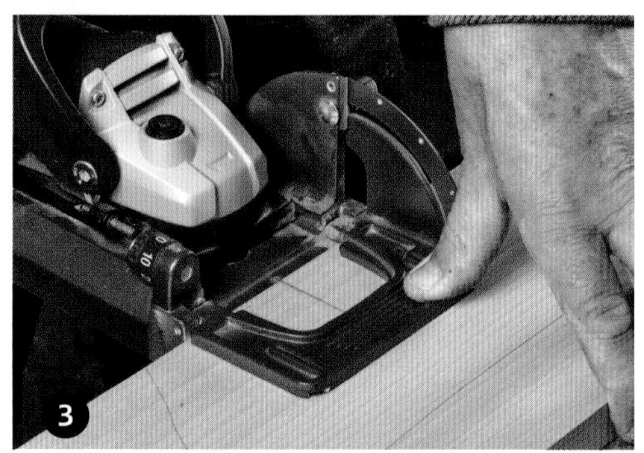

## 问题诊断

**木板拼接后不平整**

出现这种问题可能有两个原因：切割时靠山从木板表面抬起，或者靠山在切割过程中滑动。解决方法是将饼干榫粘到狭槽中，修整表面并重新切割。

### 饼干榫拼接

当你将拼接的木板胶合起来从而制成宽板时，胶水会起到润滑剂的作用，使连接处难以变平整。使用饼干榫可以解决这个问题。如果连接准确，在使用胶水的情况下，实际上并不需要加固。使用饼干榫只是为了对齐木板。

1. 将木板的侧边刨平，以更好地连接。将木板放到木工桌上，并以大约 450 毫米的间隔距离标记所有饼干榫的位置，最外侧的饼干榫距离木板边缘大概 60 毫米（如果你之后要切割木板，应留意切割后的边缘，毕竟你并不希望末端露出饼干榫）。

2. 根据木板的厚度设置主靠山或辅助靠山，这样饼干榫的中心大约在木板厚度面的中间。然后设置切割深度。由于拼接的表面易于胶合，因此你不需要很大的饼干榫，0 号饼干榫足以将其对齐。

3. 在标记的位置切割饼干榫槽，需要注意确保靠山完全平放在木板表面。

4. 插入饼干榫并检查是否贴合，然后上胶。

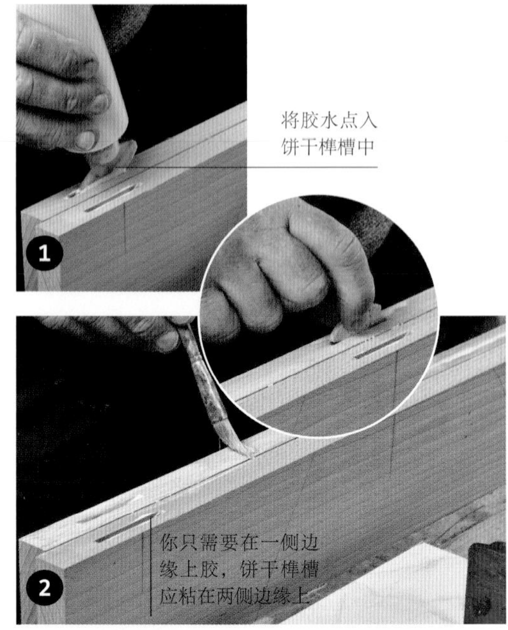

### 胶合拼接

在上胶前，先测试一下连接是否贴合。

1. 在饼干榫槽中涂黏合剂。这里，我使用了专用的点胶机。你可以从网上的零售商那里购买一套点胶机。

2. 在一侧边缘上涂黏合剂。

3. 夹紧连接处并检查水平度。如果你的胶水用量正确，则在连接处应该只有一小滴胶水流出，而不会有大滴胶水溢出。

# 多米诺榫连接

**所需主要工具**

多米诺榫连接器，以及第 180 页“所需主要工具”中列出的工具

如果你使用过饼干榫连接器，你就容易识别出多米诺榫连接器的形状，以及认同其使用方法。多米诺榫连接器可以完全按照饼干榫连接器的使用方法使用。但是，多米诺榫连接器的一些特点使其比饼干榫连接器更通用、更牢固。与饼干榫连接器相比，多米诺榫连接器能够更广泛地应用于家具中，尤其可以代替卯榫连接。

### 多米诺榫尺寸的调节

多米诺榫有许多不同的厚度和长度。要更改多米诺榫的卯的厚度，你需要更换其中的刀头。为此，应从压入装置上卸下机器主体，然后使用扳手拧开螺丝，拿出刀头。

### 切割深度（卯的深度）

可以使用压入装置侧面的小扳钮更改切割深度。由于多米诺榫连接器的切割深度比饼干榫连接器的切割深度要大，因此在设置切割深度时要格外小心，确保不会切穿整个工件。

多米诺榫只有可以倾斜的靠山，通过左侧的控制杆可以锁定倾斜角度。靠山也可以垂直移动来调整多米诺榫与顶面的距离，右侧的控制杆可以调节这个距离。左侧有一个校准器，还有一个阶梯状的滑动垫片，用于设置标准尺寸木板的中心。

### 卯的宽度

可以使用机身顶部的旋钮调节卯的宽度。选择第一个挡位时，卯在宽度方向上与多米诺榫贴合。另外两个挡位能够制作出更宽的凹槽，只要两个凹槽按照标准定位，安装时宽一点的凹槽允许有一些误差。

**多米诺榫连接偏移的横撑**

为了说明多米诺榫连接器可以做什么，下面我将连接偏移的横撑。通常，你需要用一根横撑连接直立的物体，例如将横撑连接到桌腿上。在这里，我把 90 毫米×20 毫米的横撑连接到具有 45 毫米宽的横切面的桌腿上，向内移动 5 毫米，使用 8 毫米 × 40 毫米的多米诺榫。

1. 分别在距离桌腿和横撑的顶端 20 毫米与 70 毫米处标记多米诺榫的位置。在腿件上，在切割卯的相邻面画线，用箭头标记出多米诺榫所在的面。横撑上的画线应该在外侧的面上。

2. 在连接器上使用直径为 8 毫米的刀头，用于贴合连接多米诺榫。

3. 将靠山高度设置为 15 毫米，切

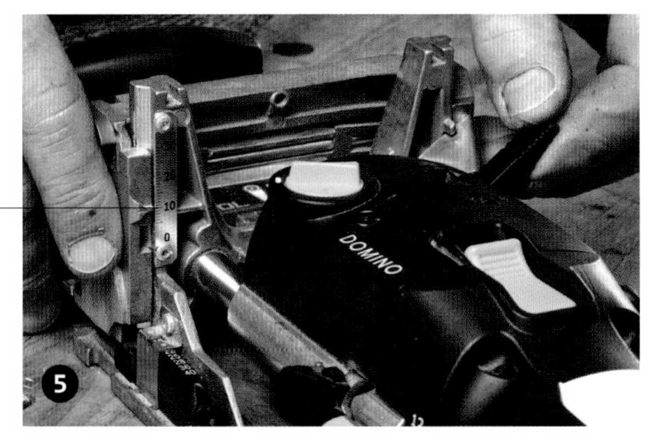


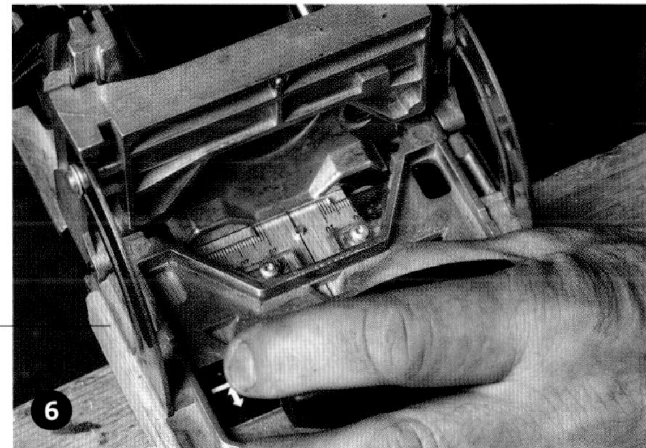


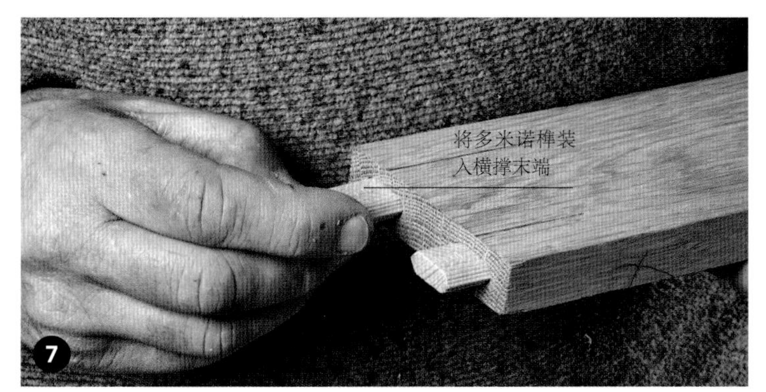


## 试试这样做！

多米诺榫非常适合用于标准的插槽。在实际操作中，它能够贴合地插入槽中，所以在胶合前试安装时不容易取下来。因此，有必要将一组多米诺榫稍微打薄，用于试安装。你可以通过用短刨切下几片刨花或打磨来使多米诺榫变薄。将试安装的多米诺榫染上鲜艳的颜色，以免其与标准多米诺榫混淆。

割深度设置为 20 毫米。

4. 在腿件标记的位置制作卯槽，方法和制作饼干榫槽的方法非常相似。

5. 按照偏移的距离降低靠山 5~10 毫米。

6. 在横撑的末端制作多米诺榫槽。

7. 将多米诺榫装入横撑末端。

8. 组装工件。

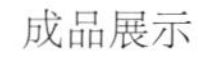
成品展示

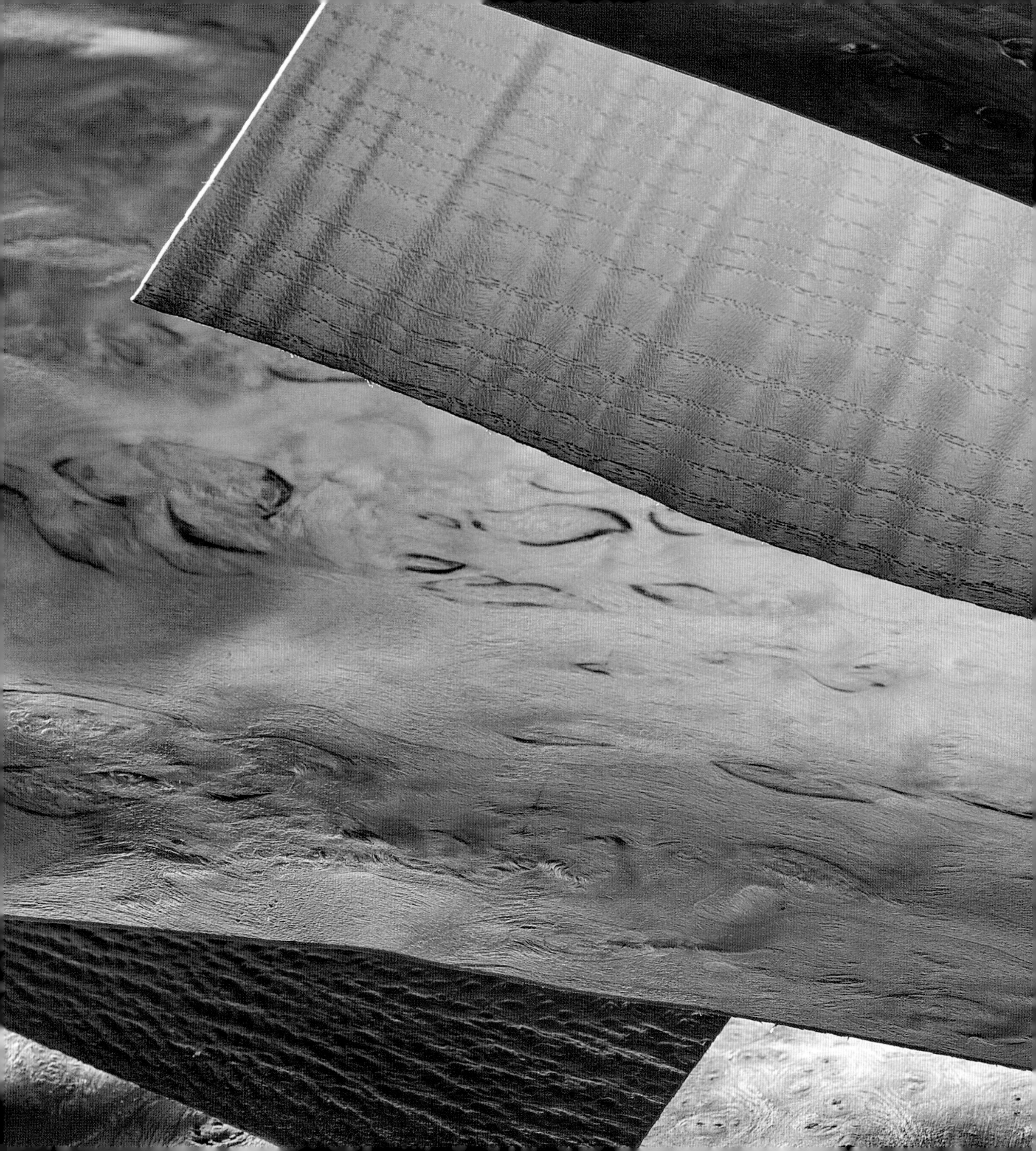

# 第6章 贴木皮

在20世纪，贴木皮因与批量生产的廉价家具相关联而声名狼藉。但其实贴木皮有着悠久的历史，著名家具制造商Thomas Chippendale的许多设计都依靠这种技术。

对木匠而言，木皮有很多用处。就实践层面而言，由于木皮可以粘到人造木板上，因此木皮可以充分利用少量的资源来为工件提供稳定性。就美学层面而言，木皮通常是从带有迷人图案的原木上切割下来而制成的，可以让你在不使用实木的情况下获得实木带来的装饰效果。由于其可以通过切割和拼接形成绝妙的对称性，因此它们也很适合用于打造具有创造性的图案。

# 选择木皮

人们通常通过将选定的原木切成标准厚度（通常为0.6毫米）来生产木皮。不过也有更厚的木皮（被称为建筑木皮），其厚度范围为1.4～5毫米，这种木皮通常用于层压弯曲的模板。

在切割过程中，要么将原木横穿纹理切成薄片，要么将原木放在工具的旋转中心之间进行旋切，就像巨大的车床一样。横穿纹理切出的木皮，木纹根据纹理的方向会有所不同。当垂直切割年轮时，木纹是直且规则的；当斜切年轮时，木纹会呈波浪状和拱形。旋切的木皮通常不具有装饰效果，除了某些本身就带有不寻常的木纹的原木，例如雀眼枫木和斑纹桦木。旋切适合生产用于加工胶合板的较宽的木皮。

树瘤木皮是专门从生长在树侧的球状树瘤上切割下来的木皮，而叉纹木皮则是从树冠上树干和树枝的会合点处切割下来的木皮。因此，这两种木皮通常都比采用标准切割方式生产的木皮小。

木皮可以从专业供应商处购买，尽管他们通常不愿意和个人买家交易。如果可以的话，你最好亲自挑选木皮，即便你无法前往并且需要通过电话订购，大多数供应商也都非常了解你的需求，你也能买到满意的产品。如果你需要少量采购，可以在网上寻找卖家和交易平台。

木皮可以以片计算，以半捆（12片或16片）或整捆（24片或32片）的方式销售。购买半捆或整捆木皮，价格要实惠得多，因为单片木皮会按每平方米计价，价格要高得多。

直切木皮

斜切木皮

树瘤木皮

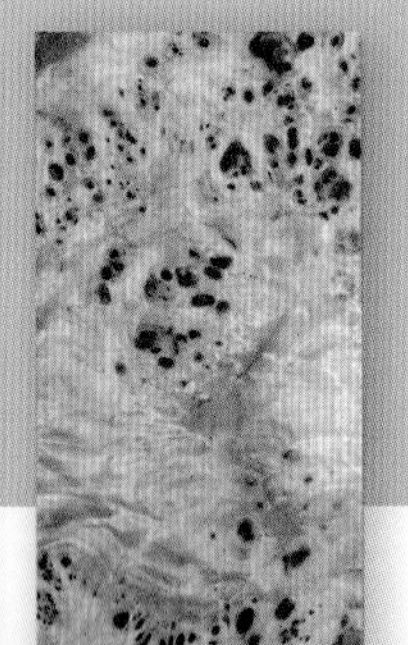

叉纹木皮

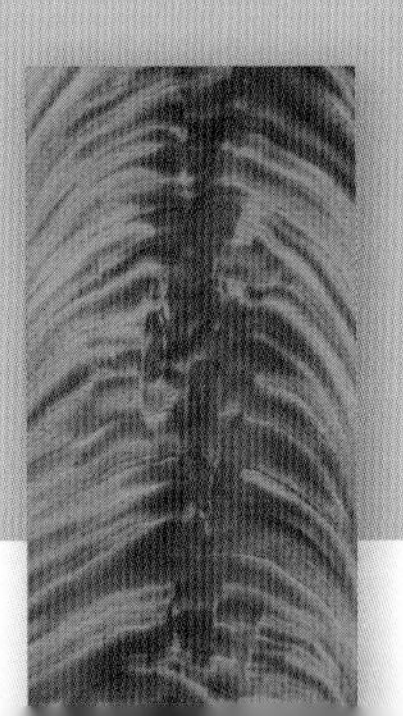

直切和斜切的木板非常容易找到。寻找优质的树瘤木皮和叉纹木皮可能要困难一些，这两种木皮通常会有瑕疵，例如有裂纹和内嵌的树皮。

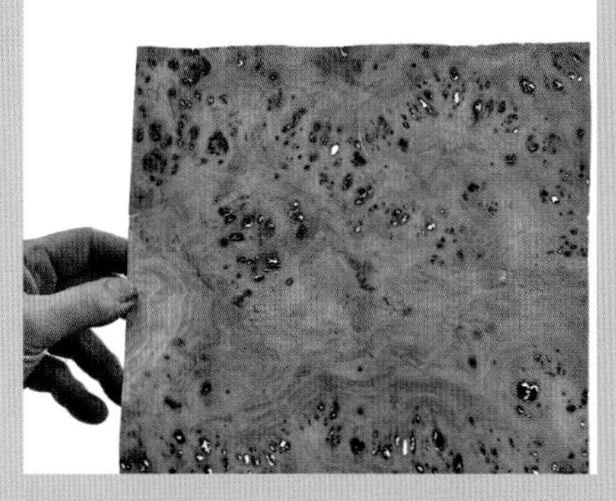

选择树瘤木皮时，应将一片木皮对着光，查看上面是否有孔或裂纹。有少量的孔是可以被接受的，但是如果孔太密集，则在进行表面处理之前你需要做很多工作。

## 选择木皮

### 直切木皮

① 波纹白蜡木
② 黎巴嫩雪松
③ 棕橡木
④ 琴背纹白蜡木

### 树瘤木皮

⑤ 美国胡桃木树瘤
⑥ 榆木树瘤
⑦ 红木树瘤
⑧ 欧洲胡桃木树瘤

### 斜切木皮

⑨ 梨木
⑩ 桦木
⑪ 橡木
⑫ 橄榄白蜡木（又称欧洲白蜡木）

# 准备木皮

使用实木时，你需要在实际操作之前先准备好木材，木皮也是如此。

## 平整木皮

有些木皮容易变形，特别是树瘤木皮和叉纹木皮。通常变形的木皮无法进行贴合或加工，必须在使用前平整木皮。如何判断木皮何时需要平整？如果你用手下压木皮突出的曲面，木皮局部变形，则其需要平整；或者你可以使用 150 毫米长的钢尺在木皮表面的两个方向上检查平面度，如果钢尺下的缝隙大于 3 毫米，则应平整这片木皮。

你可以使用两种不同的方法来平整木皮。短期有效的方法是，你可以简单地将木皮浸湿并将其夹在木板之间，然后用报纸隔开每片木皮以帮助干燥。每隔约 4 小时更换一次报纸，直到木皮变干。使用这种方法，木皮会随着时间的流逝而恢复到曲面状态，必须在木皮再次弯曲之前将其裁切和贴面。

你还可以使用更长期有效的方法来平整一摞任意数量的木皮。这种方法是，将木皮夹在带有一层多孔塑料布或玻璃纤维网布的报纸中间，以防止木皮粘连到报纸上。这种网布是花匠常备的工具之一，可以在园艺市场买到。

如果缝隙超过 3 毫米，则需要平整这片木皮

应搅拌均匀，因为配料不易混合

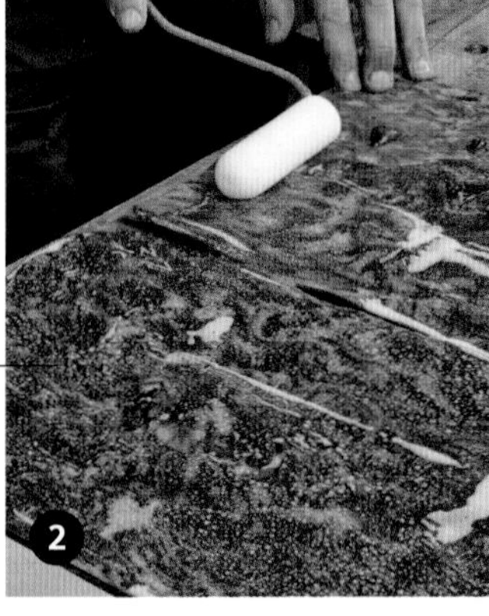

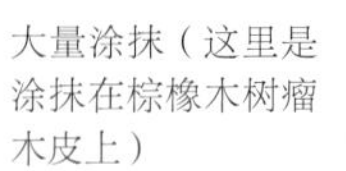

大量涂抹（这里是涂抹在棕榈木树瘤木皮上）

### 平整一摞木皮

1. 将 2 份聚醋酸乙烯酯胶、3 份水、1 份甘油和 1 份甲基化酒精混合在一起。

2. 用刷子或滚筒将混合后的液体均匀地涂在木皮的两面，并让多余的液体吸收或流走。将木皮放置约 10 分钟。

3. 将两层报纸或衬纸放在中密度纤维板或胶合板上，再覆盖上一层玻璃纤维垫或细网布。

4. 在网布上铺上一片木皮。

5. 再铺上一层玻璃纤维垫或网布，然后放上更多报纸。继续按照这个顺序，铺上报纸—网布—木皮—网布—报纸—网布。

6. 对每片需要压平的木皮重复第 5 步，最后压上第二块中密度纤维板。

7. 用 G 夹或 F 夹以约 150 毫米的间隔夹住木板。对于严重弯曲的木皮，应先用适度的压力夹紧，然后在几小时内逐渐加大压力，这样可以防止压平的过程太快而导致其产生裂纹。对于弯曲不算严重的木皮，可以立即用最大的压力夹压。

8. 在开始的 24 小时内，你需要更换大概 3 次报纸（在暖气片上将其晾干）。在第二个 24 小时内，你可以拿出网布，并更换 2 ~ 3 次报纸。始终夹紧木皮。

9. 在第二个 24 小时结束时，木皮应平整且干燥，这时就可以使用了。如果过早使用木皮，由于其含水率太高，将其贴上后会移动。

## 裁切木皮

可以用手术刀轻松地裁切木皮——我发现英国品牌 Swann Morton 的 10a 号手术刀裁切效果很好。你可以单片裁切或将木皮堆叠起来一起裁切。如果你想横穿纹理裁切整捆木皮，则可以锯切木皮。你可以使用木皮锯，也可以使用日本导突目锯。

### 用手术刀裁切木皮

1. 裁切木皮时，应将金属直边放在你要使用的木皮部分一侧，并对准裁切线，然后张开手掌用力向下压木皮。

2. 将手术刀放置在裁切的起点，刀片和木皮成约 45 度角，并稍微向远离直边的方向倾斜，刀面应与平面垂直。用手术刀沿着直边向下裁切。

3. 如果你横穿纹理裁切，则有可能在裁切至木皮后边缘时撕掉部分纹理。为避免这种情况发生，向下裁切时要摇晃手术刀来垂直切断木纤维，而不是一刀划过。

4. 完全裁切开木皮可能需要多次走刀。重复裁切，直到看到不使用的木皮部分像弹簧一样离开裁切线为止。如果要切割一摞木皮，则需要更多次走刀。在整个裁切过程中，要一直固定住直边，这一点很重要。

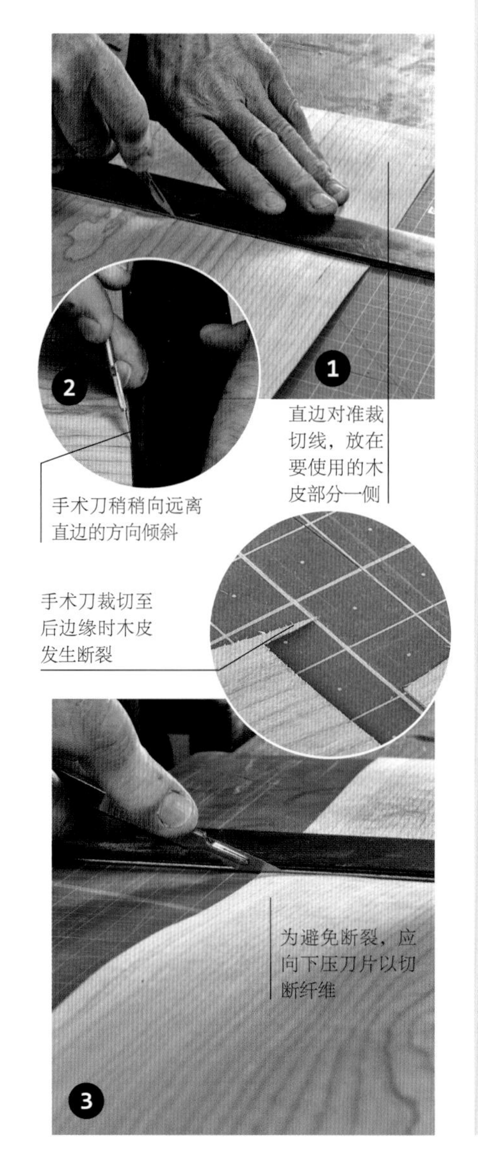

直边对准裁切线，放在要使用的木皮部分一侧

手术刀稍稍向远离直边的方向倾斜

手术刀裁切至后边缘时木皮发生断裂

为避免断裂，应向下压刀片以切断纤维

## 问题诊断

### 裁切边不直

这可能是以下两种情况之一导致的。

在诸如橡木等粗纹理木材上，如果沿着纹理裁切，木皮很容易在切口前沿着纹理裂开。如果纹理与所裁切的边成一定角度，则切边可能会有跟随纹理走向的趋势，从而产生不直的切边。在这种情况下，最好按照横穿纹理的角度，从另一个方向裁切。这与沿着纹理或横穿纹理刨切的情况相似。

使用手术刀抵住直边可能很难，并且有时手术刀可能会偏移。为了解决这个问题，只需将刀片朝切边倾斜一点点，利用裁切的压力将刀片推入切边。但是除非你发现上面的情况，否则此方法不适用于裁切粗纹木材。

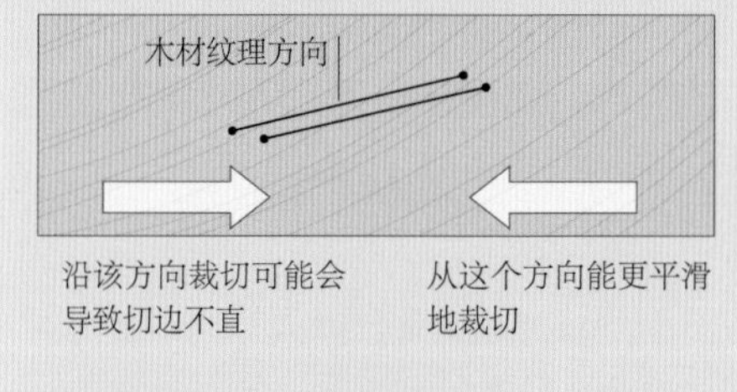


沿该方向裁切可能会导致切边不直

从这个方向能更平滑地裁切

### 锯切木皮

1. 抬起你要切割的木皮，并在木皮下方放一块尺寸约为 50 毫米 × 25 毫米的板条。将另一块相同的板条沿着木皮的锯切线夹在上面。

2. 使用日本导突目锯沿着板条锯切木皮。请注意避免木皮的后边缘断裂。

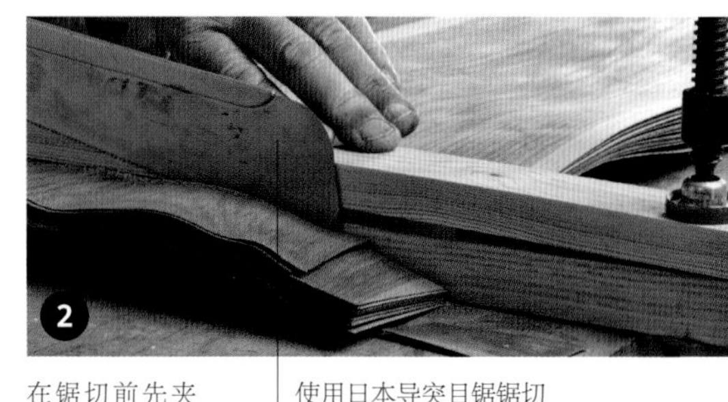

在锯切前先夹紧半捆木皮

使用日本导突目锯锯切

# 拼接木皮

通常，你可能需要拼接木皮以达到足够的宽度来制作宽板或达到装饰目的。选择适合的木皮和决定木皮的拼接方向的方法，我们称之为拼接法。

木皮的拼接法会对成品宽板的外观产生很大影响。你可以使用多种不同的拼接法来实现不同的贴面效果，较为常见的拼接法如下。

**顺序拼接法**

将木皮按照其捆在一起时从下至上的顺序拼接在一起。直木纹的刻切木皮用这种方法拼接效果很好。

**书页式拼接法**

将第二片木皮翻转过来，以使拼接的两片木皮的木纹对称。通过这种方法拼接径切木皮和树瘤木皮，可以创造出有趣的木纹图案。

**随机拼接法**

这是用肉眼选择出最佳外观的拼接法，通常要将木皮的瑕疵分散开来，这样可以防止瑕疵显露出来，而顺序拼接法和书页式拼接法通常会产生这个问题。这种方法通常达不到装饰效果（未展示图片）。

**四拼法**

将 4 片木皮按照中心对称的方式拼接起来。树瘤木皮适合使用四拼法，因为这种木皮粗野的纹理会带来某种美观的对称感。

用手术刀裁切的木皮，通常不直接用于拼接，因为其边缘需要进一步修

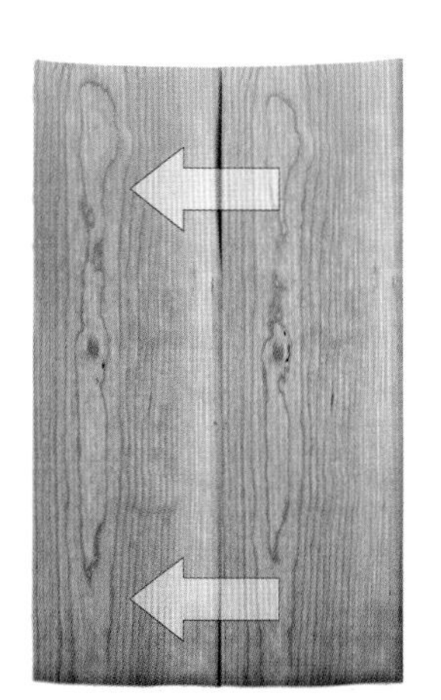

顺序拼接法

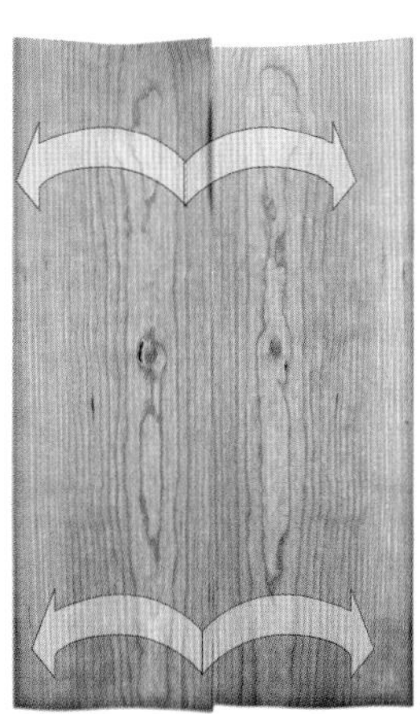

书页式拼接法

四拼法

**试试这样做！**

当你拿到新的半捆或整捆木皮时，应给它们编号，以确保能将其按照顺序拼接起来。这一点对树瘤木皮尤其重要。

整才能完美拼接在一起。你应该在工作室中使用刨木导板，然后用木皮胶带固定连接处。木皮胶带是一种薄的、带黏胶的纸胶带，黏胶的一面在涂抹前是潮湿的，干燥后会稍微收缩，这有助于将拼接的木皮拼合在一起。有的木皮胶带上沿着中心线有孔眼，方便使用者看到连接处，但在这里，我使用的是无孔胶带。

一次性刨切多片木皮的边缘效果更好。有时你只需要刨切一对木皮，但是，如果你要给多扇门贴面，则最好将木皮堆叠起来刨切而不是刨切单片木皮。木皮层数越多，刨切的稳定性就越高。

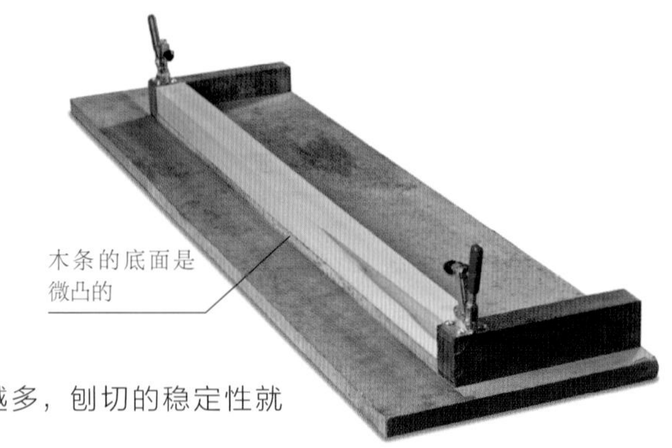


### 改装或制作刨木导板

想要拼接木皮，你必须改装你的刨木导板或制作一个新的刨木导板。你需要将木皮沿着其长度方向压缩在一起。最好使用带有微曲面的夹紧木条和水平夹来辅助制作。

木条的横截面应约为 35 毫米 × 35 毫米，并且应比要拼接的木皮稍长。在木条底面刨出非常轻微的凸面。在刨木导板上夹紧一对水平夹，以便它们可以夹在木条的两个末端。

### 使用顺序拼接法或书页式拼接法拼接木皮

1. 用手术刀沿着铅笔线裁切。在顺序拼接的木皮上，铅笔线的位置不是很重要，只要沿着木材纹理裁切即可。对于书页式拼接法，应选择拼接处的木纹线，并在最上面那片木皮的任一端将该木纹线所在的位置标记出来。将下面的其他木皮与之对齐，这样所有木皮的木纹就会重合。

2. 沿着铅笔线裁切整摞木皮。裁切后，当以打开书本的方式打开木片时，拼接处两侧的木纹应是对称的。

3. 在木工桌上轻敲这摞木皮，使它们沿着裁切线对齐，然后将其放在刨木导板上，边缘向外露出一点点。将木皮抵着放置在导板上的刨子处有助于对齐木皮。

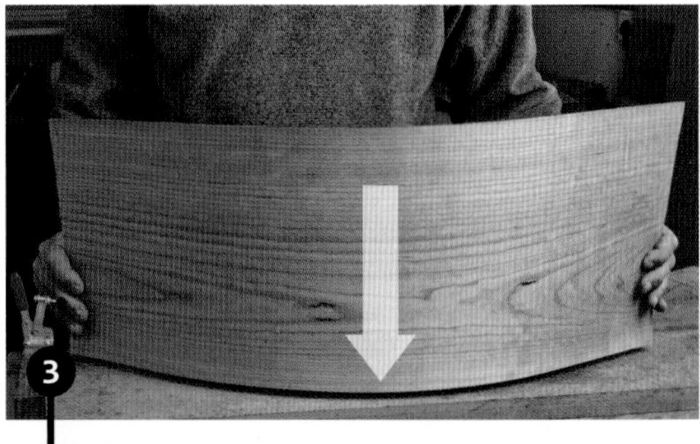

刨切出的细刨花

所有木皮都被刨到后，你应该能够得到一个平面

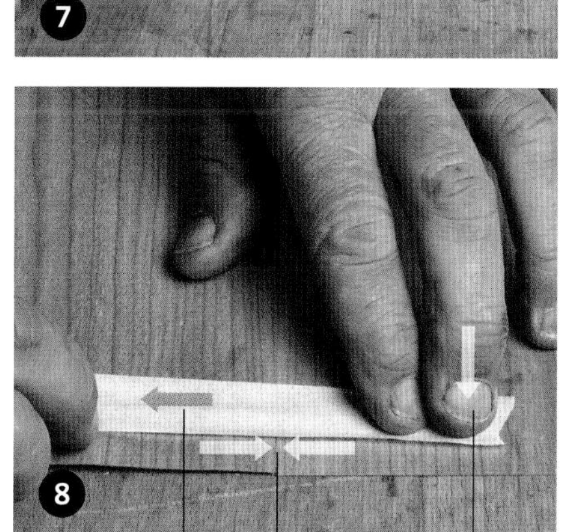


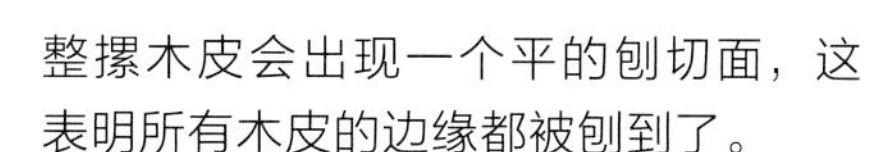

拉抻胶带　按压胶带

向内拼接木皮

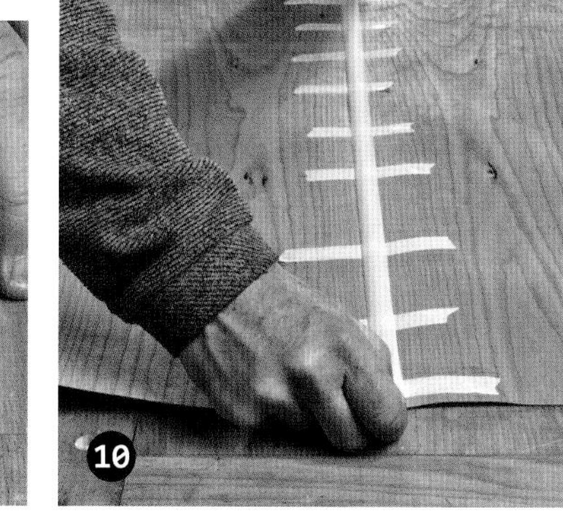


4. 将夹紧木条（凸面朝下）放在整摞木皮的边缘上，木皮稍微露出一点点，然后用水平夹压紧。这样整摞木皮的整个长边都被压缩在一起了。

5. 确保刨子非常锋利且设置正确，然后将木皮露出的边缘刨平。尝试在刨切的起点向刨子前部施压，在刨切终点向刨子后部施压，这有助于防止木皮的边缘形成曲线。

6. 继续检查木皮的边缘。最初有些木皮的边缘没有刨到，但是慢慢地，整摞木皮会出现一个平的刨切面，这表明所有木皮的边缘都被刨到了。

7. 将木皮从刨木导板上取下，按照需采用的拼接法摆放在一起。如果木皮能贴合地拼接，则可以给其贴上胶带。

8. 用大约 75 毫米长的胶带从木皮两端开始粘贴。将胶带弄湿，然后在木皮相连接的一侧向下按压胶带，再拉抻胶带到另一侧并向下按压。这样做的同时，还应用力让木皮的边缘连接在一起——这时你的双手必须具备协调性。

9. 用相同的方法每隔 100 毫米粘贴一条胶带。

10. 沿着长边再粘一条胶带。拼接处应该是平的，木皮没有重叠。

## 四拼法木皮的排列方式

由于受到木材纹理方向的影响，根据你观察木皮的角度，木皮表面会有不同的折射率。用四拼法排列木皮应该可以平衡木皮表面的不同折射率。连续的4片木皮上的纹理是逐渐变化的，因此通过正确排列木皮，你可以让相邻木皮的纹理变化程度降到最低。

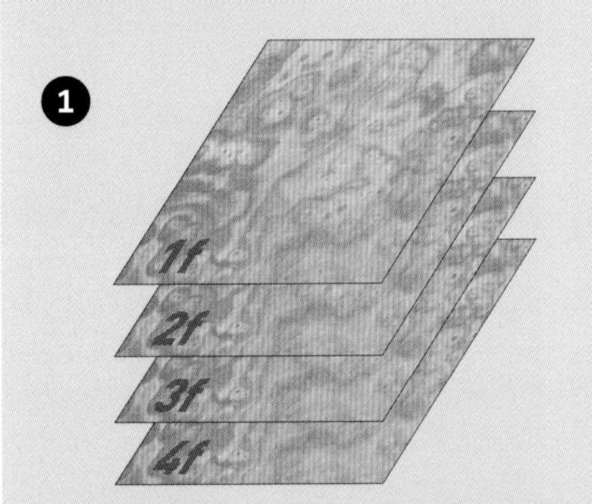


给连续的4片木皮编号并标记出前面（f）和后面（b）（即1f、1b、2f、2b等）。

你可能之前已经确定了拼接的轴线，也可以如右侧图所示使用镜子确定轴线。

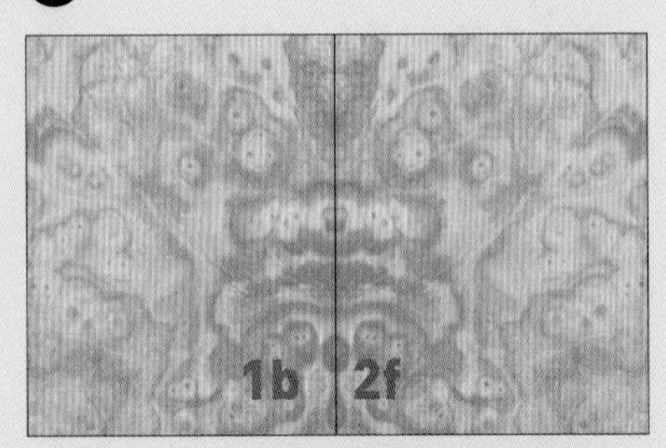


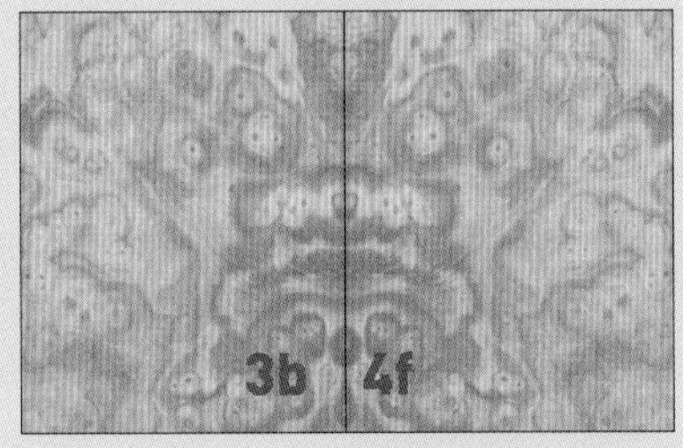


展开木皮1和木皮2，令其沿竖轴对称。这可能意味着向左或向右翻转木皮1，所以这时应该是2f和1b或1b和2f。

沿同一轴线展开木皮3和木皮4，按与翻转木皮1相同的方向，翻转木皮3。

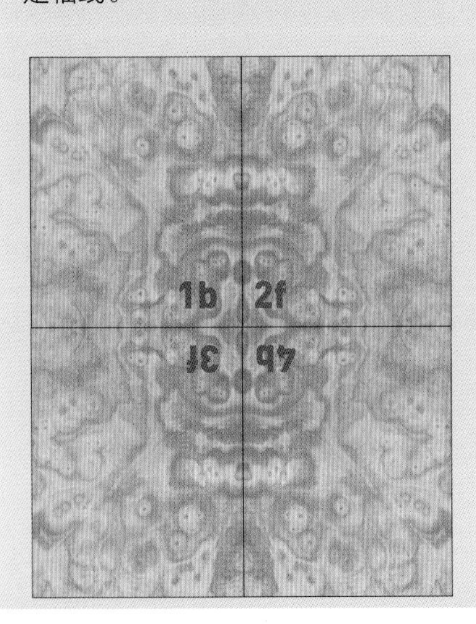

然后沿着横轴翻转木皮3和木皮4。现在的排列如下。

2f和1b或1b和2f

4b和3f或3f和4b

这可能看起来很复杂，但是采用这种方法意味着你可以降低4片木皮上纹理的跳跃感，并平衡其折射率。

## 使用四拼法拼接木皮

使用四拼法拼接木皮时，实际上是先横着进行书页式拼接，然后再竖着进行书页式拼接。因此，在介绍如何进行四拼时，我实际上也在展示如何进行书页式拼接。

拼接树瘤木皮和叉纹木皮需要额外小心，因为其纹理比较清晰，所以任何问题都变得更加明显。镜子可以辅助确定拼接的位置，更好的方法是将两面镜子用胶带粘在一起，以便它们能够以合页的方式连接在一起。通过将两面镜子以直角的形式放置在木皮上，你可以看到以该直角点为中心四拼木皮后的效果。

1. 在木皮上移动成直角的两面镜子来确定拼接的轴线。检查两面镜子是否成直角，并画出所选轴线。

2. 在使用四拼法时你需要至少 4 片连续的木皮，如果你不只给一块木板贴木皮，那也许需要 8 片或更多的木皮。木皮堆叠在一起才能裁切。要精准地对齐木皮，并在树瘤图案中找到一个特征，然后用针从此处穿透每层连续的木皮，再找到另一个位置，也这样做。为防止针掉落，可以将其轻轻敲入你要裁切的木皮表面。

3. 你需要在裁切时保持木皮对齐，方法是在木皮边缘粘上胶带或用订书器在即将被裁切掉的木皮边缘将木皮订在一起。粘好胶带或用订书器装订好木皮后，就可以把针拆下来了。

4. 先裁切木皮的长边。将这叠木皮放在裁切垫上，并沿着裁切线放一个金属直边。如果你觉得直边无法保持稳定，应用夹具固定住直边两端。用锋利的手术刀裁切木皮，可能要来回划几刀，直到裁切完所有的木皮，并克制住想要移动直边以查看裁切状态的冲动。

5. 将木皮放在刨木导板上，然后按照第 196～197 页的第 3～10 步进行刨切。

6. 展开整叠木皮，检查拼接处的贴合情况。对齐 4 片木皮，使之相互对称，并检查拼接处是否贴合。如果拼接成功，则按照第 197 页的第 8 ~ 10 步将木皮用胶带固定好。牢记“四拼法木皮的排列方式”中所述的木皮排列方式。

7. 沿着木皮有胶带的边缘折叠两对木皮，并将其叠放在一起以裁切出横轴。先将有胶带的边缘叠在一起，然后调整木皮的位置直到将所有木皮的树瘤特征处对齐为止。

8. 将木皮放回裁切垫上，令横轴与之前粘上胶带的长边垂直，开始裁切横轴线。

9. 展开木皮并将它们放在刨木导板上，轻轻地刨切横轴线。

10. 从导板上拿下木皮，如果拼接良好，则用胶带将其粘在横轴线上。

11. 现在，你应该用四拼法拼接好了木皮，其纹理图案沿横竖两条轴线对称。轴线即裁切线，应在中心相交，并且所有胶带都应在木皮的同一面。

# 问题诊断

**中间可以拼接上，但边缘无法相接**

造成这个问题的主要原因有以下两个。

如果在裁切开始和结束时未施加不同的压力，则可能会形成凸边。你可以想象一下，在刨切开始时施力方向是轻微曲折向前的，在结束时是曲折向后的。

可以在刨木导板上纠正这个问题，方法是在中心进行局部刨切，然后逐渐增加刨切的长度，旨在最后一次沿着最大长度刨切。

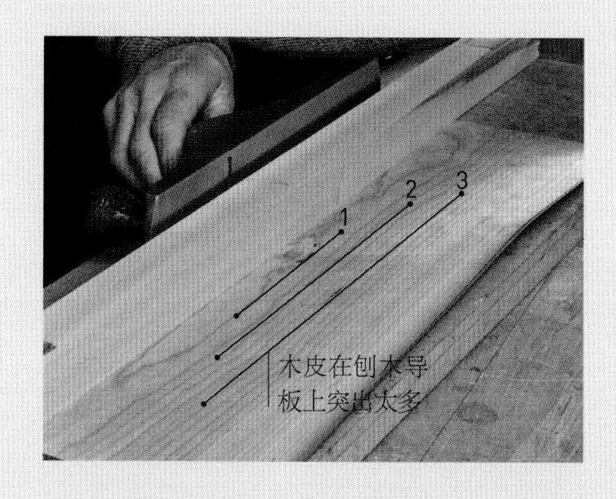


拼接不良的另一个原因可能是将木皮斜着放在了刨木导板上。如果木皮的前端稍微突出多一点，则刨底会有些倾斜，并且刨子后端可能撞到导板边缘，导致刨切开始时刨刀被抬离切口。

**木皮的边缘相接，但中间连接不上**

这种情况不太常见，不太可能是刨切技术不良造成的，而可能是以下原因造成的。

- 木皮的边缘在刨木导板上突出太多，因此通常在刨切开始或结束时，木皮边缘会弯曲而离开刨子。应尝试控制木皮边缘突出的长度。
- 如果你只刨切几片木皮，则木皮很容易弯曲。应增加一些木皮，使其堆高并形成稳定的刨切面。
- 检查夹压木条的压力——可能是木皮没有被压紧而导致刨切时木皮弯曲。

**连接时缝隙不均匀**

这通常是因为木皮的边缘未充分刨切，从而出现了表面纹理十分奇怪的未刨切截面。

**用胶带粘贴连接时木皮重叠**

这可能是因为连接不准确，木皮的边缘不是对接的，粘上胶带后彼此发生了重叠。另一个原因可能是连接处被过度压缩——操作时过度拉抻胶带而让木皮重叠在一起。木皮的重叠处在压缩之后会出现问题，需要修整重叠部分和因为没有接触到核心板的正面木皮而胶合不良的地方。

用锉刀将钢管末端的边缘磨锋利

将钢管末端敲变形

磨平钢管的末端

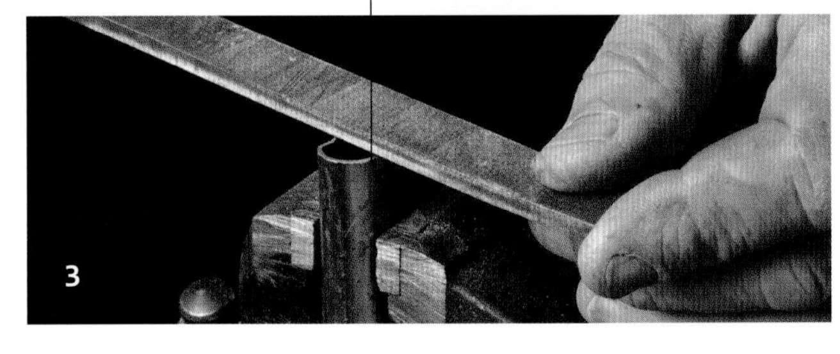


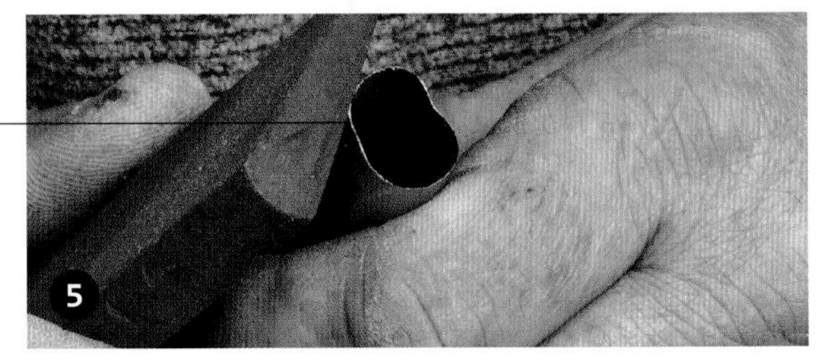


在末端打磨出锋利的边缘

## 修补木皮

你可以通过修补木皮来去除木皮表面的瑕疵，但是这仅适用于树瘤木皮或其他纹理不规则的木皮，在这些木皮上，补丁可以混在杂乱的纹理中而不被发现，不规则的图案有助于淡化补丁的线条。树瘤木皮通常需要修补，因为树瘤中经常有孔和瑕疵。在规则的纹理上，补丁就容易显得很突兀。你可以购买木皮打孔器对木皮进行修补。木皮打孔器是边缘锋利、形状不规则的空心管，它可以割下木皮中的一部分并用新的木皮来替换。木皮打孔器非常昂贵，因此你不妨自己动手制作一个。

### 制作木皮打孔器

1. 找到一些直径约 20 毫米的薄壁钢管，将其切割至 100 毫米长。

2. 用桌钳将钢管夹好，用锤子将钢管末端的轮廓敲得弯曲变形。

3. 用锉刀将钢管末端锉成一个平面。

4. 用锉刀将末端的边缘磨锋利，并使其保持在一个平面上。你需要根据木皮打孔器的轮廓选择不同的锉刀。

5. 用一块磨石细细打磨钢管末端。

成品展示

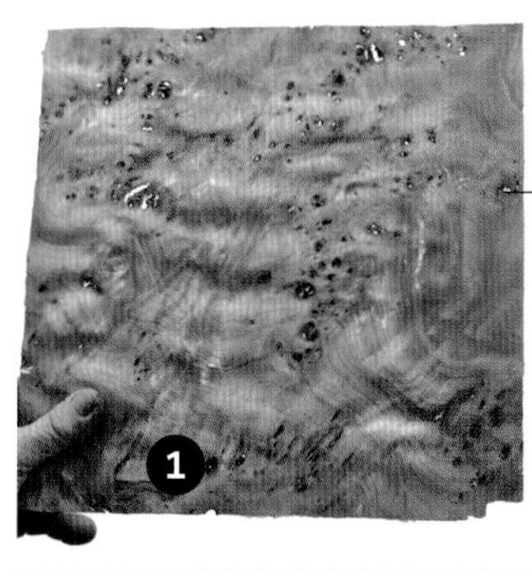

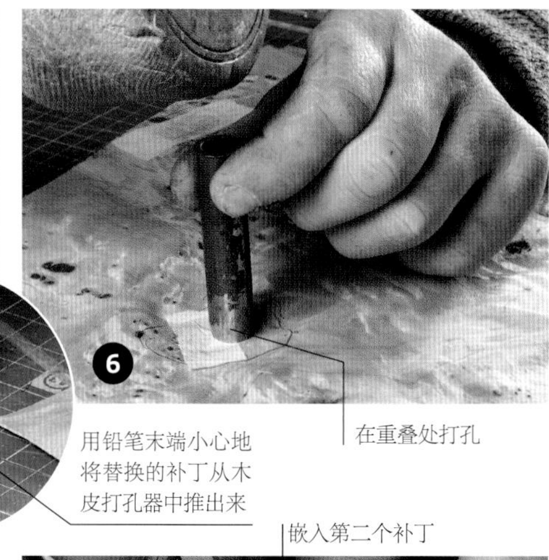


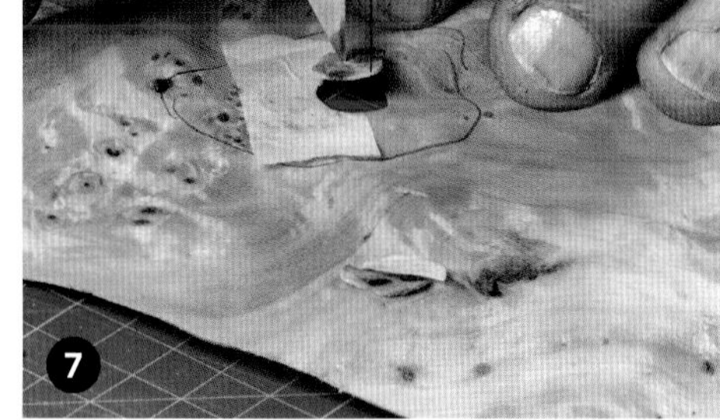


## 使用木皮打孔器

1. 选择你想要修补的区域。可以拿着木皮对着光线找到需要修补的区域。

2. 定位木皮打孔器并用锤子或木槌均匀施力敲击其顶端。小心地从木皮上拿起木皮打孔器，此时应该能从木皮打孔器内卸下已经割下的一小片木皮，而在整片木皮上也会出现一个不规则的孔。

3. 在一片不用的木皮中选择合适的区域，最好选择纹理方向与要修补位置的纹理方向相同的区域，然后割下一片新木皮，在其上用木皮打孔器打孔，用铅笔末端从木皮打孔器中推出木皮补丁。

4. 将补丁放入之前打出的孔中。可以用手术刀定位补丁，并用木皮胶带将其固定。

5. 翻转木皮时，补丁应与木皮表面齐平且周围无缝隙。

6. 有时要打补丁的区域可能大于打孔器。你可以通过叠加打孔来解决这个问题。在第一个区域打孔，对其进行修补，然后在与第一个区域有重叠的区域打孔。

7. 嵌入第二个补丁。需要注意的是，哪些瑕疵需要修补，用哪片木皮作为补丁，取决于你的判断。

修补完成

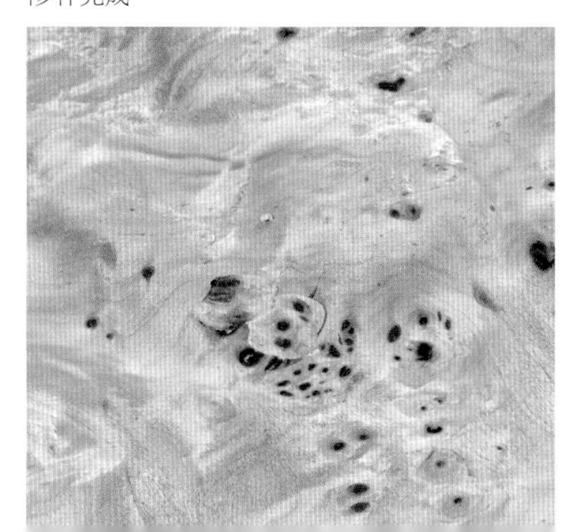

# 准备核心板

中密度纤维板很适合用作木皮核心板的材料，因为它稳定、便宜且易于上胶。桦木胶合板也很适合贴木皮，但不如中密度纤维板稳定。

中密度纤维板和桦木胶合板的边缘都不是很美观，因此，如果要把它们露在外面，通常会以某种方式对它们进行镶边、封边或加框。根据你想要达到的效果，可以在贴木皮之前或之后镶边，也可以用更宽的边缘框住原有的边缘或封边。

这些不同的方法各有优缺点。

### 贴木皮前镶边

这种方法可以让镶边不那么显眼，木板看起来更像一个整体。但是，木板边缘的木皮更容易损坏，并且如果核心板和镶边沿着不同方向发生变形，则有可能会透过木皮看到镶边。

### 贴木皮后镶边

这种方法可以保护木板边缘的木皮，但镶边会变得更明显，尤其是镶边与木材纹理的方向垂直时。

### 加框

这是一种完全不同的方法。它给木板加上了有特点的框，有时还会在木板和框之间的连接处进行镶嵌，拼接时通常会用饼干榫加固，而镶边则不需要加固。

也可以使用封边法，即通过高温熨烫封边胶条来封边。这在加工预先贴好木皮的中密度纤维板时很有用。但是，封边木板的顶角通常非常容易损坏。因此工作室贴木皮的木板，最好采用更耐用的镶边方法。

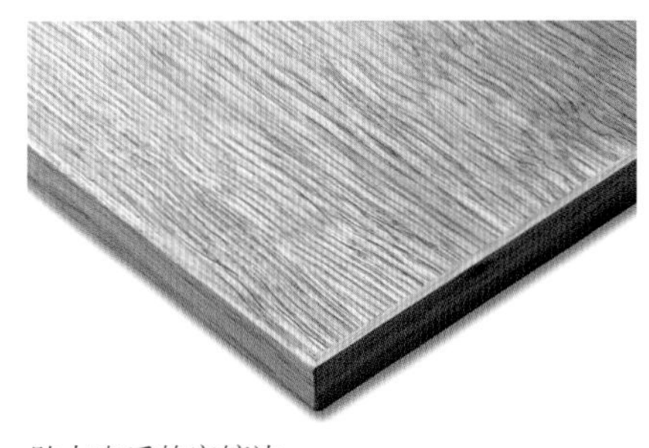

贴木皮后的窄镶边

加框

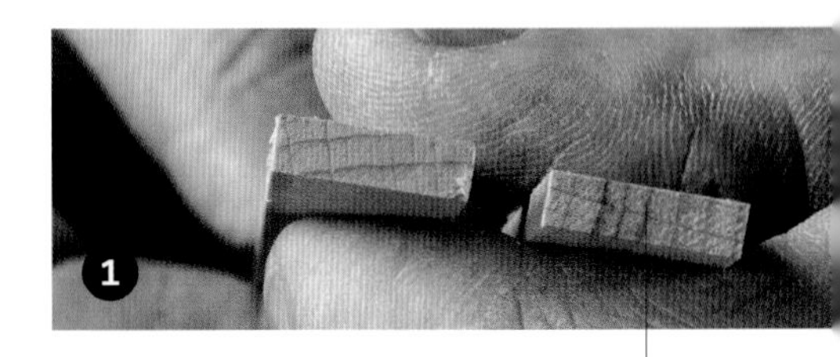

右边的镶边是刻切而成的，所以比左边的更稳固

### 如何给木板镶边

1. 准备 4 ~ 5 毫米厚、比木板宽 0.5 毫米的镶边。镶边最好是刻切而成的（年轮与长边成直角），因为这样的镶边随湿度变化而产生的变形更轻微。

2. 将木板修整方正并修整成所需的尺寸，与镶边的厚度相匹配。

3. 镶边可以在末端重叠，也可以借助斜角刨木导板修整成斜角。在这里，我将镶边的末端重叠。

4. 如果重叠镶边，则必须分两步进行。先在两个木板相对的边缘粘上镶边，且两端都突出来一些。然后将胶水涂在边缘上，再粘上镶边。

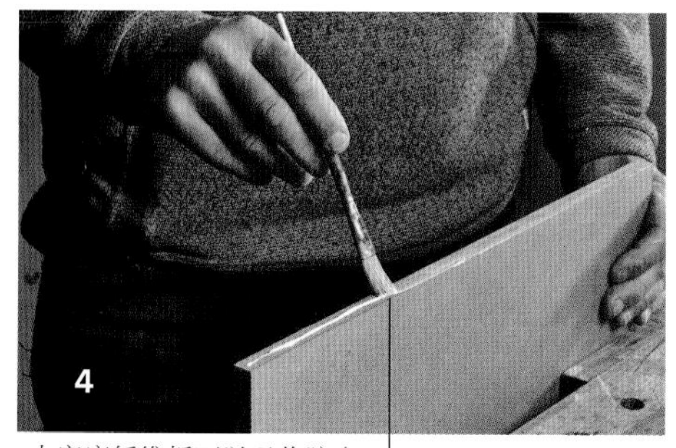


中密度纤维板可以吸收胶水，
因此可以将胶水大面积铺开

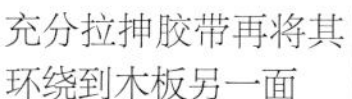

充分拉抻胶带再将其
环绕到木板另一面

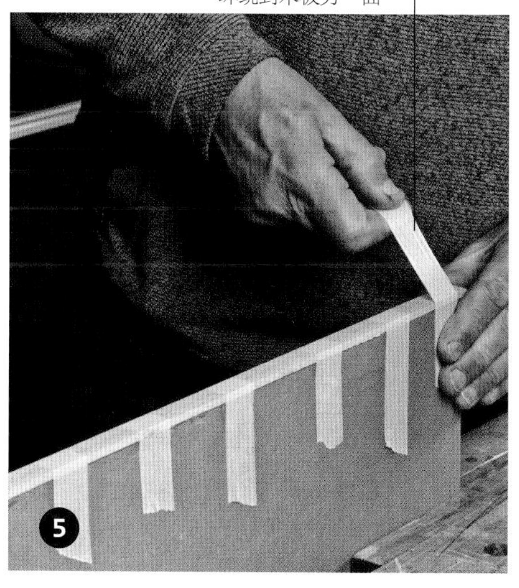

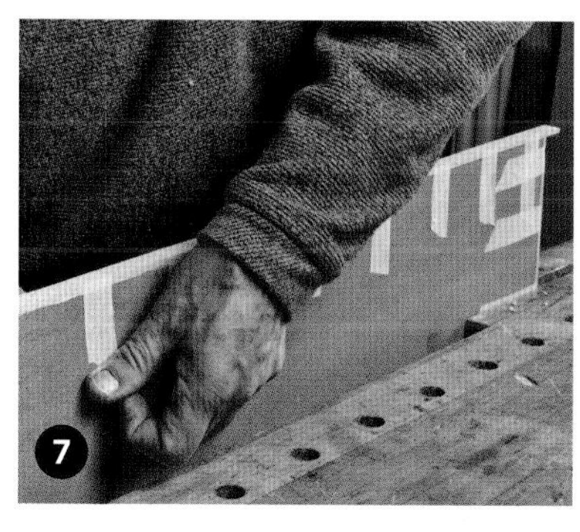


**提示：**斜角镶边必须 4 个角同时完成，因为在胶合前就需要将镶边的末端修整成斜角。

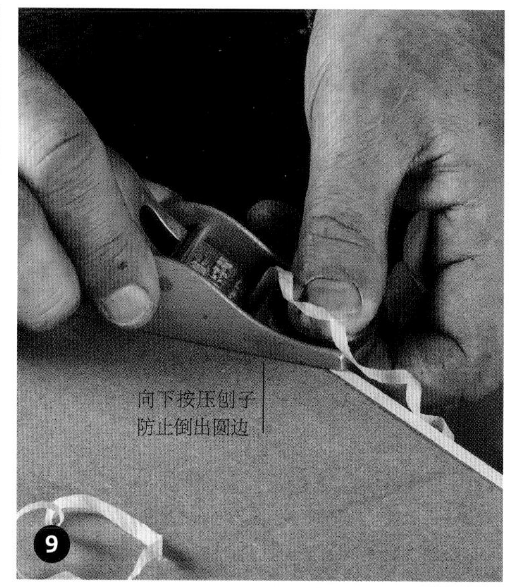


向下按压刨子
防止倒出圆边

检查是否倒出圆边

5. 每隔大约 50 毫米用遮蔽胶带固定镶边。如果将胶带拉抻开，它会产生相当大的正向压力。将胶带用力按压在木板的一面上，然后拉抻胶带并将其环绕到木板的另一面，始终让其保持在这种拉力下。粘贴时，应检查镶边的宽是否比核心板的边缘宽一些或至少与木板两面齐平。

6. 用胶水粘上第一对镶边后，修剪镶边末端并使用短刨使镶边末端与木板边缘齐平。

7. 用同样的方法粘上第二对镶边。

8. 胶水凝固后，修剪掉比核心板边缘宽的镶边并撕下遮蔽胶带。

9. 镶边必须与木板的表面齐平，可以用短刨刨平；如果镶边突出来不多，则也可以使用带有粗砂纸的打磨块将其打磨平整。注意千万不要倒出圆边，为了获得良好的附着力，表面应在最边缘处保持平整——这很重要！

10. 定期检查边缘是否有圆边。

11. 木板镶边后，用带有粗糙砂纸（大概 60 目粒度）的打磨块进行打磨，让表面变得粗糙。

**提示：**将镶边刨平之前，将这块木板夹在桌钳中可能会产生问题。桌钳会夹住镶边而不是木板，从而在镶边上施加过大的压力。可以在桌钳内侧垫入两个木块（用双面胶带粘上）来解决这种问题，这样木块就会抵在木板上，而不是镶边上。

# 贴木皮

贴木皮需要按步骤进行，这其中涉及许多要素，而且你肯定不想因为准备工作没做好而中途停下来。

一般而言，应该给木板的两面都贴上木皮，这样才能保持平衡。如果仅在其中一面贴木皮，则木板可能会弯曲变形。通常，木板其中一面是装饰面，而另一面是非装饰面。例如，桌子的正面可能贴的是四拼树瘤木皮（正面木皮），而背面贴的是不规则图案的木皮（平衡木皮）。

与大多数胶合过程一样，贴木皮的准备工作至关重要。在开始涂胶之前，应确保已做好准备。

我将介绍两种压制方法：胎膜压制法和真空压制法。你也可以使用热熔性动物胶和木皮锤贴木皮，但本书不会详述使用这两种工具的方法。

### 胎膜压制法

准备两块至少18毫米厚的木板(胎膜)，比即将要贴木皮的核心板稍微长一些并且稍微宽一些。如果核心板的宽度超过400毫米，则还需要准备由松木或其他廉价的木材制成的横撑，尺寸大约为50毫米 ×75毫米。使用夹具固定横撑前有必要先练习一下，以便在正式操作时，所有夹具都能固定在正确的位置上。

### 准备胎膜

1. 你需要沿核心板长度方向每隔约250毫米放置横撑。在横撑内侧边刨出大约2毫米宽的轻微凸曲面，这将确保可以从中心向外施压。标记有微曲面的边缘，这样方便在夹紧时找好方向。

2. 夹具将在横撑的末端施加压力。确保夹具大小合适，并且数量够用，最好使用F夹。

### 压制木皮

现在，你应该有两片拼接好的木皮（如果核心板的两面都是装饰性的，则应该用两片正面木皮；如果不是，则应使用一片正面木皮和一片平衡木皮），木皮的一面表面无瑕，而另一面贴着胶带。如果贴胶带一面的胶带不知为何显露在另一面，应用一块湿布轻轻地将胶带润湿，放置几分钟，然后撕掉胶带。不要过度润湿胶带，否则木皮会卷曲变形。

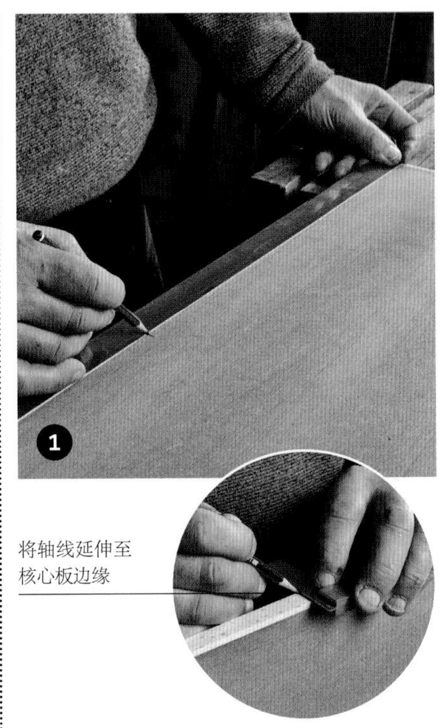

将轴线延伸至核心板边缘

1. 如果木皮以书页式拼接法或四拼法拼接在一起，应在核心板上标记出其轴线，以便将其正确对齐。将轴线延伸至核心板边缘，因为这样你才能看到轴线。

2. 用铅笔在木皮上环绕核心板的外边画线。

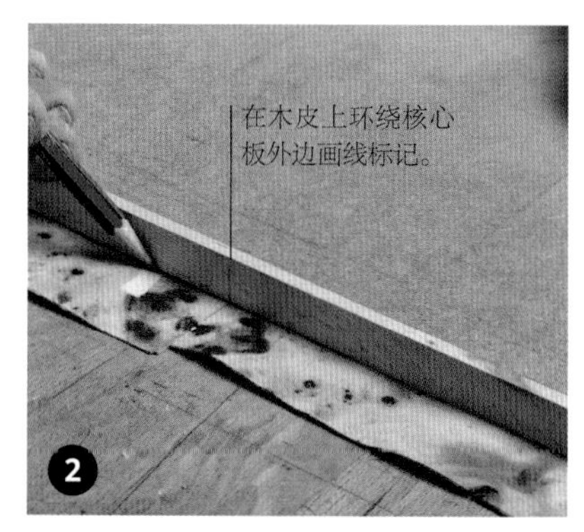

在木皮上环绕核心板外边画线标记。

修整木皮，使其边缘比核心板长出约 10 毫米

将半茶匙凡·戴克晶体染料混合在水中，再与凯斯克美特胶混合，使胶水颜色变暗

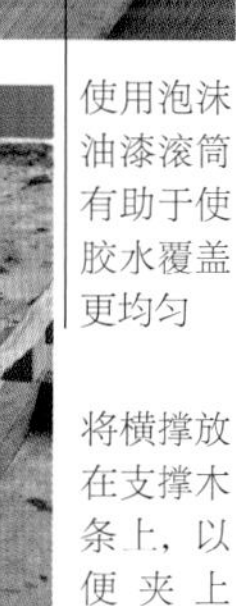

使用泡沫油漆滚筒有助于使胶水覆盖更均匀

将横撑放在支撑木条上，以便夹上夹具

3. 修整木皮，使其边缘比核心板长出约 10 毫米。

4. 将 2 个支撑木条与 4 个横撑垂直放置，在横撑上放置胎膜。

5. 在胎膜上铺一张纸，然后在其上面放置正面木皮，有胶带的一面朝下。

6. 将胶水涂在核心板的其中一面上。你可以用普通刷子涂胶水，但用泡沫油漆滚筒上胶会更快，而且胶水覆盖得更均匀。贴木皮所用的最佳黏合剂是粉状脲醛树脂胶（例如凯斯克美特胶），因为它具有防水性和高强度，且可以染色。如果没有，优质的防水 PVA 胶（D3 或更高等级的胶）也是可以的。你的目标是涂上一层如乳胶那么厚的胶水。

7. 将核心板翻转放到木皮上并检查其是否居中。如果是使用四拼法拼接的木皮，则将连接处与核心板边缘标记的中心线对齐。

8. 在核心板的背面涂上胶水。

9. 将平衡木皮放在核心板背面，并将其慢慢地平铺在木板表面上。

10. 快速地放上一张纸，然后放第二个胎膜。如果动作不够快，木皮可能会因为吸收了胶水中的水分而卷曲。

**提示：** 可以通过在与脲醛树脂胶混合的水中添加颜料来对胶水进行着色，凡·戴克晶体染料非常适合涂在橡木和白杨木树瘤木皮上。

曲面朝下

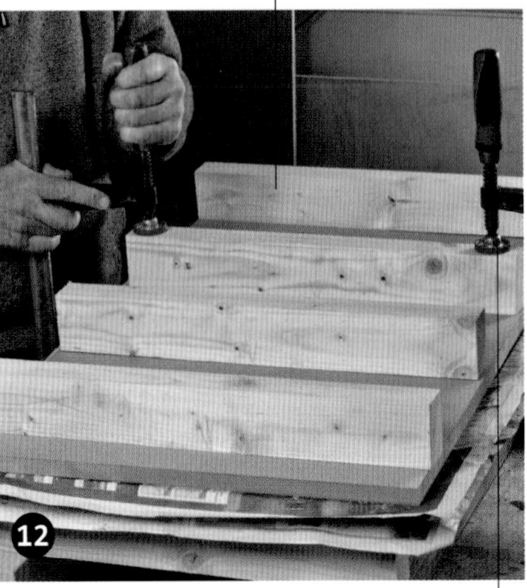

从核心板中心向外夹紧夹具

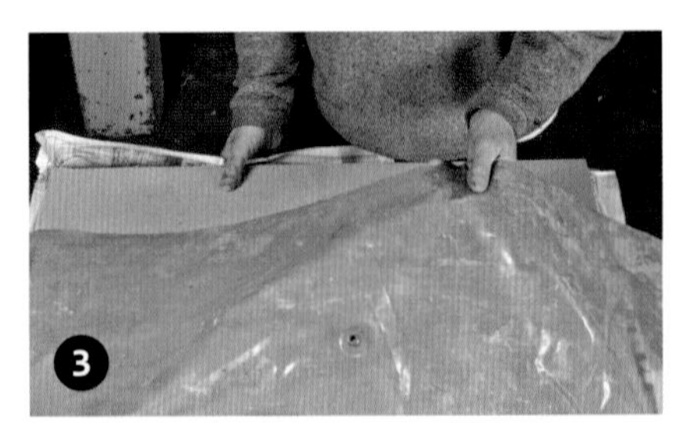

透气性材料可使整个袋子中的空气都被吸走

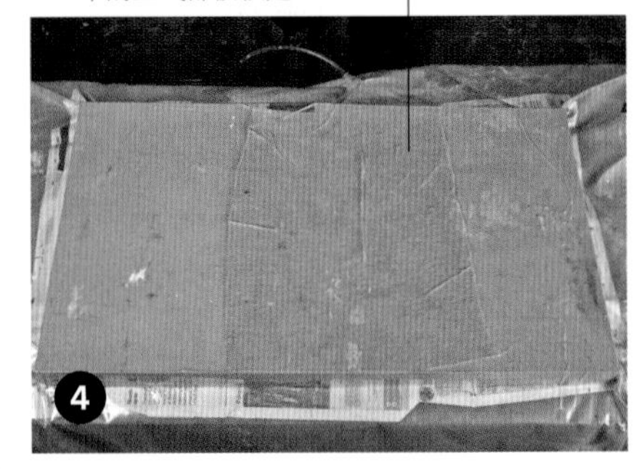

夹具应拧紧

中心线应对齐

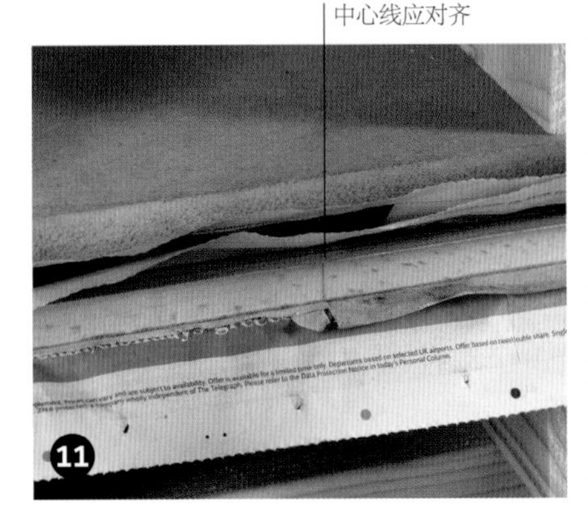

如果你比较谨慎，可以沿边缘再多夹几个夹具

11. 通过观察核心板边缘的画线，重新检查木皮是否与核心板的中心线对齐。

12. 将剩下的横撑曲面朝下放在胎膜上，并施加压力。从核心板中心向外夹紧夹具。你可能需要一位助手，以便可以在横撑的两端施加平衡的压力。你可以在横撑之间的木板边缘再多夹几个夹具。

13. 拧紧所有夹具后，检查核心板与横撑是否对齐，因为核心板可能从横撑上滑落。

14. 如果使用凯斯克美特胶，则应保持压制状态约 5 小时；如果使用的是 PVA 胶，则保持压制状态大约 2 小时就足够了。

## 真空压制法

这种方法是将要贴木皮的工件放置在塑料袋或乳胶袋中，并使用真空泵吸出空气，以形成真空压。

1. 将要贴木皮的核心板夹在两张纸之间，然后再夹入两块稍大一些的木板，其边缘略微倒出圆角，以免其刺穿袋子。这些木板可以很薄，因为袋子会将压力施加在整个木板表面上。

2. 一旦将核心板放入袋子中，你可能就很难检查其对齐情况，但是在木皮的边缘贴上胶带可以帮助你检查。

3. 将整套“夹心”层放入袋子中。

4. 袋子含有透气性材料，放好“夹心”层后，空气可以从木板被吸到管道连接件中。检查木皮是否对齐，然后密封袋子并打开真空泵。你很快就会看到套在木板外的袋子被压缩，真空表盘指示值增大。气压在 70 ~ 80 千帕就足够了。此方法的压制时间与胎膜压制法相同。

用木条抬起木板的一个边缘

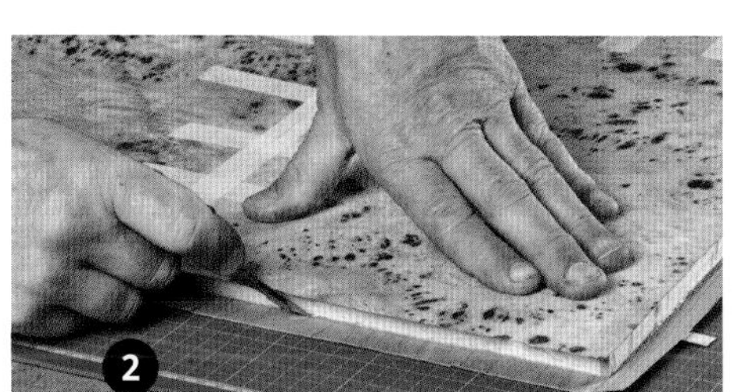

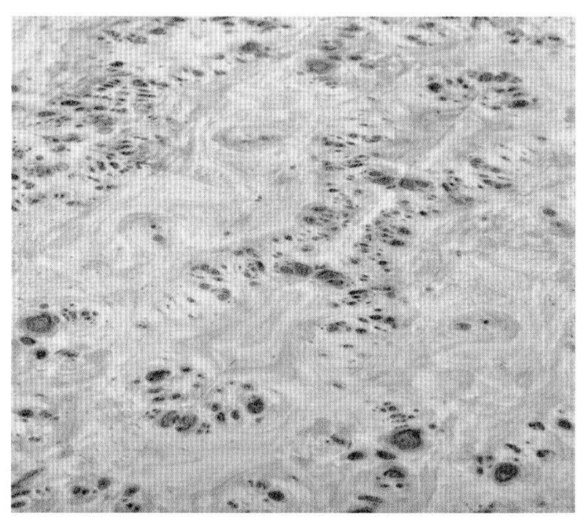

成品展示

### 清理贴木皮后的木板

压制后，将贴好木皮的木板放置至少 12 小时，以使黏合剂固化，然后再清理木板。

1. 你会在木板的边缘看到一部分突出的木皮，可以用手术刀将其清除。将木板放在切割板上，然后稍微抬高木板的一个边缘。

2. 用力向下按木板对侧的边缘，并修整这个边缘处的木皮。可用手术刀抵住木板边缘裁切。应避免直接向后裁切，否则可能会导致木皮断裂。应从另一个方向进行第二次裁切。

3. 其他边缘的木皮也按照这个方法修整。

4. 用短刨轻轻刨平边缘。

5. 稍微向下打磨木板以去除多余的胶水，并略微倒圆角以防止木皮被拉离。

6. 用湿布轻轻润湿木皮胶带。

7. 几分钟后，撕下木皮胶带。这个过程中，你可能需要反复润湿胶带，直到能够轻松撕下胶带，但尽量不要将木皮弄得太湿。

8. 木板可能需要大力打磨，以清理所有胶水的渗漏痕迹并磨平木皮拼接处。先使用带有 120 目粒度砂纸的打磨块进行打磨，再用带有 180 目粒度砂纸的打磨块进行打磨，或使用随机轨道砂光机进行打磨。可以大力打磨木皮，而不用担心会穿透木皮，但切勿使用砂带机。

# 问题诊断

### 木皮与木板之间没有粘牢

这可能是以下几个原因导致的。

木板的边缘可能会出现问题，尤其是在因过度刨镶边而使边缘呈略微向下的斜坡时。

- 木板边缘压力不足。使用胎膜压制法时，可在横撑之间多夹几个夹具。
- 在镶边突出的部分被切掉并且边角稍微倒角之前，木板边缘很容易受损，所以要尽快完成这些操作，否则在你处理木板时边缘可能会抬起。
- 有时，在木板中央的木皮可能会凸起。通常树瘤木皮会出现这种问题，这可能是木皮局部变薄所致，这意味着贴木皮时该区域没有受到压力。
- 木皮拼接处重叠也会导致此问题，因为重叠的木皮未与核心板完全接触。有必要以轴线为合页，轻微折一下木皮再将其放置在核心板上，观察木皮是否正确地拼接在一起。将重叠区域的木皮用胶水粘在核心板上后，可以将重叠部分刮掉或打磨掉。
- 贴上木皮后过度润湿木皮或太早润湿胶带，会导致木皮中间起泡。
- 有时，处理核心板所用的蜡或油会掉到木皮上，可能会导致木皮的附着力变差。
- 凯斯克美特胶混合错误，或使用等级不够的 PVA 胶。PVA 胶如果暴露在低温下，会失去其特性。

### 寻找凸起的区域

应该在打磨之前找到凸起的区域并进行处理，否则打磨时有可能磨穿这些区域。

你可以通过用铅笔的后端轻敲木皮来查找木皮的凸起区域。即使肉眼看不到气泡，轻敲气泡发出的声音也会与轻敲其他区域发出的声音有所不同。

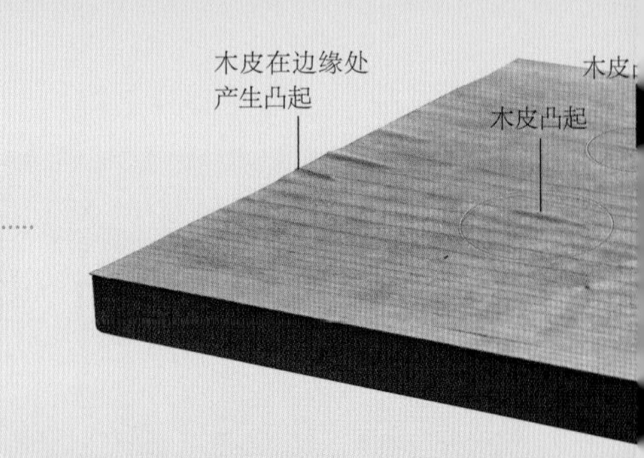

### 熨平凸起区域

对于凸起的区域，有一种补救措施是对其进行熨烫。这种方法对使用了 PVA 胶的木皮而言效果最好，而对凯斯克美特胶不太起效。

要熨平木皮中的气泡或凸起区域，应将一张纸放在相应区域上面，并将熨斗设置为较高温度，然后进行局部施压。应围绕凸起的区域移动熨斗的前端，不时检查木皮是否熨平。

## 给凸起的木皮重新上胶

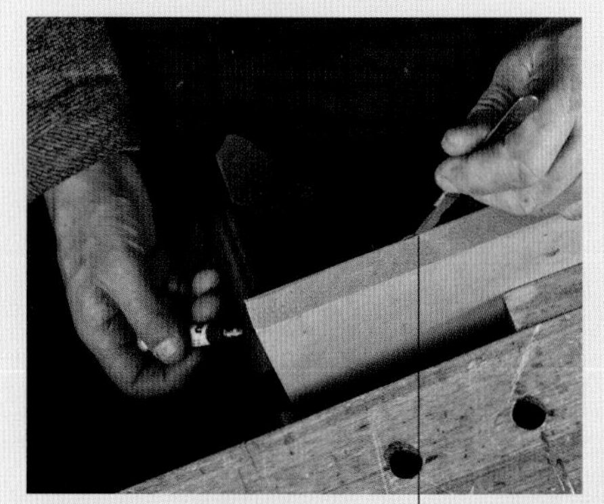
用手术刀挑起木皮

滴入强力胶

用胶带固定

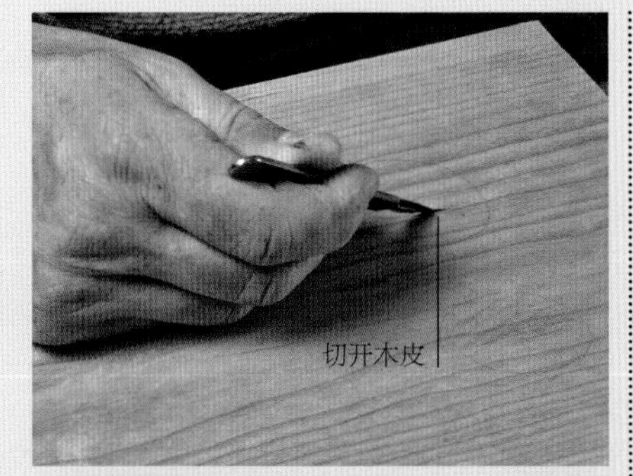
切开木皮

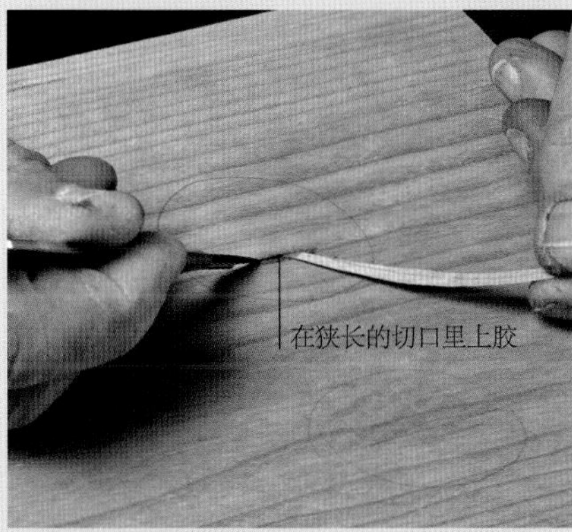
在狭长的切口里上胶

夹紧工件

如果用熨斗没有效果，则需要使用额外的黏合剂。可以在木皮边缘使用强力胶或聚氨酯胶。

拿起未粘上的木皮并涂上薄薄的一层强力胶即可，因为胶水可以通过毛细作用进入木皮内。可以用胶带粘住木皮以提供适当的压力。

如果凸起的区域远离木皮边缘，可以用手术刀沿着纹理切开木皮，然后涂上胶水或将胶水挤进切口。这种方法在树瘤木皮上效果更好，因为切口在树瘤木皮不规则的纹理图案中不容易被看出来；而在直纹理木皮上，切口可能会很明显。如果夹具无法夹压到要修补的区域，则可以用一个重物将其压住。

### 胶水渗出来

胶水常常会通过木皮渗出来并变得可见。这通常发生在树瘤木皮上，因为其纹理不规则。通常打磨树瘤木皮的痕迹并不明显，但在浅色、纹理较规则的木皮上这些痕迹会比较明显，因而可能不太好看。对于这种情况，应避免使用晾干后颜色会变暗的胶水，例如部分美国太棒胶，并且不要把胶水涂得太厚。

修复效果

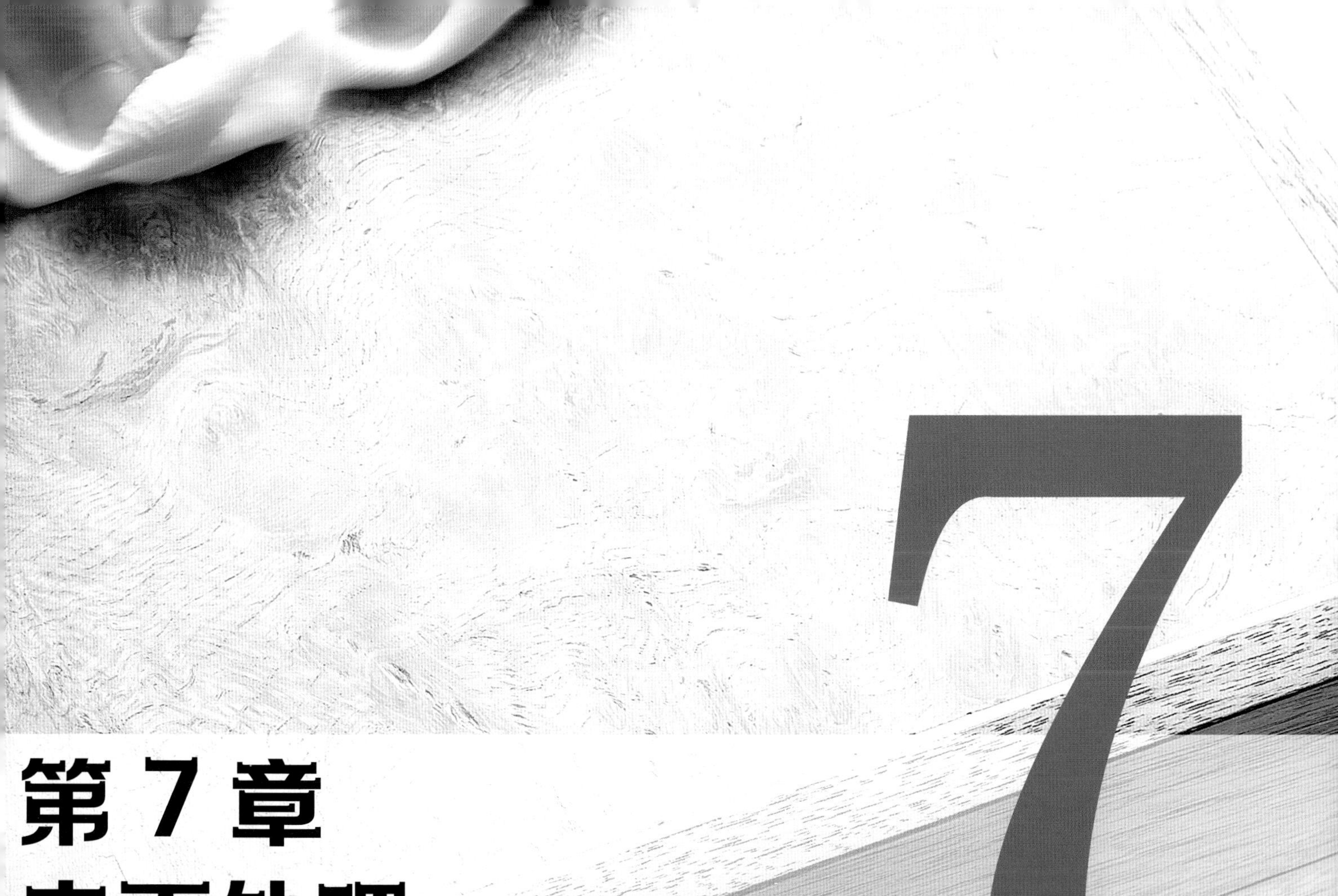

# 第 7 章 表面处理

当你在一个木工项目中进行表面处理时，木材的纹理、颜色和质地都会显现出来，这赋予了每个木工项目个性和活力。在本章中，我将介绍表面处理的 3 个阶段：第一阶段，表面预处理，为最后的表面处理创造一个干净且光滑的表面；第二阶段，着色；第三阶段，运用 3 种不同的表面处理工艺——涂油处理、打蜡处理和涂虫胶砂光密封剂，以及涂丙烯酸清漆。

# 表面处理工具和材料

表面处理的 3 个阶段需要用到许多专业工具和材料。

## 表面预处理

**砂纸**（①）

表面预处理最好使用 100 ~ 180 目粒度的氧化铝砂纸，涂漆层之间则使用 400 ~ 500 目粒度的氧化铝砂纸。

**打磨块**（②）

打磨块通常是由砂纸包裹在软木块上制成的，这样能够形成一个平坦的打磨表面，便于将木材表面打磨平坦。用打磨块打磨时，将砂纸沿短边撕成 3 块可以节约材料。将砂纸三等分折叠，沿着折痕放置一个钢尺，然后沿着钢尺撕开砂纸。可以将分成 3 块的砂纸包裹在软木块上，砂纸逐渐损耗后可以将其左右移动一下继续使用。

**钢丝绒**（③）

钢丝绒可用于加工成型品等。粗粒度钢丝绒可在修复时去除旧的涂层，最细粒度（0000）的钢丝绒可用于抛光最终涂层。钢丝绒不可用于加工橡木或其他单宁含量高的木材，因为钢铁颗粒会在这种木材上产生黑色斑点。

**尼龙砂带或百洁布**（④）

这些是自带磨料的尼龙布，适用于加工成型品和曲面，也可用于抛光最终的涂层。我建议选择最细粒度的尼龙砂带或百洁布（它们的粒度可从其颜色辨别出来，灰色为细粒度）。

**熨斗**（未展示图片）

普通的家用熨斗可以用来将凹痕熨平。

**木塞钻头**（未展示图片）

一种空心的钻头，用于制作木塞以填充钻孔。

**混合填缝剂**（⑤）

由填缝剂和硬化催化剂混合而成的速凝填缝剂。

**填缝蜡棒**（⑥）

带有颜色的蜡棒，用于填充微小的瑕疵，有多种颜色可供选择。

## 清洁表面

**除尘布**（⑦）

浸有黏性树脂的细网布。在进行表面处理前，用它来清除灰尘。

**除尘刷**（⑧）

装饰表面时使用的专用刷子，用于在表面处理前进行最后一次除尘。

**油漆溶剂油**（未展示图片）

油漆溶剂油可清洁受污染的表面，去除薄层油基着色剂和涂料。

## 处理表面

**涂抹垫**（⑨）

涂抹垫为毡布垫或泡沫垫，用于涂漆，并且有各种尺寸。

**抛光刷**（⑩）

这是一种非常柔软的毛刷，用于涂涂料，尤其是那些含酒精的涂料。

**泡沫油漆滚筒和托盘**（未展示图片）

这些工具适合用于涂油基涂料。

**天然颜料**（⑪）

由天然矿物质制成的颜料，可用于给填缝剂和涂料染色。

**着色剂**（⑫）

着色剂可用所用溶剂命名。油基着色剂中使用了石脑油，其干燥速度缓慢，因此非常适合大面积着色。酒精着色剂的溶剂成分中含有酒精，它可以快速干燥，并且可以与虫胶清漆混合。水基着色剂是水溶性的。前文提到的凡·戴克晶体染料就是水基的。

**表面处理涂料**（未展示图片）

有许多不同的涂料可供我们选择，我会使用 3 种不同类型的涂料。需要注意的是，涂料应与所使用的任何着色剂兼容。

**甲基化酒精**（未展示图片）

这种酒精用于稀释酒精着色剂和涂料。

6
LIBERON
3
1
1
1
2
12
5
9
11
8
10
7
4

# 表面预处理阶段

此阶段的目的是加工一个光滑且无划痕的表面，为表面处理的下一阶段做好准备。如何实现这个目的可能取决于你更喜欢用手工工具还是电动工具，在这里我将分别展示两种类型工具的不同处理方法。

在大多数情况下，有必要在胶合各部件之前处理好表面。各部件在制作过程中可能会在表面留下各种凹痕、敲击痕迹和铅笔痕迹。如果用机器刨切过部件，则还会由于机器刀片的作用而在部件表面形成垂直于木材纹理的细小的纹理。尽管这些瑕疵似乎微不足道，但经过表面处理后它们会变得非常明显。

**试试这样做！**

通常，在表面处理之前进行刨切时，你会在木材表面发现轻微的阶梯状痕迹，这是刨刀切割木材时留下的痕迹。为避免这种情况发生，应在刀刃上打磨出轻微的弧度，并非常精细地设置刨刀，再将其放置在居中位置。观察从刨刀中刨出来的刨花——应该从中间位置出来，并且向两侧逐渐减少至无刨花。

### 手工刨切

1. 使用非常锋利且设置精准的刨子刨平所有表面，在刨切时需要特别注意木材纹理的方向。这样可以清除表面上所有细微的瑕疵，并形成接近平滑且洁净的表面。

2. 表面可能还存在一些较深的瑕疵或不规则的纹理，而使用刨子是无法清除它们的。这时可以使用木工刮刀进行处理。应在瑕疵区域周围均匀地刮削。如果仅在瑕疵处刮削，则该区域会形成凹陷，这可能比瑕疵本身更糟糕。

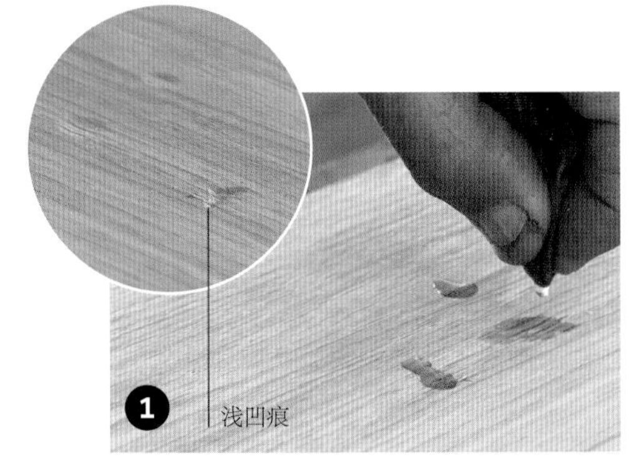

### 熨平浅凹痕

如果工件表面有凹痕，则可能是工件掉落或工具掉落在工件表面造成的，可以试着用熨斗将其熨平。如果凹痕只是因为木材本身被压缩而形成的，并没有破坏纹理纤维，则可以用熨斗熨平。如果纤维已经被破坏，那么用熨斗并不会让凹痕隆起。最好也不要用熨的方法处理贴好木皮的表面，以防木皮起泡。

1. 滴几滴水在凹痕处。可以使用注射器，或者从湿布中挤几滴水，让水滴浸泡凹痕几分钟。

2. 将一块湿布（弄湿后轻轻拧干）放在木材表面，然后将预热好的熨斗压在湿布表面的棉布层上。产生的热量和蒸汽会让木材纤维膨胀，原来的凹痕就会消失。如果凹痕没有消失，应反复操作直到凹痕消失。

3. 凹痕周围的纤维也会膨胀，因此这一区域都需要打磨。

**试试这样做！**

打磨块的表面并不总是平的，任何不平整都会导致砂纸凸起的位置被堵塞住。尝试在已知的平面（例如桌面或中密度纤维板的一处浅凹痕）上放一些砂纸，然后在上面摩擦软木块。

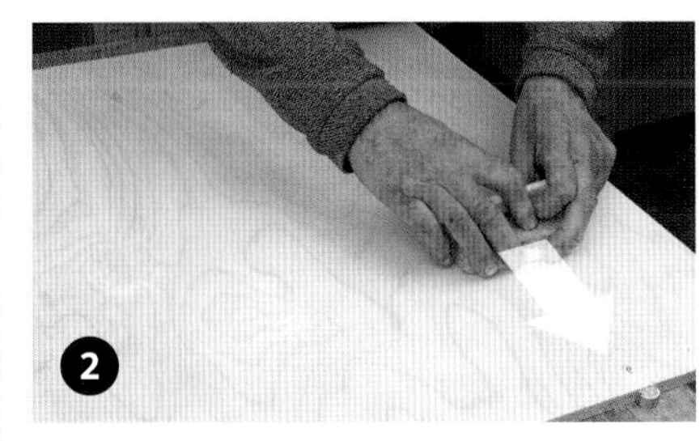


### 打磨

刨平后，如果尚未达到完美的光洁效果，应使用带 180 目粒度砂纸的打磨块轻轻打磨木材来完成准备工作。如果有更深的痕迹，应尝试在局部用 120 目粒度的砂纸打磨，然后再使用 180 目粒度的砂纸打磨。

1. 沿着纹理来回打磨。打磨木材表面上的细小划痕时，可沿着纹理打磨，这样划痕就会消失在纹理中。

2. 打磨较大的表面（例如门板或桌面）时，应从一端开始，这样你可以更笔直地划动打磨块。相比之下，如果你站在木材纹理的一侧，那么划痕会在整个表面上呈弧形。

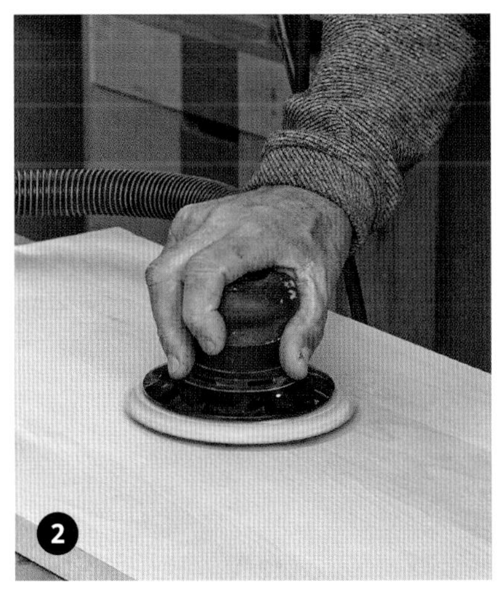


### 使用电动工具打磨

表面预处理阶段的另一种打磨方法是使用砂带机打磨。

1. 使用 100/120 目粗粒度的砂带机可以快速去除大多数瑕疵，但需要注意的是，砂带机自身也会带来一些问题。建议仅使用砂带机打磨较宽的工件，因为如果使用砂带机打磨较窄的工件的话，一旦其从边缘掉落就会损坏工件。

2. 最后用 180 目粒度的随机轨道砂光机打磨。

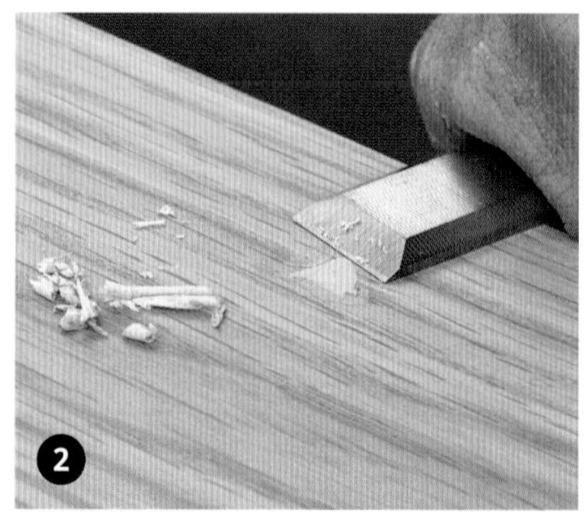

## 填补天然的瑕疵和其他缺陷

填补瑕疵或缝隙也是表面预处理阶段的工作的一部分。大部分情况下可以在胶合后填补，有时甚至可以在涂完第一层涂料后进行填补。较大的孔洞或凹痕可能必须用填缝剂填补，或使用与该木材纹理相似的木材修补。处理木材的缺陷需要一些灵感和判断力，因为每处缺陷都是独一无二的。实际上，有些人喜欢将天然的缺陷保留下来，作为一种特有的装饰。

### 木材表面的大孔洞

这些大孔洞可能是在回收木材的过程中由于节脱落或螺丝孔造成的，有各种各样的方法可以修补这些孔洞。混合填缝剂可以很好地填补孔洞，不过填补后要在表面涂漆；如果你打算涂透明涂料，则不能用混合填缝剂填补。更好的办法是将一块和工件纹路相似的木材制成木塞。可以使用电钻和配套的木塞钻头进行制作，但能填补的孔洞的尺寸受限于木塞钻头的尺寸。

### 使用混合填缝剂

1. 用调色刀或腻子刀在孔洞中涂抹混合填缝剂。遵循生产厂家的说明书来调制填缝剂。让填缝剂在木材上稍稍凸起。

2. 干燥后，用凿子将其凿至大致与表面齐平。

3. 用打磨块将木材表面磨平滑。

确保钻头的直径比之前的钻孔稍大，并且尺寸与木塞钻头相同

### 使用木塞填补

1. 选择合适的电钻和钻头，钻头直径应足以遮盖住瑕疵。

2. 如果工件不够厚，则向下钻的深度应小于或等于 10 毫米，将瑕疵钻掉。

3. 使用木塞钻头，在一块纹理和颜色与需要填补的工件相似的木材上钻出一个木塞，将其填补进钻孔中。

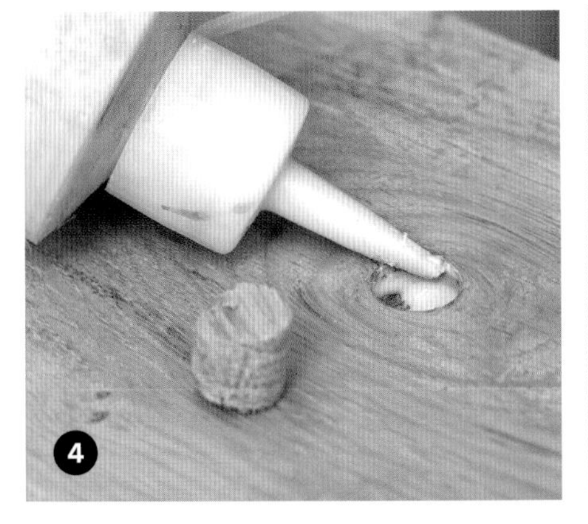

修补完成后的效果

4. 将木塞从钻孔中撬出来，然后用胶水将其粘到工件的孔中，将末端折断。

5. 用锤子将木塞敲击到位，确保其纹理与工件纹理对齐。令木塞在工件上稍稍突出一点。

6. 胶水凝固后，用刨子和刮刀将木塞与工件表面修平整，并打磨光滑。

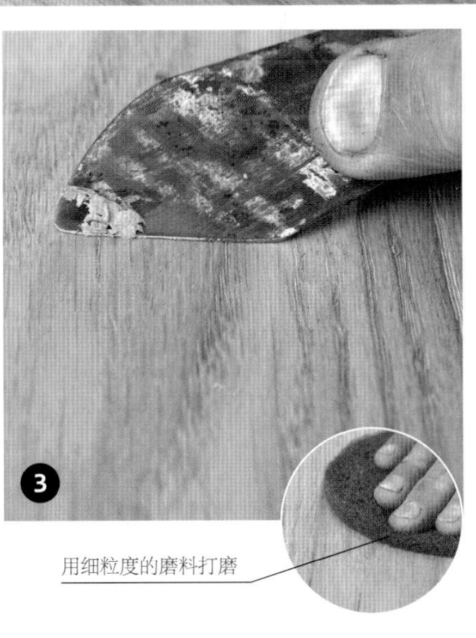

用细粒度的磨料打磨

**木材表面的细小裂缝和撞击痕迹**

这些瑕疵可以用填缝蜡棒处理。你需要非常仔细地按照工件的颜色选择填缝蜡棒，其最佳使用时间是在涂完第一层涂料之后，因为涂料可能会改变木材的颜色，但不会改变蜡棒的颜色。当填补树节和向内生长的有缺陷部位时，应使用和其颜色匹配的蜡棒，而不是选择与纹理的颜色匹配的。

1. 如果无法找到颜色匹配的蜡棒，则可以将不同颜色的蜡棒放在茶匙里，再用火熔化后混合在一起，以获得匹配的颜色（但是要小心，因为蜡是易燃物）。另外一种方法是混入天然颜料来改变蜡棒的颜色。

2. 对于非常细的裂缝，可以沿着裂缝擦上填缝蜡棒来进行填补。

3. 刮去多余部分，然后用细粒度的磨料轻轻打磨。

4. 对于较大的裂缝，可用调色刀或腻子刀从蜡棒上取下一块蜡，然后将其压入裂缝中。

5. 用工具的边缘刮掉多余的部分。

6. 使用带有细砂纸的打磨块打磨。如果蜡太硬，可以用手指揉捏使其变软。

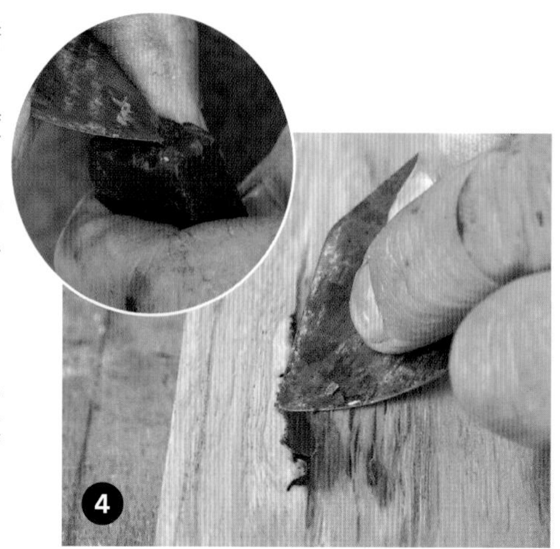

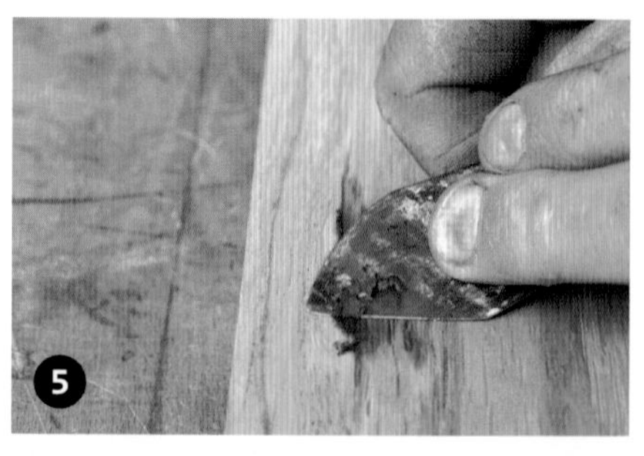

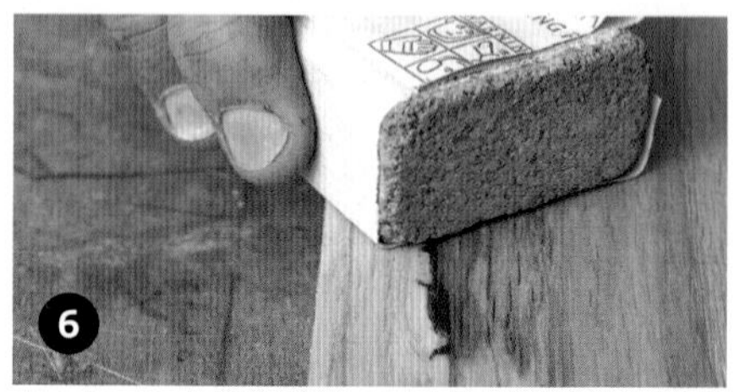

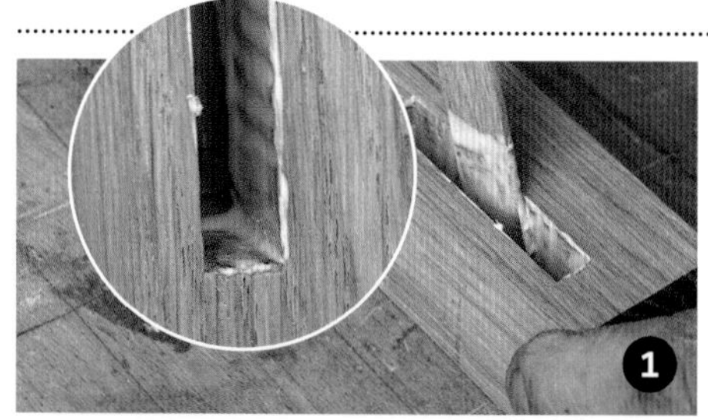

使用夹紧块

用废料保护部件

## 胶合部件

胶合的方式会对表面处理产生很大的影响，可能会导致工件表面出现凹痕、撞痕和胶痕。一旦修整好表面，就可以将各个部件胶合在一起。大多数初学者会过度使用胶水，因此常常需要处理溢出的多余胶水。

1. 小心地在卯中涂抹胶水，避免将胶水涂在卯周围的面上。

2. 在榫上涂一层薄薄的胶水。

3. 确保使用足够的夹紧块。

4. 如果需要使用木槌，应用废料保护部件。

### 试试这样做！

制作橱柜时，在涂胶之前可以在工件内部表面涂上涂料，这会使得在每个涂层之间进行的涂料和打磨操作更方便。应小心地用遮蔽胶带将连接区域包裹上。

## 处理连接处的缝隙

连接处缝隙的处理方法与表面裂纹的处理方法相同。不过你可能难以将蜡填入工件角落处的缝隙中。

1. 用腻子刀或凿子的边缘从蜡棒上切下薄薄的一层蜡，再用力将其戳进角落的缝隙中。

2. 用凿子刮掉多余的蜡。

# 着色阶段

就个人而言，我更喜欢在木材上涂上涂料，在不着色的情况下以此凸显木材的自然色和木纹。目前有许多不同的着色技术：有的使用化学工艺来改变颜色，例如用氨熏制以使橡木具有浓郁的深蜂蜜色；有的则使用颜料或染料来改变颜色。本书在此只特别介绍一种着色方法。

## 试试这样做！

涂抹着色剂和表面处理涂料时，应将它们倒入开口的容器中，因为这样可以使布料充分浸入液体中，从而使液体充分涂抹在木材表面。对于油基着色剂和表面处理涂料，应使用金属容器盛装，因为油是有溶解力的，塑料容器会被溶解。

凡·戴克晶体染料中的少量氨有助于它更深地进入木材的孔隙中。

### 用凡·戴克晶体染料着色

凡·戴克晶体染料是一种用于将橡木做旧的流行的木材着色剂，也可用于使其他木材的颜色变暗。这是一种水性着色剂，通过将烤过的核桃皮（凡·戴克晶体）溶解在沸水中制成。你可能需要戴上乳胶手套或丙烯酸手套涂抹这种着色剂，以免手指被染上色。

1. 由于凡·戴克晶体染料是水性着色剂，因此在涂抹时纹理会凸起。为避免这种情况发生，应先用湿布湿润木材表面并等待其再次干燥，然后用 180 目粒度的砂纸轻轻擦拭表面。重复此操作，直到湿润后木材纹理不再凸起。对于所有水性着色剂和涂料，都应这样做。

2. 将一中匙的凡·戴克晶体染料与一整杯开水倒入开口的容器中，搅拌直至晶体溶解。在一块废料上试色。如果颜色太深，可以用水稀释；如果颜色太浅，则加入更多晶体。

3. 对调和出来的颜色满意后，将布浸上着色剂，涂抹于木材表面。应每次都涂抹到已湿润的木材边缘。大量地涂抹，然后擦去多余的部分。

4. 避免将水溅在木材表面，否则会导致最终成品的表面出现水印。

1

2

3

# 表面处理阶段

表面处理涂料有很多不同的类型，也有许多不同的特性。下表列举了一些可以在家庭工作室中轻松使用的涂料。

| 在家庭工作室中使用的涂料的比较 | | | | | |
|---|---|---|---|---|---|
| 表面处理涂料 | 基底 | 丰满度 / 光泽度 | 对木材颜色的影响 | 涂抹方法 | 评价 |
| 丹麦油 | 油 | 低 / 低 | 轻微暗化木材的颜色 | 用刷子、抹布或滚筒涂 3 ~ 4 层，擦掉多余的部分 | 使用简单，但涂抹耗时久；非常耐磨；允许修补和润色 |
| 硬蜡油 | 油 | 低 / 低 | 不会暗化木材的颜色 | 用刷子、抹布或滚筒涂 2 ~ 3 层，擦掉多余的部分 | 和丹麦油相似，丰满度略高但更耐磨；允许修补和润色 |
| 抛光蜡 | 蜡 | 低 / 中等 | 不会加深木材的颜色 | 用布、钢丝绒或尼龙砂带涂抹 | 不耐磨；除非密封过表面，否则会被吸收；容易修复 |
| 丙烯酸清漆 | 水 | 高 / 亚光泽到高光泽 | 不会暗化但会使有些木材的颜色变深 | 用涂抹垫涂抹 3 ~ 4 层，之后需要抛光 | 耐磨，但不容易重新修饰或修补；高丰满度会影响木材的触感 |
| 聚氨酯清漆 | 油 | 高 / 亚光泽到高光泽 | 暗化木材的颜色，颜色随着时间的流逝而发黄 | 用刷子涂抹 2 ~ 3 层 | 非常耐磨；干燥时间长，可能不适合在粉尘飞扬的工作室中使用；涂出来的成品有点像塑料 |
| 法国抛光漆 | 酒精 | 非常高 / 绸缎般光泽到全光泽，可控光泽 | 取决于抛光漆的类型 | 用棉布擦涂几层，然后用酒精显现光泽；光泽度取决于抛光效果 | 不容易涂抹；不耐磨，但是表面处理后具有美丽的深色光泽；如果过度涂抹，可能会让成品看起来像塑料 |

接下来，你将看到以下 3 种表面处理的方法。

- 涂油处理，例如丹麦油或硬蜡油。
- 打蜡处理和涂虫胶砂光密封剂。
- 涂丙烯酸清漆。

如果你使用的是着色剂，请务必考虑其与涂料的兼容性；基本的原则是，避免使用基底相同的涂料和着色剂。例如，凡 · 戴克晶体染料和丙烯酸清漆不能一起使用，因为它们都是水性的。凡 · 戴克晶体染料可与丹麦油（以油为基底）或虫胶清漆（以酒精为基底）配合使用。应先在废料上测试着色剂和涂料。

提示：不要将浸了油的抹布堆在工作室中，因为它们会因氧化生热而自燃。

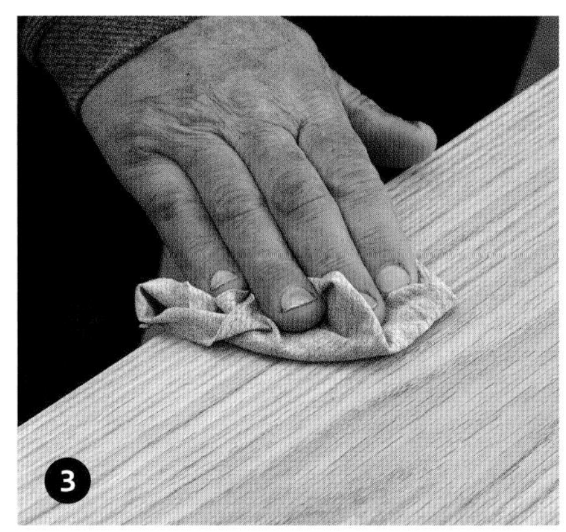

## 涂油处理

油基涂料（例如丹麦油和硬蜡油）易于涂抹，通常具有很高的耐磨性。它具有薄涂层的特点（意味着它不会在木质材料表面形成膜），因此其处理后的表面仍具有木质材料的触感。因为气味十分难闻，所以应避免在橱柜内部使用油基涂料。在此，硬蜡油是我的首选涂料。

1. 按前文所述的方法预处理表面，然后使用除尘布或除尘刷清理表面上的灰尘。如果盛装涂料的容器开口比较窄，则将其倒入开口大小合适的容器中。

2. 用抹布、刷子或泡沫油漆滚筒，沿着木材纹理方向均匀地涂油。将涂好油的木材静置 20 分钟左右。

3. 用干净的抹布或厨房用纸彻底擦去多余的油。要仔细擦除，因为任何多余的油都会使表面发黏。擦好后静置约 8 小时晾干。

4. 用 400~500 目粒度的砂纸或灰色尼龙砂带轻轻摩擦木材表面。

5. 再涂一层油。硬蜡油需要涂 2~3 层，而丹麦油则可能需要涂 3~4 层。

## 试试这样做！

使用泡沫油漆滚筒可以在像桌面这样的较大表面上涂油。滚筒和托盘可以存放在一个塑料袋中，以防止其变干。

用灰色尼龙砂带或 0000 钢丝绒涂最后一层油，这可以帮助软化和抛光之前的涂层并提高表面最终的光泽度。

最后的涂层硬化后，用钢丝绒或灰色尼龙砂带蘸上抛光蜡打磨表面来调整光泽度。

如果你有带魔术贴垫的随机轨道砂光机，应将灰色尼龙砂带固定在砂光机上，以低速进行最终抛光。使用几层除尘布摩擦也可以完成同样的工作。

## 问题诊断

问题通常来自表面预处理阶段。

**横穿纹理有约 100 毫米宽的轻微痕迹**

这是由于错误使用砂带机造成的，砂带机在接触表面时已经开始运转，前轮挖进表面。应局部刮擦表面并打磨，然后重新涂上涂料。

**表面划痕明显**

如果是横穿或斜穿纹理的直划痕，那么问题应该出自打磨技术上，应始终沿着纹理打磨。如果划痕呈小圆圈状，则可能是轨道砂光机出了问题，砂光机效率低且会堵塞圆形砂纸。应局部刮擦并打磨划痕处，然后重新涂上涂料。

**涂层发黏**

这通常是因为多余的涂料未完全清除或表面被蜡污染。如果是前者，应尝试用 0000 钢丝绒或尼龙砂带蘸上漆溶剂油摩擦表面；如果是后者，可能需要用脱蜡剂或油漆溶剂油去除蜡并清洁表面。

1

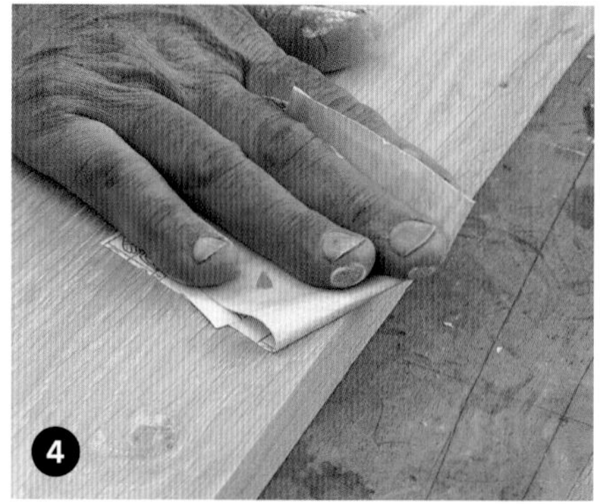
4

6

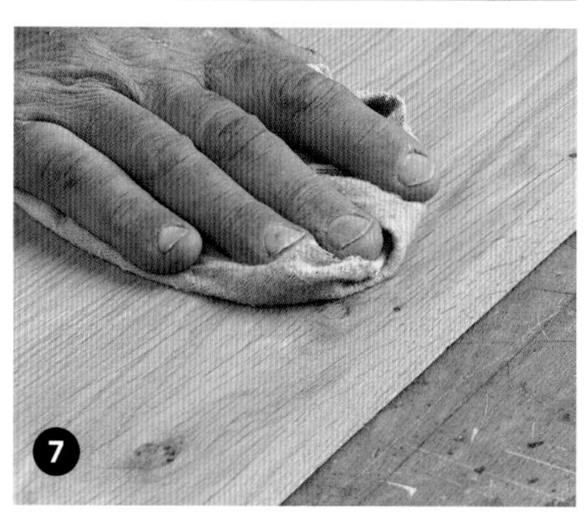
7

## 试试这样做！

用砂纸打磨表面时，应将砂纸撕成3份，然后将其折叠2次。用3层砂纸共同打磨时，它们在摩擦时就不会滑动。

涂完密封剂后，用甲基化酒精冲洗毛刷，然后挤出毛刷中的酒精，定型并晾干。毛刷会变干变硬，但浸入酒精后会迅速软化（约20分钟）。

你可以分辨出虫胶是何时干燥的，因为其在打磨时会留下类似滑石粉一般的粉末。

## 问题诊断

**处理后的表面出现干燥区域**

这是因为你可能磨穿涂层了。该区域应使用溶剂油清洁，以去除蜡，然后将其晾干，并再次使用密封剂。如果这样做不起作用，则可能需要先刮掉涂层，然后重新处理。干燥区域很可能出现在表面凸起的位置，这可能是因为在表面预处理阶段，表面没有完全弄平整。

**边缘涂料滴落和存在涂痕**

这可能是涂抹技术不佳引起的。可以用锋利的凿子和打磨块来消除最明显的痕迹。

### 打蜡处理和涂虫胶砂光密封剂

蜂蜡是一种传统的涂料，使用它可以加工出古董上才会出现的铜绿色效果。但是，直接涂在新木材上时，蜂蜡很快就会在表面上消失，因此需要长时间反复涂抹。在打蜡之前，先使用以酒精为基底的虫胶砂光密封剂，可以帮助解决这一问题，因为它会限制蜂蜡的吸收量。这种表面处理方法会让木材表面不是很耐磨，并且无法抵御高温或酒精带来的损害。应使用蜡膏而不是喷雾剂，并避免使用带有硅酮的蜡。大多数现代蜡都具有合成的微晶蜡基，这种蜡比传统的蜂蜡更耐用，并且不容易留下手指印。

1. 按前文预处理阶段所述的方法预处理表面，然后使用除尘布或除尘刷清理木材表面的灰尘。晃动密封剂，然后将其倒入一个开口较大的容器中。

2. 使用细毛抛光刷涂抹密封剂。将毛刷浸入密封剂中，然后在容器边缘刮两下。

3. 沿着木材纹理轻轻地来回涂抹密封剂。在较大的表面上，尝试在涂抹开始时将毛刷平移到表面上，以便你不会抵着毛刷前边涂抹。然后继续拖着毛刷后边离开表面。这样即便毛刷前边的涂料滴落在表面，在毛刷后边经过时涂料也会被刷平。重复刷，以保持木材边缘湿润。涂抹后的木材表面应干燥约1小时。

4. 用400~500目粒度的砂纸打磨，或使用尼龙砂带打磨成型的地方。用砂纸打磨时，密封剂会产生细小的粉尘，形成非常精细的表面。

5. 用除尘布或除尘刷除去打磨的粉尘，然后重复涂抹密封剂。

6. 静置涂抹后的木材，固化过夜，然后轻轻擦拭木材表面。使用灰色尼龙砂带或0000钢丝绒沿着木材纹理打蜡。

7. 在木材表面留下很薄的蜡膜，使其硬化约4小时，然后用软布或除尘布擦拭表面。

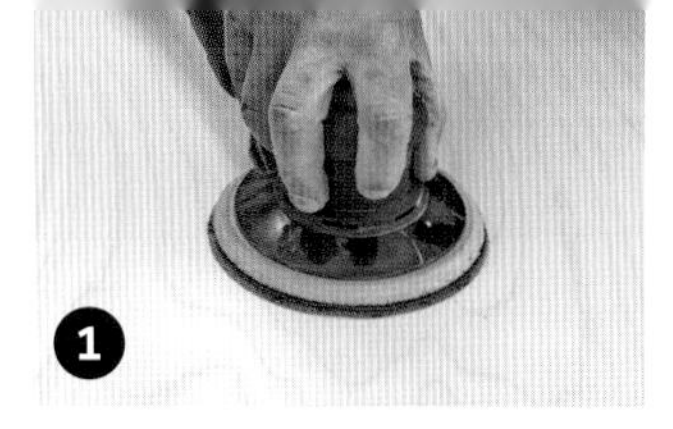


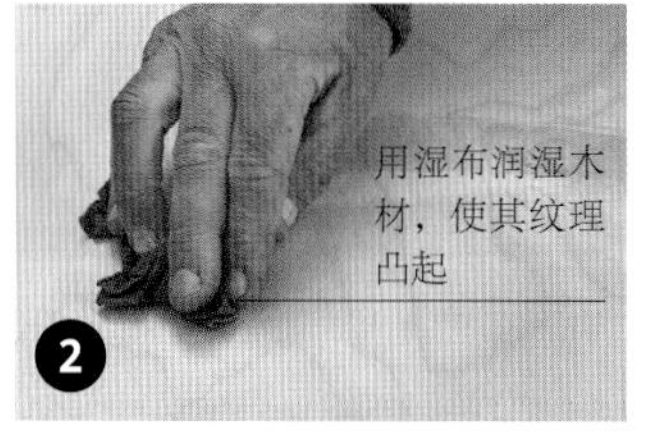


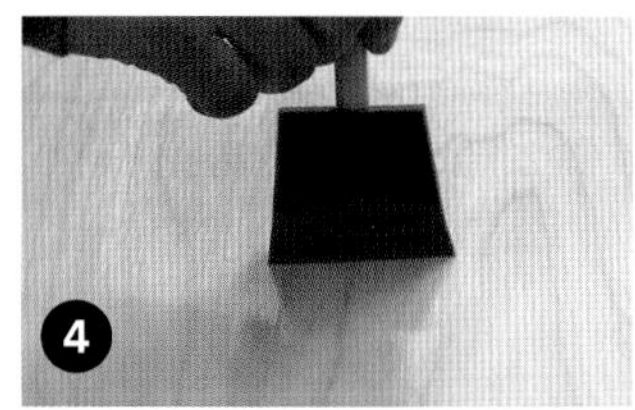

## 问题诊断

**可能会发生与之前相同的表面预处理和边缘涂痕问题**

可以按照上页“问题诊断”中介绍的方法处理涂痕问题。不过对丙烯酸清漆进行局部修补并不容易，因此可能需要对整个表面进行修补。

**表面有不同光泽的条纹**

因涂料未抹匀，导致留下了涂抹痕迹，凹陷区域的光泽与打磨后的区域不同。应再次尝试打磨，先用 500 目粒度的砂纸打磨，然后再增大粒度打磨。

**处理过的表面出现干燥区域**

这是因为你可能磨穿涂层了。应再次用 500 目粒度的砂纸打磨表面，并涂几层清漆，然后用砂纸轻轻打磨之前干燥的区域。

### 涂丙烯酸清漆

涂油处理和打蜡处理都是低丰满度的，在木材表面几乎不会留下痕迹，甚至没有涂层，而丙烯酸清漆却是高丰满度的，并且可以在木材表面形成一层膜。这层膜优点和缺点并存：有一层膜的木材表面可以用细砂纸进行打磨，使其达到非常高的光泽度，但是会失去木材天然的触感。这对于细纹理木材（例如枫木）影响不大，因为它们本身表面就很平滑，但是对于诸如橡木这样的粗纹理木材，这可能是一个问题。丙烯酸清漆具有弹性，但高丰满度会使划痕变得明显，并且很难像使用低丰满度的涂料那样进行局部修补。丙烯酸非常适合用于橱柜内饰面，但需要考虑气味的因素。

丙烯酸清漆往往会破坏樱木和胡桃木等木材的颜色，而对浅色木材则几乎没有暗化的影响。因此，丙烯酸清漆适合用于细纹理木材，例如枫木、桦木胶合板和琴背纹白蜡木等，对于其他木材则效果一般。

丙烯酸清漆具有从亚光泽到高光泽的不同光泽度。对于较大的表面（例如宽板和桌面），应使用涂抹垫进行涂抹，但要保证涂抹垫的质量，因为廉价涂抹垫的毛会脱落并粘到饰面上。对于较小的表面或需要伸进去涂抹的角落，泡沫喷涂器是不错的选择。油漆刷会在饰面上留下条纹状的刷痕。

1. 按前文所述的方法预处理表面，然后使用除尘布或除尘刷清理灰尘。

2. 润湿木材，使其纹理凸起，再用 180 目粒度的砂纸打磨，直到纹理不再凸起。

3. 搅拌或晃动清漆，然后将其倒入开口较大的容器中。将涂抹垫浸入清漆中。使用较大的涂抹垫时，你可能需要在容器边缘刮掉一些清漆。

4. 用非常小的压力，沿着木材纹理在整个表面拉动涂抹垫。尽量不要沿着涂抹垫前边涂抹，以免涂料滴落在表面上（参见上页的第 3 步）。在较大的表面上，应从较远的一侧有条理地涂抹，并保持边缘湿润，力求在表面上形成均匀的膜而涂料不会流下来。将清漆容器和涂抹垫放在塑料袋中保存，以防止其在涂抹的过程中变干。

5. 清漆干得很快（1~2 小时），然后可以用 400~500 目粒度的砂纸进行打磨。清漆干透后，打磨它会产出如滑石粉般的粉末，不会阻塞砂纸。

6. 使用打磨块打磨，直到没有任何涂抹垫留下的痕迹为止。打磨时可以使用 320 目粒度的砂纸，但最后要使用最细粒度的砂纸。

7. 涂抹下一层清漆并重复以上步骤，直到涂上 3~4 层清漆。最后一层可以略微涂薄一些，以减少涂抹垫留下的痕迹。

8. 静置表面 12 小时左右，让清漆硬化。现在，你可以继续加工以获得精细的表面，在较大的表面上可以使用随机轨道砂光机打磨。首先使用 500 目粒度的氧化铝砂纸，或者使用灰色尼龙砂带或磨料泡沫垫，让表面更平滑，提高表面的光泽度。先后使用 1000 目粒度、2000 目粒度和 4000 目粒度的砂纸进行打磨，直到对效果满意为止。

# 第 8 章 木工制作项目

本章的 5 个木工制作项目是专门用来锻炼你的木工技能的。壁挂架使用预制红木（即边缘已刨切方正的红木）制作，你应该可以从本地供应商那里采购到这种木材；而工作室储物柜则使用桦木胶合板制作；至于其他项目，则必须从锯切的情况来判断需要什么木材。你有必要寻找可以锯切和刨平部件的地方。你会发现，使用实木硬材的项目，其切割列表具体说明了粗切割尺寸和最终的尺寸。粗切割尺寸指的是部件锯切出来的最小尺寸，有的项目会预留出一些损耗部分，这样可以对末端进行刨切并最终将其修整方正。木板厚度指的是按照标准木板尺寸切割出来的厚度。

# 项目：带刀槽的面包板

难度：简单

这个项目可以很好地检验你的锯切和拼接技术。如果木板和刀柄之间有颜色反差，这种简单但醒目的设计效果会很好。使用细纹理木材制作面包板，有助于之后的清洁和保持卫生。在本项目演示中，面包刀带有黑色手柄，因此我建议这里使用枫木、梧桐木或山毛榉木（山毛榉木可能是这3种木材中最容易获得的）制作面包板，这些都是细纹理的浅色木材。

你可能需要调整刀槽尺寸以适应你要使用的刀。在本项目演示中，刀柄长度为130毫米，刀片长度为210毫米、宽度为25毫米。这个项目也可用于制作切奶酪或蔬菜的菜板。

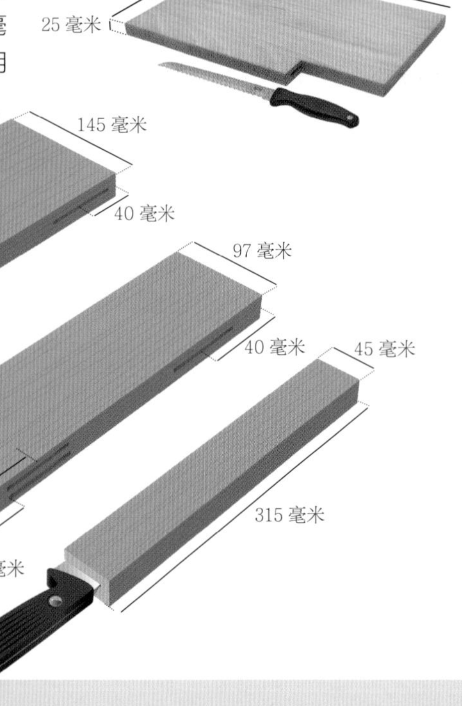


## 切割列表

| 名称 | 数量 | 粗切割尺寸 | | | 最终尺寸 | | |
|---|---|---|---|---|---|---|---|
| | | 最小切割长度 | 最小切割宽度 | 木板厚度 | 长度 | 宽度 | 厚度 |
| 木板 | 2 | 455毫米 | 150毫米 | 至少25毫米 | 450毫米 | 145毫米 | 25毫米 |

## 主要工具和材料列表

### 电动工具

饼干榫连接器
电木铣
带有长柄的直径为6毫米的电木铣铣刀
切割机（可选）

### 刀刃工具

刨子：捷克刨、短刨
木工刮刀（可选）

### 锯子

手板锯（最好是纵切锯）
横切夹背锯（如果没有切割机的话）

### 划线/画线与测量工具

一个600毫米长、TPI为8的锯子
直角尺
单针划线器

### 夹具

2个夹持距离至少是300毫米的夹具，最好是拼板夹

### 其他

刨木导板（如果没有切割机的话）

### 材料

面包刀
枫木、梧桐木或山毛榉木
5个10号饼干榫
防水黏合剂
食品安全级表面处理油剂，外加涂抹布

### 制作方法

1. 用刨子将工件刨至所需的厚度和宽度，然后按照第 151~152 页所述进行拼接。

2. 饼干榫的中心线距离工件末端 40 毫米，用饼干榫连接工件，上胶并夹紧。

3. 胶水凝固后，清理工件表面。检查工件的平面度，并标记出正面和侧面。

4. 在距离侧面 47 毫米处，用划线器划线一周。

5. 用锋利的手板锯（最好是锋利的纵切锯）沿着划的线锯切。

6. 用横切夹背锯或切割机在被切割下来的工件的末端切下与刀柄长度相同的一块，这里是 130 毫米。如果使用夹背锯，你可能需要用刨木导板修整切割后的工件末端。

7. 刨平切割后的边缘并将其修整方正以进行拼接。尝试尽可能少地刨出刨花。拼接胶合后，切割线应不可见。

8. 准确拼接后，在距离工件两端 40 毫米处标记中心线，然后使用饼干榫连接器切割狭槽，用于安装 10 号饼干榫。在非手柄的那端，饼干榫可以放在厚度方向上居中的位置。手柄端有两个饼干榫，其中心点分别距上下面 5 毫米。

9. 将直径为 6 毫米的长柄铣刀安装在手持电木铣上。用电木铣在放刀的部件的边缘切开一条足够长和足够深的凹槽，以便可以贴合地插入面包刀。在这里，我制作的凹槽长 220 毫米、深 35 毫米。考虑到手柄的宽度，这里增加了凹槽深度。

10. 想要铣削凹槽，应在开始位置划一条线，然后从该线开始，通过逐渐加深铣削的方法铣削出凹槽。手柄端需要支撑，以防止电木铣从末端掉落下去。

锯切下刀座的部分

刨平刀座拼接处

铣削放置切面包刀的凹槽

切面包刀应该能够贴合地插入狭槽，刀柄应低于木材边缘

11. 将切下的工件用胶水粘回到主板上并用夹具夹紧，检查平面度。因为面包板可能会偶尔需要清洗，所以应使用防水黏合剂。应使用少量的胶水，毕竟你肯定不希望胶水溢入刀槽里。

12. 连接后，切下来的工件的宽度会比最后的宽度宽一些。现在你可以将其切割为最终的宽度。需要切割下来的多余部分应该不会太多，因此比较容易的方法是用刨子刨切，而不是锯切。工件的末端还应该修整方正，可以把工件夹在桌钳中再进行刨切，应从外向内刨切以避免工件断裂，或者在刨木导板上刨切。

13. 用短刨稍微倒圆角或倒斜角。

14. 使用捷克刨，也可以使用木工刮刀清理表面。打磨表面，然后进行表面处理。我建议使用食品安全级表面处理油 / 剂，其中以石蜡油为基底的油 / 剂比较好用。

**另请参见**

划线 / 画线与测量　第 66~69 页
锯切　第 70~72 页
切割机或复合斜切锯　第 89~92 页
开槽和制作企口　第 104~107 页
饼干榫连接　第 180~184 页

难度：简单到中等

# 项目：壁挂架

由于没有可见的固定装置，这种壁挂架具有设计简约的特点。在每个架子的后边缘上用电动工具制作出凹槽，然后安装在已经用螺丝固定在墙上了的木条上，以此实现简约的效果。壁挂架由易于获取的标准宽度和厚度的红木（松木）制成，你应该能够购买到刨好的木材。开始之前，应确保墙壁是平的。如果墙壁特别不平，那么在安装好壁挂架后，你很难保证架子和墙壁之间是没有空隙的。

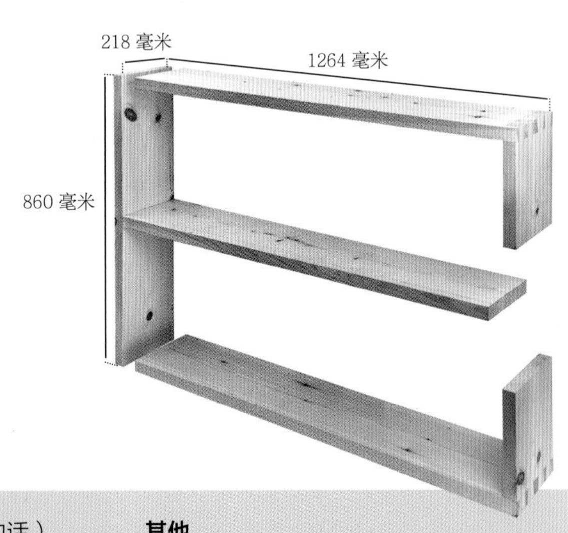


## 主要工具和材料列表

### 电动工具

- 切割机或斜切锯（选用）
- 电木铣和电木铣倒装工作台（选用）
- 直径为 15 毫米或更小的直槽铣刀
- SDS 电钻或冲击钻，以将壁挂架挂在实心墙上
- 水泥钻头，适合用于安装上墙的膨胀栓
- 无线电钻
- 直径为 4 毫米的螺旋钻头
- 埋头钻头
- 轨道砂光机（选用）
- 9 毫米或厚度相近的木板
- 水平仪

### 刀刃工具

- 捷克刨
- 一套斜凿工具
- 闭喉槽刨（如果没有电木铣的话）

### 锯子

- 手板锯（如果没有切割机或斜切锯的话）
- 燕尾榫锯或其他夹背锯
- 弓锯

### 划线 / 画线与测量工具

- 大直角尺
- 划线器
- 划线刀
- 活动角度尺或燕尾榫模板
- 圆规
- 双针划线器

### 夹具

- 2 个或更多的拼板夹，夹持距离至少为 1300 毫米

### 其他

- 木槌
- 表面处理专用刷子和容器
- 直径为 28 毫米的平翼钻头
- 电钻
- 刨木导板（如果没有切割机的话）
- 燕尾榫标记插头夹具（选用）
- 燕尾榫铣削夹具（选用）

### 材料

- 按照切割列表制成的红木
- 螺丝和膨胀栓，用于将木条固定在墙壁上，是否使用取决于墙壁的材质
- 丙烯酸清漆
- 涂抹清漆的工具

## 切割列表

| 名称 | 数量 | 最终尺寸 长度 | 宽度 | 厚度 |
|---|---|---|---|---|
| a 顶架 | 1 | 1200 毫米 | 218 毫米 | 32 毫米 |
| b 中架 | 1 | 1324 毫米 | 218 毫米 | 32 毫米 |
| c 底架 | 1 | 1200 毫米 | 218 毫米 | 32 毫米 |
| d 左边板 | 1 | 860 毫米 | 218 毫米 | 32 毫米 |
| e 右边板 | 2 | 270 毫米 | 218 毫米 | 32 毫米 |
| f 上下固定木条 | 2 | 1050 毫米 | 14 毫米 | 14 毫米 |
| g 中间固定木条 | 1 | 740 毫米 | 14 毫米 | 14 毫米 |
| h 左侧固定木条 | 1 | 710 毫米 | 14 毫米 | 14 毫米 |
| i 右侧固定木条 | 2 | 200 毫米 | 14 毫米 | 14 毫米 |

**另请参见**


刨切 第 58~65 页
划线 / 画线与测量 第 66~69 页
使用夹背锯 第 71 页
切割机或复合斜切锯 第 89~92 页
涂丙烯酸清漆 第 225 页


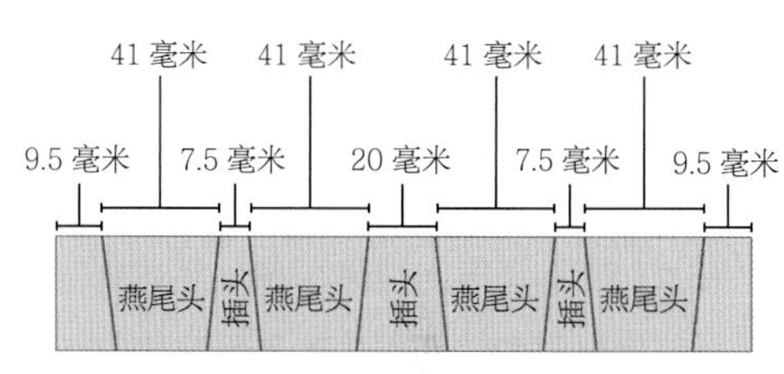


燕尾榫连接设计图

## 木材选择

具有切割列表中列出的宽度和厚度的红木应该在任何正规木场中都能获取到。对于边缘刨切方正的预制木材，其尺寸可能会让你感到疑惑。我使用的工件尺寸为 218 毫米 ×32 毫米，但你应该购买标准尺寸为 225 毫米 ×38 毫米的木材。因为标准尺寸是最初锯切时的尺寸，随后刨切木材时，其宽度和厚度会分别损失约 6 毫米，最终变成 218 毫米 ×32 毫米。

正规木场应该可以让你挑选木材。应挑选平直的木材，其整个表面没有翘弯或扭曲，并且树节表面裂纹要尽可能少。你可以要求木场将其切成所需的长度，但最好切割的长度大于所需的长度，然后你自己再将其修整到所需的尺寸，这样你就可以更好地控制准确度和选择纹理。

红木容易移动。平整的木材第二天可能就会翘弯，所以要控制湿度的变化。如果工作室比较潮湿，则不要将木材存放在那儿，可在需要时再将其拿进工作室。在开始该项目之前，你可以将木材放在成品壁挂架所放置的房间中数周，然后将不平的地方刨平。制作完成后，应避免将壁挂架挂在暖气上方。

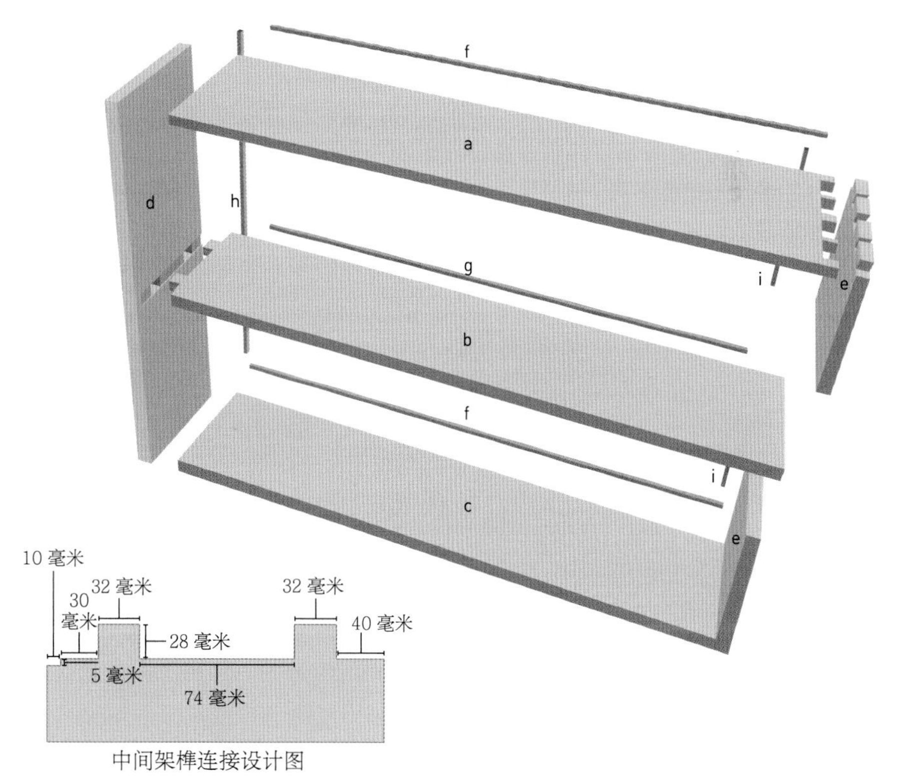


中间架榫连接设计图

## 制作方法

### 架子部件

1. 切割架子部件到所需的长度。应使用准确度高的切割机或斜切锯切割，或者使用锋利的横切手板锯。如果使用手板锯，则必须在刨木导板上修整工件两端。如果切割机的准确度不高，则可能同样需要在刨木导板上修整工件。你需要用支撑件支撑伸出刨木导板之外的部分。

2. 在每个工件上标记出正面和侧面。让所有工件的侧面朝后，正面朝内，中间架子正面朝上。有必要检查所有边缘，不要过于信任机器刨切的效果。标记出你即将制作的燕尾榫连接的角，即燕尾榫 1 和燕尾榫 2。

### 燕尾榫

3. 有关标记和切割燕尾榫的详细说明，参见第 153~165 页。将划线器设置为架子的厚度，在每个工件末端划线一周，标记出燕尾榫连接的位置。将架子部件放到一旁。

4. 如图和设计图所示，你可以看到我制作的燕尾头宽度不同，这样可以凸显连接的装饰效果。你也可以在工件末端进行类似的设计，然后用划线刀比着直角尺在末端标记出燕尾头的位置。由于使用的是软木，因此燕尾榫的斜率为 1 ： 6。用划线刀和合适的模板或活动角度尺，按照斜率划线至上一步划线器划的线处。标记出废料区。

5. 这些燕尾头比较大，你可能会发现用小型燕尾榫锯很难锯切。在废料上试锯切，如果不好锯切，应尝试使用更大的夹背锯。燕尾榫在未来很多年中都会显露在外面，因此多练习几次也是值得的。

6. 准备好后，按照第 154 页所述切割燕尾头。

7. 标记插头可能很有挑战性。插头件很长，所以夹在桌钳中会向上凸起。这时，标记插头的夹具可以派上用场。将夹具固定在向上凸起的插头件的正面，使夹具的靠山紧靠插头件侧面，并且令末端与夹具表面齐平。将燕尾头正面朝下放在夹具上，使其侧面抵住靠山，并且让燕尾头一端与插头件朝外的面齐平。

8. 用划线刀标记插头的位置，并用钢尺比着延伸至第 3 步划线器划的线处，标记出废料区并锯切插头。用弓锯粗略地锯掉废料，然后凿切至划线器划线位置。虽然红木是软材，但

燕尾头的间距不同，这样可以带来视觉上的美感

插头标记夹具非常有用，因为燕尾头件会在木工桌上凸起

### 标记并凿切贯穿卯榫

将架子插进侧板约 5 毫米深的凹槽中，让两个榫贯穿侧板，并从外侧嵌入楔木。凹槽主要是为了使侧板和架子之间的连接更清晰。榫之间的肩部可能会不平整，但是凹槽会将这种情况隐藏起来。

1. 在侧板的正面标记出凹槽的位置。用划线刀小心地划线，以确保凹槽的宽度与架子的宽度相同。用锋利的铅笔将凹槽的划线延伸到外表面和边缘上，划线应该会合。

2. 使用双针划线器在凹槽内标记卯的位置（使用上页燕尾榫连接设计图中的尺寸）。分别抵靠两边划线，因为外侧的卯距离工件侧面太远，无法精确划线。为了准确定位榫，应先切割卯，然后再用卯标记榫的位置。

它很难切割，所以凿子必须非常锋利。轻微向一侧切薄片会稍微容易一些。

9. 稍稍修整一下，燕尾榫就制作完成了。现在标记并切割贯穿卯榫。

### 固定木条

10. 在架子后面铣削用于安装固定木条的凹槽。在电木铣倒装工作台上很容易铣削出半闭式凹槽，不过你也可以手持电木铣铣削。如果没有直径为 15 毫米的铣刀，则使用直径较小的铣刀，并从木板的两端进行铣削。如果要进行两次铣削，则从远离靠山的一侧铣削会更安全，铣削时工作面也会更整洁。

11. 在架子的表面钻直径为 4 毫米的埋头孔，并使其沉入凹槽中，钻孔的中心点距架子后边缘 7 毫米、距架子末端 100 毫米，孔之间的距离为 300 毫米。将这些钻孔安排在最不容易显露出来的底架下面和顶架上面。

12. 用红木制作固定木条，其横截面为 14 毫米 ×14 毫米（留出 1 毫米的活动空间）。钻直径为 4 毫米的埋头孔，孔距离木条末端 50 毫米，孔之间的距离为 300 毫米。

13. 使用设置精细且锋利的刨子或使用轨道砂光机打磨所有架子和边板。可以略微倒内角（在外边缘略微倒圆角），但在连接处不要这样做。

### 组装

14. 在胶合之前先对内表面进行处理，这样可以免去打磨胶合后形成角落的烦恼。用遮蔽胶带包裹连接处并涂上 3 层丙烯酸清漆（参见第 225 页）。由于它是水基涂料，因此在第一次涂抹后纹理会凸起，需要将其彻底磨平。

15. 夹紧前的准备工作。夹紧燕尾榫连接需要使用特别制作的夹紧木条，从而仅在燕尾榫上施加压力（参见右上图）。先测试一下以确保连接完全闭合且连接件互相垂直。如果连接良好并且连接得很紧，则只需要夹压燕尾头件，不必在另一个方向上进行夹压。检查合格后，将胶水涂在燕尾头之间的插座上。在肩部或燕尾头的面上涂胶水并不会加固连接，只会导致更多胶水溢出来。

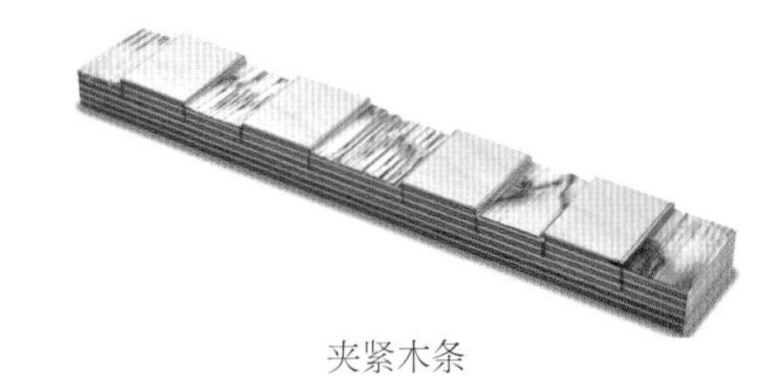

夹紧木条

用特殊形状的夹紧木条夹紧燕尾头，检查两个工件是否互相垂直

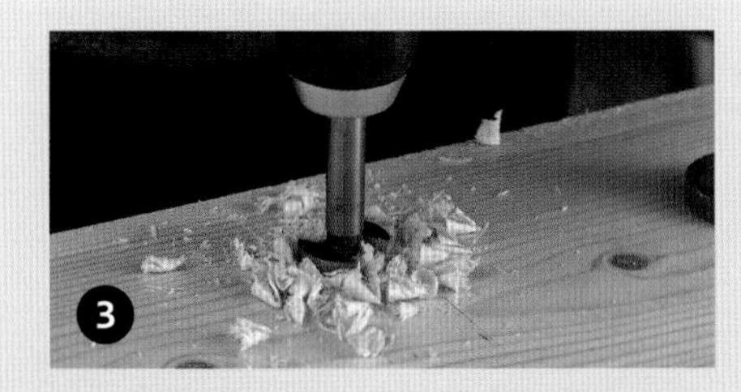

3. 如图所示，通过绘制对角线确定两个卯的中心点。用锥子标记中心点。用比卯略小的平翼钻头钻出废料。从工件两面各向下钻一半的深度，以免发生断裂。

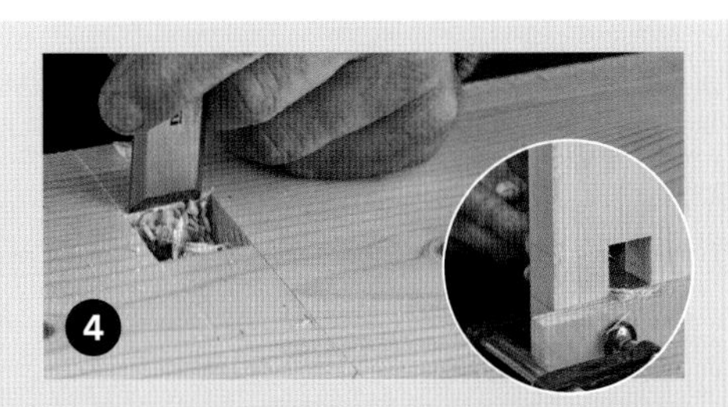

4. 将工件放在木工桌上，凿切掉废料，凿切方向与木材纹理方向成直角，逐渐凿切至铅笔画线处（应在外侧边缘上局部用刀加深用铅笔画的线）。应避免直接凿切到另一面，否则可能会导致工件断裂。稍微倾斜凿子，以免咬边。凿切到铅笔画线处后，将工件放在桌钳中，在画线之间水平凿切卯中凸起的部分。你可以在后面夹一块支撑板，用来在打滑和凿穿至后面时支撑工件。检查所有面是否方正。

5. 用电木铣或闭喉槽刨切割出 5 毫米深的凹槽。

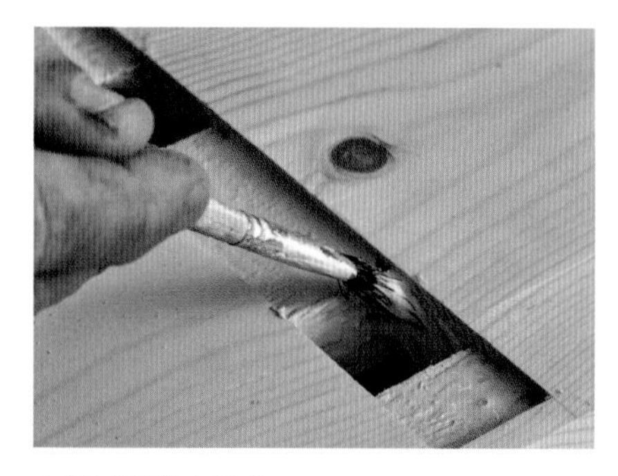

在卯两侧涂上胶水

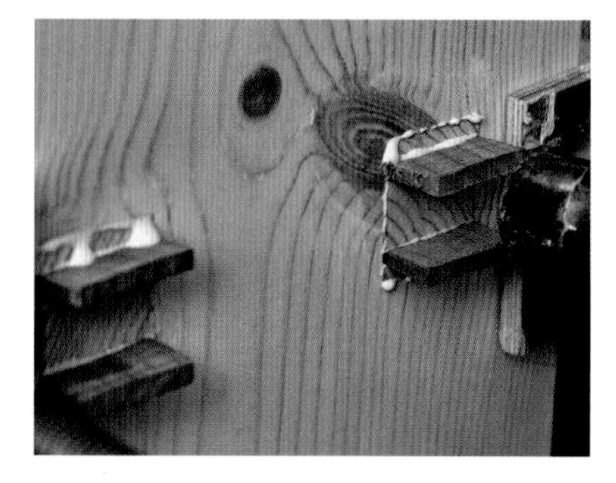

轻轻地将楔木敲击到位。不必担心溢胶问题，稍后可以用刨子进行修整。

16. 在胶合榫之前制作几块楔木。楔木的颜色应与工件的颜色形成反差（可以是深色木材，例如胡桃木），这样就能如同点睛之笔一样让这个作品更具有美感。楔木的长度应约为 35 毫米，从 1.5 毫米到 4 毫米逐渐变厚，宽度为 32 毫米。

17. 用夹具夹在木板两边，固定住卯榫连接。检查两个工件是否垂直，以及侧板是不是平的。侧板可能因为两边的压力而弯曲。如果是这样，则可能必须制作带曲面的夹紧横撑，以使压力均匀地分布在整块木板上。在测试时，不要让楔木凹陷进去。一切就绪后，将胶水涂抹在卯和槽上。正确夹紧连接后，将楔木敲入槽中，你可能希望修整后的楔木与制作时的厚度看起来差不多，因此应一点点地同时将各楔木敲击进去，而不要先将一块楔木完全敲击到位，再去敲另一块。

18. 完成连接后，用锋利的刨子清理表面。对于榫件，先修整掉突出的楔木。在用刨子修整燕尾榫时，应从外向内刨，以免刨切末端时纹理断裂。

19. 将清漆涂抹在没有进行表面处理的区域。

20. 将架子挂在已经固定在墙上了的窄木条上。有必要先将架子固定到薄板上，然后把薄板当作固定窄木条用来钻孔的模板。

21. 将架子的所有部件放在一块 9 毫米厚的中密度纤维板上，确保顶架与木板上边缘齐平。标记所有部件的位置后拿走所有部件。在距离架子或侧板边缘 8.5 毫米处将窄木条固定住。现在，你应该能够将架子扣在窄木条上，并检查各部分是否贴合良好，并与木板顶边齐平。给窄木条编号并将其取下，确保标记钻孔位置时穿透薄板。

22. 这一环节你可能需要助手。将薄板放到墙上，并用水平仪检查其顶边是否水平。穿过薄板，标记出几个螺丝孔的位置。在标记的位置钻孔并放入膨胀栓，然后将薄板用螺丝固定在墙上。标记其他螺丝孔的位置，然后卸下薄板。现在，可以在标记位置钻孔并放入膨胀栓，并将窄木条用螺丝固定到墙上。

23. 将架子对准固定窄木条，然后在架子后边缘将螺丝穿过钻孔拧入固定窄木条中。

6. 现在来制作榫。榫长应该比卯深长 1 毫米，以便在胶合后可以将榫多余的部分修整掉。使用划线器在距工件末端 28 毫米处划出肩线（假设架子的末端是方正的）。将侧板放在木工桌上，正面朝上；将架子放在侧板上，

并小心地对齐两个工件的侧面。用划线刀在架子末端准确地标记出榫的位置，并用直角尺比着将划线延伸到两个面上。

7. 在工件前端标记凹槽的凹口，其距离末端 33 毫米，距离非侧面 10

毫米。标记废料区。

8. 将架子竖直夹在桌钳中，垂直锯切几次来制作榫和凹槽凹口。因为架子会在桌钳上方凸起，所以锯切时会产生一些震动。

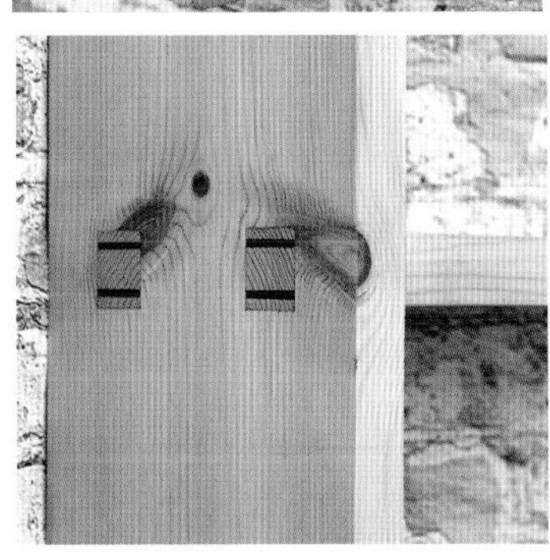

装饰性末端连接——燕尾榫连接（上图）、卵榫连接（下图）

9. 锯切架子前部的两个肩部，尤其要小心地切割带缺口的肩部，因为组装后肩部将会显露在外面。还需要切割架子后面的肩部。

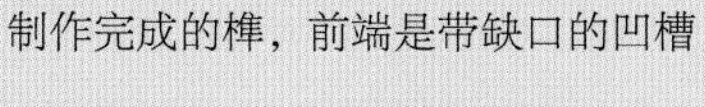

制作完成的榫，前端是带缺口的凹槽

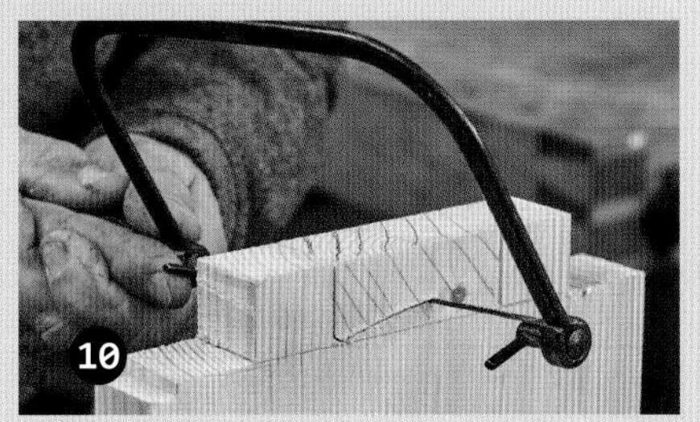


10. 使用弓锯粗略地清除榫之间的废料，并用凿子凿切至划线器划的线处。尽管它们不是燕尾榫，你也可以使用燕尾榫废料清除夹具来清除榫之间的废料。

11. 插入楔木后，榫会胀开。在非正面一侧轻微扩张卯，以实现此目的。在距卯的上下端 2 毫米处用划线刀划线，但线长不要超过卯的宽度。用凿

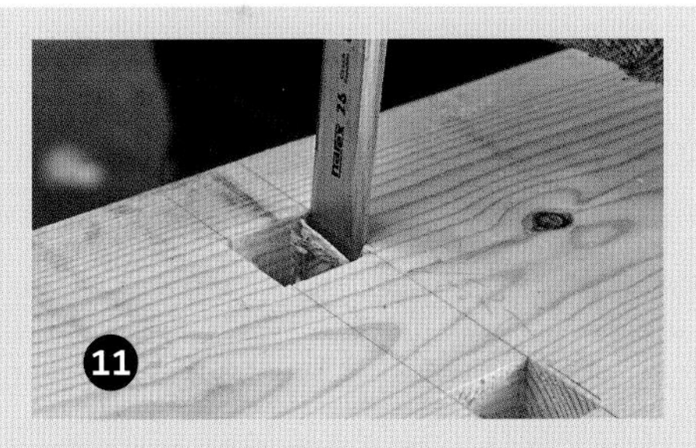


子倾斜着凿到划线位置，以使卯略微成楔形。

12. 使用单针划线器在距架子上下面 5 毫米处划两条线，标记出每个榫的位置。沿着划线锯切至榫肩部，切割线与架子面平行，这是为了让楔木与胶水贴合在一起。这样，贯穿卯榫就制作完成了。

# 项目：橡木边桌

难度：中等

右图中的这张桌子拥有干净的线条，它的横撑带有柔和的曲线，这体现了其优雅的设计。我们可以通过精心选择纹理来加强设计的效果，因此桌腿的表面纹理应该统一，并且桌面的纹理应该具有连续性。尽管它被设计为边桌或大厅桌，但我们可以更改设计以实现其他功能，例如降低高度到 400 毫米变成咖啡桌，或者增加宽度并将高度增加到 750 毫米变成书桌。

## 主要工具和材料列表

### 电动工具

- 饼干榫连接器
- 轨道砂光机（选用）
- 砂带机（选用）
- 曲线锯（选用）
- 切割机（选用）
- 电圆锯（选用）
- 电木铣（最好配有直径为 12 毫米的夹头）
- 直径为 10 毫米的铣刀（或者其他大直径铣刀）
- 直径为 12 毫米的轴承导向直槽铣刀
- 直径为 35 毫米的榫铣刀或类似的宽直径铣刀
- 电木铣倒装工作台

### 刀刃工具

- 捷克刨、短刨
- 木工刮刀
- 一组不同规格的斜凿工具
- 9 毫米或 10 毫米厚的榫凿（如果手工切割卯的话）
- 鸟刨

### 锯子

- 横切夹背锯
- 开榫锯（选用，也可以使用横切锯）
- 简易弓锯（如果没有曲线锯的话）
- 手板锯（最好是纵切锯）

### 划线 / 画线与测量工具

- 直角尺
- 小型组合直角尺（选用）
- 斜角尺或活动角度尺
- 划线刀
- 单针划线器
- 双针划线器
- 游标卡尺（可选）
- 300 毫米和 1 米长的钢尺

### 夹具

- 2 个拼板夹（夹持距离至少是 850 毫米）
- 1 个其他夹具（夹持距离至少是 500 毫米）
- 2 个小型水平夹

### 其他

- 刨木导板
- 打磨块
- 木槌

### 五金件和材料

- 用于安装水平夹的螺丝
- 6 个 10 号饼干榫
- PVA 胶
- 120 目、180 目和 400 目粒度的砂纸（可以是圆形或带状砂纸，这取决于你使用的打磨工具）
- 丹麦油或硬蜡油，外加涂抹布
- 8 个 L 形膨胀板和固定螺丝

**另请参见**


划线 / 画线与测量　第 66~69 页

锯切　第 70~72 页

按照模板铣削（使用电木铣倒装工作台）第 122 页

卯榫连接　第 135~143 页

使用曲线锯　第 93 页

夹紧与固定　第 76~79 页

刨切　第 58~65 页

饼干榫连接　第 180~184 页

涂油处理　第 223 页


## 切割列表

| | | 粗切割尺寸 | | | 最终尺寸 | | |
|---|---|---|---|---|---|---|---|
| 名称 | 数量 | 最小切割长度 | 最小切割宽度 | 木板厚度 | 加榫长度 | 宽度 | 厚度 |
| a 桌面木板 | 3 | 810 毫米 | 145 毫米 | 25 毫米 | 800 毫米 | 140 毫米 * | 20 毫米 |
| b 桌腿 | 4 | 830 毫米 | 48 毫米 | 50 毫米 | 820 毫米 | 43 毫米 | 43 毫米 |
| c 前横撑 | 2 | 736 毫米 | 95 毫米 | 25 毫米 | 726 毫米 | 90 毫米 | 20 毫米 |
| d 侧横撑 | 2 | 336 毫米 | 95 毫米 | 25 毫米 | 326 毫米 | 90 毫米 | 20 毫米 |

* 注：严格来说，140 毫米不是最终尺寸，因为桌面在胶合后还要进行修整。

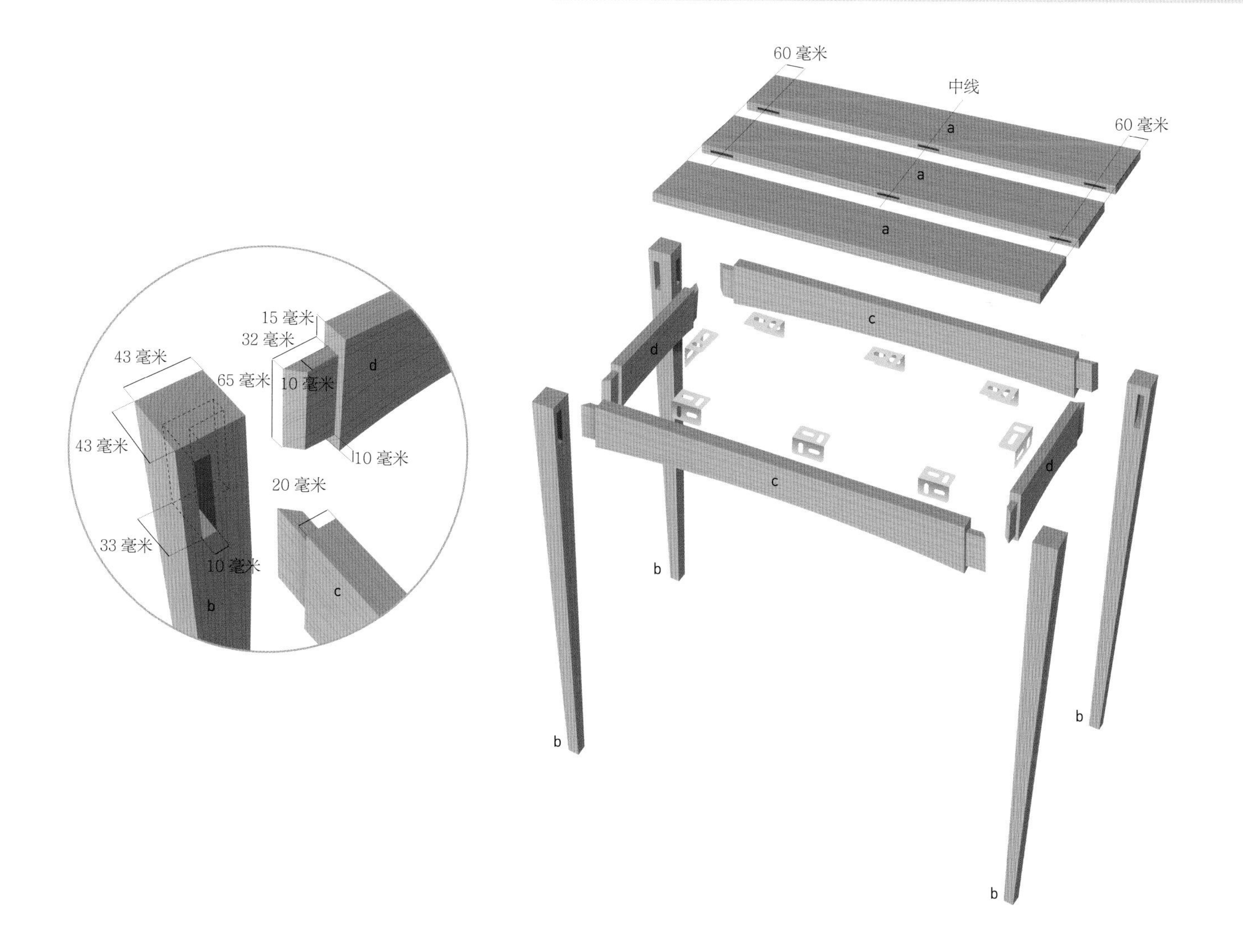

## 制作方法

根据切割列表准备各种不同尺寸的部件。在桌腿和横撑上标记出正面和侧面。桌面木板的尺寸应比实际尺寸大些，因为在胶合完成后会将桌面切割至最终尺寸。选择合适的木材作为桌腿，以便年轮斜着穿过桌腿横截面。这样，每个面的木纹就十分相似。如果年轮与一个桌腿的横截面平行，那么木纹在每个面上都会发生变化，这样看起来会比较凌乱。如果桌面木板来自同一块厚木板，就可以更好地匹配木纹和颜色，最终成品的效果会很好。

### 桌腿和横撑

1. 桌腿和横撑应该正面朝内，横撑的侧面应该朝上。摆好它们的相对位置后，标记各连接件（参见下方的“成组标记连接件”）。

2. 采用第 5 章所述的方法切割榫和卯。如果要使用电木铣，则无须标记所有的连接件，只需标记一个连接件，然后用其来设置电木铣。所有连接件都可以按照这个设置铣削。

画出 45 度斜角的线

3. 连接件可能需要稍做调整才能贴合地安装在一起。给每个连接件编号，以便正确地重新组装它们。编号不必太复杂，只需对桌腿进行 1~4 的编号，然后在对应的榫上用相同的编号即可。用明显的符号标记出正面和侧面，以便后续的操作。在桌腿和横撑的顶部进行标记，因为这样你更容易找到标记。

4. 你会发现榫不能完全塞入卯中，它会卡在卯中。榫的末端需要切成斜角。使用斜角尺或活动角度尺，并设置为 45 度，在榫的末端标记斜角，并用直角尺比着延伸至榫颊（应确保斜角朝着正面，即朝内）。

### 试试这样做！

使用手工工具在横撑底部制作出一条曲线。

使用长钢尺标记曲线。可以将钢尺抵在固定在横撑两个底角上的夹具上。向上弯曲长钢尺，直到获得所需的曲线（这里，长横撑和短横撑的弧高均为 20 毫米），然后用铅笔标记曲线。我发现如果在偏离中心的两个点处弯曲长钢尺而不是仅在中心弯曲，会获得更准确的弧度。除非你身体的协调性非常好，否则你可能需要一名助手来协助你完成这项工作。

在与划线处稍微隔一点距离的地方用简易弓锯或曲线锯锯切。

用鸟刨修整曲线。你可以使用平底的鸟刨来加工长横撑，而短横撑需要使用凸底的鸟刨进行加工。你可以把横撑放在木板上来标记曲线，然后翻转横撑，查看曲线是否重叠，检查曲线各处是否对称。

5. 用夹背锯或切割机锯切斜角。

### 成组标记连接件

1. 将所有桌腿按图所示摆在一起，所有正面朝内。

2. 如图所示，沿水平方向上相连的边铺开所有桌腿。

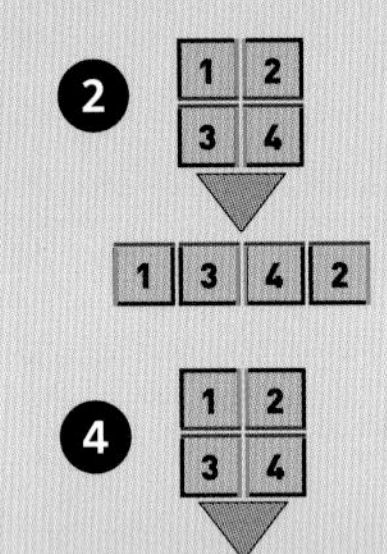

3. 对齐所有桌腿并将其并排紧靠在一起，然后在距桌腿顶端 15 毫米和 80 毫米处用铅笔画线标记卯的位置。

4. 重新将桌腿按①所示摆在一起，然后沿侧边铺开，并在这些面上标记卯的位置。

5. 成对地将横撑夹在一起，两端对齐。用划线刀在距离横撑两端 33 毫米处划线，标记出榫的长度。

6. 用直角尺比着，环绕横撑一圈划线。

6. 完成所有连接之后，开始加工工件的形状。如果条件允许，加工工作的黄金法则是应在加工形状之前完成所有连接工作。形状规则的工件比形状不规则的工件更容易加工。

7. 加工横撑底部的曲线。你可以使用电木铣和模板进行加工，但是如果要手工操作，可参见上页的“试试这样做！”。

8. 用 15 毫米厚的中密度纤维板或桦木胶合板制作模板。如上页的“试试这样做！”所述，使用弯曲的钢尺和鸟刨来加工曲线。模板比横撑长约 50 毫米，以便铣刀在切入工件之前就开始运转。模板应足够宽（约 180 毫米），以便水平夹可以夹住工件。曲线可以使用量规制成，但是半径为 2733 毫米的较大曲线需要非常长的量规；较小的曲线半径只有 433 毫米，因此更易于控制。

9. 将水平夹安装到模板上。它们应安装在大约 15 毫米厚的木块上，木块从下方用螺丝拧到模板上。将一块砂纸粗糙面朝上固定在水平夹处，可以防止工件在夹具下方移动。

10. 将工件放置在模板上，工件的角刚好与曲线重叠。用铅笔标记曲线，用简易弓锯或曲线锯在靠近曲线的位置锯切。

11. 在电木铣倒装工作台上安装一个带下轴承导向装置的直槽铣刀，直径为 12 毫米的铣刀是一个不错的选择。调整铣刀，使轴承触碰到模板，让铣刀切入工件。按照模板铣削的方法参见第 122 页。

12. 修整曲线，向前进给时，应小心地将工件向铣刀的左侧进给。对于侧横撑，你需要先切割一部分，然后翻转工件以避免断裂。

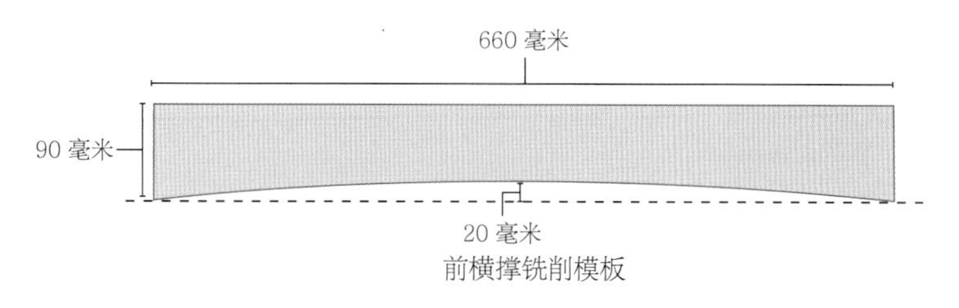

前横撑铣削模板

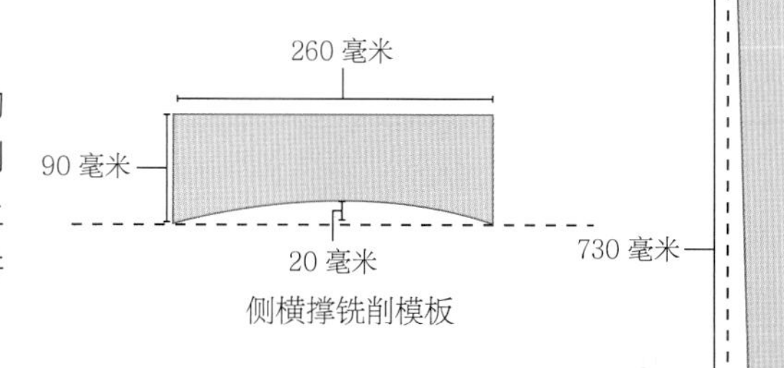

侧横撑铣削模板

43 毫米

730 毫米

锥形桌腿模板

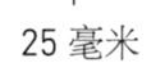

7. 将双针划线器设置为将要用于凿切卯的凿子的宽度。

8. 使用双针划线器在横撑厚度面上的居中位置标记榫的宽度。

9. 在不影响针的设置的情况下重新设置划线器靠山，以使外侧的针距靠山 33 毫米。将靠山抵在卯的正面，划出卯的宽度。

10. 设置单针划线器，分别在距离正面边缘 15 毫米和 80 毫米处标记榫的宽度。

使用模板标记桌腿的锥形

使用手板锯纵切桌腿

正确的做法是在前端下压

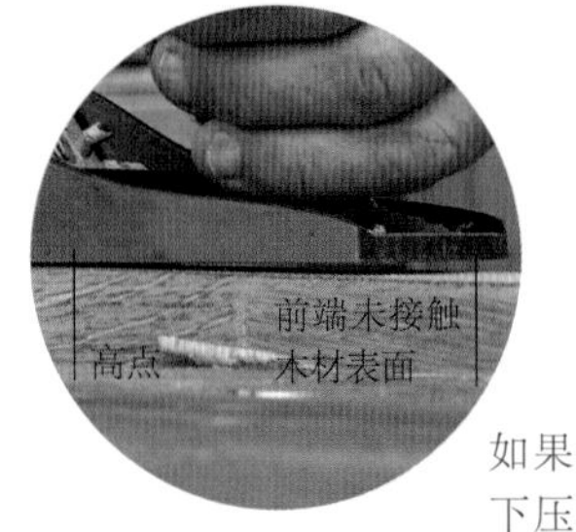


如果没有在刨子前端下压，则刨子可能会在高点处晃动

13. 现在制作锥形桌腿。锥形的曲线变化应该从横撑下方的位置开始。用730 毫米长、6 毫米厚的中密度纤维板或胶合板制作模板，其宽度从 43 毫米到 25 毫米逐渐变窄。使用模板在桌腿上标记锥形，使锥形的窄端靠在桌腿的底端。锥形标记应该标在每条桌腿的内侧边，因此废料将位于正面的底端和每条腿的侧面。

14. 用手板锯在所有桌腿的内侧纵向锯切出锥形。你需要在切割面上重新标记锥形，以进行第二次切割。使用锥形边料，以便将工件固定在桌钳中，用于辅助第二次切割。

15. 用捷克刨清理锯边。如果将桌腿夹在桌钳中刨切，应使用锥形边料作为填充件。由于刨切方向发生了变化，刨子在锥形顶端与桌腿顶面相交点所在位置晃动时会颤动，因此很难进行刨切。在刨切开始时，向刨子前端施加压力以迫使其在锥形表面上刨切下去。

16. 你可能会从桌腿的顶部向下刨切。而桌腿的顶部（横撑肩部插入的位置）必须保持平整，因此，应避免将锥形延伸至桌腿的顶部，以免其影响这个表面。

17. 清洁并打磨所有表面，然后轻微地将桌腿的角和横撑的下边缘倒圆（称为建棱）。注意保留连接处标记的编号。

18. 现在可以准备组装桌腿和横撑了（参见第 76~79 页的“夹紧与固定”和第 220 页的“胶合部件”的相关内容）。

19. 胶水凝固后，清理所有溢出的胶水。

20. 制作桌面的木板应按照第 151~152 页的“拼接”和第 180~184 页的“饼干榫连接”所述的内容进行拼接和饼干榫连接。将外侧

**提示：**胶合的黄金法则是，始终记住涂胶前先试着安装一下。因此，应在不使用胶水的情况下进行组装，并检查各处的连接情况，还要确保桌腿的顶部与横撑齐平，这样可以避免在四处都涂满胶水时才发现错误。另外，检查横撑的对角线以确保横撑形成标准的长方形，然后上胶并夹紧。更轻松的方法是先将桌腿和横撑末端胶合起来，固定好后再完成组装。这种方法使用的夹具也更少。

饼干榫设置为距离末端 60 毫米，中间还有一个饼干榫，使用 10 号饼干榫就足够了。涂胶水前试着安装并检查桌面水平度。对连接满意后，可以涂胶。

21. 胶水凝固后，将桌面的一边刨准确，然后用手板锯（钢锯或电圆锯）将另一边锯切至所需的宽度。刨切掉锯切痕迹。

22. 将桌面的末端刨方正。可以把工件夹在桌钳里（注意从外面向内刨切，以防止工件断裂）或使用刨木导板。用钢尺、直角尺和铅笔标记出桌面的长度，然后修整到所需的长度。如果没有什么大的地方要切割掉，则可以使用刨子进行修整。

23. 用手刨或砂带机磨平桌子表面和底面（使用 120 目粒度的砂纸），然后打磨桌面和桌子边缘（使用 180 目粒度的砂纸）。在桌角轻微倒圆角。

24. 桌面使用 L 形膨胀板固定在横撑上，在长边使用 3 个 L 形膨胀板，

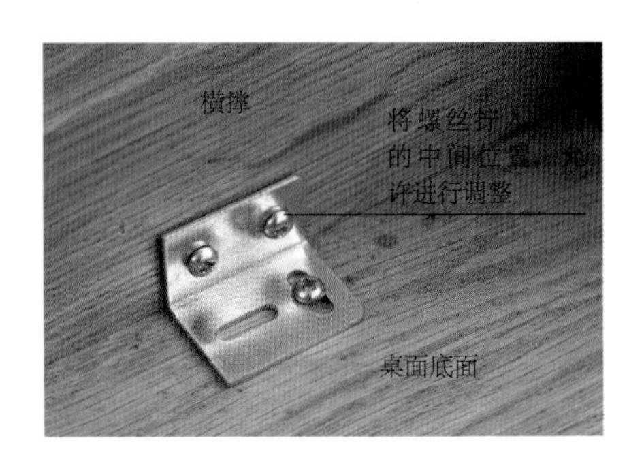

在两端之间的中间位置使用 1 个。用膨胀板固定是因为桌面会随整个纹理表面的膨胀和收缩而发生相同的变化，具体情况取决于冬天和夏天的湿度（相差 3~4 毫米）。膨胀板位于整个纹理表面的各处，将螺丝穿过膨胀板中的狭槽拧入木材，这样可随着木材的膨胀和收缩相应地调节螺丝的松紧。根据不同的膨胀板，可使用 15 毫米长的 8 号（或同等大小）螺丝。你需要先钻出导孔，再安装螺丝(直径为 2.5 毫米)。在钻头上使用遮蔽胶带设置钻孔深度。木质“按钮”可以代替膨胀板，参见本页的“试试这样做！”。

25. 丹麦油或硬蜡油最适合用于橡木的表面处理。将桌面卸下，更容易进行表面处理。

## 试试这样做！

另一种固定方法是将木质的 L 形“按钮”安装到在横撑内侧铣削出来的插槽中。

# 项目：工作室储物柜

难度：中等

## 另请参见


半闭式铣削 第 123 页

划线 / 画线与测量 第 66~69 页

切割机或复合斜切锯 第 89~92 页

电圆锯的使用技巧 第 86~89 页

饼干榫连接 第 180~184 页

涂丙烯酸清漆 第 225 页


这个简单的储物柜可以用于存放必要的木工工具和材料，以方便随取随用。柜门和抽屉利用指形缺口打开——这是简约式家具中常见的一种简单而优雅的设计。如图所示，本项目中这个尺寸的储物柜应能够容纳一套尺寸合适的工具，但尺寸可以根据需要进行调整。顶部的架子比较窄，可以将凿子和螺丝刀之类的工具挂在柜门背面，以便于取放。

虽然你也可以使用多米诺榫连接，但这里演示的柜体几乎都使用的是饼干榫。制作工作室储物柜的方法与安装在厨房和其他地方的橱柜的制作方法相同，因此这个项目同样可以作为制作橱柜的方法的参考。标记和切割的准确性，以及部件是否方正，这些细节在制作过程中至关重要。需要强调的是，此项目主要使用的是电动工具，你也可以用手工工具制作，但是制作起来会很麻烦。

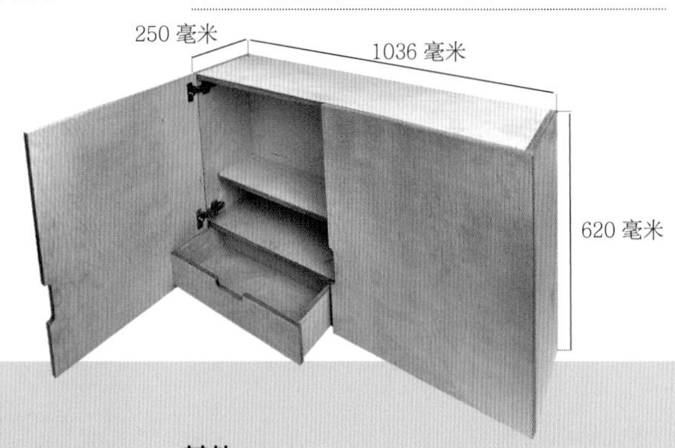


## 主要工具和材料列表

### 电动工具

- 电钻（最好使用钻台）
- 直径为 35 毫米的钻头
- 饼干榫连接器
- 电木铣
- 电木铣倒装工作台
- 铣刀：
    - 直径为 6 毫米的直槽或开槽铣刀
    - 直径为 25 毫米的直槽铣刀
    - 直径为 2~3 毫米的倒圆铣刀
    - 大型 45 度角铣刀（选用）
- 轨道砂光机（选用）
- 轨道锯或其他电锯（选用，但如果没有会很麻烦）
- 水平仪（用于将储物柜安装上墙）
- SDS 电钻或冲击钻（用于将储物柜挂在实心墙上）

### 刀刃工具

- 捷克刨
- 短刨

### 锯子

- 横切手板锯

### 划线 / 画线与测量工具

- 铅笔
- 钢卷尺
- 米尺
- 300 毫米长的钢尺
- 100 毫米长的直角尺
- 200~300 毫米长的直角尺

### 夹具

- 6 个夹持距离至少是 1200 毫米的拼板夹
- 2 个 F 夹或 G 夹，夹持距离至少为 100 毫米

### 其他

- 打磨块

### 五金件和材料

- 2 对 110 度全盖卡扣式隐藏合页，配有金属板和固定螺丝
- 20 号饼干榫
- 可调节架子挂钩（选用）
- 120 目粒度、180 目粒度和 400 目粒度的砂纸
- 180 目粒度的圆形砂纸
- 润滑且纯净的丙烯酸清漆，表面处理涂抹工具
- 遮蔽胶带
- PVA 胶或类似的胶水
- 将储物柜悬挂在墙上所需的固定件

## 切割列表

| | | 最终尺寸 | | |
|---|---|---|---|---|
| 名称 | 数量 | 长度 | 宽度 | 厚度 |
| a 顶板 | 1 | 1000 毫米 | 250 毫米 | 18 毫米 |
| b 底板 | 1 | 1000 毫米 | 250 毫米 | 18 毫米 |
| c 侧板 | 2 | 620 毫米 | 250 毫米 | 18 毫米 |
| d 底架 | 1 | 1000 毫米 | 220 毫米 | 18 毫米 |
| e 中架 | 1 | 1000 毫米 | 165 毫米 | 18 毫米 |
| f 可调节架子（可选） | 1 | 999 毫米 | 165 毫米 | 18 毫米 |
| g 背板 | 1 | 599 毫米 | 1015 毫米 | 6 毫米 |
| h 侧面填充件 | 2 | 100 毫米 | 203 毫米 | 6 毫米 |
| i 隔板 | 1 | 100 毫米 | 203 毫米 | 18 毫米 |
| j 抽屉前板 | 2 | 492.5 毫米 | 100 毫米 | 15 毫米 |
| k 抽屉侧板 | 4 | 203 毫米 | 100 毫米 | 15 毫米 |
| l 抽屉背板 | 2 | 454 毫米 | 100 毫米 | 15 毫米 |
| m 抽屉底板 | 2 | 464 毫米 | 199 毫米 | 6 毫米 |
| n 门板 | 2 | 620 毫米 | 517 毫米 | 18 毫米 |
| o 储物柜夹板 | 1 | 1000 毫米 | 73 毫米 | 18 毫米 |
| p 墙壁夹板 | 1 | 900 毫米 | 60 毫米 | 20 毫米 |

除了墙壁夹板，其他所有部件都由桦木胶合板制成。墙壁夹板可以使用任何木材制作，我使用的是山毛榉木。切割部件时，其表面纹理方向应该与长边方向一致。

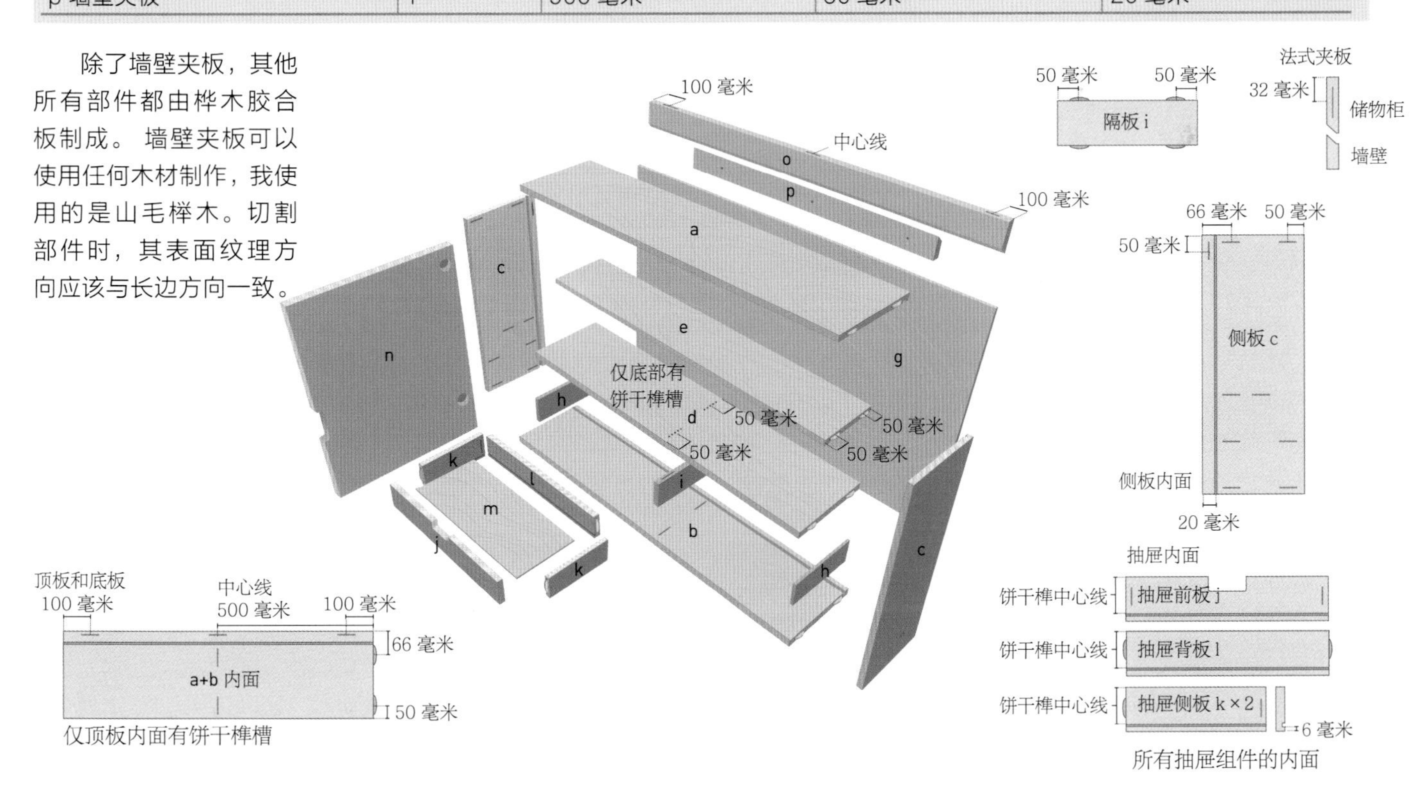

## 制作方法

### 柜体

1. 根据切割列表准备柜体的部件。需要注意的是，要确保干净且准确地切割部件边缘。用横切手板锯锯切很难做到这一点。你需要先切割出大于最终尺寸的部件，然后再将其切成最终尺寸，并确保其边缘方正。轨道锯让你更容易切割准确，但是你仍然必须确保所有边缘都是方正的。刚买来的木板的边缘通常不够清晰且不够精确，因此必须修整或用刨子刨准确。对于抽屉的组件，切割后要比所需的尺寸更长且略微宽些。在底部铣削出 6 毫米宽、6 毫米深的凹槽。切勿将部件切割成最终尺寸，因为抽屉的最大打开程度可能不会与设计一致。不要直接把抽屉切割至所需的尺寸，应留出一些调整的空间。对于小型部件，比较好的做法是在更长的工件上铣削凹槽，然后再切割成所需的长度。之后将门板切割到一定尺寸，同样可以留出一些调整的空间。

2. 在组件上标记正面和侧面。正面朝内或朝向架子方向，侧面朝后。

3. 在顶板、底板和侧板的正面铣削出 6 毫米宽、8 毫米深的凹槽。在手持电木铣或电木铣倒装工作台上安装直槽铣刀，或在电木铣上安装侧槽铣刀。在一块废料上进行练习，以检查铣刀是否能够嵌入背板。如果安装得太紧，则进行第一次铣削，再用废料进行调整和测试，直到合适为止，然后进行第二次铣削。参见下方的“饼干榫连接柜体和架子”。

### 抽屉隔板

4. 抽屉之间的隔板的安装方式与架子的安装方式相似。将底板和底架放在木工桌上，使其侧面相交，两端对齐。底板正面朝上，架子正面朝下。在两个工件上标记出隔板的其中一个边缘，并用箭头表示隔板安装在画线的哪一侧。分开工件，然后制作饼干榫槽。隔板底部在连接时将紧靠插入底板凹槽的背板，但是顶部在连接时与背板后边缘对齐。

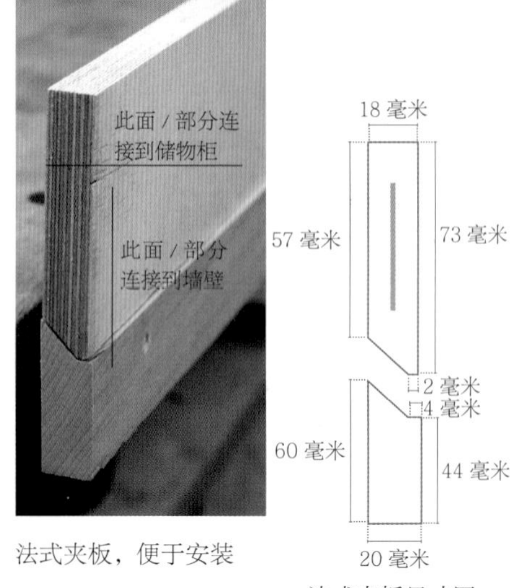

法式夹板，便于安装

法式夹板尺寸图

### 饼干榫连接柜体和架子

1. 将顶板、底板和侧板堆叠在一起，使侧面和末端对齐。在堆叠的木板的末端，在距离非侧面 50 毫米处和距离侧面 66 毫米处标记饼干榫中心线。翻转堆叠的木板，然后重新定位，使另一端对齐并在上面画线。注意在饼干榫顶板、底板，以及侧板的内面上用铅笔粗略地画出饼干榫的位置。有的连接器配有偏移中心线的标线，可以用于制作与侧边具有特定距离的饼干榫而不需要进行标记。我将使用这种连接器来制作架子的饼干榫。如图所示，连接器上的标记偏移了中心线 50 毫米。

2. 在柜体角上制作 20 号饼干榫槽，并确保铣刀切入之前的粗略标记中。靠山将位于顶板和底板的非正面，以及侧板的末端。

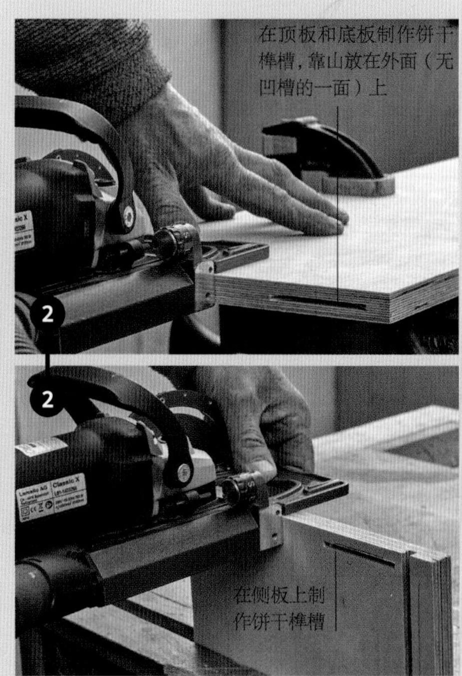

胶合时检查是否方正

## 法式夹板

5. 储物柜通过法式夹板的方法安装上墙。这种方法需要一块安装在储物柜上且向内倾斜的夹板，以及与固定在墙壁上的夹板倾斜度相反的夹板。将储物柜悬挂起来后，这两块夹板会卡在一起。墙壁夹板后边缘的阶梯形状，以及储物柜夹板上的小平面，用于防止较重的储物柜在翘起的时候掉下来。这种上墙方法安装起来相当简单，并且可略微进行横向调节。

6. 制作两个夹板。在电木铣倒装工作台使用 45 度角的铣刀。墙壁夹板上的阶梯形状不容易手工制作，你可以将制作过程分为两步：第一步是在 16 毫米宽的工件上刨出斜角；第二步是将其粘在并夹在 4 毫米宽的工件上，以形成阶梯形状。

7. 在储物柜的顶板、侧板，以及夹板上标记出饼干榫的中心线，然后制作饼干榫连接。储物柜的后边缘和夹板的背面之间有 2 毫米的间隙。这是将连接器抵住顶板后槽上形成的。将背板的边料插入顶板后槽，然后按照标记的位置垂直制作顶板和侧板的饼干榫槽（4 个 20 号饼干榫），让连接器的底座抵住插入的边料。向下旋转主靠山，制作顶板上的饼干榫槽，将靠山放在切掉斜角的面上来制作夹板上的饼干榫槽。

## 组装

8. 清理并打磨所有表面，然后将外边缘轻微倒圆。尝试将正面和侧面标记放在不显眼的位置，以便你知道各个部件如何组合在一起，尤其是架子。

9. 在涂胶水之前试着组装，我建议从下往上组装。将一个侧板插入底板，然后将背板安装在这个 L 形的架子上。接着，安装隔板，然后安装底架，再安装另一个侧板。小心地旋转整个柜体，侧面在下。向上倾斜上面的侧面，然后放入中架、顶板和夹板。小心地放置储物柜，让背板平放在 3 个夹具上。再将 3 个夹具放在顶板上并拧紧。你还需要 G 夹或 F 夹，用一个较宽的夹具夹住隔板，用小的夹具夹住储物柜夹板。夹板的边缘很容易损坏，因此要轻轻地夹住。不要忘记使用夹紧块

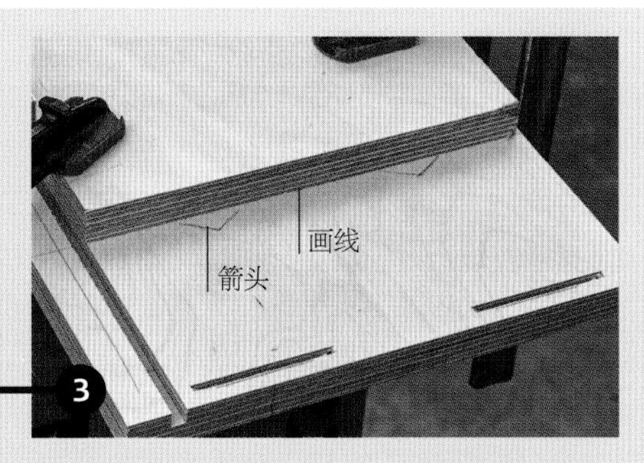


3. 现在准备连接架子。底架延伸到柜子内部的深处并触底。上层架子较窄，可将工具挂在门的内侧。两个架子都紧贴背板。将侧板并排放置在一起，使侧板的侧面并拢，正面朝上且两端对齐。在侧板的两个面上，在距底部 136 毫米处标记出两个架子的顶部边缘。在画线处标记向下的箭头，以指示架子的最终位置。

4. 将一个侧板放在木工桌上，凹槽朝上，在侧板后槽中插入背板的边料，边料的位置比画线的架子稍高一点。将合适的架子正面朝下放置在侧板上，使架子侧面紧靠插入的边料，令架子末端与侧板上的画线重合，从而露出侧板上的箭头。将连接器底座平放在侧板上，连接器靠山上的偏移标记与架子边缘对齐，在架子的末端制作饼干榫槽。然后旋转连接器，使其底座紧靠架子的末端，然后制作侧板上的饼干榫，在这个过程中连接器靠山上的偏移标记与架子边缘对齐。

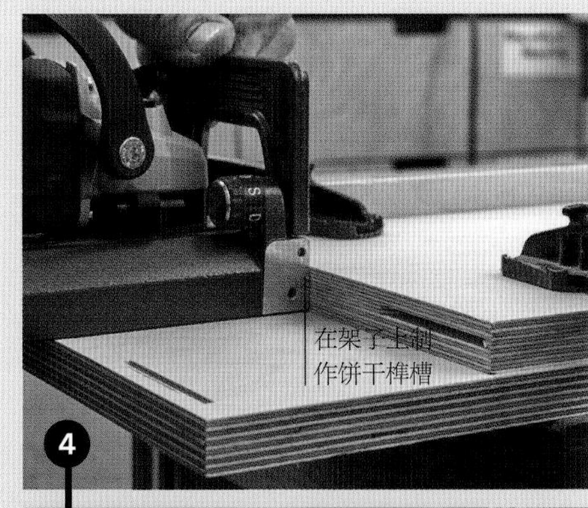


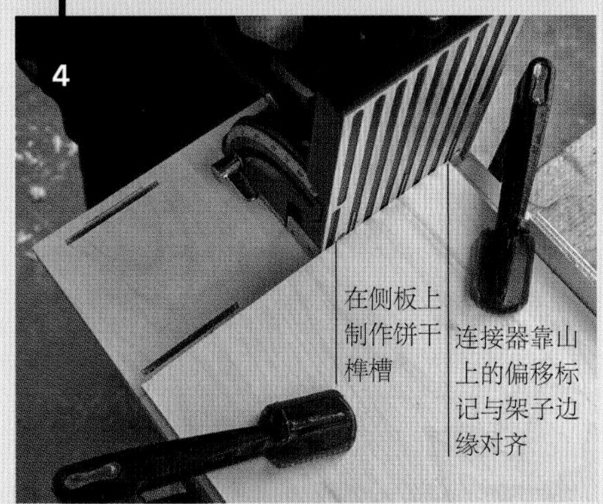

**安装合页**

1. 这里使用开门角度为 110 度的全盖合页。合页的钻孔位置可能会因不同的生产厂家而有所不同。你应该可以在网上找到相应的产品说明书，否则可能不得不通过反复试验找到合适的钻孔位置。对于大多数合页而言，门上的大合页孔的直径为 35 毫米，深度为 15 毫米，中心距门边缘 22.5 毫米。

2. 在边料的相同位置试着钻孔，将合页安装在孔中。检查是否方正，并标记固定螺丝孔的位置。

3. 将要安装的合页放在另一块废料上，并标记金属板螺丝孔的位置。先钻出 4 个导孔，然后将合页拧到位。

4. 检查合页的开合是否正常。打开门板会弄脏边角吗？门的边缘是否与储物柜的侧板对齐（合页上应该有相应的调节螺丝）？门的背面和柜子之间是否有缝隙（同样，合页也应该有可微调的螺丝）？如果你无法找到正确的配置，可以修改钻孔位置。

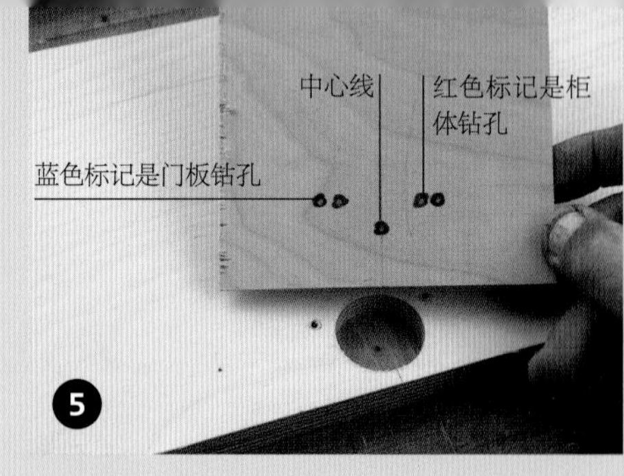


来保护工件。检查所有连接是否闭合，以及对角线是否相等。找个助手帮助你，会让你更轻松地完成夹持工作。

10. 现在将涂料涂到内表面上，因为打磨平面比打磨边角更容易。在涂层之间进行打磨。我建议在浅色桦木胶合板上使用丙烯酸清漆。涂抹之前，应用较窄的遮蔽胶带将连接处包裹起来，以免涂料浸入饼干榫槽中。涂抹丙烯酸清漆的方法参见第 225 页。

11. 现在你可以进行胶合。将 PVA 胶或相似的胶水涂抹至饼干榫孔处，并在背板的凹槽中滴入一小滴胶水。注意，不要过度涂抹胶水。检查是否方正。

**门板**

12. 门板可能会限制抽屉的打开程度，所以在制作抽屉之前先安装门板。门板的打开程度取决于你使用什么类型的合页，参见上方“安装合页”的相关内容。

13. 切割出尺寸合适的门板，然后在门板的内侧边制作指形缺口。将两个门板叠在一起，明确标记出缺口的位置，避免之后混淆。采用半闭式铣削方式，用直径为 25 毫米的铣刀在电木铣倒装工作台上将木板铣削出缺口。将铣削宽度设置为 20 毫米，在铣削开始和停止的地方夹上挡块。缺口会向下偏移，因此开始处的挡块应距离铣刀出料一侧 422 毫米，停止处的挡块应距离进料一侧 298 毫米。为避免留下烧痕，应一步一步地进行铣削，在两次铣削之间将铣刀升高约 6 毫米，并减慢铣削速度。如果在第一次铣削后有烧痕，应进一步调整速度。在开始和停止铣削时不要犹豫，这样可以减少烧痕。如果仍产生了烧痕，应用 120 目粒度的砂纸缠在木钉上打磨掉烧痕。

14. 安装合页（参见上方“安装合页”的相关内容）。

15. 清理并打磨门板和尚未进行表面处理的外表面。给两个门板的边缘倒圆会使柜子看起来棱角更柔和。使用半径为 2~3 毫米的带轴承导向装置的倒圆铣刀（安装在手持电木铣或电木铣倒装工作台上）进行倒圆边，或使用短刨和打磨块完成倒圆。

16. 打磨后，在未进行表面处理的区域涂漆。

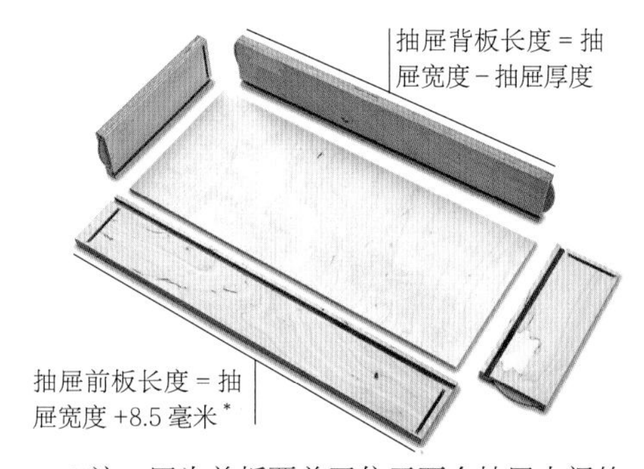


* 注：因为前板覆盖了位于两个抽屉中间的隔板的一半，抽屉和抽屉之间留有 1 毫米的缝隙，所以要加上 8.5 毫米。

确保填充件与打开的门保持一定距离

5. 如果配置正确，按照已确定的钻孔位置，在薄板上（我使用的是 1.5 毫米厚的胶合板）画一条中心线，并制作出直径为 2 毫米的孔。之后会穿过这个孔标记钻孔位置，由此制作出一个模板。

6. 设计好钻孔图样后，在分别距离储物柜和门板顶端 50 毫米和 480 毫米处画中心线。在这些位置使用模板标记钻孔图样。请注意，合页可能会与底架相撞，因此在钻孔之前，应检查储物柜侧板所在的这个位置是否有空间安装合页。适当地钻孔，并使用调节螺丝试装门板，以达到最终的安装效果。

标记合页钻孔的位置

**抽屉**

17. 抽屉制作起来非常简单——这里没有采用燕尾榫连接方法。 抽屉开口的两侧都有填充件，这些填充件限制了抽屉的拉开程度，也就是说抽屉不会完全拉离侧板。填充件可以使抽屉拉出时不会损伤门板。你必须确定填充件的宽度，其值取决于门板与合页的打开位置。装好填充件后，即可确定抽屉的宽度。其应该比抽屉开口窄约 0.5 毫米，以实现良好的滑动效果。抽屉的宽度将决定抽屉前板和背板的长度。

18. 按照第 1 步所述，在抽屉的侧板、前板和背板上开槽，用于安装抽屉底板。凹槽将决定抽屉部件的正面和侧面，应让正面朝内且侧面朝上。将所有抽屉部件堆叠在一起，并使其侧面对齐，在堆叠部件两端距离侧边向下 50 毫米处标记中心线。

19. 现在粗略标记出饼干榫的位置。与前板相连的抽屉侧板，其饼干榫在前端上；与背板相连的抽屉侧板，其饼干榫在正面上。记住，侧板是成对的，因此与背板连接的饼干榫标记应在左侧板的右边，在右侧板的左边。背板上的饼干榫槽在两端，前板上的饼干榫槽在正面。

20. 使用设置为 7.5 毫米宽的辅助靠山，并将深度设置为与 20 号饼干榫一致。 将所有部件正确地安装在一起。记住，在组装连接时，靠山应始终置于你要对齐的面上。此规则的一个例外是前板，抽屉在柜体中间相交：前板覆盖在 18 毫米厚的隔板的大约 8.5 毫米处。将靠山设置为 16 毫米。记住，前板有两块，分别安装在左抽屉和右抽屉处。

21. 安装 6 毫米厚的抽屉底板。现在，你可以检查安装好且未涂胶的抽屉。如果抽屉看起来装得很紧，则可以通过刨切侧板填充件来进行调整，也可以在胶合后再进行调整。

22. 抽屉前板上留有用于打开抽屉的指形缺口。其制作方法和门板上的指形缺口的制作方法一样，并且要在距离铣刀 300 毫米的铣刀两侧放置开始和停止挡块。

23. 清理并打磨部件。在胶合之前，你可以先进行表面处理。

24. 在墙壁夹板有斜角的一面上，分别在距离两端 75 毫米的位置和在中心点钻埋头孔，孔垂直居中。将夹板放到墙壁上，使斜角下方的平面距离储物柜顶板 90 毫米。检查平面是否水平。用锥子或螺丝穿过孔在墙上做标记，然后在墙上钻孔，安装与 10 号螺丝匹配的膨胀栓。将夹板用螺丝拧到墙上，然后将储物柜挂到上面。

# 项目：记忆盒

难度：困难

制作盒子是锻炼你的木工技巧的绝佳方法。你可以使用多种不同的连接技巧，例如加榫舌或榫片的斜角连接、 燕尾榫连接或直接进行木板的角连接。你也可以用不同的方法，如雕刻、贴木皮和镶嵌来装饰盒子。盒子还有一个特点，就是它很小巧，所以你无须占用太多工作室的空间来制作它，而且材料比较廉价。

## 主要工具和材料列表

### 电动工具

- 切割机或复合斜切锯（可选）
- 电木铣
- 直径为 6 毫米的直槽铣刀
- 直径为 18 毫米的直槽铣刀
- 直径为 1.5 毫米厚的开缝铣刀（安装在长轴上）
- 直径为 1.8 毫米或更小的直槽铣刀
- 直径为 25 毫米的铣刀
- 电木铣倒装工作台（可选）

### 刀刃工具

- 一套不同规格的斜凿工具
- 捷克刨
- 手术刀
- 锯子
- 横切夹背锯
- 锋利的纵切开榫锯（如果不使用开缝铣刀的话）

### 划线 / 画线与测量工具

- 直角尺（最好是 200 毫米长的）
- 钢尺（至少 600 毫米长）
- 游标卡尺（选用）
- 划线器（最好有 2 个）

### 夹具

- 大约 8 个 G 夹或 F 夹（如果不使用棘轮腰带夹的话）
- 1 对棘轮腰带夹（选用）
- 6 个或更多快速夹（选用）

### 其他

- 箱体斜角刨木导板
- 2 号小型米字螺丝刀
- 1 对合页式连接的镜子（选用）

### 五金件和材料

- 按照切割列表列出的尺寸准备的木材和木皮
- 2 个 63 毫米长的实心黄铜对折合页
- 一块至少 400 毫米 ×300 毫米大小的绒面革或仿皮绒

## 切割列表

| | | | 粗切割尺寸 | | |
|---|---|---|---|---|---|
| 名称 | 数量 | 木材类型 | 最小切割长度 | 最小切割宽度 | 木板厚度 |
| a 前板 / 背板 | 2 | 美国胡桃木 | 410 毫米 | 175 毫米 | 25 毫米 |
| b 侧板 | 2 | 美国胡桃木 | 310 毫米 | 175 毫米 | 25 毫米 |
| c 顶板 | 1 | 中密度纤维板 | 285 毫米 | 6 毫米 | — |
| d 底板 | 1 | 中密度纤维板或胶合板 | 282 毫米 | 6 毫米 | — |
| e 顶面木皮 | 4 | 橡木树瘤木皮 | 194 毫米 | 146 毫米 | 0.6 毫米 |
| f 平衡木皮 | 1 | 胡桃木 | 387 毫米 | 287 毫米 | 0.6 毫米 |
| g 嵌条 | 2 | 黄杨木线 | 1000 毫米 | — | 1.8 毫米，方形 |
| h 假底板 | 1 | 桦木胶合板或中密度纤维板 | 370 毫米 | 270 毫米 | 1.5~2 毫米 |

在一个长约 1500 毫米、宽约 172 毫米、厚约 18 毫米的大木板上切割并准备前板、背板和两块侧板。用于镶嵌的黄杨木线长度为 1 米，可以将其切成合适的长度。

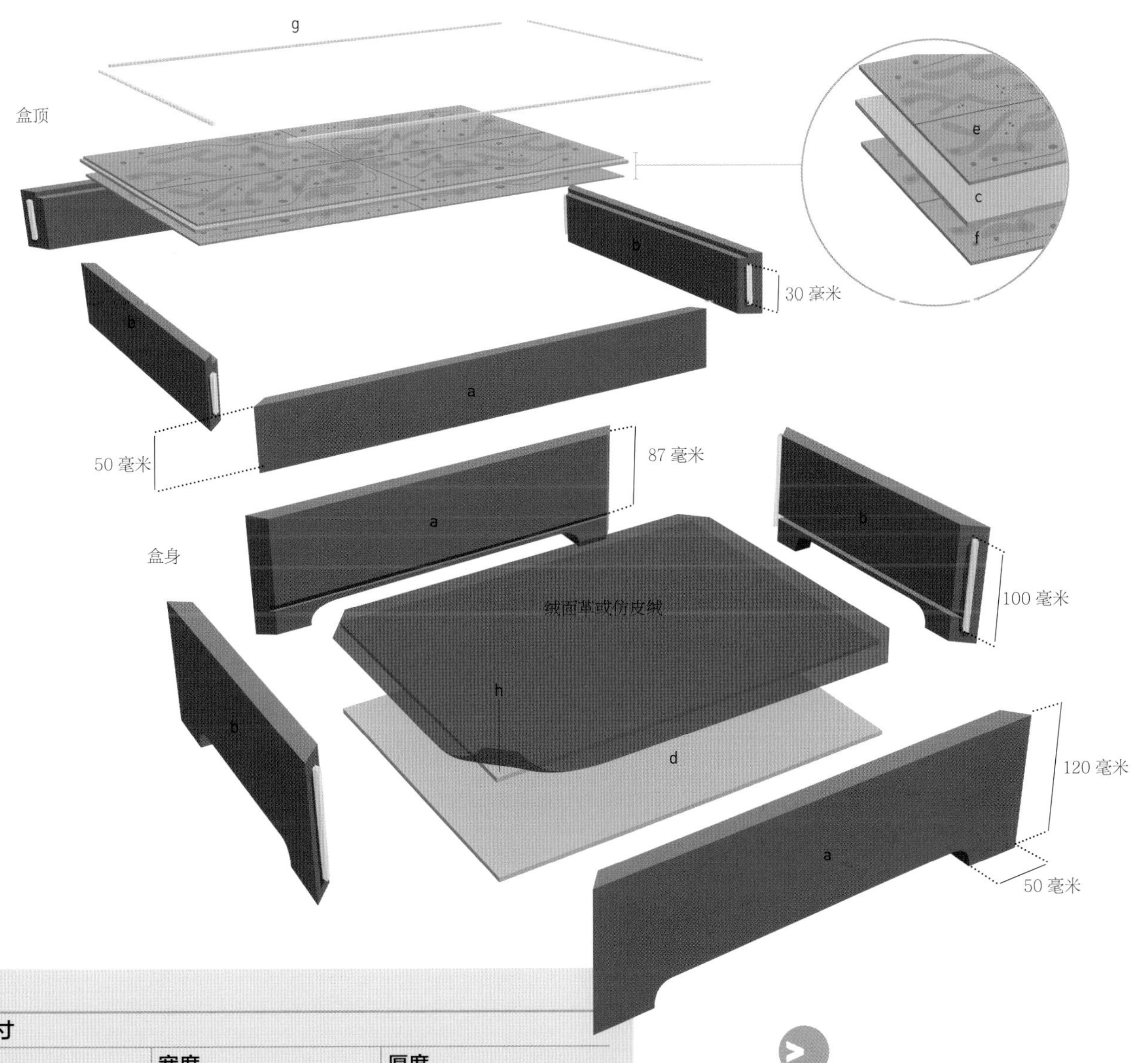


| 最终尺寸 | | |
|---|---|---|
| 长度 | 宽度 | 厚度 |
| 400 毫米 | 172 毫米 | 18 毫米 |
| 300 毫米 | 172 毫米 | 18 毫米 |
| 374 毫米 | 274 毫米 | 6 毫米 |
| 374 毫米 | — | — |
| * | * | 0.6 毫米 |
| * | * | 0.6 毫米 |
| * | * | 2 毫米，方形 |
| * | * | — |

* 注：在制作过程中修整到合适的尺寸。

**另请参见**

划线 / 画线与测量　第 66~69 页
使用手板锯　第 70~71 页
使用电圆锯　第 86~92 页
刨切　第 58~65 页
斜角连接　第 166~173 页
使用四拼法拼接木皮　第 198~200 页
半闭式铣削　第 123 页
涂油处理　第 223 页

这个记忆盒是用于存放具有纪念意义的文件和物品的。你可以根据自己的需要（例如珠宝盒或收藏盒）更改尺寸和内部配置。这个盒子的内部尺寸设计应保证盒中可以装下 A4 大小的纸张。我在这里主要使用的木材为美洲胡桃木，而盒顶贴的是使用四拼法拼接的橡木树瘤木皮，四周镶嵌一圈黄杨木线。橡木树瘤木皮与胡桃木形成了鲜明的对比。

制作盒子时，我喜欢让盒子前后左右的纹理走向相吻合，尽管边角处肯定会有不连续的纹理。选择一块大的木板制作盒子的 4 个面，以使盒子的前板和侧板都有迷人的纹理。我个人更喜欢胡桃木心材，有的人则喜欢带点胡桃木的浅色的边材，以凸显变化的美感。这种设计的盒子的制作方法是，先制作出一个长方体，胶合后再将盒盖切割出来，这样可以确保盒顶和盒身之间是完美契合的。

## 制作方法

### 顶板贴木皮

一开始就给顶板贴木皮似乎为时过早，但是，盒身的部件需要制作企口用来连接顶板，如果顶板已经贴好木皮，则能安装得更精确。

顶板使用的是用四拼法拼接的树瘤木皮。按照第 190~191 页所述挑选木皮，然后按照第 195~203 页所述进行拼接。需要注意的是，使用由四拼法拼接的木皮，中心轴必须在最中间。为了确保这一点，应在要贴上木皮的顶板边缘标记中心线。贴木皮时，木皮的中心轴必须与顶板的中心线重叠。如果木皮或夹持板比顶板大太多，你可能很难找到中心线，因此应裁切木皮或夹持板，让其比顶板的边距窄一些。因为顶板很小，所以可将正面木皮和平衡木皮夹在 18 毫米厚的胶合板或中密度纤维板中，并用 G 夹或 F 夹夹紧。

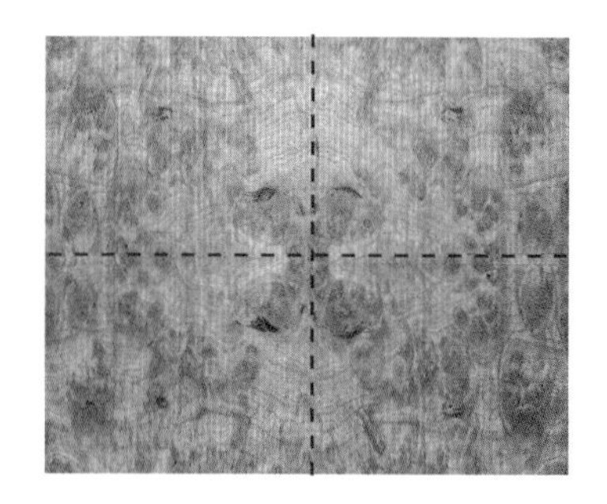

使用四拼法拼接的木皮

如有可能，应使用脲醛树脂胶，例如凯斯克美特胶，它的强度高，因此不会有连接处不贴合的情况发生。如果树瘤木皮上有小孔，则可以将如凡·戴克晶体染料加入水中，将其与胶混合在一起。贴上木皮后，修整多余的木皮，然后将顶板放到一侧。检查胶合是否存在问题，如果存在，可以将其熨平。

侧板

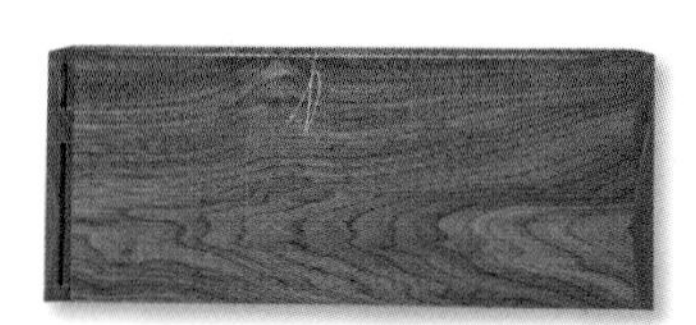

前板

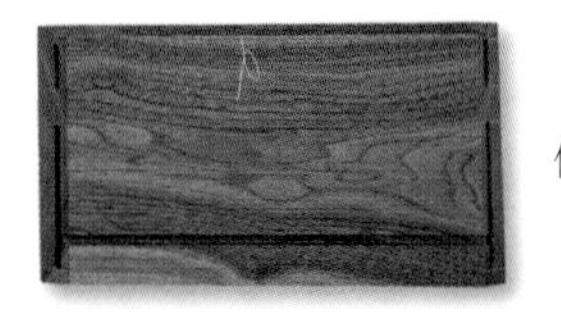

侧板

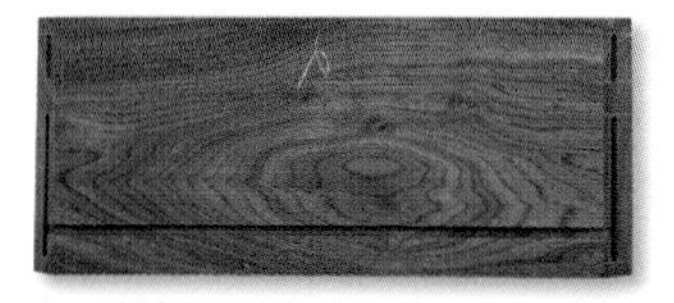

背板

盒子前板、背板和侧板的纹理相吻合

### 制作榫舌 / 辅助工具

1. 将两块 18 毫米厚的中密度纤维板或胶合板的末端制成斜角，用作夹具的顶板和底板。检查斜角端与两侧是否成直角。

2. 准备两个末端为斜角的边条。

3. 如图所示，在顶板和底板上钻出直径为 4 毫米的埋头孔。埋头孔应该在被削掉斜角的面上。

4. 如图所示，将两个边条放到底板上并夹紧。边条的斜角端和底板的斜角面应成直角。钻导孔并用螺丝将边条安装到底板上。

5. 如图所示，定位、夹紧并用螺丝拧紧顶板。同样，底板斜角面与边条和顶板形成的斜角面应成直角。

6. 如图所示，在下面用螺丝固定一个木条。这个木条的作用只是将夹具以适当的角度夹在桌钳中，因此只要能牢固地定位在桌钳中，可以使用任何边料。

7. 在使用中，加工的工件的斜角面与顶板斜角面齐平，电木铣靠山靠在底板斜角面上，顶板的表面支撑着电木铣的底座。

### 制作斜角

1. 如果你是手工切割斜角的，则有必要重新阅读第 5 章中箱体斜角连接的内容。

2. 准备一块大木板，用于制作盒子的前板、背板和侧板。沿着木板的长边标记出切割这几个部件的位置，这样能够确保在组装盒子时，4 个面的纹理线条相吻合。这里只是标记出大概的位置，每个部件之间应留出大约 15 毫米的余量。切割前检查并标记每个部件的正面和侧面，正面应该朝内，侧面应该朝上。

3. 当所有部件都沿长边排列好后，你可以制作出盒顶的企口和盒底的凹槽。但是，在刨切斜角时工件可能会发生断裂，因此可以留到后面再做。如果使用切割机，你可以现在就开槽和制作企口。

4. 切割出部件。如果你有复合斜切锯或切割机的话，操作起来会很简单。将电锯的倾斜度设置为 45 度，试着进行两次锯切，看切割出来的测试件能否形成直角。准备好后，再正式进行锯切。使用挡块，确保成对的部件长度相等。如果你是手工切割的，则可以粗略地切割斜角，或者只是切成直角，然后依靠斜角刨木导板来清除大部分废料。如果粗切割斜角，则应标记出斜角的线条，然后用横切夹背锯锯切，锯切时应和画线处留点距离。无论使用哪种方法，斜角面都应在正面。锯切前要检查一下。

5. 如果粗切割斜角，则应在箱体斜角刨木导板上修整斜角。检查成对部件的长度是否相等。

### 加固斜角连接

直接连接斜角不够牢固，因此需要加固。我的首选方法是在斜角面上铣削凹槽，然后安装榫舌进行加固。另一种方法是按照第 173 页所述，将木皮榫片安装在边角处。如果你确实要使用榫片，应该先练习制作一个斜角，以便在实际操作之前确认一下自己的技术水平能够制作成功。

刨切斜角

标记榫舌的位置

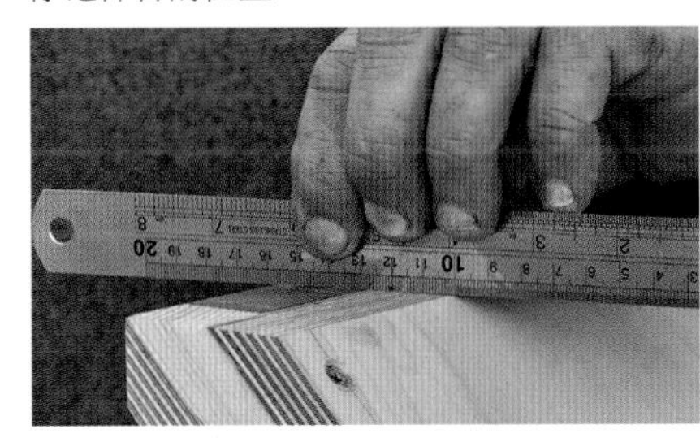

检查斜角面与辅助工具顶板的斜角面是否齐平

铣削榫舌凹槽

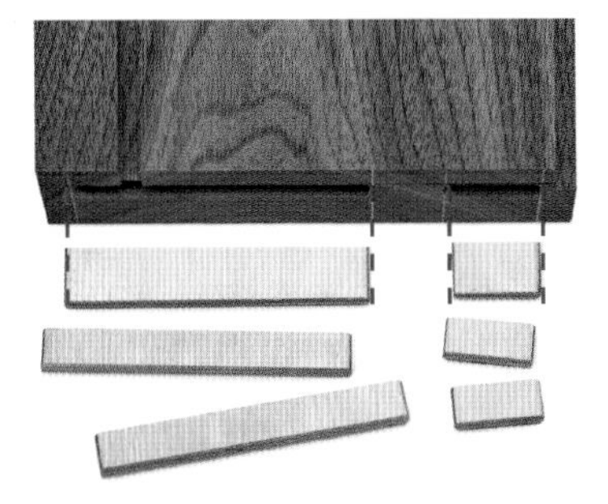

榫舌的实际宽度应小于 1 毫米，留有调整的空间

6. 每个边上有两个榫舌，一个用于盒盖，另一个用于盒身。在斜角面上标记凹槽位置。如果将 4 个面的斜角端相接，并使侧面对齐，排列成一个大平面，则应该能够一次性标记出榫舌的凹槽。在距所有部件的侧面 10 毫米、40 毫米、62 毫米和 162 毫米处进行标记。

7. 榫舌将由一块 6 毫米厚、12 毫米宽的中密度纤维板或胶合板制成，因此斜角面的凹槽将为 6 毫米宽、6.5 毫米深。确保电木铣铣刀制作的凹槽的宽度不超过榫舌的宽度，否则你可能需要补上一些实心木片。

8. 在斜角上铣削的问题在于，靠山没有能够抵靠的末端，因此你需要一个辅助工具（参见上页的下方内容）。

9. 使用与侧板厚度相同的边料来设置电木铣。在边料末端制作斜角，并在距内边缘 7 毫米的位置标记凹槽的位置。将测试件夹在辅助工具中，使斜角面与顶板的斜角面齐平。在电木铣中装入直径为 6 毫米的直槽铣刀，设置靠山，使铣刀与划线位置对齐，然后调节深度限位器至 6.5 毫米的深度。试铣削并进行调整，直到深度和位置正确为止。

10. 在两侧的斜角面上，按照之前画的线铣削凹槽。

11. 在凹槽中装入榫舌。6 毫米厚的胶合板或中密度纤维板应能够紧紧地插入凹槽中，可先用边料进行测试。最好将榫舌做成尺寸正确的长条，即长 99 毫米和 29 毫米。在两边倒圆，然后切成 12 毫米宽。

12. 现在，试着组装各部件，检查连接是否正常。

### 盒顶和盒身开槽

顶板安装在盒顶的企口中，底板安装在侧板的凹槽中。必须在组装盒子之前开槽和制作企口。建议复习第 4 章关于开槽和制作企口的内容。

13. 底板所在的凹槽的尺寸是 6 毫米 ×6 毫米，距离盒底（非侧面）25 毫米。 在电木铣倒装工作台上用直槽铣刀或开槽铣刀制作凹槽。你也可以使用手持电木铣来完成此操作，但是在倒装工作台上操作起来更容易。试铣削，检查铣刀是否能贴合地插入底板。你的铣刀不可能刚好是正确的尺寸，不过只要铣刀的尺寸不太大即可。如果铣刀太小，你将不得不进行两次铣削，第一次铣削后要对凹槽进行调整。

**提示：**试铣削凹槽或企口时，第一次铣削的长度比较长，而第二次铣削的长度要短一些。如果第二次按照第一次铣削的长度铣削，若凹槽或企口太宽，你就会因为没有办法保留原来的凹槽或企口而无法进行进一步的试加工。

14. 用这种方法，你可以制作出用来安装顶板的企口。顶板是 6 毫米厚的木板，上面贴好两层约 0.6 毫米厚的木皮，因此其厚度应为 7.2 毫米。用游标卡尺检查厚度。企口宽度为 6 毫米，比贴好木皮的顶板的厚度大 0.25 毫米。这意味着安装后，你可以最小量地清理凸起的企口边缘。最好在电木铣上完成企口的制作，但也可以使用安装有直径为 18 毫米的铣刀的手持电木铣。试铣削，调整靠山，并与顶部面板一起检查，直到达到所需的贴合度为止。 你的目标是让企口在顶板表面只突出一点点。准备好后，一次性完成铣削。

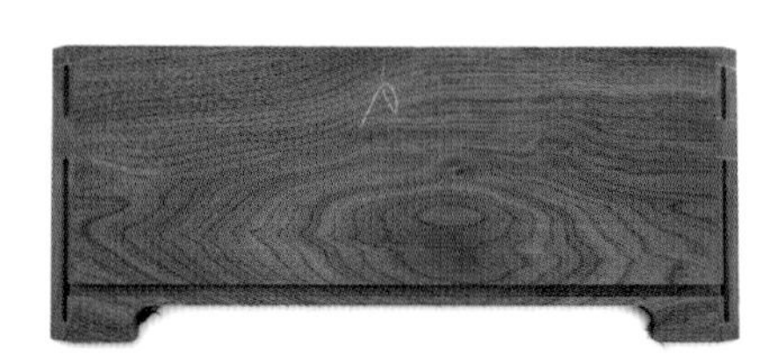

背板成品展示

### 制作盒脚

盒子侧板的底部可以设计成带有盒脚的样式。最简单的方法是在电木铣倒装工作台上进行半闭式铣削（参见第 123 页）。

在距离工件后边缘 50 毫米处锯切出 6 毫米深的切口，以防止工件断裂

进行一系列铣削以打造盒脚的样式

15. 安装直径为 25 毫米的直槽铣刀。缺口的宽度为 20 毫米，因此将靠山设置为距铣刀外边缘 20 毫米，在前后挡块之间进行铣削。对于前板和背板，挡块距离铣刀的远端应为 350 毫米；对于侧板，这个距离应为 250 毫米。

16. 将电木铣的速度设置为比最大速度低两个挡位，铣刀高度约为 5 毫米，并在底板上进行半闭式铣削。重复上述步骤，每次将铣刀升高 4~5 毫米，直到缺口制作完成。如果在第一次铣削后有烧痕，应稍微降低铣刀的速度。在铣削结束时，工件可能会断裂。为防止这种情况发生，应在距工件后边缘 50 毫米处锯切出 6 毫米深的切口。

### 胶合

使用两个棘轮腰带夹或夹持角块夹住盒子。我更喜欢使用夹持角块。

17. 组装前，清理并打磨所有部件，轻轻刨切或刮擦，然后用 180 目粒度的砂纸打磨。请勿尝试刨切贴好木皮的顶板。镶嵌后，要进一步打磨顶板。

18. 如果使用夹持角块，则先不涂胶组装并夹紧每一个连接处，再检查连接处是否成直角，以及连接处是否有缝隙。如果使用棘轮腰带夹，则先将整个组件（包含底板，之后再安装顶板）不涂胶夹紧，并检查所有连接处和对角线。

19. 准备好后，在榫舌槽和斜角面上涂胶。如果使用棘轮腰带夹，应夹紧整个盒体并进行检查。如果使用夹持角块，则胶合并夹紧一条对角线上的两个角，并用直角尺检查内角是否是直角。将这对角完全固定，然后安装上底板，并胶合另一对角。

20. 现在安装贴好树瘤木皮的顶板。木皮拼接处的中心轴必须相互垂直并位于顶板的中心线上。在贴上木皮时应已经正确对齐。要使木皮的中心轴居于顶板的中心线上，应测量将插入顶板的企口的尺寸，然后按照这个尺寸的一半从中心轴向边缘方向做标记。这样应该能够确定切割线的位置，然后可以将调整后的顶板放入企口中。在最终安装时应使用短刨修整。

21. 当顶板贴合地插入企口中时，在企口的角上滴一小滴胶水，然后用 G 夹、F 夹或快速夹和夹紧条（放在顶板表面边缘处）将顶板固定到位。你只需在顶板的边缘施加轻微的压力，如果远离边缘夹紧顶板，则会使盒顶凹陷。使用少量胶水，因为切割出盒盖后必须用凿子将所有的溢胶都去除。现在可以将盒盖切割下来了。

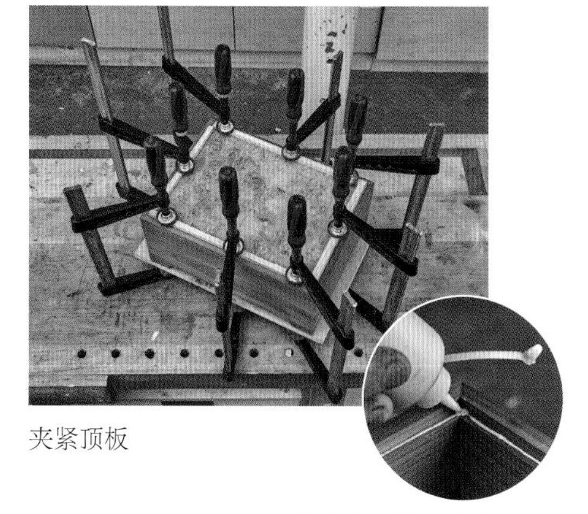
夹紧顶板

不要过度使用胶水，因为溢胶很难清除

**切割盒盖**

将盒盖和盒身作为一个整体制作完成，在确认各处都完美地连接在一起之后，就可以将盒盖切割下来了。切割盒盖的最佳方法是在电木铣倒装工作台上使用开缝铣刀切割。你也可以使用锋利的夹背锯来完成此操作，但这很麻烦，因为之后你还要进行更多的清理工作。

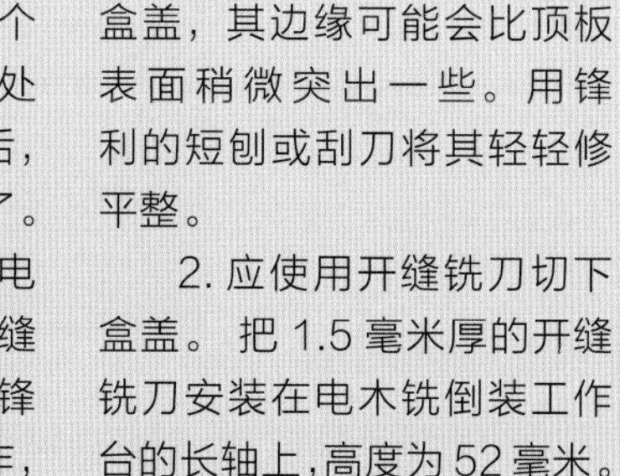

1. 粘上顶板后，清理盒盖，其边缘可能会比顶板表面稍微突出一些。用锋利的短刨或刮刀将其轻轻修平整。

2. 应使用开缝铣刀切下盒盖。把 1.5 毫米厚的开缝铣刀安装在电木铣倒装工作台的长轴上，高度为 52 毫米。设置靠山，使铣刀可以差一点切穿盒子，留下像纸一样的薄片。你可以在厚度相当的边料上检查铣刀的设置。在切割结束时你可以用这块边料支撑盒身，以确保盒身不会掉落到铣刀上。轻轻扭动或用手术刀切穿以将盒盖和盒身分离。

第一次切割到切割线末端，现在逆时针旋转盒子，进行第二次切割

将铣刀的高度设置为 52 毫米

3. 现在进行切割。将盒盖倒置在倒装工作台上，然后将它抵着铣刀铣削。逆时针旋转盒子以在其他面上重复切割，然后分离盒盖。切割的表面可能需要用短刨进行清理。

4. 要手工锯切掉盒盖，使用划线器小心地在盒身 4 个面上距离盒盖 50 毫米和 52 毫米处分别进行标记。将盒子放在桌钳中，倾斜一定的角度，使一个角在最上面，然后在两条划线之间向下锯切，最好使用锋利的纵切开榫锯。旋转盒子并随着切割的进行调整锯切角度。当你必须在桌钳中夹住锯切下来的部分时，需将狭窄的填充件放入锯缝。切口需要清理。最后在盒盖和盒身上做标记，以确保在检查贴合度时能将二者正确放置。

使用锋利的纵切开榫锯或夹背锯将盒盖锯切掉

切下的盒盖

在尝试安装木线之前，应在废料上进行试切割

铣削木线槽，末端用填充件支撑电木铣

用宽凿子清理角中的废料

## 镶嵌盒盖

贴好树瘤木皮的顶板和胡桃木盖之间的连接处将被 1.8 毫米或更细的黄杨木线覆盖。用电木铣铣削用于镶嵌黄杨木线的槽。

22. 将直径不超过 1.8 毫米的直槽铣刀安装在电木铣上。设置深度限位器，使其铣削深度比木线的厚度小些。如果你的电木铣上有微调器，则将木线插入深度限位器的缝隙中，然后调节微调器以设置最终铣削深度。设置靠山，使铣刀插入顶板和胡桃木之间的缝中，并偏向顶板一侧。

23. 用一块长废料进行试铣削。检查槽宽是否小于木线厚度。槽宽约为 0.25 毫米，应该比木线厚度小一些。现在进行铣削。应在贴好木皮的顶板和胡桃木之间的黄杨木线上开始和结束铣削，切勿过度铣削。在起始位置下压铣削前，小心地定位铣刀，进行稳定的铣削，直到马上要到另一端的连接处时停止。这个操作需要你极其谨慎，否则可能会出错。 电木铣在切割工件的末端时可能会掉落，因为盒盖的角可能会掉进底座的缝隙中。你可以在盒的末端外侧放置支撑件。在实际铣削前，应先进行练习，以检查该支撑件是否有效。铣削时要注意节奏。在盒盖的 4 个边缘上铣削，略微调整靠山，使铣削的槽能与黄杨木线完全贴合。继续在测试件上进行短路径铣削，直到你对贴合度满意为止，然后在所有边缘上重复铣削。

24. 现在，所有边缘都有槽了，但拐角处会有些不整齐，尤其是外侧边缘。使用沿着槽边对齐的宽凿子切入拐角处进行修整。我使用的是用磨锋利的钉子制成的小工具，其可清除槽和角中的废料。

在木线的一端制作斜角。当木线与凿刀反射的木线的夹角为直角时，斜角为 45 度

用凿子在槽中轻轻标记木线的斜角，凿子的倾斜面应与侧板的斜角面对齐

25. 黄杨木线应可以顺利地插入槽中。如果木线在某些地方过紧，则可以使用刮刀稍微松一下槽。木线是切成斜角插入拐角处的，应先在木线的一端制作斜角。要用非常锋利的宽凿子切割木线。你可以通过查看凿刀反射的木线来判断斜角是否是 45 度。如果反射的木线与实际的木线的夹角为直角，则斜角就是 45 度。凿子仅用于修整斜角。如果凿子切掉的部分超过应切尺寸约 0.5 毫米，则凿子就不能准确地切割或垂直切出直角。一端成斜角后，将木线放在槽中，使斜角的一端抵住槽的末端，并用手术刀或凿子标记另一端的切割位置。用凿子多切出一段木线，然后斜着将其修剪至标记的位置。

在第一条木线准备好胶合的情况下，拿起第二条木线，然后将第一条木线压回原位

用木工刮刀刮平木线凸起的部分

检查并按照相同的方法切割其他木线。在检查贴合度时，尤其是在贴合过紧的情况下，避免同时放入所有木线，否则很难再次将其拿出来。始终确保有一条木线没有完全镶嵌进去。

26. 对贴合度感到满意后，进行胶合。取下一条木线，并使用窄喷嘴点胶机将非常小的一滴胶水滴进槽中。将木线的斜角抵住槽的一端，再将木线插入槽中，但在将其按压入原位之前，应拿起下一条木线。将第一条木线按压回去，然后以相同的方式胶合下一条木线，以此类推。

27. 用工具的手柄或类似物体向下压，使木线完全嵌入槽中。

28. 静置过夜，使胶水完全固化，然后用刮刀刮掉凸起的部分并打磨平整。

### 安装合页

使用 62 毫米长的实心黄铜对折合页安装盒盖。你可以使用 7 字合页，但我觉得这种合页的操作难度很大。带有内置限位装置的箱体合页看起来比较时尚，使用电木铣倒装工作台很容易安装，但价格昂贵。合页安装不当会影响盒子的外观，因此你可能需要先用废料练习一下。

1. 用铅笔和直角尺在距离侧板 50 毫米的位置标记出合页的位置。将合页安装到盒身上并标记出其长度。

2. 将单针划线器设置为合页的宽度，即叶片边缘到中心轴的中心的距离。在铅笔线之间标记出合页的宽度，将划线器的靠山抵在侧板外表面上。

3. 用划线刀或手术刀更精准地确定合页的长度。用直角尺和划线刀在其中一条铅笔线上划线，在上一步划线器划的线上停止。将合页精确地放在刀线上，并用刀尖标记另一端。

4. 用直角尺比着延长划线至边缘。如果使用划线刀，则将直角尺放置在合页区域的外侧，以使刀的平面一侧朝外。

5. 用铅笔在侧板外表面上较短地标记出合页的长度。将单针划线器设置为略小于合页厚度的一半，并在外表面的铅笔线之间划线。如果你有两个单针划线器，则将一个设置为合页宽度，将另一个设置为合页厚度。然后，你可以保留这些设置，以便之后在盒盖上标记安装合页的凹槽。这样可以确保划的线有更高的准确度。

6. 倾斜锯子，轻轻地锯切至划线器划线处。现在，用凿子进一步垂直凿碎废料，在靠近两侧刀线时停止。

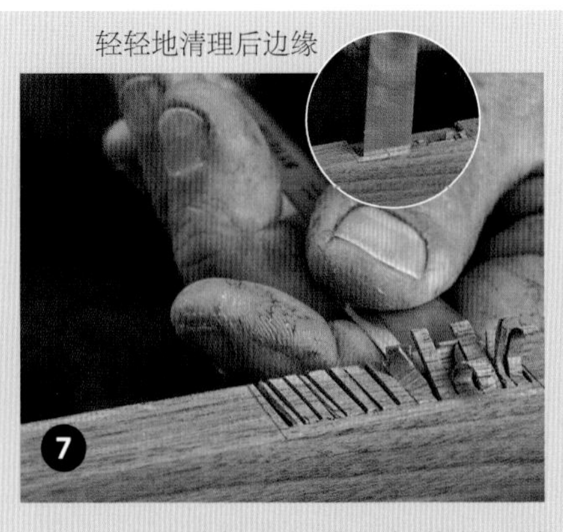


7. 水平凿切至划线器划线处，清除废料。这里很有可能会出现过度凿切，甚至超出合页宽度的问题。应用食指抵住背板，控制凿切的范围。

8. 清除废料后，将凿子放在两端的刀线上，并凿切出合页凹槽的长度。

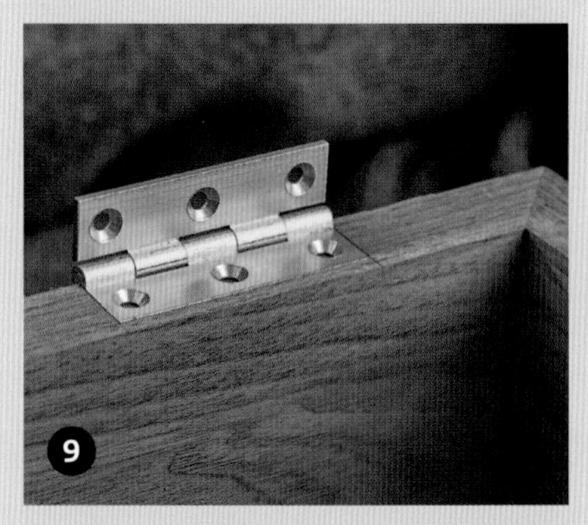

9. 将合页放在凹槽中，检查贴合度并进行调整。你可能需要将合页向下压进凹槽，让叶片的顶端与表面齐平或刚好在表面下方。将合页安装到凹槽中，用锥子标记最中间的螺丝孔的中心。标记时，最好将位置向内部略微偏移一些，以便螺丝可以将合页拉入凹槽中。钻导孔，用中间的螺丝将合页固定。

10. 将盒盖放好，使其与盒身精准对齐（确保四周都对齐），并用划线刀或手术刀标记合页在盒盖上的位置。现在，你可以按照在盒身标记和切割合页凹槽的方法，在盒盖上标记并切割合页凹槽。

11. 先用一个螺丝固定合页，然后检查盒盖是否与盒身对齐。通过修整凹槽可以解决任何无法对齐的问题。仅固定住一个螺丝，这样你就可以调整其他螺丝孔的位置，来帮助重新确定安装合页的位置。还要检查盖子是否可以轻松地置于盒身上，如果合页凹槽太深，则盖子将无法完全放下，并且在前面会留有一些缝隙。可以通过刨切盒盖对盒身施加压力的位置来解决这个问题。

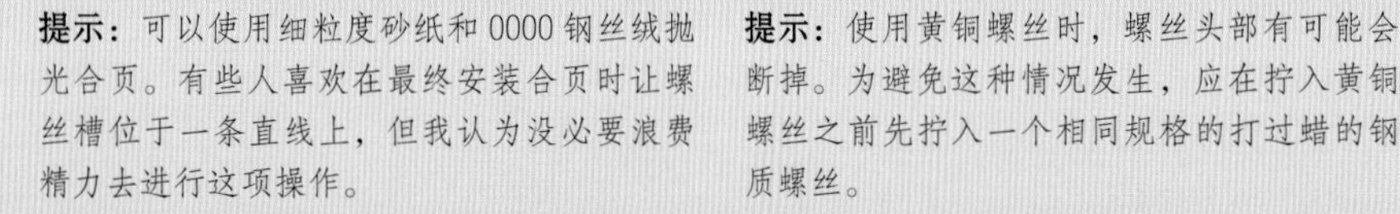

**提示：**可以使用细粒度砂纸和 0000 钢丝绒抛光合页。有些人喜欢在最终安装合页时让螺丝槽位于一条直线上，但我认为没必要浪费精力去进行这项操作。

**提示：**使用黄铜螺丝时，螺丝头部有可能会断掉。为避免这种情况发生，应在拧入黄铜螺丝之前先拧入一个相同规格的打过蜡的钢质螺丝。

## 表面处理

硬蜡油或丹麦油非常适合用于这个项目的表面处理。盒子内部可以不做任何处理，或用虫胶砂光密封剂密封。

29. 用于安装的绒面革或布的假底板应比盒子内部小一圈，差值是绒面革的厚度。这里我使用的绒面革的厚度为 1 毫米，你可以根据你所制作的盒子内部的大小来选择厚度合适的绒面革。将绒面革松垮地压入盒子中，测试假底板是否贴合。修剪绒面革，令其边缘比底板宽约 15 毫米，并修剪 4 个角，使绒面革的边缘折叠到假底板上时不会重叠。轻轻拉抻绒面革，然后将绒面革向下折叠，用压合式黏合剂将其粘在假底板底面上。现在，在假底板上涂上 PVA 胶，在胶水还具有黏性的时候将假底板按压进盒子中。

30. 抛光合页并安装盖子，避免拧得太紧使螺丝头部断掉。盖子打开后会掉到盖身后面，此时你可以安装固定链来避免这种情况发生。

# 术语解释

**棱**

可见的斜切边或圆角边。棱可以让表面处理的效果更好，而且也能体现成品精致的做工。

**反向进给**

沿着与正常方向相反的方向铣削，以得到更干净的切面。反向进给时，只能尝试进行非常精细的铣削，铣削厚度应小于或等于 1 毫米。

**挡栓**

一种木质或金属柱体，可以插入桌钳或木工桌桌面的孔中，用于辅助固定工件。

**断裂**

在向后切割时，切割工具拉动木材纤维导致木材边缘纹理撕裂。

**树瘤木皮**

从树木的球状生长处切下的装饰性木皮，通常可以在树干的侧面找到。

**整捆木皮**

将连续切割出来的木皮捆在一起，24 片或 32 片为一整捆，12 片或 16 片为半捆。

**书页式拼接法**

一种连接木板或木皮的方法，即“打开”叠在一起时相接触的面，图案能够呈现以连接处为中心的轴对称效果。

**镀亮锌**

指为工件表面镀锌层，用于防止钢质配件生锈，比较常见的钢质螺丝都会镀亮锌。

**教堂窗户木纹**

在木板或木皮上的拱形木纹，形状像大教堂的窗户。

**无线电动工具**

由可充电电池供电的电动工具，此类工具与需插入电源或变压器的有线电动工具不同。

**埋头孔**

可将螺丝头埋入锥形埋头孔中，以使其与工件表面齐平。

**埋头钻头**

末端为圆锥形的钻头，用于钻埋入螺丝头的埋头孔。

**沉头孔**

可让螺丝头隐藏在穿透孔顶部更宽的孔中。螺丝头完全沉入工件表面下方，这和让螺丝头部与工件表面齐平的埋头孔不同。

**隐藏合页**

标准的橱柜门合页，通常带有弹簧和阻尼装置。

**叉纹木皮**

从树冠上的树干和树枝会合点处切下的木皮，这种木皮通常带有迷人的不规则木纹。

**刷磨**

擦拭涂层之间的涂料以除去表面的粉尘，通常使用粒度非常小的砂纸完成。

**参考面 / 线**

已知的准确面或线，用作标记和测量的参考。

**天然颜料**

在进行表面处理中的着色操作时，为匹配颜色而给填缝剂和涂料染色的颜料。

**刀刃工具**

带有锋利的边缘的用于在木材表面进行切割的工具。

**有效斜度**

刨刀刀刃与切割表面所形成的角度。在高角度刨子上，就是刨刀的角度；在低角度刨子上，应该是刨刀角度加上刨刀细磨斜面的角度。

**平衡含水率（Equilibrium Moisture Content，EMC）**

与周围空气水分含量相平衡的木材的水分含量。在正常的集中供热环境下，木材的平衡含水率为 10% ~12%。

**欧式螺丝**

用来固定配件（例如隐藏合页）的厚螺纹平头螺丝。

**过滤口罩等级**

过滤口罩（Filtering Face Piece，FFP）等级，规定了防尘口罩可提供的防护等级，大多数木匠可使用FFPC等级的口罩。

**木纹**

年轮与切面相交形成的图案。

**纤维饱和点**

干燥木材的水分含量。其中细胞之间的所有自由水分均已蒸发，仅细胞壁中存在水。纤维饱和点通常为28%~30%。

**排锯**

木材厂中使用的多个圆锯或带锯，可以一次性从原木上切下多块木板。

**胶合线**

两个胶合工件之间的微小缝隙，通常是不良的连接或夹紧操作所致。

**纹理**

树木纤维在切割表面所呈现的排布样式。我们不应将纹理与木纹的概念相混淆。

**导套**

安装在电木铣底座下方的环，用于沿工件边缘或模板引导铣削。

**槽榫连接**

通过在表面上开槽以插入另一个工件而进行的连接。

**切口**

锯齿切割留下的狭槽。

**含水率**

水分占木材质量的百分比。

**定向刨花板**

建筑业使用的人造木板。

**聚异氰脲酸酯**

一种米色隔热绝缘材料，是大多数建筑物中的标准配置。

**颗粒板**

由木材颗粒或薄片制成的人造木板，在热压机中用黏合剂缩制而成，包括刨花板、定向刨花板、木屑片板、华夫板。

**铜绿**

一种表面处理的效果，其仿制的是经过多年的摩擦和磨损而在古董家具上出现的陈旧外观。

**髓心**

树干的中心，与年轮同心，通常很脆弱，而且在转变为心材时容易裂开和受到昆虫的侵害。

**木塞钻头**

一种空心钻头，可以钻出圆形木塞，用于填充钻出的螺丝穿透孔或钻出的表面瑕疵。

**下压铣削**

有的电木铣铣刀有下压铣削的功能，有的则没有，你可以通过观察铣刀末端来判断。如果铣刀末端中间是平点，就不能下压铣削；如果在中间有锋利的切割刀刃，就能下压铣削。

**压敏胶黏剂（Pressure Sensitive Adhesive，PSA）**

通常被视为背部有胶水的塑料片。

**十字螺丝**

这种螺丝在头部具有十字形的槽形图案，可以使用头部带有十字形的螺丝刀拧动。

**随机轨道砂光机（Random Orbital Sander，ROS）**

带有两个运动轨道的砂光机，其中一个是2.5~5毫米宽的非常狭窄的轨道，另一个则是在整个圆盘上旋转的轨道。随机轨道砂光机非常适合用于精细处理表面。

**剩余电流动作保护器**

一种安全装置，可在检测到异常电流时通过切断电源来防止触电和发生电气火灾。

**相对湿度**

给定温度下空气中的含水量占该温度下可容纳的水总量的百分比。

**纵切**

沿着纹理切割木材。

**分料刀**

一种薄金属片，安装在电圆锯锯片后面，厚度约等于锯片的厚度，其功能是防止木材在锯切时因变形而夹住锯片。

**标尺**

全尺寸工作室图纸，有时木板上精简为3个线条，显示高度、深度和宽度的测量值。

**牺牲件**

切割过程中为防止损坏工件（通常会发生断裂）而使用的木料。牺牲件在使用完后就可以丢弃。

**打磨块**

一个被砂纸包裹着的木块，用来增大打磨平面，通常用软木块制作。

**锯木架**

用于在粗加工时支撑木材的支架。

**极度锋利的磨刀系统**

一种打磨系统，通过将砂纸粘在浮法玻璃上而制成。砂纸通常是 3M 微抛光膜（自带压敏胶背衬）砂纸，但也可以将碳化硅干湿两用纸质砂纸通过喷雾胶水粘在浮法玻璃上来使用。

**垫片**

用于精确分离组装部件的薄材料，通常是厚度不同的薄金属片。

**肩部**

连接处的阶梯状部分，通常置于被安装工件的表面。

**草图大师**

常用的免费 3D 设计软件，界面非常直观，但想要熟练使用需要较长时间的练习。

**开缝铣刀**

一种非常薄的侧切电木铣铣刀，可用于将盒盖从盒子上分开。

**溢胶**

夹紧连接处时挤出的胶水，应尽可能减少溢胶量。

**直边**

一种带有可以检查平面度的参考边的工具，可以是钢尺，也可以是刨子或凿子的边缘。

**顺序拼接法**

拼接木皮的一种方法，木皮按照其捆在一起时从下至上的顺序拼接在一起，会形成连续的木纹。

**微量**

大约是 0.25 毫米。

**除尘布**

浸有黏性树脂的细网布，通常是棉纱布，用于擦拭工件表面，以在表面处理前清除粉尘颗粒。

**千分之一计量**

非常非常小的量，可能是一个粗略的度量，约为 2.54 厘米。

**锯齿设置**

锯齿向中心线两侧的弯曲程度设置，TPI 越大，设置越精细。

**水平夹**

利用杠杆原理进行固定的夹具，通常安装在底板上。水平夹拥有各种配置，非常适合用于将工件固定在辅助工具和模板上。

**量规**

一种将标记或切割工具固定在中心点上，然后将工具绕该点旋转以形成圆弧或圆圈的装置，专门配合电木铣使用。

**梯平齿**

电圆锯的锯齿样式，这类锯齿交替呈梯形。梯平齿锯片非常适合切割木皮和层压板。

**游标卡尺**

准确度非常高的量具，用于精确测量。

**尼龙砂带**

一种尼龙制砂带，可替代砂纸或钢丝绒使用，特别是在橡木或其他单宁含量高的木材上打磨特殊形状时，使用钢丝绒可能会造成铁元素污染，因此可用尼龙砂带来替代钢丝绒。这种砂带以颜色区分磨料粒度，比较常用的粒度是细粒度（灰色）。它也作为百洁布售卖。